普通高等教育机械类专业规划教材

UG NX 8.0 机械设计教程

（高校本科教材）

展迪优　主编

机 械 工 业 出 版 社

UG是目前在我国各行业应用最广泛的高端三维机械CAD软件之一。本教材以最新推出的UG NX8.0为蓝本，介绍了该软件的操作方法和机械设计应用技巧。在内容安排上，为了使学生更快地掌握UG软件的基本功能，书中结合大量的实例对软件中一些抽象的概念、命令和功能进行讲解；另外，书中以范例的形式讲述了一些实际产品的设计过程，能使学生较快地进入设计状态，这些范例都是实际工程设计中具有代表性的例子，并且这些范例是根据北京兆迪科技有限公司给国内外一些著名公司（含国外独资和合资公司）的培训案例整理而成的，具有很强的实用性。在主要章节中还安排了习题，便于学生进一步巩固所学的知识。在写作方式上，本书紧贴软件的实际操作界面，采用软件中真实的对话框、操控板和按钮等进行讲解，使初学者能够直观、准确地操作软件进行学习，从而尽快地上手，提高学习效率。在学习本书后，学生能够迅速地运用UG软件来完成一般产品的设计工作，并为进一步学习高级和专业模块打下坚实的基础。

本书内容全面、条理清晰、实例丰富、讲解详细，可作为高等院校机械类各专业学生的CAD课程教材，也可作为工程技术人员的UG自学入门教程和参考书籍。

为方便广大教师和学生的教学和学习，本书附赠视频光盘一张，制作了与本书全程同步的视频录像文件（含语音讲解，时间长达8个小时），另外还包含了本书所有的素材文件、练习文件和范例文件。

图书在版编目（CIP）数据

UG NX 8.0机械设计教程/展迪优主编．—2版．—北京：机械工业出版社，2012.1(2019.6重印)
普通高等教育机械类专业规划教材
ISBN 978-7-111-37129-8

Ⅰ．①U… Ⅱ．①展… Ⅲ．①机械设计：计算机辅助设计—应用软件，UG NX 8.0—高等学校—教材 Ⅳ．①TH122

中国版本图书馆CIP数据核字（2012）第006868号

机械工业出版社（北京市百万庄大街22号 邮政编码100037）
策划编辑：管晓伟 责任印制：张 博
北京铭成印刷有限公司印刷
2019年6月第2版第11次印刷
184mm×260mm・19.5印张・484千字
19201—20700册
标准书号：ISBN 978-7-111-37129-8
ISBN 978-7-89433-292-9（光盘）
定价：49.80元（含1DVD）

凡购本书，如有缺页、倒页、脱页，由本社发行部调换

电话服务
服务咨询热线：010-88379833
读者购书热线：010-88379649

网络服务
机 工 官 网：www.cmpbook.com
机 工 官 博：weibo.com/cmp1952
教育服务网：www.cmpedu.com
金 书 网：www.golden-book.com

前　言

UG 是由美国 UGS 公司推出的功能强大的三维 CAD/CAM/CAE 软件系统，其内容涵盖了产品从概念设计、工业造型设计、三维模型设计、分析计算、动态模拟与仿真、工程图输出，到生产加工成产品的全过程，应用范围涉及航空航天、汽车、机械、造船、通用机械、数控（NC）加工、医疗器械和电子等诸多领域。UG NX 8.0 是目前版本最新、功能最强的版本，该版本在数字化模拟、知识捕捉、可用性和系统工程等方面进行了创新，对以前版本进行了数百项以客户为中心的改进。

本书是以我国高等院校机械类各专业学生为主要读者对象而编写的，其内容安排是根据我国大学本科学生就业岗位群职业能力的要求，并参照 UG 公司全球认证培训大纲而确定的。本书特色如下：

- 内容全面，涵盖了机械产品设计中零件创建、装配和工程图制作的全过程。
- 范例丰富，对软件中的主要命令和功能，先结合简单的范例进行讲解，然后安排一些较复杂的综合范例帮助读者深入理解、灵活运用。
- 写法独特，采用 UG NX 8.0 软件中真实的对话框、操控板和按钮等进行讲解，使初学者能够直观、准确地操作软件，从而大大提高学习效率。
- 随书附赠的光盘中含有与本书全程同步的视频录像文件（含语音讲解），长达 8 个小时，能够更好地帮助读者轻松、高效地学习。

建议本书的教学采用 48 学时（包括学生上机练习），教师也可以根据实际情况，对书中内容进行适当的取舍，将课程调整到 32 学时。

本书是根据北京兆迪科技有限公司给国内外一些著名公司（含国外独资和合资公司）的培训教案整理而成的，具有很强的实用性，其主编和主要参编人员主要来自北京兆迪科技有限公司，该公司专门从事 CAD/CAM/CAE 技术的研究、开发、咨询及产品设计与制造服务，并提供 UG、Ansys、Adams 等软件的专业培训及技术咨询，在编写过程中得到了该公司的大力帮助，在此衷心表示感谢。读者在学习本书的过程中如果遇到问题，可通过访问该公司的网站 http://www.zalldy.com 来获得帮助。

本书由展迪优主编，参加编写的人员还有党玲、冯元超、周顺鹏、张坤、周涛、黄光辉、 王焕田、刘江波、孙润、刘静、詹超、王晓萍、詹路、施志杰、刘良瑞、高彦军、任慧华、张超、魏俊岭、黄红霞、高政。本书已经过多次审核，如有疏漏之处，恳请广大读者予以指正。

电子邮箱：zhanygjames@163.com

编　者

注意： 本书是为我国高等院校机械类各专业而编写的教材，为了方便教师教学，特制作了本书的教学 PPT 课件，同时备有一定数量的、与本教材教学相关的高级教学参考书籍供任课教师选用，有需要该 PPT 课件和教学参考书的任课教师，请写邮件或打电话索取（电子邮箱：zhanygjames@163.com，电话：010-82176248，010-82176249），索取时务必说明贵校本课程的教学目的和教学要求、学校名称、教师姓名、联系电话、电子邮箱以及邮寄地址。

本 书 导 读

为了能更好地学习本教材的知识，请您先仔细阅读下面的内容。

写作环境

本书使用的操作系统为 Windows XP，对于 Windows 2000 Professional/Server 操作系统，本书内容和范例也同样适用。

本书采用的写作蓝本是 UG NX 8.0。

随书光盘的使用

为方便读者练习，特将本书所用到的范例、配置文件和视频文件等按章节顺序放入随书附赠的光盘中，读者在学习过程中可以打开这些范例文件进行操作和练习。

在光盘的 dbugnx8.1 目录下共有两个子目录。

（1）work 子目录：包含本书讲解中所有的教案文件、范例文件和练习素材文件。

（2）video 子目录：包含本书讲解中全部的操作视频录像文件（含语音讲解）。读者学习时，可在该子目录中按章节顺序查找所需的视频文件（扩展名为.exe），找到后直接双击视频文件名即可播放。在观看视频录像时，请注意鼠标操作的符号，定义如下：

- 单个红色框表示单击鼠标的左键。
- 两个红色框表示双击鼠标的左键。
- 黄色框表示单击鼠标的右键。

光盘中带有“ok”扩展名的文件或文件夹表示已完成的范例。

建议读者在学习本书前，先将随书光盘中的所有文件复制到计算机硬盘的 D 盘中。

本书约定

- 本书中有关鼠标操作的简略表述意义如下：
  - ☑ 单击：将鼠标指针移至某位置处，然后按一下鼠标的左键。
  - ☑ 双击：将鼠标指针移至某位置处，然后连续快速地按两次鼠标的左键。
  - ☑ 右击：将鼠标指针移至某位置处，然后按一下鼠标的右键。
  - ☑ 单击中键：将鼠标指针移至某位置处，然后按一下鼠标的中键。
  - ☑ 滚动中键：只是滚动鼠标的中键，而不能按中键。
  - ☑ 选择（选取）某对象：将鼠标指针移至某对象上，单击以选取该对象。
  - ☑ 拖动某对象：将鼠标指针移至某对象上，然后按下鼠标的左键不放，同时移动鼠标，将该对象移动到指定的位置后再松开鼠标的左键。
- 本书中的操作步骤分为 Task、Stage 和 Step 三个级别，说明如下：
  - ☑ 对于一般的软件操作，每个操作步骤以 Step 字符开始。

- ☑ 每个 Step 操作视其复杂程度，其下面可含有多级子操作，例如 Step1 下可能包含（1）、（2）、（3）等子操作，（1）子操作下可能包含①、②、③等子操作，①子操作下可能包含 a）、b）、c）等子操作。
- ☑ 如果操作较复杂，需要几个大的操作步骤才能完成，则每个大的操作冠以 Stage1、Stage2、Stage3 等，Stage 级别的操作下再分 Step1、Step2、Step3 等操作。
- ☑ 对于多个任务的操作，则每个任务冠以 Task1、Task2、Task3 等，每个 Task 操作下则可包含 Stage 和 Step 级别的操作。

- 由于已建议读者将本书下载文件夹 dbugnx8.1.rar 复制到计算机硬盘的 D 盘根目录下，所以书中在要求设置工作目录或打开光盘文件时，所述的路径均以 D：开始。例如，下面是一段有关这方面的描述：
  在学习本节时，请先打开文件 D:\dbugnx8.1\work\ch01\down_base.prt。

技术支持

本书是根据北京兆迪科技有限公司给国内外一些著名公司（含国外独资和合资公司）的培训教案整理而成的，具有很强的实用性，其主编和参编人员均来自北京兆迪科技有限公司，该公司专门从事 CAD/CAM/CAE 技术的研究、开发、咨询及产品设计与制造服务，并提供 UG、Ansys、Adams 等软件的专业培训及技术咨询，读者在学习本书的过程中如果遇到问题，可通过访问该公司的网站 http://www.zalldy.com 来获得技术支持。咨询电话：010-82176248，010-82176249。

目　录

第 1 章　软件的工作界面与基本设置

本章提要　为了正常使用 UG NX 8.0 软件，同时也为了方便教学，在学习和使用 UG NX 8.0 软件前，需要进行一些必要的设置，这些设置对提高学习软件的效率非常重要。本章内容主要包括：

- UG NX 8.0 功能概述。
- 创建 UG NX 8.0 用户文件目录。
- UG NX 8.0 软件的启动与工作界面简介。
- UG NX 8.0 用户界面介绍与用户界面的定制。

1.1　UG NX 8.0 功能概述

UG NX 8.0 中提供了多种功能模块，它们相互独立又相互联系。下面将简要介绍 UG NX 8.0 中的一些常用模块及其功能。

1．基本环境

基本环境模块提供了一个交互环境，它允许打开已有的部件文件、创建新的部件文件、保存部件文件、创建工程图、屏幕布局、选择模块、导入和导出不同类型的文件以及其他一般功能。该环境还提供强化的视图显示操作、屏幕布局和层功能、工作坐标系操控、对象信息和分析以及访问联机帮助。

基本环境模块是执行其他交互应用模块的先决条件，是用户打开 UG NX 8.0 进入的第一个应用模块。在 UG NX 8.0 中，通过选择开始下拉菜单中的基础环境(G)...命令，便可以在任何时候从其他应用模块回到基本环境。

2．零件建模

- 实体建模：支持二维和三维的非参数化模型或参数化模型的创建、布尔操作以及基本的相关编辑，它是最基本的建模模块，也是特征建模和自由形状建模的基础。
- 特征建模：这是基于特征的建模应用模块，支持如孔、槽等标准特征的创建和相关的编辑，允许抽空实体模型并创建薄壁对象，允许一个特征相对于任何其他特征定位，且对象可以被范例引用建立相关的特征集。

- 自由形状建模：主要用于创建复杂形状的三维模型。该模块中包含一些实用的技术，如沿曲线的一般扫描；使用 1 轨、2 轨和 3 轨方式按比例展开形状；使用标准二次曲线方式的放样形状等。
- 钣金特征建模：该模块是基于特征的建模应用模块，它支持专门钣金特征，如弯头、肋和裁剪的创建。这些特征可以在 Sheet Metal Design 应用模块中被进一步操作，如钣金部件成形和展开等。该模块允许用户在设计阶段将加工信息整合到所设计的部件中。实体建模和 Sheet Metal Design 模块是运行此应用模块的先决条件。
- 用户自定义特征（UDF）：允许利用已有的实体模型，通过建立参数间的关系、定义特征变量、设置默认值等工具和方法构建用户自己常用的特征。用户自定义特征可以通过特征建模应用模块被任何用户访问。

3．装配

装配应用模块支持“自顶向下”和“自底向上”的设计方法，提供了装配结构的快速移动，并允许直接访问任何组件或子装配的设计模型。该模块支持“在上下文中设计”的方法，即当工作在装配的上下文中时，可以改变任何组件的设计模型。

4．工程图

工程图模块可以从已创建的三维模型自动生成工程图图样，用户也可以使用内置的曲线/草图工具手动绘制工程图。“制图”支持自动生成图样布局，包括正交视图投影、剖视图、辅助视图、局部放大图以及轴测视图等，也支持视图的相关编辑和自动隐藏线编辑。

5．加工

加工模块用于数控加工模拟及自动编程，可以进行一般的 2 轴、2.5 轴铣削，也可以进行 3 轴到 5 轴的加工；可以模拟数控加工的全过程；支持线切割等加工操作；还可以根据加工机床控制器的不同来定制后处理程序，因而生成的指令文件可直接应用于用户的特定数控机床，而不需要修改指令，便可进行加工。

6．分析

- 模流分析（Moldflow）：该模块用于在注塑模中分析熔化塑料的流动，在部件上构造有限元网格并描述模具的条件与塑料的特性，利用分析包反复运行以决定最佳条件，减少试模的次数，并可以产生表格和图形文件两种结果。此模块能节省模具设计和制造的成本。
- Motion 应用模块：该模块提供了精密、灵活和综合的运动分析。它有以下几个特点：提供了机构链接设计的所有方面，从概念到仿真原型；它的设计和编辑能力允许用户开发任一 n-连杆机构，完成运动学分析且提供了多种格式的分析结果，同时可将该结果提供给第三方运动学分析软件进行进一步分析。

- 智能建模（ICAD）：该模块可在 ICAD 和 NX 之间启用线框和实体几何体的双向转换。ICAD 是一种基于知识的工程系统，它允许描述产品模型的信息（物理属性诸如几何体、材料类型以及函数约束），并进行相关处理。

7. 用户界面样式编辑器

用户界面样式编辑器是一种可视化的开发工具，允许用户和第三方开发人员生成 UG NX 对话框，并生成封装了的有关创建对话框的代码文件，这样用户不需要掌握复杂的图形化用户界面（GUI）的知识，就可以轻松改变 UG NX 的界面。

8. 编程语言

- 图形交互编程（GRIP）：是一种在很多方面与 FORTRAN 类似的编程语言，使用类似于英语的词汇，GRIP 可以在 NX 及其相关应用模块中完成大多数的操作。在某些情况下，GRIP 可用于执行高级的定制操作，这比在交互的 NX 中执行更高效。
- NX Open C 和 C++ API 编程：是使程序开发能够与 NX 组件、文件和对象数据交互操作的编程界面。

9. 质量控制

- VALISYS：利用该应用模块可以将内部的 Open C 和 C++ API 集成到 NX 中，该模块也提供单个的加工部件的 QA（审查、检查和跟踪等）。
- DMIS：该应用模块允许用户使用坐标测量机（CMM）对 NX 几何体编制检查路径，并从测量数据生成新的 NX 几何体。

10. 机械布管

利用该模块可对 UG NX 装配体进行管路布线。例如，在飞机发动机内部，管道和软管从燃料箱连接到发动机周围不同的喷射点上。

11. 钣金（Sheet Metal）

该模块提供了基于参数、特征方式的钣金零件建模功能，并提供对模型的编辑功能和零件的制造过程，还提供了对钣金模型展开和重叠的模拟操作。

12. 电子表格

电子表格程序提供了在 Xess 或 Excel 电子表格与 UG NX 之间的智能界面。可以使用电子表格来执行以下操作：

- 从标准表格布局中构建部件主题或族。
- 使用分析场景来扩大模型设计。

- 使用电子表格计算优化几何体。
- 将商业议题整合到部件设计中。
- 编辑 UG NX 8.0 复合建模的表达式——提供 UG NX 8.0 和 Xess 电子表格之间概念模型数据的无缝转换。

13．电气线路

电气线路使电气系统设计者能够在用于描述产品机械装配的相同 3D 空间内创建电气配线。电气线路模块将所有相关电气元件定位于机械装配内，并生成建议的电气线路中心线，然后将全部相关的电气元件从一端发送到另一端，而且允许在相同的环境中生成并维护封装设计和电气线路安装图。

注意：*以上有关 UG NX 8.0 的功能模块的介绍仅供参考，如有变动应以 Siemens 公司的最新相关正式资料为准，特此说明。*

UG NX 8.0 具有以下几大特点：

- 更人性化的操作界面。

UG NX 8.0 相比以前版本的操作界面的变更可谓是大刀阔斧，将以往弹出的繁琐对话框最大力度地集合在了一起，使用户在使用时可以将更多的设置在尽量少的对话框中完成。凭借这种非常出色的新的用户界面以及它的专业外观和感觉，UG NX 8.0 已经赢得更多的新用户；现有用户也能够非常快速地适应并乐意接受改动后的操作界面。UG NX 8.0 的新用户界面还包括增强的、角色定制的界面，可以帮助企业根据用户功能和专门知识提供适当的 NX 命令。

- 完整统一的全流程解决方案。

UG NX 8.0 系统无缝集成的应用程序能快速传递产品和工艺信息的变更，从概念设计到产品的制造加工，可使用一套统一的方案把产品开发流程中涉及的学科融合到一起。

- 数字化仿真、验证和优化。

利用 UG NX 8.0 系统中的数字化仿真、验证和优化工具，可以减少产品的开发费用，实现产品开发的一次成功。用户在产品开发流程的每一个阶段，通过使用数字化仿真技术，核对概念设计与功能要求的差异，以确保产品的质量、性能和可制造性符合设计标准。

- 知识驱动的自动化。

使用 UG NX 8.0 系统，用户可以在产品开发的过程中获取产品及其设计制造过程的信息，并将其重新用到开发过程中，以实现产品开发流程的自动化，最大程度地重复利用知识。

- 系统级的建模能力。

UG NX 8.0 基于系统的建模，允许在产品概念设计阶段快速创建多个设计方案并进行评估，特别是对于复杂的产品，利用这些方案能有效地管理产品零部件之间的关系。在开发过程中还可以创建高级别的系统模板，在系统和部件之间建立关联的设计参数。

1.2　创建用户文件目录

使用 UG NX 8.0 软件时，应该注意文件的目录管理。如果文件管理混乱，会造成系统找不到正确的相关文件，从而严重影响 UG NX 8.0 软件的全相关性，同时也会使文件的保存、删除等操作产生混乱，因此应按照操作者的姓名、产品名称（或型号）建立用户文件目录，如本书要求在 E 盘上创建一个名为 ug-course 的文件目录（如果用户的计算机上没有 E 盘，也可在 C 盘或 D 盘上创建）。

1.3　启动 UG NX 8.0 软件

一般来说，有两种方法可以启动并进入 UG NX 8.0 软件环境。

方法一：双击 Windows 桌面上的 NX 8.0 软件快捷图标（图 1.3.1）。

图 1.3.1　NX 8.0 快捷图标

说明：只要是正常安装，Windows 桌面上会显示 NX 8.0 软件快捷图标。快捷图标的名称可根据需要进行修改。

方法二：从 Windows 系统的“开始”菜单进入 UG NX 8.0，操作方法如下：

Step1. 单击 Windows 桌面左下角的 开始 按钮。

Step2. 如图 1.3.2 所示，选择 程序(P) → Siemens NX 8.0 → NX 8.0 命令，系统进入 UG NX 8.0 软件环境。

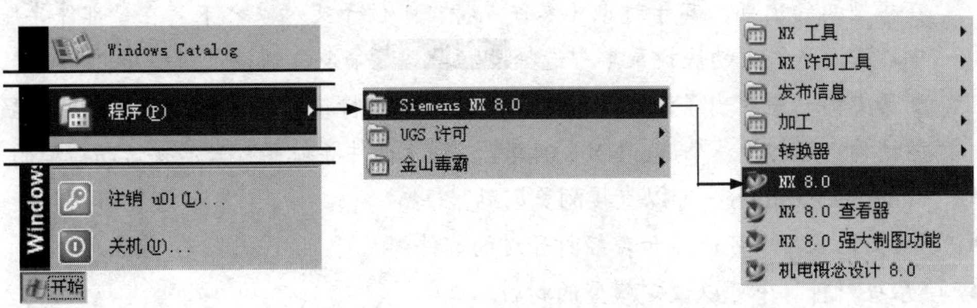

图 1.3.2　Windows 系统的“开始”菜单

1.4 UG NX 8.0 工作界面

1.4.1 用户界面简介

在学习本节时，请先打开文件 D:\dbugnx8.1\work\ch01\down_base.prt。

UG NX 8.0 用户界面包括标题栏、下拉菜单区、顶部工具条按钮区、底部工具条按钮区、消息区、图形区、部件导航器区及资源工具条区，如图 1.4.1 所示。

1. 工具条按钮区

工具条中的命令按钮为快速选择命令及设置工作环境提供了极大的方便，用户可以根据具体情况定制工具条。

注意：用户会看到有些菜单命令和按钮处于非激活状态（呈灰色，即暗色），这是因为它们目前还没有处在发挥功能的环境中，一旦它们进入有关的环境，便会自动激活。

2. 下拉菜单区

下拉菜单中包含创建、保存、修改模型和设置 UG NX 8.0 环境的所有命令。

3. 资源工具条区

资源工具条区包括“装配导航器”、“约束导航器”、“部件导航器”、“Internet Explorer”、“历史记录”和“系统材料”等导航工具。用户通过该工具条可以方便地进行一些操作。对于每一种导航器，都可以直接在其相应的项目上右击，快速地进行各种操作。

资源工具条区主要选项的功能说明如下：

- “装配导航器”显示装配的层次关系。
- “约束导航器”显示装配的约束关系。
- “部件导航器”显示建模的先后顺序和父子关系。父对象（活动零件或组件）显示在模型树的顶部，其子对象（零件或特征）位于父对象之下。在“部件导航器”中右击，从弹出的快捷菜单中选择 时间戳记顺序 命令，则按“模型历史”显示。“模型历史树”中列出了活动文件中的所有零件及特征，并按建模的先后顺序显示模型结构。若打开多个 UG NX 8.0 模型，则“部件导航器”只反映活动模型的内容。
- “Internet Explorer”可以直接浏览网站。
- “历史记录”中可以显示曾经打开过的部件。
- “系统材料”中可以设定模型的材料。

说明：本书中用 首选项(P) ➡ 用户界面(I)... 命令，将“资源工具条”显示在左侧。

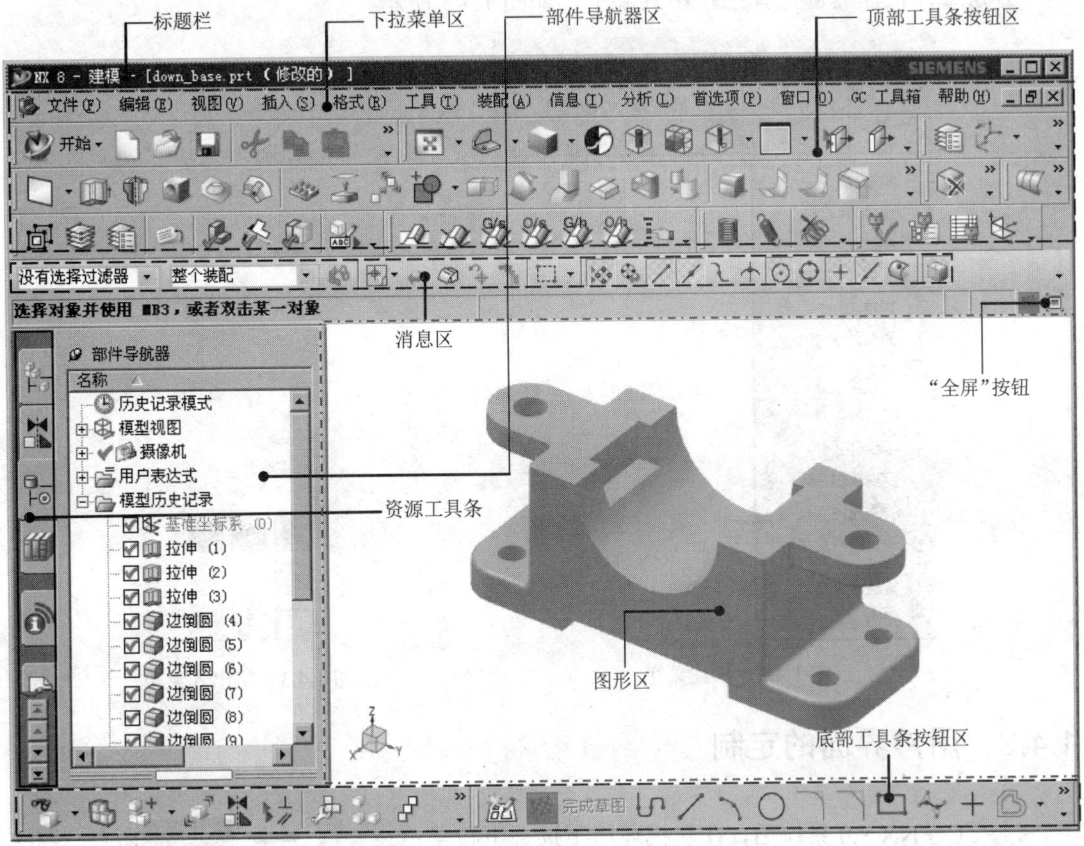

图 1.4.1　UG NX 8.0 中文版用户界面

4．消息区

执行有关操作时，与该操作有关的系统提示信息会显示在消息区。消息区中间有一个可见的边线，左侧是提示栏，用来提示用户如何操作；右侧是状态栏，用来显示系统或图形当前的状态，例如显示选取结果信息等。执行每个操作时，系统都会在提示栏中显示用户必须执行的操作，或者提示下一步操作。对于大多数的命令，用户都可以利用提示栏的提示来完成操作。

5．图形区

图形区是 UG NX 8.0 用户主要的工作区域，建模的主要过程及绘制前后的零件图形、分析结果和模拟仿真过程等都在这个区域内显示。用户在进行操作时，可以直接在图形区中选取相关对象进行操作。

同时还可以选择多种视图操作方式：

方法一：右击图形区，系统弹出快捷菜单，如图 1.4.2 所示。

方法二：按住右键，弹出挤出式菜单，如图 1.4.3 所示。

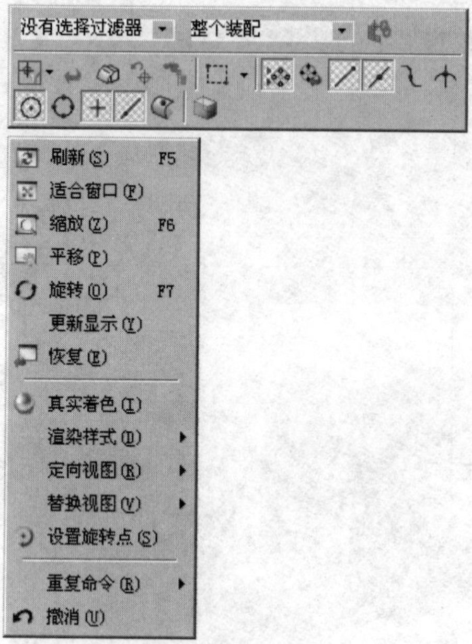

图 1.4.2 快捷菜单

图 1.4.3 挤出式菜单

1.4.2 用户界面的定制

进入 UG NX 8.0 系统后，在建模环境下选择下拉菜单 工具(T) ➡ 定制(Z)... 命令，系统弹出“定制”对话框（图 1.4.4），可对用户界面进行定制。

1. 工具条设置

在图 1.4.4 所示的“定制”对话框中单击 工具条 选项卡，即可打开工具条定制选项卡。通过此选项卡可改变工具条的布局，可以将各类工具条按钮放在屏幕的顶部、左侧或下侧。下面以图 1.4.4 所示的□ 标准 选项（这是控制基本操作类工具按钮的选项）为例说明定制过程。

Step1. 单击□ 标准 选项中的□，出现 √ 号，此时可看到标准类的命令按钮出现在界面上。

Step2. 单击 关闭 按钮。

Step3. 添加工具按钮。

（1）单击工具条中的 » 按钮（图 1.4.5），系统弹出图 1.4.6 所示的工具条。

（2）单击 添加或移除按钮 ▾ 按钮，弹出一个下拉列表，把鼠标移到相应的列表项（一般是当前工具条的名称），会在后面显示出列表项包含的工具按钮，单击每个按钮可以对按钮进行显示或隐藏操作。

Step4. 拖动工具条到合适的位置，完成设置。

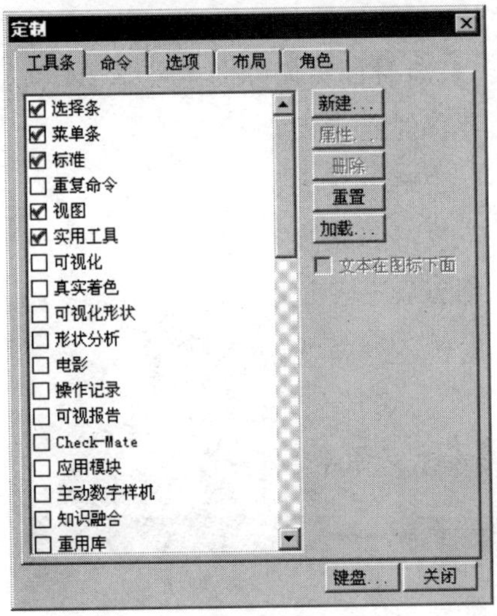

图 1.4.4　“定制”对话框

图 1.4.5　“工具条选项”按钮

图 1.4.6　工具条

2．在下拉菜单中定制（添加）命令

在图 1.4.7 所示的“定制”对话框中单击命令选项卡，即可打开定制命令的选项卡。通过此选项卡可改变下拉菜单的布局，可以将各类命令添加到下拉菜单中。下面以下拉菜单插入(S) ➡ 基准/点(D) ➡ 平面(L)...命令为例说明定制过程。

Step1．在图 1.4.8 中的类别：列表框中选择按钮的种类插入(S)，在命令：选项组中出现该种类的所有按钮。

Step2．右击基准/点(D)选项，在系统弹出的快捷菜单中选择添加或移除按钮中的平面(L)...命令，如图 1.4.9 所示。

Step3．单击关闭按钮，结束设置。

Step4．选择下拉菜单插入(S) ➡ 基准/点(D)，可以看到平面(L)...命令已添加。

图 1.4.7　“添加或移除按钮”按钮

说明：“定制”对话框弹出后，可将下拉菜单中的命令添加到工具条中成为按钮，方法是单击下拉菜单中的某个命令，并按住鼠标左键不放，将鼠标指针拖到屏幕的工具条中。

3．选项设置

在“定制”对话框中单击选项选项卡，可以对菜单的显示、工具条图标大小以及菜单图标大小进行设置，如图 1.4.10 所示。

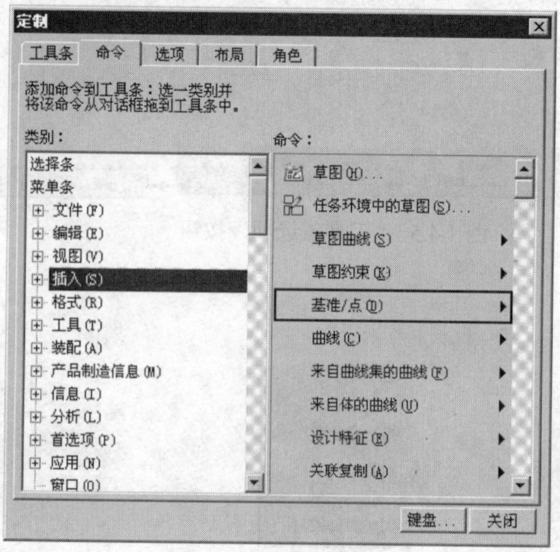

图 1.4.8　“命令”选项卡

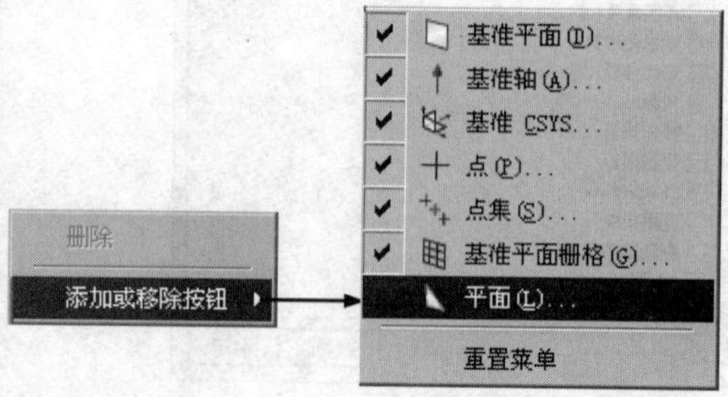

图 1.4.9　快捷菜单

4．布局设置

在“定制”对话框中单击布局选项卡，可以保存和恢复菜单、工具条的布局，还可以设置提示/状态的位置以及窗口融合优先级，如图 1.4.11 所示。

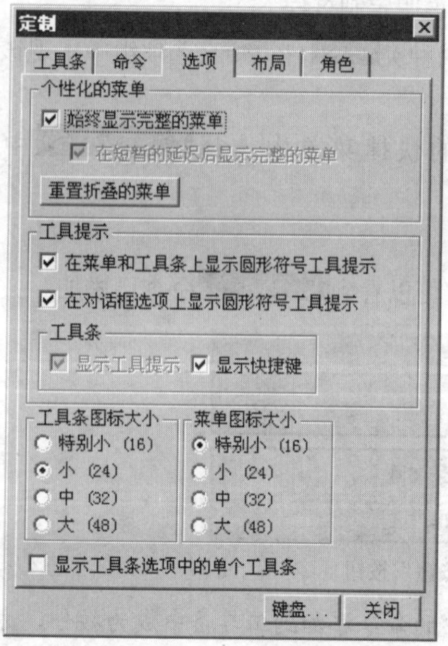

图 1.4.10　“选项”选项卡

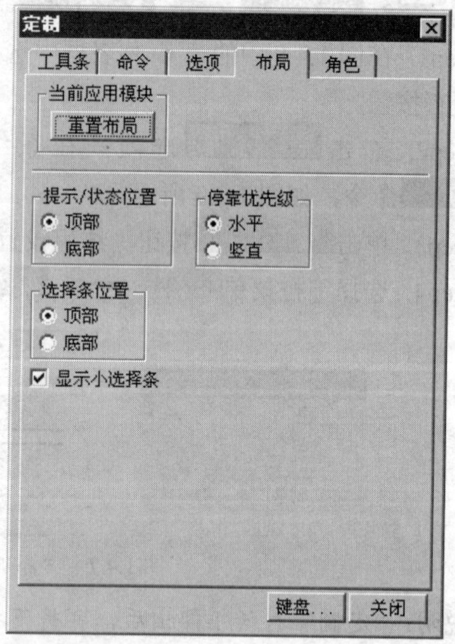

图 1.4.11　“布局”选项卡

5．角色设置

在“定制”对话框中单击角色选项卡，可以载入和创建角色（角色就是满足用户需求的工作界面），如图 1.4.12 所示。

6. 图标下面的文本

在"定制"对话框的列表框中，单击其中任何一个选项（如☑标准），可激活☑ 文本在图标下面复选框（图 1.4.13），选中该复选框可以使工具条中的文本显示（图 1.4.14）。

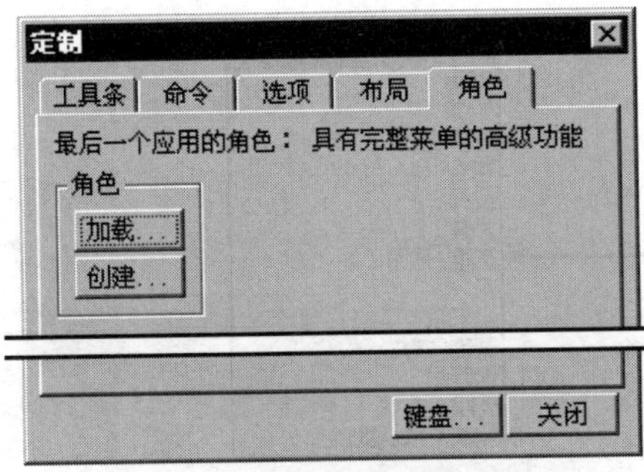

图 1.4.12　"角色"选项卡

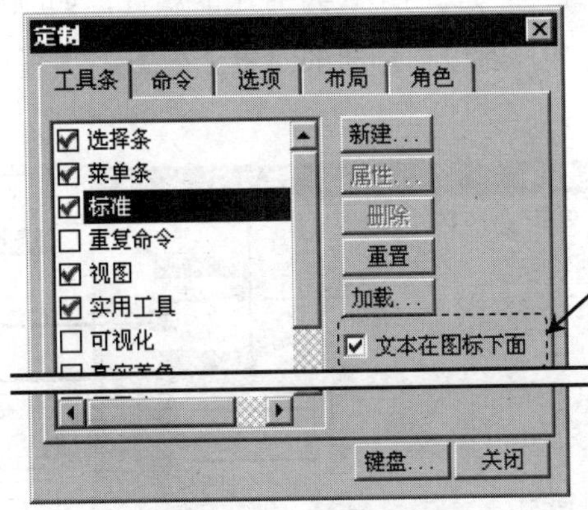

图 1.4.13　"定制"对话框

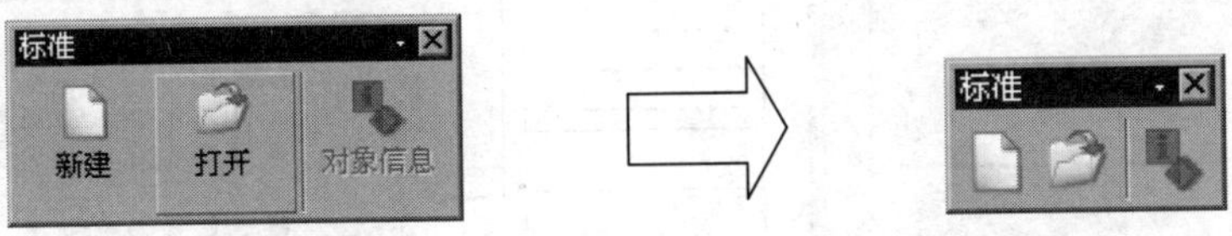

a）选中时　　b）取消选中时

图 1.4.14　图标下面的文本显示

1.4.3　鼠标的使用方法

用鼠标可以控制图形区中的模型显示状态。

- 滚动鼠标中键滚轮，可以缩放模型：向前滚，模型缩小；向后滚，模型变大。
- 按住鼠标中键，移动鼠标，可旋转模型。
- 先按住键盘上的 Shift 键，然后按住鼠标中键，移动鼠标可移动模型。

注意： 采用以上方法对模型进行缩放和移动操作时，只是改变模型的显示状态，而不能改变模型的真实大小和位置。

1.5　UG NX 8.0 软件的参数设置

在学习本节时，请先打开文件 D:\dbugnx8.1\work\ch01\down_base.prt。

参数设置主要用于设置系统的一些控制参数，通过首选项(P)下拉菜单可以进行参数设置。下面介绍一些常用的设置。

注意： 进入到不同的模块时，在预设置菜单上显示的命令有所不同，且每一个模块还有其相应的特殊设置。

1.5.1 对象首选项

选择下拉菜单 首选项(P) ➡ 对象(O)... 命令，系统弹出“对象首选项”对话框（图 1.5.1）。该对话框主要用于设置对象的属性，如颜色、线型和线宽等（新的设置只对以后创建的对象有效，对以前创建的对象无效）。

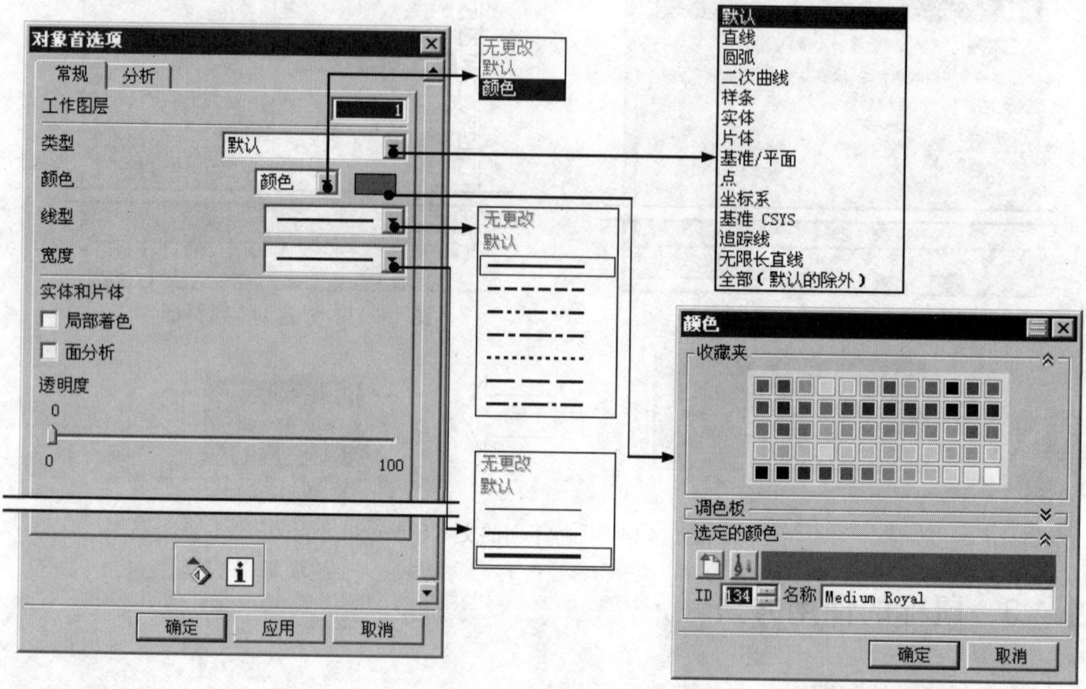

图 1.5.1 “对象首选项”对话框

图 1.5.1 所示的“对象首选项”对话框中包括 常规 和 分析 选项卡，以下分别说明：

➢ 常规 选项卡：

- 工作图层 文本框：用于设置新对象的工作图层。当输入图层号后，以后创建的对象将存储在该图层中。
- 类型 下拉列表：用于选择需要设置的对象类型。
- 颜色 下拉列表：设置对象的颜色。
- 线型 下拉列表：设置对象的线型。
- 宽度 下拉列表：设置对象显示的线宽。
- 实体和片体 选项区域：

  ☑ 局部着色 复选框：用于确定实体和片体是否局部着色。

  ☑ 面分析 复选框：用于确定是否在面上显示该面的分析效果。
- 透明度 滑块：用来改变物体的透明状态。可以通过移动滑块来改变透明度。

➢ 分析选项卡：主要用于设置分析对象的颜色和线型。

1.5.2 “用户界面”首选项

选择下拉菜单 首选项(P) → 用户界面(I)... 命令，系统弹出图 1.5.2 所示的“用户界面首选项”对话框。该对话框中的常规选项卡主要用来设置窗口位置、数值精度和宏选项等。

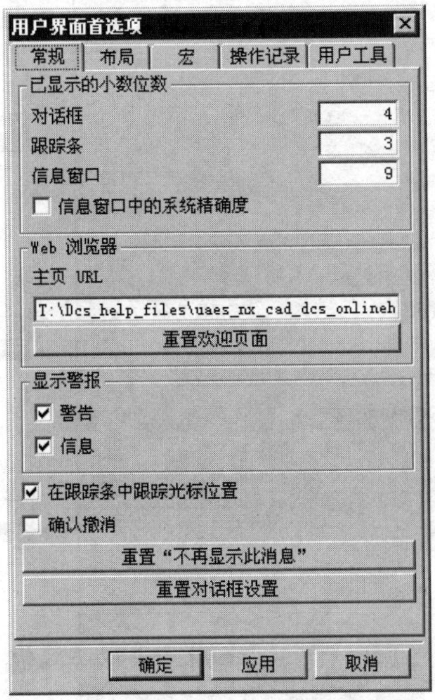

图 1.5.2　“用户界面首选项”对话框

图 1.5.2 所示的“用户界面首选项”对话框中的常规选项卡主要选项的功能说明如下（其余选项卡不作介绍）：

- 对话框文本框：用于设置文本框中数据的小数点位数，一般情况下，系统显示的位数不大于 7。如果位数多于系统设定的值，则显示时系统会舍掉多余的部分，如系统设定的值是 3，而输入的是 4.6518，则当切换到其他功能时，该数值会显示为 4.651。
- 信息窗口文本框：用于设置信息窗口中显示数据的小数点位数。□ 信息窗口中的系统精确度复选框可以设置对话框中的小数点位数是否使用系统精度显示，只有在取消选择该选项时，信息窗口文本框才处于激活状态，此时可以自定义精度。信息窗口文本框用于设置对象信息对话框中数据的精度，其设定范围为 1～16，如果实际数字小于设定值，系统会以 0 补齐。
- □ 确认撤消复选框：用于设置当执行撤销命令时，让用户确认是否执行。

1.5.3 “选择”首选项

选择下拉菜单 首选项(P) → 选择(E)... 命令，系统弹出“选择首选项”对话框（图 1.5.3），主要用来设置光标预选对象后，选择球大小、高亮显示的对象、尺寸链公差和矩形选取方式等选项。

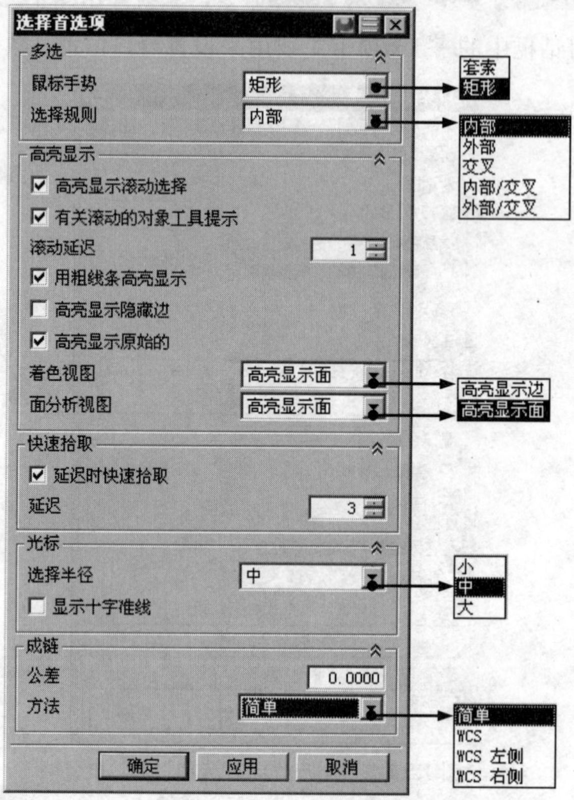

图 1.5.3 “选择首选项”对话框

图 1.5.3 所示的“选择首选项”对话框中主要选项的功能说明如下：

- 选择规则 下拉列表：设置矩形框选择方式。
  - ☑ 内部：用于选择矩形框内部的对象。
  - ☑ 外部：用于选择矩形框外部的对象。
  - ☑ 交叉：用于选择与矩形框相交的对象。
  - ☑ 内部/交叉：用于选择矩形框内部和相交的对象。
  - ☑ 外部/交叉：用于选择矩形框外部和相交的对象。
- ☑ 高亮显示滚动选择 复选框：用于设置预选对象是否高亮显示。当选择该复选框，选择球接触到对象时，系统会以高亮的方式显示，以提示可供选取。复选框下方的滚动延迟滑块用于设置预选对象时，高亮显示延迟的时间。
- ☑ 延迟时快速拾取 复选框：用于设置确认选择对象的有关参数。选择该复选框，在选择多个可能的对象时，系统会自动判断。复选框下方的延迟滑块用来设置出现确认光标的时间。

- 选择半径下拉列表：用于设置选择球的半径大小，包括小、中和大三种半径方式。
- 公差文本框：用于设置链接曲线时，彼此相邻的曲线端点间允许的最大间隙。尺寸链公差的值越小，选取就越精确；公差值越大，就越不精确。
- 方法下拉列表：设置自动链接所采用的方式。
  - ☑ 简单：用于选择彼此首尾相连的曲线串。
  - ☑ WCS：用于在当前 X-Y 坐标平面上选择彼此首尾相连的曲线串。
  - ☑ WCS 左侧：用于在当前 X-Y 坐标平面上，从链接开始点至结束点沿左侧路线选择彼此首尾相连的曲线链。
  - ☑ WCS 右侧：用于在当前 X-Y 坐标平面上，从链接开始点至结束点沿右侧路线选择彼此首尾相连的曲线链。

第 2 章　二维草图设计

本章提要　二维草图的设计是创建许多特征的基础，例如在创建拉伸、回转和扫描等特征时，都需要先绘制所建特征的截面形状，其中扫描特征还需要通过绘制草图以定义扫描轨迹。本章主要内容包括：

- 草图环境的介绍与设置。
- 二维草图的绘制。
- 二维草图的编辑。
- 二维草图尺寸标注与编辑。
- 二维草图中的约束。
- 二维草图绘制范例。

2.1　理解草图环境中的关键术语

下面列出了 UG NX 8.0 软件草图中经常使用的术语。

对象：二维草图中的任何几何元素（如直线、中心线、圆弧、圆、椭圆、样条曲线、点或坐标系等）。

尺寸：对象大小或对象之间位置的量度。

约束：定义对象几何关系或对象间的位置关系。约束定义后，单击“显示所有约束”按钮，其约束符号会出现在被约束的对象旁边。例如，在约束两条直线垂直后，再单击“显示所有约束”按钮，垂直的直线旁边将分别显示一个垂直约束符号。默认状态下，约束符号显示为白色。

参数：草图中的辅助元素。

过约束：两个或多个约束可能会产生矛盾或多余约束。出现这种情况，必须删除一个不需要的约束或尺寸以解决过约束。

2.2　进入与退出草图环境

1．进入草图环境的操作方法

Step1．打开 UG NX 8.0 后，选择下拉菜单 文件(F) → 新建(N)... 命令（或单击“新建”按钮），系统弹出图 2.2.1 所示的“新建”对话框，在 模板 选项卡中选取模板类型为 模型，在 名称 文本框中输入文件名（例如：modell.prt），在 文件夹 文本框中输入模型的保存目录，然后单击 确定 按钮，进入 UG NX 8.0 工作环境。

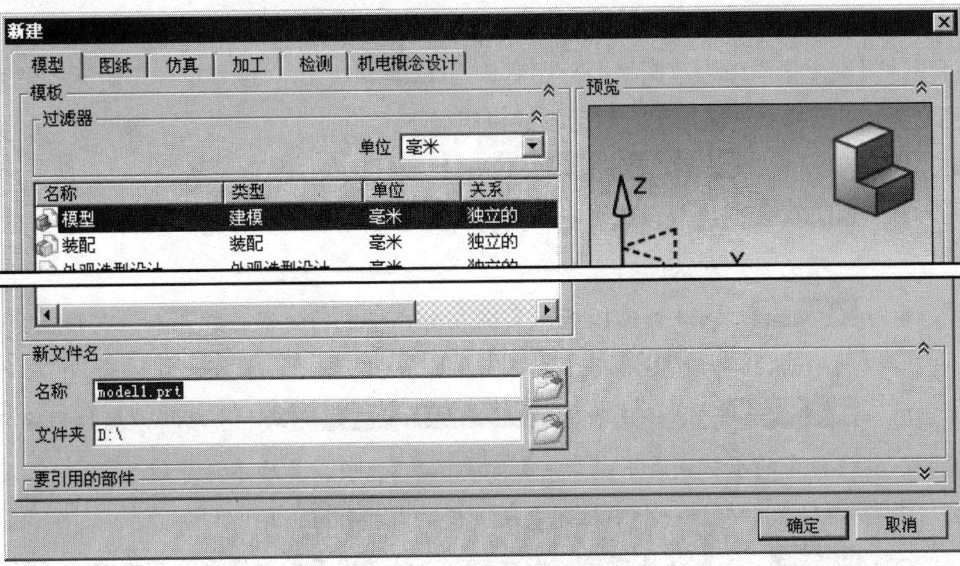

图 2.2.1　“新建”对话框

Step2. 选择下拉菜单 插入(S) → 任务环境中的草图(S)... 命令，系统弹出图 2.2.2 所示的“创建草图”对话框，选择“XY 平面”为草图平面，单击该对话框中的 确定 按钮，系统进入草图环境。

说明：新建一个模型文件后默认基准坐标系是隐藏的，在“部件导航器”中右击 基准坐标系 (0)，在系统弹出的快捷菜单中选择 显示(S) 命令将基准坐标系显示。

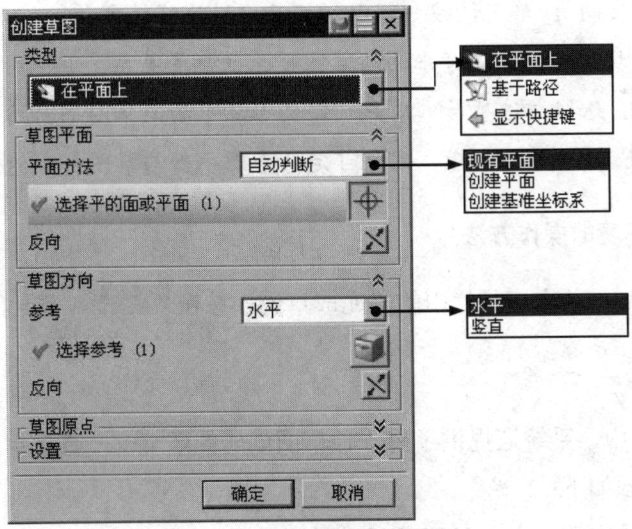

图 2.2.2　“创建草图”对话框

2．选择草图平面

进入草图工作环境以后，在创建新草图之前，一个特别要注意的事项就是要为新草图选择草图平面，也就是要确定新草图在三维空间的放置位置。草图平面是草图所在的某个空间平面，它可以是基准平面，也可以是实体的某个表面等。

图 2.2.2 所示的“创建草图”对话框用于选择草图平面，利用该对话框中的某个选项或按钮可以选择某个平面作为草图平面，然后单击确定按钮，“创建草图”对话框则关闭。

图 2.2.2 所示的“创建草图”对话框的说明如下：

- 类型区域中包括在平面上和基于路径两种选项。
  - ☑ 在平面上：选取该选项后，用户可以在绘图区选择任意平面为草图平面（此选项为系统默认选项）。
  - ☑ 基于路径：选取该选项后，系统在用户指定的曲线上建立一个与该曲线垂直的平面，作为草图平面。
  - ☑ 显示快捷键：选择此项后，在平面上和基于路径两个选项将以按钮形式显示。

说明：其他命令的下拉列表中也会有显示快捷键选项，其后不再赘述。

- 草图平面区域中包括一个下拉列表及“反向”按钮。
  - ☑ 现有平面：选取该选项后，用户可以选择基准面或者图形中现有的平面作为草图平面。
  - ☑ 创建平面：选取该按钮后，用户可以通过“平面”按钮，创建一个基准平面作为草图平面。
  - ☑ 创建基准坐标系：选取该按钮后，可通过“创建基准坐标系”按钮，创建一个坐标系，选取该坐标系中的基准平面作为草图平面。
  - ☑ （反向）：单击该按钮可以切换基准轴法线的方向。
- 草图方向区域用于定义参考平面与草图平面的位置关系。
  - ☑ 水平：选取该选项后，用户可定义参考平面与草图平面的位置关系为水平。
  - ☑ 竖直：选取该选项后，用户可定义参考平面与草图平面的位置关系为竖直。

3．退出草图环境的操作方法

草图绘制完成后，单击工具栏中的“完成草图”按钮完成草图，即可退出草图环境。

4．直接草图工具

在 UG NX 8.0 中，系统还提供了另一种草图创建的环境——直接草图，进入直接草图环境的具体操作步骤如下：

Step1. 新建模型文件，进入 UG NX 8.0 工作环境。

Step2. 选择下拉菜单插入(S) → 草图(H)... 命令（或单击“直接草图”工具栏中的“草图”按钮），系统弹出“创建草图”对话框，选择“XY 平面”为草图平面，单击该对话框中的< 确定 >按钮，系统进入直接草图环境，此时可以使用屏幕下方的“直接草图”工具栏（图 2.2.3）绘制草图。

Step3. 单击工具栏中的“完成草图”按钮，即可退出直接草图环境。

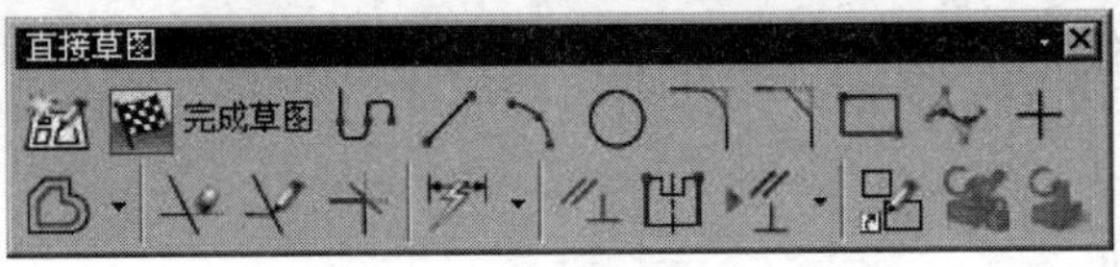

图 2.2.3 “直接草图”工具栏

说明：

- 用“直接草图”工具创建的草图，在部件导航器中同样会显示为一个独立的特征，也能作为特征的截面草图使用。此方法本质上与“任务环境中的草图”没有区别，只是实现方式较为“直接”。
- 在“直接草图”创建环境中，系统不会自动将草图平面与屏幕对齐，需要将草图平面旋转到大致与屏幕对齐的位置，然后使用快捷键 F8 对齐草图平面。
- 单击“直接草图”工具栏中的“在草图任务环境中打开”按钮，系统即可进入“任务环境中的草图”环境。
- 在三维建模环境下，双击已绘制的也能进入直接草图环境。
- 为保证内容的一致性，本书中的草图均以“任务环境中的草图”来创建。

2.3 坐标系的介绍

UG NX 8.0 中有三种坐标系：绝对坐标系、工作坐标系和基准坐标系。在使用软件的过程中经常要用到坐标系，下面对这三种坐标系作简单的介绍。

1. 绝对坐标系（ACS）

绝对坐标系是原点在（0，0，0）的坐标系，是固定不变的。

2. 工作坐标系（WCS）

工作坐标系包括坐标原点和坐标轴，如图 2.3.1 所示。它的轴通常是正交的（即相互间为直角），并且遵守右手定则。

说明：

- 工作坐标系不受修改操作（删除、平移等）的影响，但允许非修改操作，如隐藏和分组。
- UG NX 8.0 的部件文件可以包含多个坐标系，但是其中只有一个是 WCS。
- 用户可以随时挑选一个坐标系作为 WCS。系统用 XC、YC 和 ZC 表示工作坐标系的坐标。工作坐标系的 XC-YC 平面称为工作平面。

3．基准坐标系（CSYS）

基准坐标系由单独的可选组件组成，如图 2.3.2 所示，包括：

- 整个 CSYS。
- 三个基准平面。
- 三个基准轴。
- 原点。

可以在 CSYS 中选择单个基准平面、基准轴或原点。可以隐藏 CSYS 及其单个组成部分。

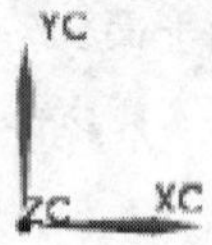

a）俯视图

b）正二测视图

图 2.3.1　工作坐标系（WCS）

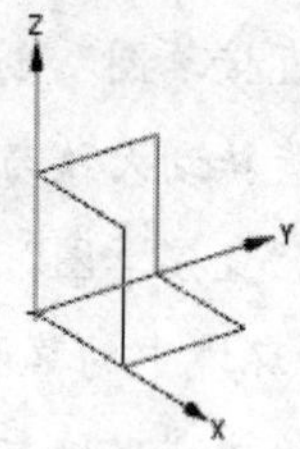

图 2.3.2　基准坐标系（CSYS）

4．右手定则

- 常规的右手定则。

如果坐标系的原点在右手掌，拇指向上延伸的方向对应于某个坐标轴的方向，则可以利用常规的右手定则确定其他坐标轴的方向。例如，在图 2.3.3 中，假设拇指指向 ZC 轴的正方向，食指伸直的方向对应于 XC 轴的正方向，中指向外延伸的方向则为 YC 轴的正方向。

- 旋转的右手定则。

旋转的右手定则用于将矢量和旋转方向关联起来。

当拇指伸直并且与给定的矢量对齐时，则弯曲的其他四指就能确定该矢量关联的旋转方向。反过来，当弯曲手指表示给定的旋转方向时，则伸直的拇指就确定关联的矢量。

例如，在图 2.3.4 中，如果要确定当前坐标系的旋转逆时针方向，那么拇指就应该与 ZC 轴对齐，并指向其正方向，此时逆时针方向即为四指从 XC 轴正方向向 YC 轴正方向旋转。

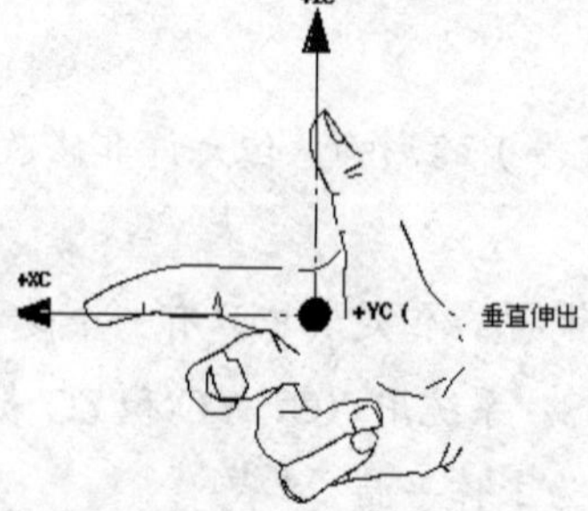

图 2.3.3　常规的右手定则

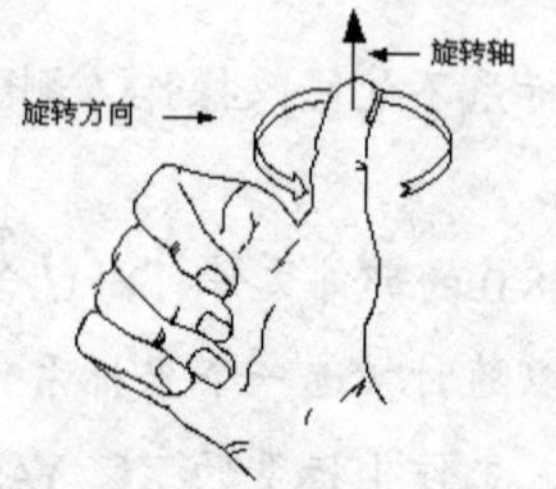

图 2.3.4　旋转的右手定则

2.4　绘制草图前的设置

进入草图环境后，选择下拉菜单首选项(P) ➡ 草图(S)...命令，系统弹出“草图首选项”对话框，如图 2.4.1 所示。在该对话框中可以设置草图的显示参数和默认名称前缀等参数。

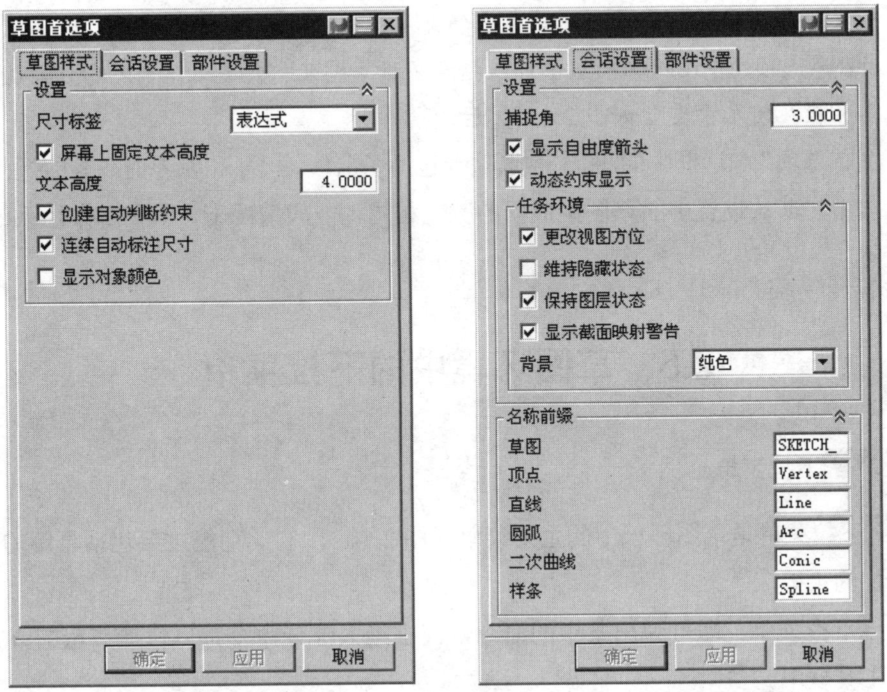

a) “草图样式”选项卡　　　b) “会话设置”选项卡

图 2.4.1　“草图首选项”对话框

图 2.4.1 所示的“草图首选项”对话框的草图样式和会话设置选项卡的主要选项及其功能说明如下：

- 尺寸标签下拉列表：控制草图标注文本的显示方式。
- 文本高度文本框：控制草图尺寸数值的文本高度。在标注尺寸时，可以根据图形大小适当控制文本高度，以便于观察。
- 捕捉角文本框：绘制直线时，如果起点与光标位置连线接近水平或垂直，捕捉功能会自动捕捉到水平或垂直位置。捕捉角的意义是自动捕捉的最大角度，例如捕捉角为 3，当起点和光标位置的连线与 XC 轴或 YC 轴夹角小于 3 时，会自动捕捉到水平或垂直位置。
- ☑ 更改视图方位复选框：如果选中该选项，当由建模工作环境转换到草图绘制环境，并单击确定按钮时，或者由草图绘制环境转换到建模工作环境时，视图方向会自动切换到垂直于绘图平面方向，否则不会切换。

- □ 保持图层状态 复选框：如果选中该选项，当进入某一草图对象时，该草图所在图层自动设置为当前工作图层，退出时恢复原图层为当前工作图层，否则退出时保持草图所在图层为当前工作图层。
- ☑ 显示自由度箭头 复选框：如果选中该选项，当进行尺寸标注时，在草图曲线端点处用箭头显示自由度，否则不显示。
- ☑ 动态约束显示 复选框：如果选中该选项，若相关几何体很小，则不会显示约束符号。如果要忽略相关几何体的尺寸查看约束，则可以关闭该选项。
- 名称前缀 选项组：在此选项组中可以指定多种草图几何元素的名称前缀。默认前缀及其相应几何元素类型如图 2.4.1 所示。

“草图首选项”对话框中的 部件设置 选项卡包括了曲线、尺寸和参考曲线等的颜色设置，这些设置与用户默认设置中的草图生成器的颜色相同。一般情况下，我们都采用系统默认的颜色设置。

2.5 草图环境中的下拉菜单

1. 插入(S) 下拉菜单

插入(S) 下拉菜单是草图环境中的主要菜单（图 2.5.1），它的功能主要包括草图的绘制、标注和添加约束等。

选择该下拉菜单，即可弹出其中的命令，其中绝大部分命令都以快捷按钮的方式出现在屏幕的工具栏中。

图 2.5.1 所示的“插入”下拉菜单中各选项的说明如下：

A: 创建点。

B1: 创建轮廓线，包括直线和圆弧选项按钮。

B2: 创建直线。

B3: 创建圆弧。

B4: 创建圆。

B5: 创建圆角。

B6: 创建倒斜角。

B7: 创建矩形。

B8: 创建多边形。

B9: 创建艺术样条曲线。

B10: 创建拟合样条曲线。

B11: 创建椭圆。

B12: 创建二次曲线。

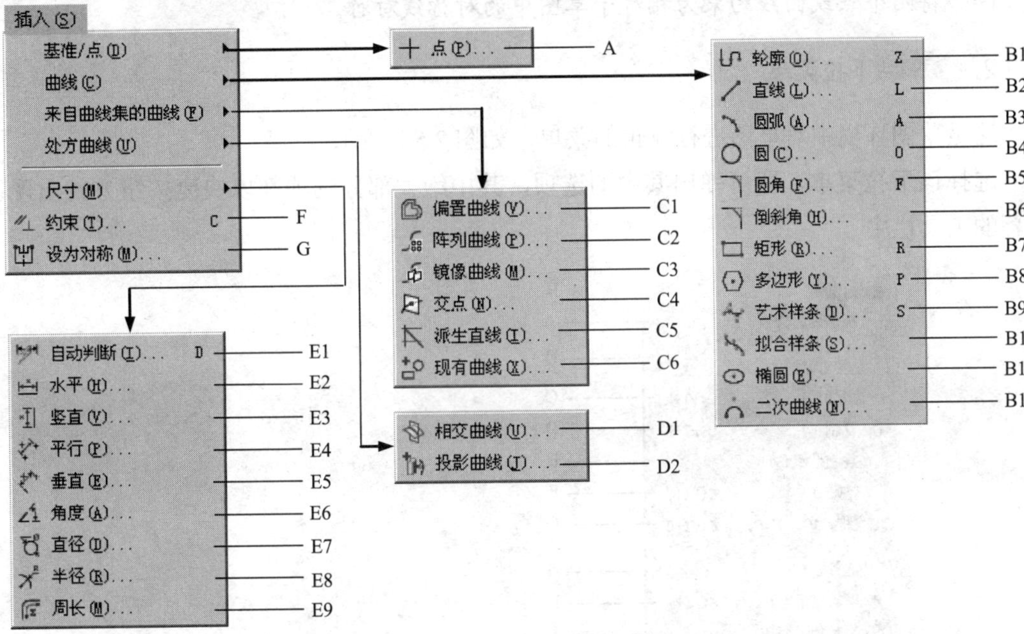

图 2.5.1 “插入”下拉菜单

C1: 创建偏置曲线。

C2: 创建阵列曲线。

C3: 创建镜像曲线。

C4: 创建交点。

C5: 创建派生直线。

C6: 将现有的共面曲线和点添加到草图中。

D1: 创建选定对象的相交曲线。

D2: 在草图上创建其他几何体的投影。

E1: 创建自动判断尺寸。

E2: 创建水平尺寸。

E3: 创建竖直尺寸。

E4: 创建平行尺寸。

E5: 创建垂直尺寸。

E6: 创建角度尺寸。

E7: 创建直径尺寸。

E8: 创建半径尺寸。

E9: 创建周长尺寸。

F: 添加草图约束。

G: 将两个点或曲线约束为相对于草图中的对称线对称。

2. 编辑(E) 下拉菜单

这是草图环境中对草图进行编辑的菜单，如图 2.5.2 所示。

选择该下拉菜单，即可弹出其中的选项，其中绝大部分选项都以快捷按钮方式出现在屏幕的工具栏中。

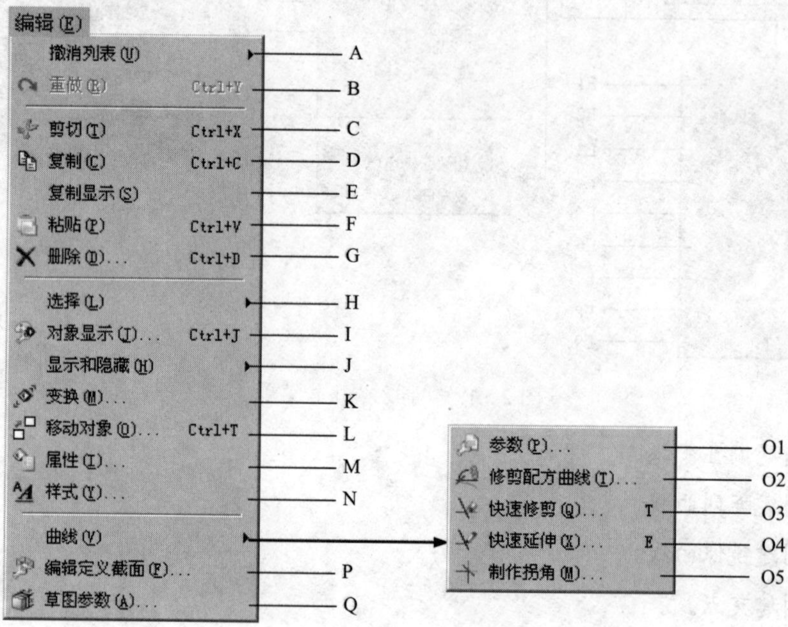

图 2.5.2 “编辑”下拉菜单

图 2.5.2 所示的“编辑”下拉菜单中各选项的说明如下：

A: 撤销前面的操作。

B: 重做。

C: 剪切选定对象并将其放到剪贴板上。

D: 将选定的对象复制到剪贴板上。

E: 复制图形窗口的对象到剪贴板。

F: 从剪贴板粘贴对象。

G: 删除选定的项目。

H: 编辑选取优先选项和过滤器。

I: 编辑选定对象的显示方式。

J: 隐藏/取消隐藏选定的对象。

K: 变换操作选定的对象。

L: 移动或旋转选定的对象。

M: 显示选定对象的属性。

N: 编辑尺寸和草图的样式。

O1: 编辑大多数曲线类型的参数。

O2: 相关的修剪配方（相交、投影）曲线到选定的边界。

O3: 将曲线修剪到最近的交点或选定的边界。

O4: 将曲线延伸至另一临近曲线或选定的对象。

O5: 延伸或修剪两曲线以制作拐角。

P: 重新编辑或定义截面。

Q: 编辑驱动活动草图尺寸的表达式。

2.6 草图的绘制

2.6.1 草图绘制概述

要绘制草图，应先从草图环境的工具条按钮区或插入(S) → 曲线(C)下拉菜单中选取一个绘图命令（由于工具条按钮简明而快捷，因此推荐优先使用），然后可通过在图形区选取点来创建对象。在绘制对象的过程中，当移动鼠标指针时，系统会自动确定可添加的约束并将其显示。绘制对象后，用户还可以对其继续添加约束。

在本节中主要介绍利用“草图曲线”工具条来创建草图对象。草图环境中提供了很多工具条方便用户使用，常用的工具条主要有“草图曲线”工具条、“草图约束”工具条和“草图操作”工具条。

草图环境中使用鼠标的说明：

- 绘制草图时，可以在图形区单击以确定点，单击中键中止当前操作或退出当前命令。
- 当不处于草图绘制状态时，单击可选取多个对象；选择对象后，右击将弹出带有最常用草图命令的快捷菜单。
- 滚动鼠标中键，可以缩放模型（该功能对所有模块都适用）：向前滚，模型缩小；向后滚，模型变大。
- 按住鼠标中键，移动鼠标，可旋转模型（该功能对所有模块都适用）。
- 先按住键盘上的 Shift 键，然后按住鼠标中键，移动鼠标可移动模型（该功能对所有模块都适用）。

2.6.2 “草图工具”工具条简介

进入草图环境后，屏幕上会出现绘制草图时所需要的“草图工具”工具条，如图 2.6.1

所示。

说明："草图工具"工具条中的按钮根据其功能可分为三大部分："绘制"部分、"约束"部分和"编辑"部分。本节将重点介绍"绘制"部分的按钮功能，其余部分功能在后面章节中会陆续介绍。

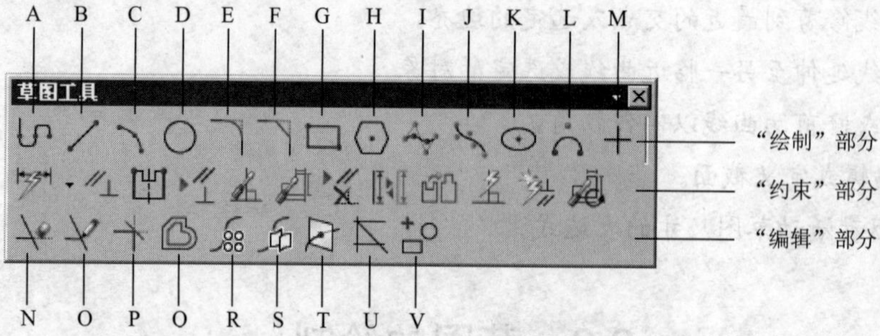

图 2.6.1 "草图工具"工具条

图 2.6.1 所示的"草图工具"工具条中"绘制"和"编辑"部分按钮的说明如下：

A（轮廓线）：单击该按钮，可以创建一系列相连的直线或截面模式的圆弧，即上一条曲线的终点作为下一条曲线的起点。

B（直线）：绘制直线。

C（圆弧）：绘制圆弧。

D（圆）：绘制圆。

E（圆角）：在两曲线间创建圆角。

F（倒斜角）：在两曲线间创建倒斜角。

G（矩形）：绘制矩形。

H（多边形）：绘制多边形。

I（艺术样条）：通过定义点或者极点来创建样条曲线。

J（拟合样条）：通过已经存在的点创建样条曲线。

K（椭圆）：根据中心点和尺寸创建椭圆。

L（二次曲线）：创建二次曲线。

M（点）：绘制点。

N（快速修剪）：单击该按钮，则可将一条曲线修剪至任一方向上最近的交点。如果曲线没有交点，可以将其删除。

O（快速延伸）：快速延伸曲线到最近的边界。

P（制作拐角）：延伸或修剪两条曲线到一个交点处创建制作拐角。

Q（偏置曲线）：偏置位于草图平面上的曲线链。

R（阵列曲线）：阵列现有草图，创建草图副本。

S（镜像曲线）：通过现有的草图，创建草图几何的副本。

T（交点）：在曲线和草图平面之间创建一个交点。

U（派生直线）：单击该按钮，则可以从已存在直线的复制得到新的直线。

V（添加现有曲线）：将现有的共面曲线和点添加到草图中。

2.6.3 UG 草图新功能介绍

在 UG NX 8.0 中绘制草图时，在工具条中单击“连续自动标注尺寸”按钮（图 2.6.2），系统可自动给绘制的草图添加尺寸标注。如图 2.6.3 所示，在草图环境中任意绘制一个矩形，系统会自动添加矩形所需要的定形和定位尺寸，使矩形全约束。

说明： 默认情况下按钮是激活的，即绘制的草图系统会自动添加尺寸标注；单击该按钮，使其弹起（即取消激活），这时绘制的草图，系统就不会自动添加尺寸标注了。由于系统自动标注的尺寸比较凌乱，而且当草图比较复杂时，有些尺寸可能不符合标注要求，所以在绘制草图时，最好是不使用自动标注尺寸功能，在本书的写作中，都没有采用自动标注。

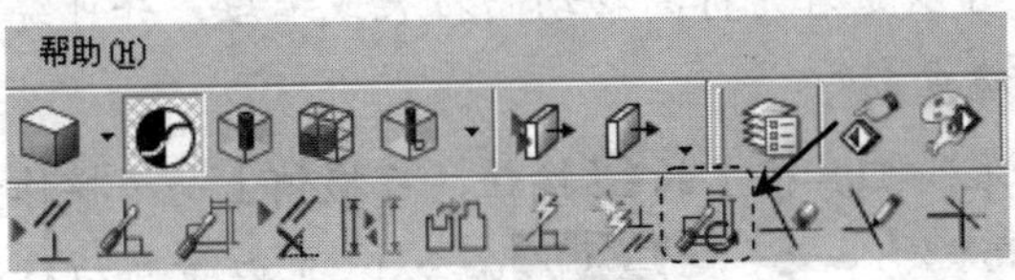

图 2.6.2 自动标注尺寸按钮

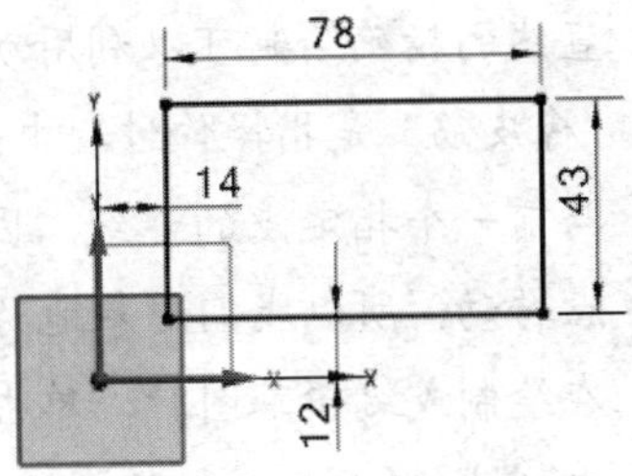

图 2.6.3 自动标注尺寸

2.6.4 绘制直线

Step1. 进入草图环境以后，选择 XY 平面为草图平面。

说明： 进入草图工作环境以后，如果是创建新草图，则首先必须选取草图平面，也就是要确定新草图在空间的哪个平面上绘制。

Step2. 选择命令。选择下拉菜单 插入(S) → 曲线(C) → 直线(L)... 命令（或单击工具栏中的“直线”按钮），系统弹出图 2.6.4 所示的“直线”工具条。

Step3. 定义直线的起始点。在系统 选择直线的第一点 的提示下，在图形区中的任意位置单击左键，以确定直线的起始点，此时可看到一条“橡皮筋”线附着在鼠标指针上。

说明： 系统提示 选择直线的第一点 显示在消息区，有关消息区的具体介绍请参见“1.5.2 ‘用户界面’首选项”的相关内容。

Step4. 定义直线的终止点。在系统 选择直线的第二点 的提示下，在图形区中的另一位置单击左键，以确定直线的终止点，系统便在两点间创建一条直线（在终点处再次单击，在直线的终点处出现另一条“橡皮筋”线）。

Step5. 单击中键，结束直线的创建。

图 2.6.4 所示的“直线”工具条的说明如下：

- XY（坐标模式）：单击该按钮（默认），系统弹出图 2.6.5 所示的动态输入框（一），可以通过输入 XC 和 YC 的坐标值来精确绘制直线，坐标值以工作坐标系（WCS）为参照。要在动态输入框的选项之间切换，可按 Tab 键。要输入值，可在文本框内输入值，然后按回车键。
- （参数模式）：单击该按钮，系统弹出图 2.6.6 所示的动态输入框（二），可以通过输入长度值和角度值来绘制直线。

图 2.6.4 “直线”工具条

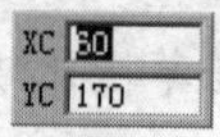

图 2.6.5 动态输入框（一）

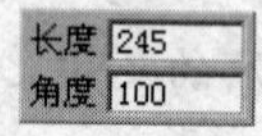

图 2.6.6 动态输入框（二）

说明：

- 直线的精确绘制可以利用动态输入框实现，其他曲线的精确绘制也一样。
- “橡皮筋”是指操作过程中的一条临时虚构线段，它始终是当前鼠标光标的中心点与前一个指定点的连线。因为它可以随着光标的移动而拉长或缩短，并可绕前一点转动，所以我们形象地称为“橡皮筋”。
- 在绘制或编辑草图时，单击“标准”工具条上的按钮，可撤销上一个操作；单击按钮（或者选择下拉菜单 编辑(E) → 重做(R) 命令），可以重新执行被撤销的操作。

2.6.5 绘制圆弧

选择下拉菜单 插入(S) → 曲线(C) → 圆弧(A)... 命令（或单击工具条中的“圆弧”按钮），系统弹出图 2.6.7 所示的“圆弧”工具条，有以下两种绘制圆弧的方法。

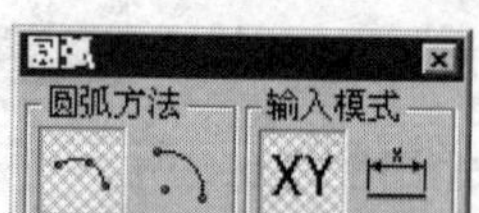

图 2.6.7 “圆弧”工具条

方法一：通过三点的圆弧——确定圆弧的两个端点和弧上的一个附加点来创建一个三点圆弧。其一般操作步骤如下：

Step1. 选择方法。单击“三点定圆弧”按钮。

Step2. 定义端点。在系统 选择圆弧的起点 的提示下，在图形区中的任意位置单击左键，以确定圆弧的起点；在系统 选择圆弧的终点 的提示下，在另一位置单击，放置圆弧的终点。

Step3. 定义附加点。在系统 在圆弧上选择一个点 的提示下，移动鼠标，圆弧呈“橡皮筋”样变化，在图形区另一位置，单击以确定圆弧。

Step4. 单击中键，结束圆弧的创建。

方法二：用中心和端点确定圆弧。其一般操作步骤如下：

Step1. 选择方法。单击“中心和端点定圆弧”按钮。

Step2. 定义圆心。在系统选择圆弧的中心点的提示下，在图形区中的任意位置单击，以确定圆弧中心点。

Step3. 定义圆弧的起点。在系统选择圆弧的起点的提示下，在图形区中的任意位置单击，以确定圆弧的起点。

Step4. 定义圆弧的终点。在系统选择圆弧的终点的提示下，在图形区中的任意位置单击，以确定圆弧的终点。

Step5. 单击中键，结束圆弧的创建。

2.6.6 绘制圆

选择下拉菜单插入(S) → 曲线(C) → 圆(C)...命令（或单击工具条中的“圆”按钮），系统弹出图 2.6.8 所示的“圆”工具条，有以下两种绘制圆的方法。

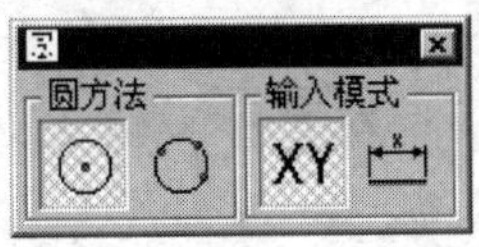

图 2.6.8 “圆”工具条

方法一：中心和半径决定的圆——通过选取中心点和圆上一点来创建圆。

中心和半径决定的圆一般操作步骤如下：

Step1. 选择方法。选中“圆心和直径定圆”按钮。

Step2. 定义圆心。在系统选择圆的中心点的提示下，在某位置单击，放置圆的中心点。

Step3. 定义圆的半径。在系统在圆上选择一个点的提示下，拖动鼠标至另一位置，单击确定圆的大小。

Step4. 单击中键，结束圆的创建。

方法二：通过三点决定的圆——通过确定圆上的三个点来创建圆。

2.6.7 绘制圆角

选择下拉菜单插入(S) → 曲线(C) → 圆角(F)...命令（或单击“圆角”按钮），可以在指定两条或三条曲线之间创建一个圆角。系统弹出图 2.6.9 所示的“圆角”工具条。该工具条中包括四个按钮：“修剪”按钮、“取消修剪”按钮、“删除第三条曲线”按钮和“创建备选圆角”按钮。

创建圆角的一般操作步骤如下：

Step1. 双击草图，单击按钮，选择下拉菜单 插入(S) → 曲线(C) → 圆角(F)... 命令。系统弹出“圆角”工具条，在工具条中单击“修剪”按钮。

Step2. 定义圆角曲线。单击选择图 2.6.10 所示的两条直线。

Step3. 定义圆角半径。拖动鼠标至适当位置，单击确定圆角的大小（或者在动态输入框中输入圆角半径，以确定圆角的大小）。

Step4. 单击中键，结束圆角的创建。

说明：

- 如果选中“取消修剪”按钮，则绘制的圆角如图 2.6.11 所示。

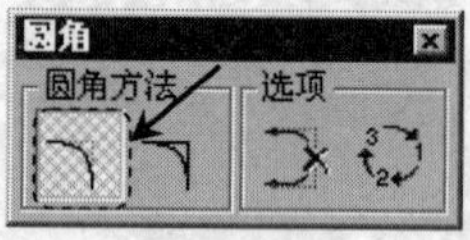

图 2.6.9 “圆角”工具条

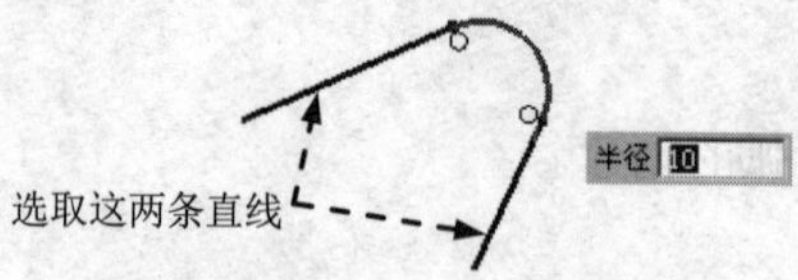

图 2.6.10 “修剪”的圆角

图 2.6.11 “取消修剪”的圆角

- 如果选中“创建备选圆角”按钮，则可以生成每一种可能的圆角（或按 Page Down 键选择所需的圆角），如图 2.6.12 和图 2.6.13 所示。

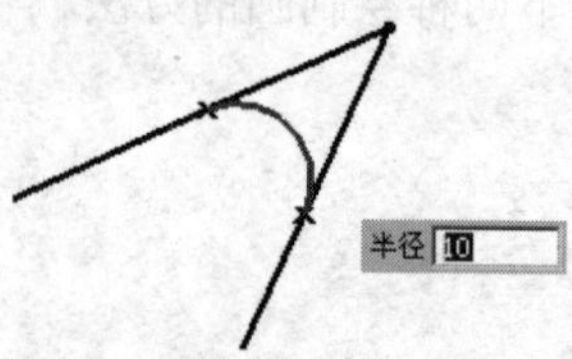

图 2.6.12 “创建备选圆角”的选择（一）

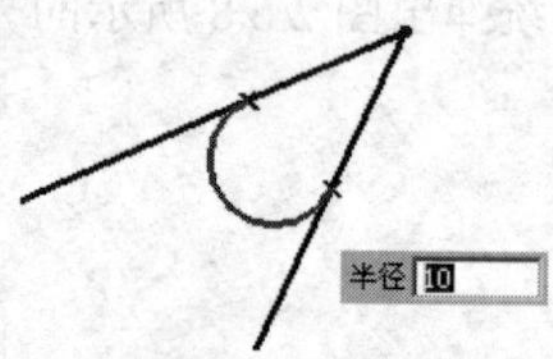

图 2.6.13 “创建备选圆角”的选择（二）

2.6.8 绘制矩形

选择下拉菜单 插入(S) → 曲线(C) → 矩形(R)... 命令（或单击“矩形”按钮），系统弹出图 2.6.14 所示的“矩形”工具条，可以在草图平面上绘制矩形。在绘制草图时，使用该命令可省去绘制四条线段的麻烦。共有三种绘制矩形的方法，下面将分别介绍。

方法一：按两点——通过选取两对角点来创建矩形，其一般操作步骤如下：

Step1. 选择方法。选中“按两点”按钮。

Step2. 定义第一个角点。在图形区某位置单击，放置矩形的第一个角点。

Step3. 定义第二个角点。再次在图形区另一位置单击，放置矩形的另一个角点。

Step4. 单击中键，结束矩形的创建，结果如图 2.6.15 所示。

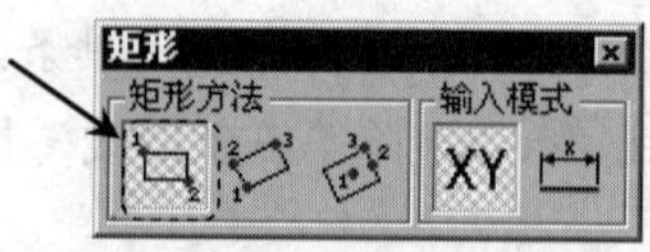

图 2.6.14 “矩形”工具条

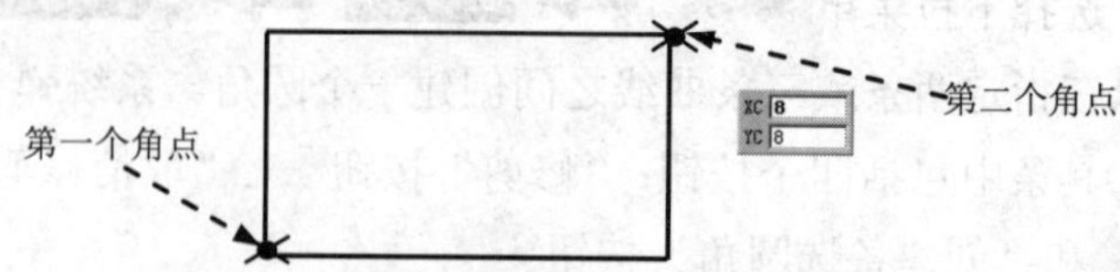

图 2.6.15 两点方式

方法二：按三点——通过选取三个顶点来创建矩形，其一般操作步骤如下：

Step1. 选择方法。单击“按三点”按钮。

Step2. 定义第一个顶点。在图形区某位置单击，放置矩形的第一个顶点。

Step3. 定义第二个顶点。在图形区另一位置单击，放置矩形的第二个顶点（第一个顶点和第二个顶点之间的距离即矩形的宽度），此时矩形呈“橡皮筋”样变化。

Step4. 定义第三个顶点。再次在图形区单击，放置矩形的第三个顶点（第二个顶点和第三个顶点之间的距离即矩形的高度）。

Step5. 单击中键，结束矩形的创建，结果如图 2.6.16 所示。

方法三：从中心——通过选取中心点、一条边的中点和顶点来创建矩形，其一般操作步骤如下：

Step1. 选择方法。单击“从中心”按钮。

Step2. 定义中心点。在图形区某位置单击，放置矩形的中心点。

Step3. 定义第二个点。在图形区另一位置单击，放置矩形的第二个点（一条边的中点），此时矩形呈“橡皮筋”样变化。

Step4. 定义第三个点。再次在图形区单击，放置矩形的第三个点。

Step5. 单击中键，结束矩形的创建，结果如图 2.6.17 所示。

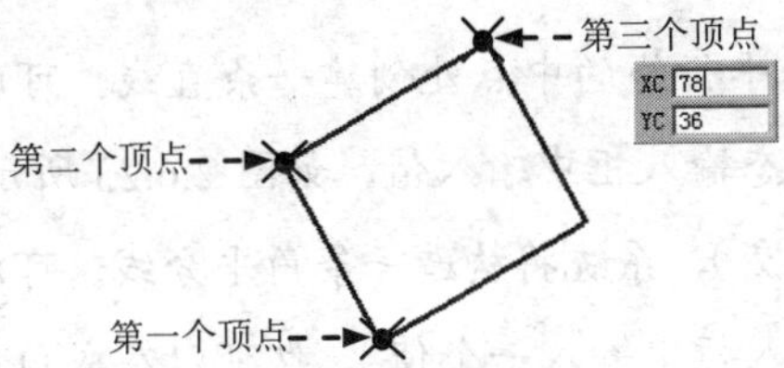

图 2.6.16　三点方式

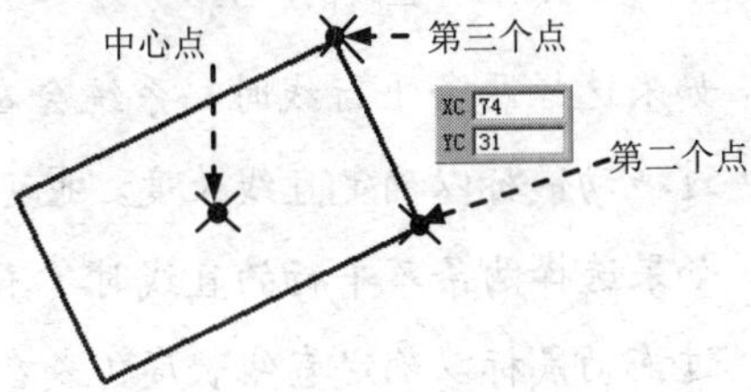

图 2.6.17　从中心方式

2.6.9　绘制轮廓线

轮廓线包括直线和圆弧。

选择下拉菜单 插入(S) → 曲线(C) → 轮廓(O)... 命令（或单击按钮），系统弹出图 2.6.18 所示的“轮廓”工具条。

具体操作过程参照前面直线和圆弧的绘制，不再赘述。

绘制轮廓线的说明：

- 轮廓线与直线和圆弧的区别在于，轮廓线可以绘制连续的对象，如图 2.6.19 所示。
- 绘制时，按下、拖动并释放鼠标左键，直线模式变为圆弧模式，如图 2.6.20 所示。
- 利用动态输入框可以绘制精确的轮廓线。

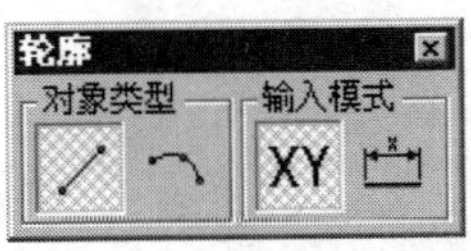

图 2.6.18　“轮廓”工具条

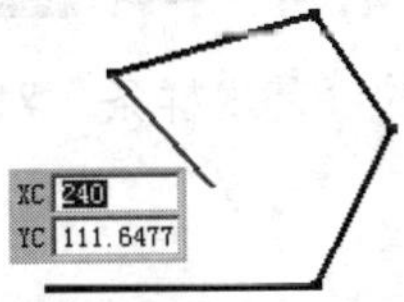

图 2.6.19　绘制连续的对象

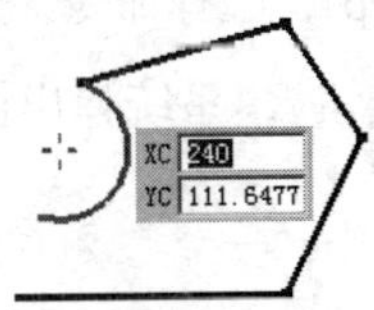

图 2.6.20　用“轮廓线”命令绘制弧

2.6.10 绘制派生直线

选择下拉菜单 插入(S) → 来自曲线集的曲线(F) → 派生直线(I)... 命令（或单击按钮），可绘制派生直线，其一般操作步骤如下：

Step1. 定义参考直线。单击选取图 2.6.21 所示的直线为参考。

Step2. 定义派生直线的位置。拖动鼠标至另一位置单击，以确定派生直线的位置。

Step3. 单击中键，结束派生直线的创建，结果如图 2.6.22 所示。

说明：

- 如需要派生多条直线，可以在上述 Step2 中，在图形区合适的位置继续单击，然后单击中键完成，结果如图 2.6.21 所示。

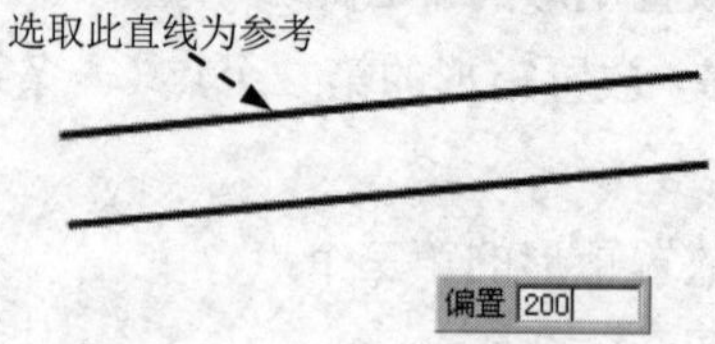

图 2.6.21 直线的派生（一）

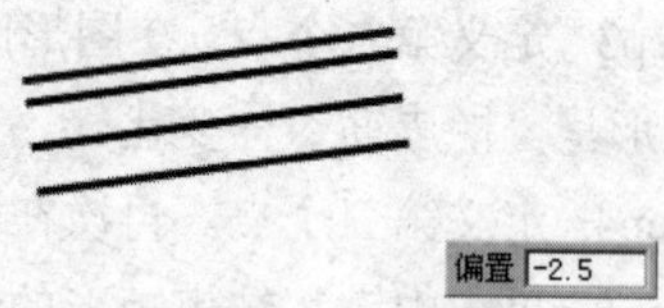

图 2.6.22 直线的派生（二）

- 如果选择两条平行线时，系统会在这两条平行线的中点处创建一条直线。可以通过拖动鼠标以确定直线长度，也可以在动态输入框中输入值，如图 2.6.23 所示。
- 如果选择两条不平行的直线时（不需要相交），系统将构造一条角平分线。可以通过拖动鼠标以确定直线长度（或在动态输入框中输入一个值），也可以在成角度的两条直线的任意象限放置平分线，如图 2.6.24 所示。

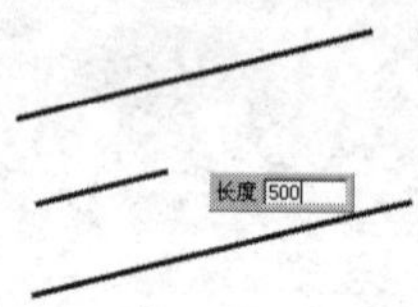

图 2.6.23 派生两条平行线中间的直线

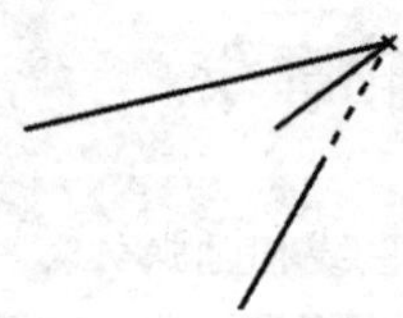

图 2.6.24 派生角平分线

2.6.11 样条曲线

样条曲线是指利用给定的若干个点拟合出的多项式曲线，样条曲线采用的是近似的拟合方法，但可以很好地满足工程需求，因此得到了较为广泛的应用。下面通过创建图 2.6.25a 所示的曲线，来说明创建艺术样条的一般过程。

Step1. 选择命令。选择下拉菜单 插入(S) → 曲线(C) → 艺术样条(D)... 命令（或单击按钮），系统弹出图 2.6.26 所示的“艺术样条”对话框。

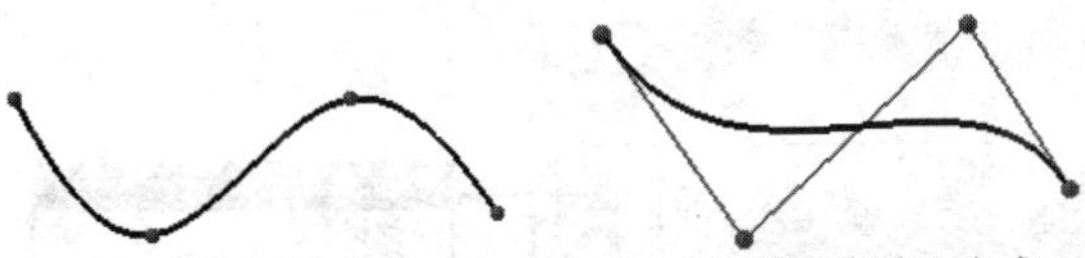

a）“通过点”方式　　b）“根据极点”方式

图 2.6.25　艺术样条的创建

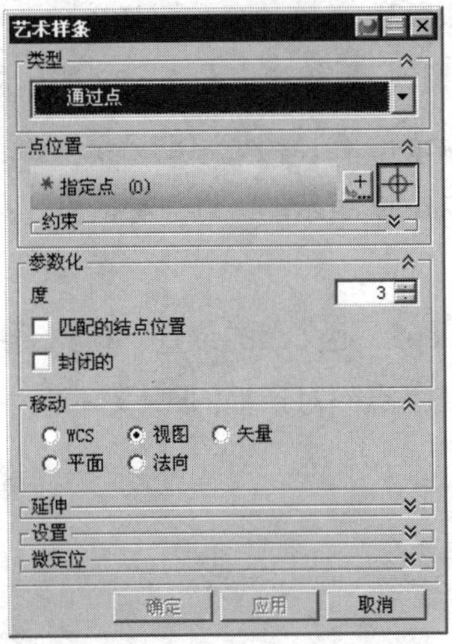

图 2.6.26　“艺术样条”对话框

图 2.6.26 所示“艺术样条”对话框中各按钮的说明如下：

- 通过点（通过点）：创建的艺术样条曲线通过所选择的点。
- 根据极点（根据极点）：创建的艺术样条曲线由所选择点的极点方式来约束。

Step2. 定义曲线类型。在对话框中的类型下拉列表中选择通过点选项，依次在图 2.6.25a 所示的各点位置单击，系统生成图 2.6.25a 所示的“通过点”方式创建的样条。

说明：如果选择根据极点选项，依次在图 2.6.25b 所示的各点位置单击，系统则生成图 2.6.25b 所示的“根据极点”方式创建的样条。

Step3. 在“艺术样条”对话框中单击< 确定 >按钮（或单击中键），完成样条曲线的创建。

2.6.12　点的绘制及“点”对话框

使用 UG NX 8.0 软件绘制草图时，经常需要构造点来定义草图平面上的某一位置。下面通过图 2.6.27 来说明点的构造过程。

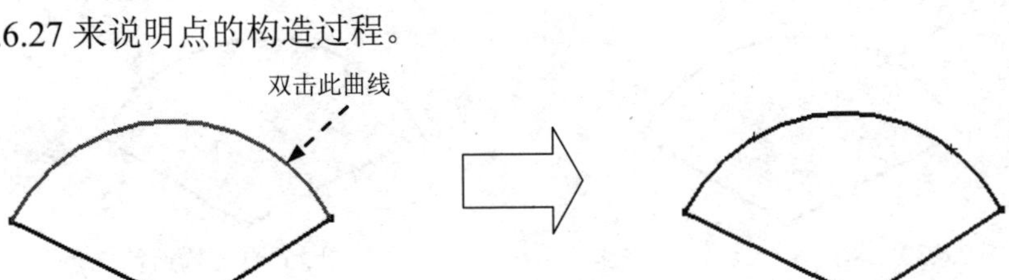

a）构造点前　　b）构造点后

图 2.6.27　构造点

Step1. 打开文件 D:\dbugnx8.1\work\ch02\ch02.06\point.prt。

Step2. 进入草图环境。双击草图，单击按钮，系统进入草图环境。

Step3. 选择命令。选择下拉菜单 插入(S) ➡ 基准/点(D)▸ ➡ + 点(P)... 命令（或单击 + 按钮），系统弹出图 2.6.28 所示的“草图点”对话框。

Step4. 选择构造点的方法。在“草图点”对话框中单击“点对话框”按钮，系统弹出图 2.6.29 所示的“点”对话框，在“点”对话框中的 类型 下拉列表中选择 圆弧/椭圆上的角度 选项。

Step5. 定义点的位置。根据系统 选择圆弧或椭圆用作角度参考 的提示，选取图 2.6.27a 所示的圆弧，在“点”对话框的 角度 文本框中输入值 120。

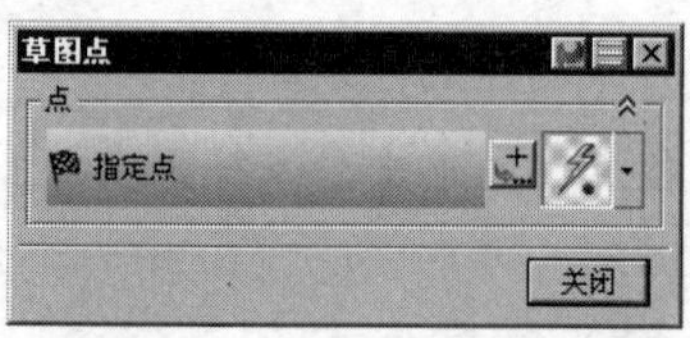

图 2.6.28 “草图点”对话框

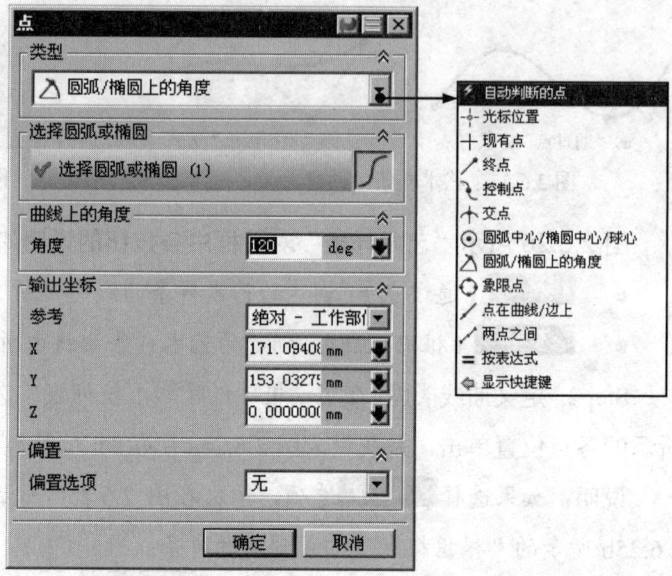

图 2.6.29 “点”对话框

Step6. 单击“点”对话框中的 确定 按钮，完成第一点的构造，结果如图 2.6.30 所示。

Step7. 在“点”对话框中的 类型 下拉列表中选择 点在曲线/边上 选项，选取图 2.6.27a 所示的圆弧，在“点”对话框的 弧长百分比 文本框中输入值 20，单击 确定 按钮，完成第二点的构造，结果如图 2.6.31 所示。

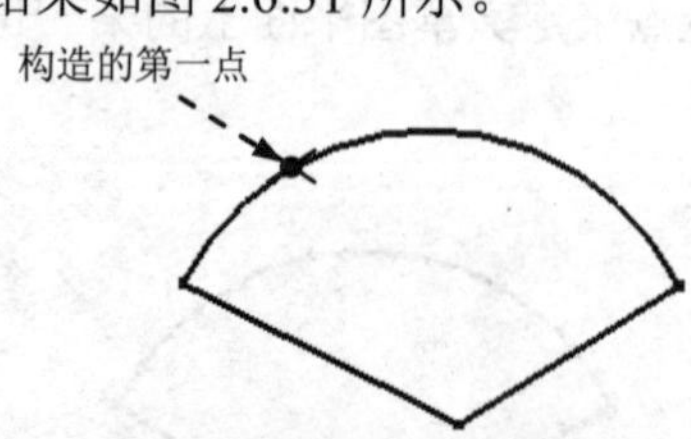

图 2.6.30 构造第一点

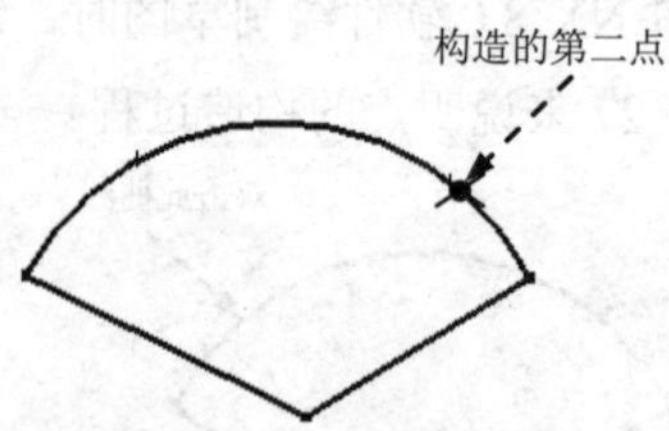

图 2.6.31 构造第二点

Step8. 单击 完成草图 按钮，完成草图并退出草图环境。

图 2.6.29 所示的“点”对话框中的下拉列表各选项说明如下：

- 自动判断的点：根据光标的位置自动判断所选的点。它包括了下面介绍的所有点的选择方式。

- 光标位置：将鼠标光标移至图形区某位置并单击，系统则在单击的位置处创建一个点。如果创建点是在一个草图中进行，则创建的点位于当前草图平面上。
- 现有点：在图形区选择已经存在的点。
- 终点：通过选取已存在曲线（如线段、圆弧、二次曲线及其他曲线）的终点创建一个点。在选取终点时，光标的位置对终点的选取有很大的影响，一般系统会选取曲线上离光标最近的终点。
- 控制点：通过选取曲线的控制点创建一个点。控制点与曲线类型有关，可以是存在点、线段的中点或端点，开口圆弧的端点、中点或中心点，二次曲线的端点和样条曲线的定义点或控制点。
- 交点：通过选取两条曲线的交点、一曲线和一曲面或一平面的交点创建一个点。在选取交点时，若两对象的交点多于一个，系统会在靠近第二个对象的交点创建一个点；若两段曲线并未实际相交，则系统会选取两者延长线上的相交点；若选取的两段空间曲线并未实际相交，则系统会选取最靠近第一对象处创建一个点或规定新点的位置。
- 圆弧中心/椭圆中心/球心：通过选取圆／圆弧、椭圆或球的中心点创建一个点。
- 圆弧/椭圆上的角度：沿弧或椭圆的一个角度（与坐标轴 XC 正向所成的角度）位置上创建一个点。
- 象限点：通过选取圆弧或椭圆弧的象限点，即四分点创建一个点。创建的象限点是离光标最近的那个四分点。
- 点在曲线/边上：通过选取曲线或物体边缘上的点创建一个点。
- 两点之间：在两点之间指定一个位置。
- 按表达式：使用点类型的表达式指定点。

2.7　草图的编辑

2.7.1　直线的操纵

UG NX 8.0 提供了对象操纵功能，可方便地旋转、拉伸和移动对象。

操纵 1 的操作流程，如图 2.7.1 所示：把鼠标指针移到直线端点上，按下左键不放，同时移动鼠标，此时直线以远离鼠标指针的那个端点为圆心转动，达到绘制意图后，松开鼠标左键。

操纵 2 的操作流程，如图 2.7.2 所示：在图形区，把鼠标指针移到直线上，按下左键不放，同时移动鼠标，此时会看到直线随着鼠标移动，达到绘制意图后，松开鼠标左键。

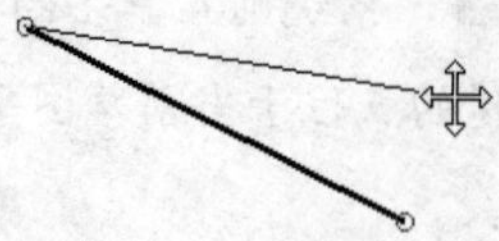

图 2.7.1 操纵 1：直线的转动和拉伸

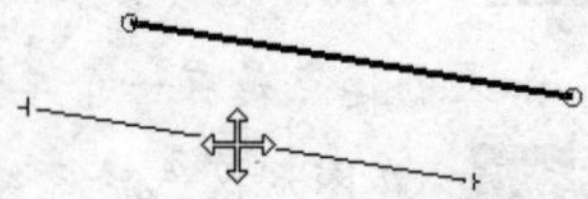

图 2.7.2 操纵 2：直线的移动

2.7.2 圆的操纵

操纵 1 的操作流程（图 2.7.3）：把鼠标指针移到圆的边线上，按下左键不放，同时移动鼠标，此时会看到圆在变大或缩小，达到绘制意图后，松开鼠标左键。

操纵 2 的操作流程（图 2.7.4）：把鼠标指针移到圆心上，按下左键不放，同时移动鼠标，此时会看到圆随着指针一起移动，达到绘制意图后，松开鼠标左键。

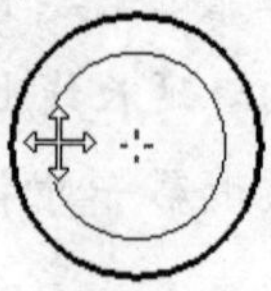

图 2.7.3 操纵 1：圆的缩放

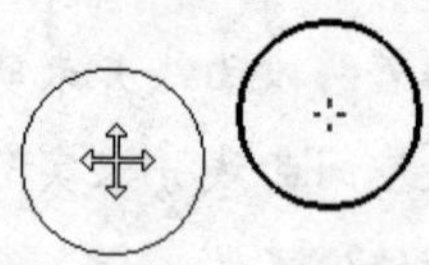

图 2.7.4 操纵 2：圆的移动

2.7.3 圆弧的操纵

操纵 1 的操作流程（图 2.7.5）：把鼠标指针移到圆弧上，按下左键不放，同时移动鼠标，此时会看到圆弧半径变大或变小，达到绘制意图后，松开鼠标左键。

操纵 2 的操作流程（图 2.7.6）：把鼠标指针移到圆弧的某个端点上，按下左键不放，同时移动鼠标，此时会看到圆弧以另一端点为固定点旋转，并且圆弧的包角也在变化，达到绘制意图后，松开鼠标左键。

操纵 3 的操作流程（图 2.7.7）：把鼠标指针移到圆心上，按下左键不放，同时移动鼠标，此时圆弧随着指针一起移动，达到绘制意图后，松开鼠标左键。

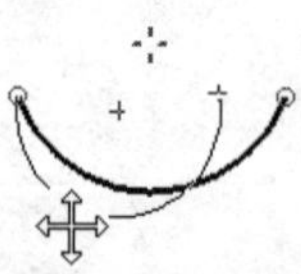

图 2.7.5 操纵 1：改变圆弧的半径

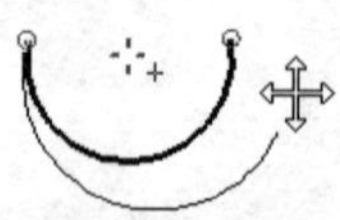

图 2.7.6 操纵 2：改变圆弧的位置

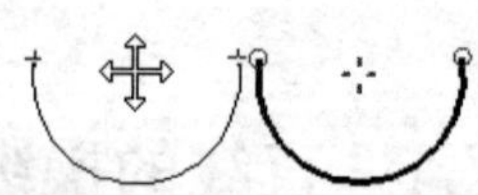

图 2.7.7 操纵 3：圆弧的移动

2.7.4 样条曲线的操纵

操纵 1 的操作流程（图 2.7.8）：把鼠标指针移到样条曲线的某个端点或定位点上，按下左键不放，同时移动鼠标，此时样条线拓扑形状（曲率）不断变化，达到绘制意图后，松开鼠标左键。

操纵 2 的操作流程（图 2.7.9）：把鼠标指针移到样条曲线上，按下左键不放，同时移动鼠标，此时样条曲线随着鼠标移动，达到绘制意图后，松开鼠标左键。

图 2.7.8　操纵 1：改变曲线的形状

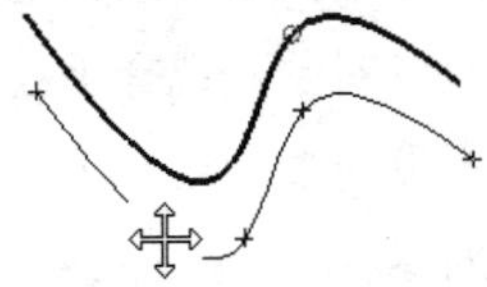

图 2.7.9　操纵 2：曲线的移动

2.7.5　制作拐角

“制作拐角”命令是通过两条曲线延伸或修剪到公共交点来创建的拐角。此命令应用于直线、圆弧、开放式二次曲线和开放式样条等，其中开放式样条仅限修剪。

创建“制作拐角”的一般操作步骤如下：

Step1. 选择命令。选择下拉菜单 编辑(E) → 曲线(V)▸ → 制作拐角(M)... 命令（或单击“制作拐角”按钮），系统弹出图 2.7.10 所示的“制作拐角”对话框。

Step2. 定义要制作拐角的两条曲线。单击选择图 2.7.11 所示的两条直线。

Step3. 单击中键，完成制作拐角的创建。

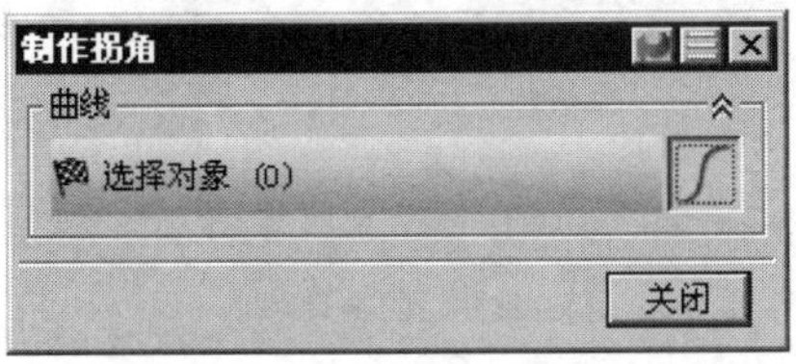

图 2.7.10　“制作拐角”对话框

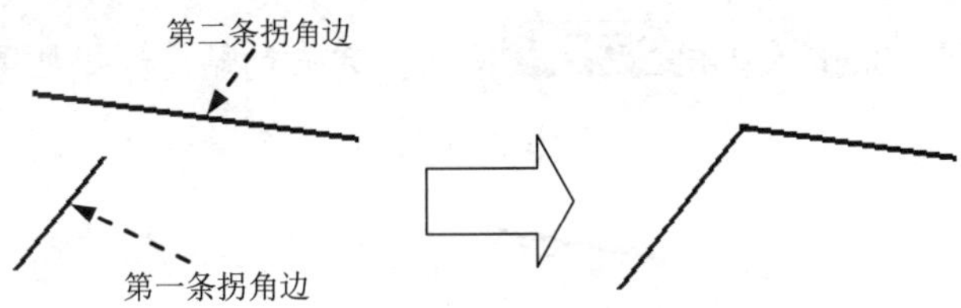

a）制作前　　b）制作后

图 2.7.11　制作拐角

2.7.6　删除对象

Step1. 在图形区单击或框选要删除的对象（框选时要框住整个对象），此时可看到选中的对象变成蓝色。

Step2. 按一下键盘上的 Delete 键，所选对象即被删除。

说明：要删除所选的对象，还有下面四种方法。

- 在图形区单击鼠标右键，在系统弹出的快捷菜单中选择 删除(D) 命令。
- 选择 编辑(E) 下拉菜单中的 删除(D)... 命令。
- 单击“标准”工具条中的按钮。
- 按一下键盘上的 Ctrl + D 组合键。

注意：如要恢复已删除的对象，可用键盘的 Ctrl+Z 组合键来完成。

2.7.7 复制对象

Step1. 在图形区单击或框选要复制的对象（框选时要框住整个对象）。

Step2. 复制对象。选择下拉菜单 编辑(E) ➡ 复制(C) 命令，将对象复制到剪贴板。

Step3. 粘贴对象。选择下拉菜单 编辑(E) ➡ 粘贴(P) 命令，系统弹出图 2.7.12 所示的“粘贴”对话框。

Step4. 定义变换类型。在“粘贴”对话框中的 运动 下拉列表中选择 动态 选项，将复制对象移动到合适的位置单击。

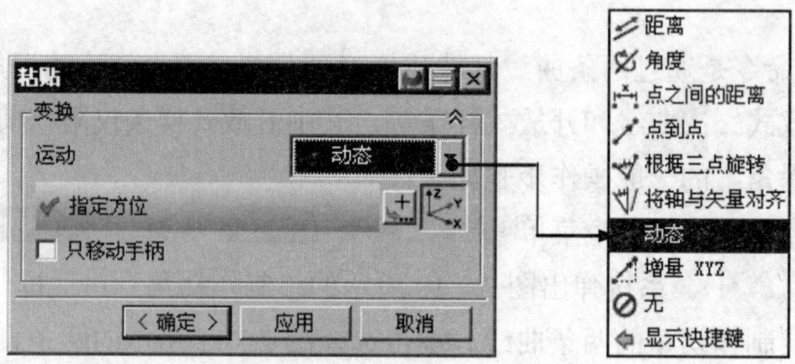

图 2.7.12 “粘贴”对话框

Step5. 单击 < 确定 > 按钮，完成粘贴，结果如图 2.7.13b 所示。

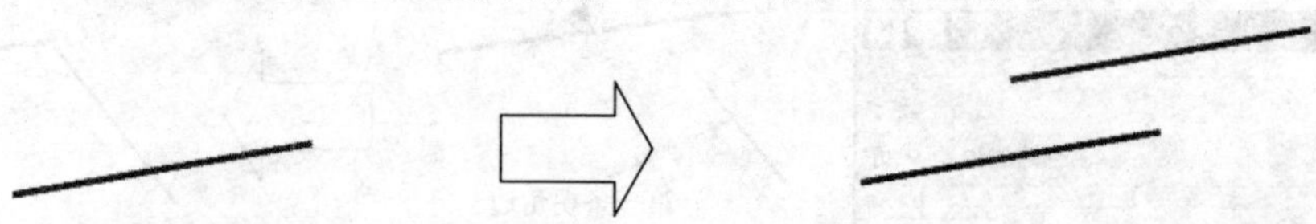

a）要复制的对象　　b）复制/粘贴后的结果

图 2.7.13 对象的复制/粘贴

2.7.8 快速修剪

Step1. 选择命令。选择下拉菜单 编辑(E) ➡ 曲线(V) ➡ 快速修剪(Q)... 命令（或单击按钮）。系统弹出图 2.7.14 所示的“快速修剪”对话框。

Step2. 定义修剪对象。依次单击图 2.7.15a 所示的需要修剪的部分。

Step3. 单击中键。完成对象的修剪，结果如图 2.7.15b 所示。

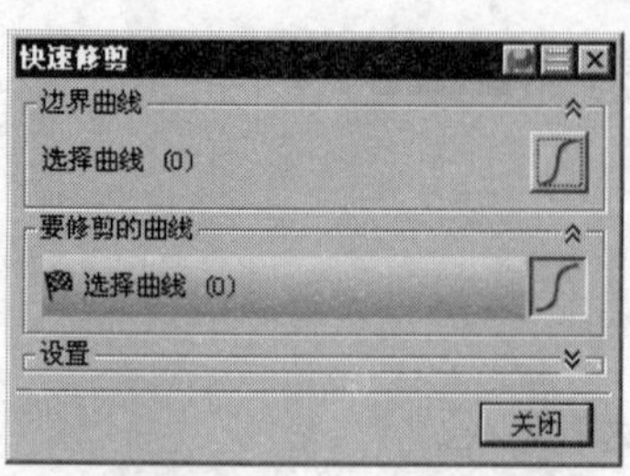

图 2.7.14 “快速修剪”对话框

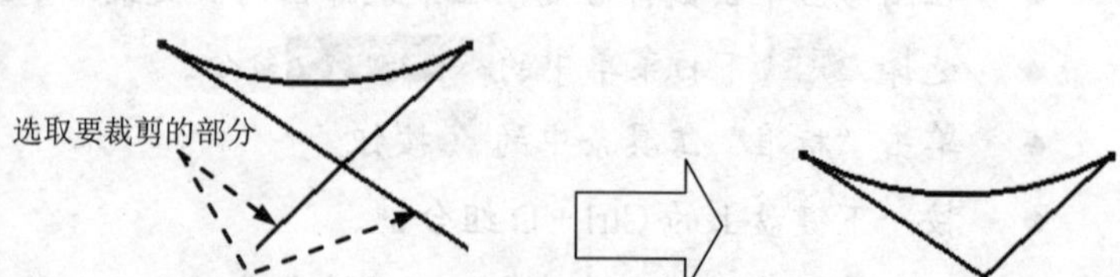

a）裁剪前　　b）裁剪后

图 2.7.15 快速裁剪

2.7.9　快速延伸

Step1. 选择下拉菜单 编辑(E) → 曲线(V)▸ → 快速延伸(X)... 命令（或单击按钮）。

Step2. 选择图 2.7.16a 中所示的曲线，完成曲线到下一个边界的延伸，如图 2.7.16b 所示。

说明： 在延伸时，系统自动选择最近的曲线作为延伸边界。

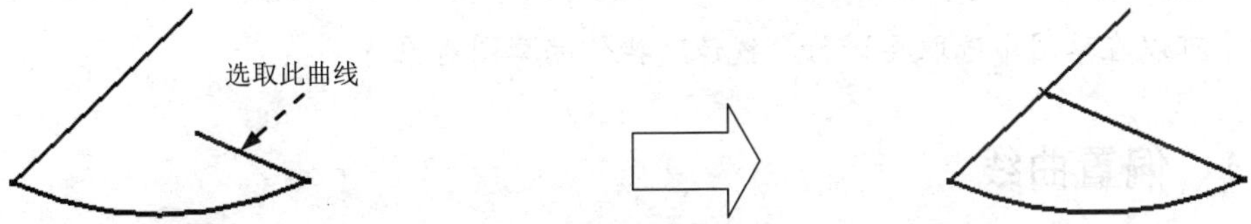

a）延伸前　b）延伸后

图 2.7.16　快速延伸

2.7.10　镜像

镜像操作是将草图对象以一条直线为对称中心，将所选取的对象以这条对称中心为轴进行复制，生成新的草图对象。镜像生成的对象与原对象形成一个整体，并且保持相关性。“镜像”操作在绘制对称图形时是非常有用的。下面以图 2.7.17 所示的范例来说明“镜像”的一般操作步骤。

Step1. 打开文件 D:\dbugnx8.1\work\ch02\ch02.07\mirror.prt，如图 2.7.17a 所示。

Step2. 双击草图，单击按钮，系统进入草图环境。

Step3. 选择命令。选择下拉菜单 插入(S) → 来自曲线集的曲线(F)▸ → 镜像曲线(M)... 命令（或单击按钮），系统弹出“镜像曲线”对话框，如图 2.7.18 所示。

Step4. 定义镜像对象。在“镜像曲线”对话框中单击“曲线”按钮，选取图形区中需要镜像的草图曲线。

Step5. 定义中心线。单击“镜像曲线”对话框中的“中心线”按钮，选择图 2.7.17a 所示的竖直轴线作为镜像中心线。

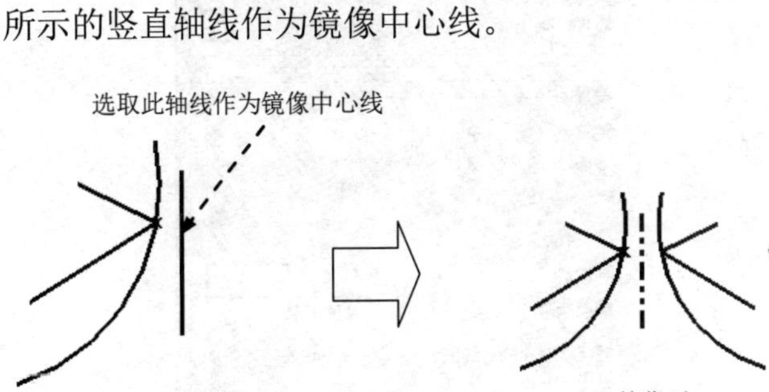

a）镜像前　b）镜像后

图 2.7.17　镜像操作

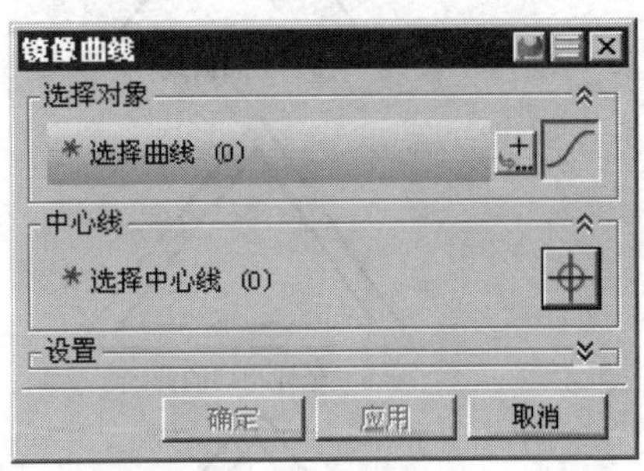

图 2.7.18　“镜像曲线”对话框

注意： 选择的镜像中心线不能是镜像对象的一部分，否则无法完成镜像操作。

Step6. 单击 应用 按钮，则完成镜像操作（如果没有别的镜像操作，直接单击 <确定>

按钮），结果如图 2.7.17b 所示。

图 2.7.18 所示的“镜像曲线”对话框中各选项的功能说明如下：

- （中心线）：用于选择存在的直线或轴作为镜像的中心线。选择草图中的直线作为镜像中心线时，所选的直线会变成参考线，暂时失去作用。如果要将其转化为正常的草图对象，可用“草图工具”工具条中的“转换为参考的/激活的”功能，其具体内容将会在 2.9.6 节中介绍。
- （曲线）：用于选择一个或多个要镜像的草图对象。在选取镜像中心线后，用户可以在草图中选取要进行“镜像”操作的草图对象。

2.7.11　偏置曲线

偏置曲线就是对当前草图中的曲线进行偏移，从而产生与源曲线相关联、形状相似的新的曲线。可偏移的曲线包括基本绘制的曲线、投影曲线以及边缘曲线等。创建图 2.7.19 所示的偏置曲线的具体步骤如下：

Step1. 打开文件 D:\dbugnx8.1\work\ch02\ch02.07\offset.prt。

Step2. 双击草图，单击按钮，进入草图环境。

Step3. 选择命令。选择下拉菜单 插入(S) → 来自曲线集的曲线(F) → 偏置曲线(V)... 命令，系统弹出图 2.7.20 所示的“偏置曲线”对话框。

Step4. 定义偏置曲线。在图形区选择 2.7.19a 所示的草图。

Step5. 定义偏置参数。在 距离 后的文本框中输入偏置距离值 5，取消选中 □ 创建尺寸 复选框。

Step6. 定义端盖选项。在 端盖选项 下拉列表中选择 延伸端盖 选项。

说明：如果在 端盖选项 下拉列表中选择 圆弧帽形体 选项，则偏置后的结果如图 2.7.19c 所示。

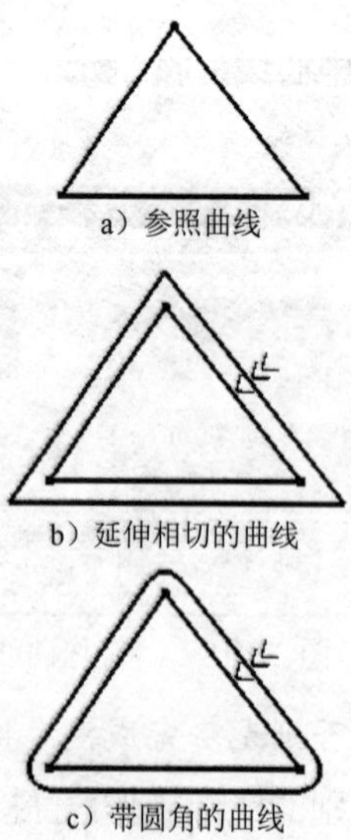
a）参照曲线
b）延伸相切的曲线
c）带圆角的曲线

图 2.7.19　偏置曲线的创建

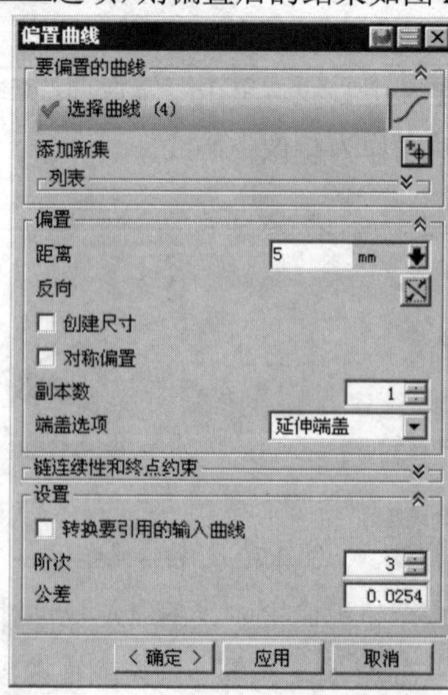

图 2.7.20　“偏置曲线”对话框

Step7. 定义近似公差。接受 公差 文本框中默认的偏置曲线公差值。

Step8. 定义偏置对象。单击 应用 按钮，完成指定曲线偏置操作。还可以对其他对象进行相同的操作，操作完成后，单击 < 确定 > 按钮完成所有曲线的偏置操作。

注意：可以单击“偏置曲线”对话框中的按钮改变偏置的方向。

2.7.12　编辑定义截面

草图曲线一般可用于拉伸、旋转和扫描等特征的剖面，如果要改变特征剖面的形状，可以通过“编辑定义截面”功能来实现。图 2.7.21 所示的编辑定义截面的具体操作步骤如下：

Step1. 打开文件 D:\dbugnx8.1\work\ch02\ch02.07\edit defined curve.prt。

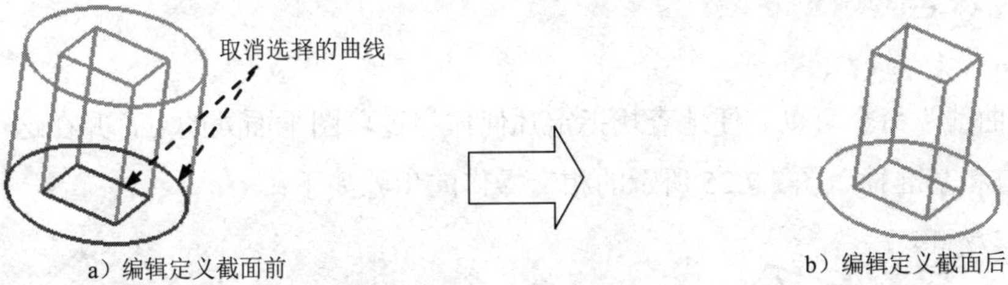

图 2.7.21　编辑定义截面

Step2. 在特征树中右击草图，在系统弹出的快捷菜单中选择 可回滚编辑... 命令，进入草图编辑环境。选择下拉菜单 编辑(E) → 编辑定义截面(F)... 命令（或单击“草图工具”工具条中的“编辑定义截面”按钮），系统弹出图 2.7.22 所示的“编辑定义截面”对话框（如果当前草图中没有曲线经过拉伸、旋转等操作来生成几何体，系统弹出现图 2.7.23 所示的“编辑定义截面”对话框中的警告信息）。

图 2.7.22　“编辑定义截面”对话框

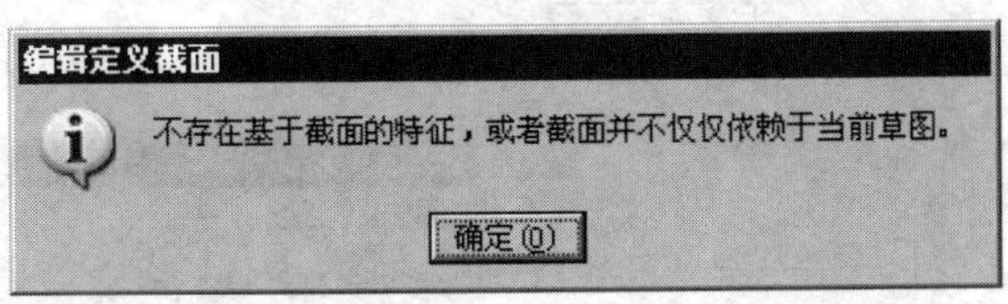

图 2.7.23　“编辑定义截面”对话框的警告信息

Step3. 按住 Shift 键，在草图中选取图 2.7.21a 所示（曲线以高亮显示）的曲线，系统则排除整个草图曲线；再选择图 2.7.24 所示的曲线——矩形的 4 条线段（此时不用按住 Shift 键）作为新的草图截面，单击对话框中的“替换助理”按钮。

说明：用 Shift+左键选择要移除的对象；用左键选择要添加的对象。

Step4. 单击 确定 按钮，完成草图截面的编辑。单击 完成草图 按钮，退出草图环境。

Step5. 更新模型。选择下拉菜单 工具(T) → 更新(U) ▸ → 更新以获取外部更改(E) 命令，结果如图 2.7.21b 所示。

说明：此处如果不进行更新就无法看到编辑后的结果。

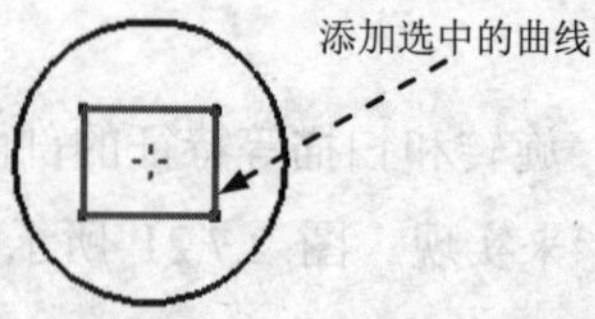

图 2.7.24 添加选中的曲线

2.7.13 交点

“相交曲线”命令可以方便地查找指定几何体穿过草图平面处的点，并在这个位置创建一个关联点和基准轴。图 2.7.25 所示的相交操作的步骤如下：

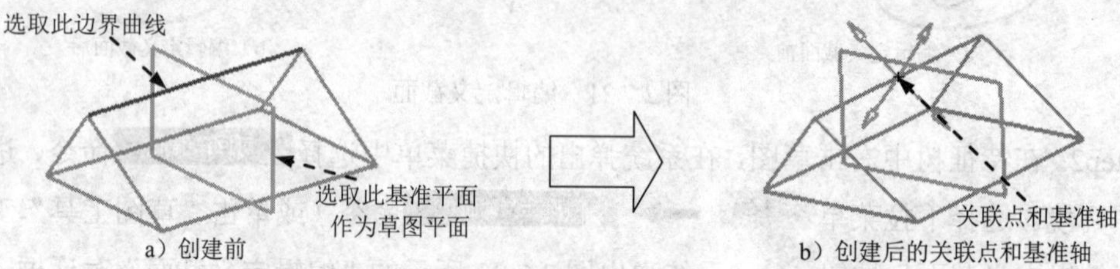

图 2.7.25 相交操作

Step1. 打开文件 D:\dbugnx8.1\work\ch02\ch02.07\intersect.prt。

Step2. 选择下拉菜单 插入(S) → 任务环境中的草图(S)... 命令，选取图 2.7.25a 所示的基准平面为草图平面，单击 确定 按钮。

Step3. 选择下拉菜单 插入(S) → 来自曲线集的曲线(F) ▸ → 交点(N)... 命令（或单击“交点”按钮），系统弹出图 2.7.26 所示的“交点”对话框。

Step4. 选取要相交的曲线。按照系统提示选取图 2.7.25a 所示的边线为相交曲线。

Step5. 单击 < 确定 > 按钮，生成图 2.7.25b 所示的关联点和基准轴。

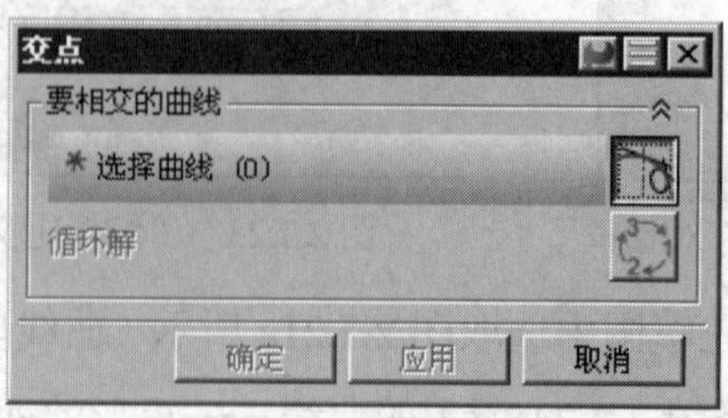

图 2.7.26 “交点”对话框

图 2.7.26 所示的“交点”对话框中的各选项说明如下：

- （曲线）：用于选择要创建交点的曲线（或路径），默认情况下为打开。
- （循环解）：可以在几个备选解之间切换，如果路径与草图平面在多点相交，或者路径是开环，没有与草图平面相交，“草图生成器”从路径开始处标识可能的解。如果路径是开环，则可以延伸一个或两个端点，使其与草图平面相交。

2.7.14　相交曲线

“相交曲线”命令可以通过用户指定的面与草图基准平面相交产生一条曲线。下面以图 2.7.27 所示的模型为例，讲解相交曲线的操作步骤。

Step1. 打开文件 D:\dbugnx8.1\work\ch02\ch02.07\intersect01.prt。

Step2. 定义草绘平面。选择下拉菜单 插入(S) → 任务环境中的草图(S)... 命令，选取 XY 平面作为草图平面，单击 确定 按钮。

Step3. 选择命令。选择下拉菜单 插入(S) → 处方曲线(U) → 相交曲线(U)... 命令（或单击“相交曲线”按钮），系统弹出图 2.7.28 所示的“相交曲线”对话框。

Step4. 选取要相交的面。选取图 2.7.27a 所示的模型表面为要相交的面，即产生图 2.7.27b 所示的相交曲线，接受默认的 距离公差 值和 角度公差 值。

Step5. 单击“相交曲线”对话框中的 < 确定 > 按钮，完成相交曲线的创建。

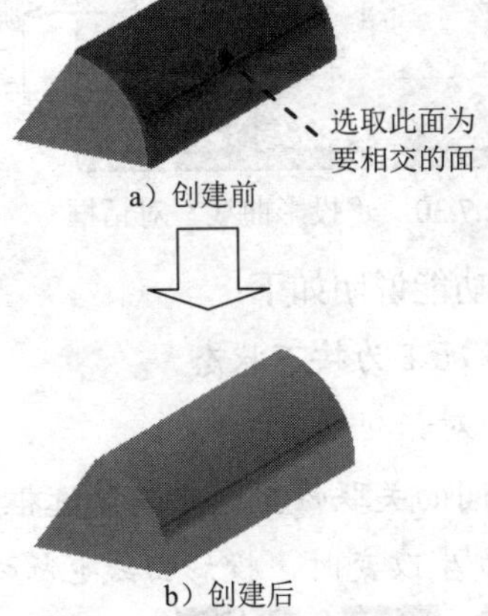

图 2.7.27　相交操作

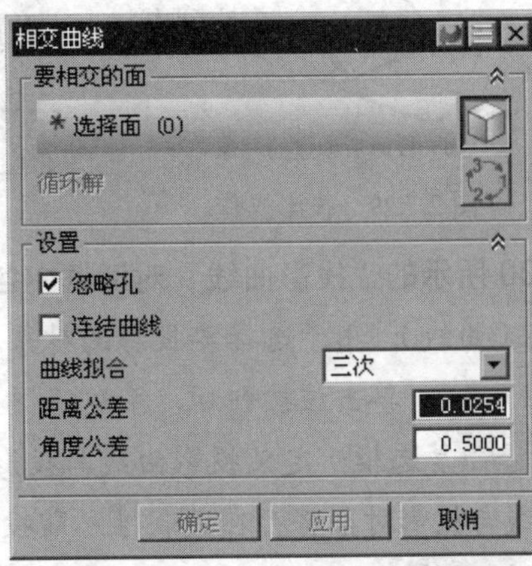

图 2.7.28　“相交曲线”对话框

图 2.7.28 所示的“相交曲线”对话框中各工具按钮的功能说明如下：

- （面）：选择要在其上创建相交曲线的面。
- 忽略孔 选项：当选取的“要相交的面”上有孔特征时，勾选此复选框后，系统会在曲线遇到的第一个孔处停止相交曲线。
- 连结曲线 选项：用于多个“相交曲线”之间的连结。勾选此复选框后，系统会自动将多个相交曲线连结成一个整体。

2.7.15　投影曲线

投影曲线功能是将选取的对象按垂直于草图工作平面的方向投影到草图中，使之成为草图对象。创建图 2.7.29 所示的投影曲线的步骤如下：

Step1. 打开文件 D:\dbugnx8.1\work\ch02\ch02.07\projection.prt。

Step2. 进入草图环境。选择下拉菜单 插入(S) ➡ 任务环境中的草图(S)... 命令，选取图 2.7.29a 所示的平面作为草图平面，单击 确定 按钮。

Step3. 选择命令。选择下拉菜单 插入(S) ➡ 处方曲线(U) ➡ 投影曲线(J)... 命令（或单击“投影”按钮），系统弹出图 2.7.30 所示的“投影曲线”对话框。

Step4. 定义要投影的对象。在“投影曲线”对话框中单击“曲线”按钮，选择图 2.7.29a 所示的曲线为投影对象。

Step5. 单击 确定 按钮，完成投影曲线的创建，结果如图 2.7.29b 所示。

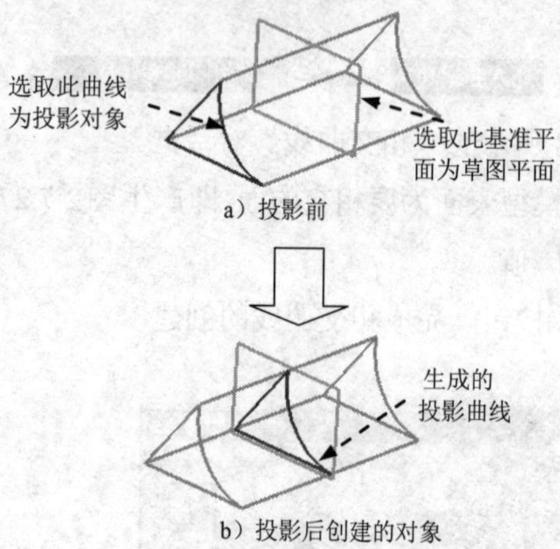

图 2.7.29　投影操作

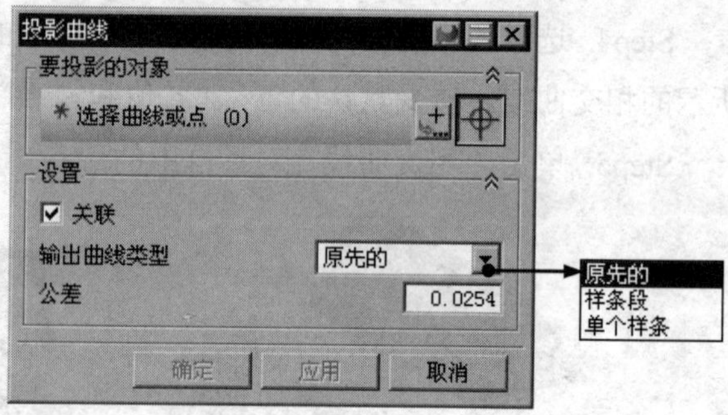

图 2.7.30　“投影曲线”对话框

图 2.7.30 所示的“投影曲线”对话框中各按钮的功能说明如下：

- （曲线）：用于选择要投影的对象，默认情况下为按下状态。
- （点）：单击该按钮后，系统将弹出“点”对话框。
- 关联 复选框：定义投影曲线与投影对象之间的关联性。选中该复选框后，投影曲线与投影对象将存在关联性。即投影对象发生改变时，投影曲线也随之改变。
- 输出曲线类型 下拉列表：该下拉列表包括 原先的、样条段 和 单个样条 三个选项。

2.8　草图的约束

2.8.1　草图约束概述

草图约束主要包括几何约束和尺寸约束两种类型。几何约束是用来定位草图对象和确定草图对象之间的相互关系的，而尺寸约束是来驱动、限制和约束草图几何对象的大小和形状的。

2.8.2 “草图约束”工具条简介

进入草图环境后，屏幕上会出现绘制草图时所需要的“草图工具”工具条，如图 2.8.1 所示。

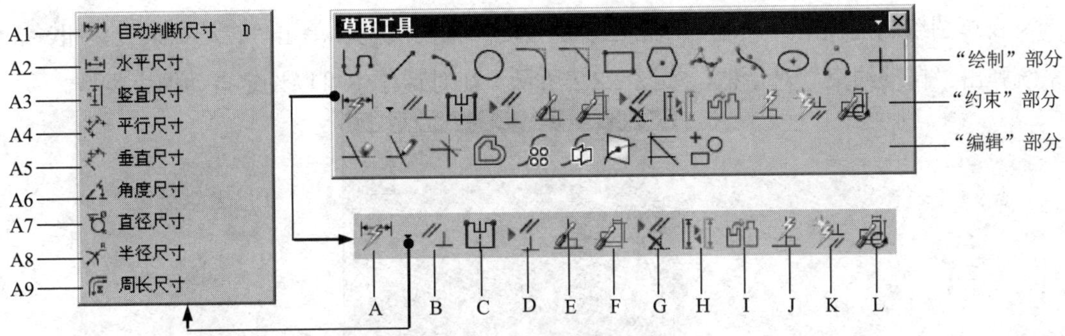

图 2.8.1　“草图工具“工具条

图 2.8.1 所示的“草图工具”工具条中“约束”部分各工具按钮的说明如下：

A1：自动判断的尺寸。通过基于选定的对象和光标的位置自动判断尺寸类型来创建尺寸约束。

A2：水平尺寸。该按钮对所选对象进行水平尺寸约束。

A3：竖直尺寸。该按钮对所选对象进行竖直尺寸约束。

A4：平行尺寸。该按钮对所选对象进行平行于指定对象的尺寸约束。

A5：垂直尺寸。该按钮对所选的点到直线的垂直距离进行垂直尺寸约束。

A6：角度尺寸。该按钮对所选的两条直线进行角度约束。

A7：直径尺寸。该按钮对所选的圆进行直径尺寸约束。

A8：半径尺寸。该按钮对所选的圆进行半径尺寸约束。

A9：周长尺寸。该按钮对所选的多个对象进行周长尺寸约束。

B：约束。用户自己对存在的草图对象指定约束类型。

C：设为对称。将两个点或曲线约束为相对于草图上的对称线对称。

D：显示所有约束。显示施加到草图上的所有几何约束。

E：自动约束。单击该按钮，系统会弹出图 2.8.2 所示的“自动约束”对话框，用于自动地添加约束。

F：自动标注尺寸。根据设置的规则在曲线上自动创建尺寸。

G：显示/移除约束。显示与选定的草图几何图形关联的几何约束，并移除所有这些约束或列出信息。

H：转换至/自参考对象。将草图曲线或草图尺寸从活动转换为参考，或者反过来。下游命令（如拉伸）不使用参考曲线，并且参考尺寸不控制草图几何体。

I：备选解。备选尺寸或几何约束解算方案。

J：自动判断约束和尺寸。控制哪些约束或尺寸在曲线构造过程中被自动判断。

K：创建自动判断约束。在曲线构造过程中启用自动判断约束。

L：连续自动标注尺寸。在曲线构造过程中启用自动标注尺寸。

在草图绘制过程中，读者可以自己设定自动约束的类型，单击“自动约束”按钮，系统弹出“自动约束”对话框，如图 2.8.2 所示，在对话框中可以设定自动约束类型。

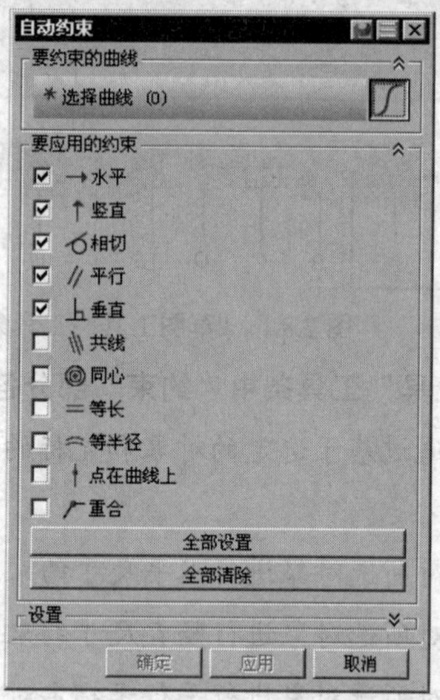

图 2.8.2　“自动约束”对话框

图 2.8.2 所示的“自动约束”对话框中所建立的都是几何约束，它们的用法如下：

- （水平）：约束直线为水平直线（即平行于 XC 轴）。
- （竖直）：约束直线为竖直直线（即平行于 YC 轴）。
- （相切）：约束所选的两个对象相切。
- （平行）：约束两直线互相平行。
- （垂直）：约束两直线互相垂直。
- （共线）：约束多条直线对象位于或通过同一直线。
- （同心）：约束多个圆弧或椭圆弧的中心点重合。
- （等长）：约束多条直线为同一长度。
- （等半径）：约束多个弧有相同的半径。
- （点在曲线上）：约束所选点在曲线上。
- （重合）：约束多点重合。

在草图中，被添加完约束对象中的约束符号显示方式如表 2.8.1 所示。

表 2.8.1　约束符号列表

约束名称	约束显示符号
固定/完全固定	
固定长度	
水平	
竖直	
固定角度	
等半径	
相切	
同心的	
中点	
点在曲线上	
垂直的	
平行的	
共线	
等长度	=
重合	

在一般绘图过程中，我们习惯于先绘制出对象的大概形状，然后通过添加“几何约束”来定位草图对象和确定草图对象之间的相互关系，再添加“尺寸约束”来驱动、限制和约束草图几何对象的大小和形状，下面将先介绍如何添加“几何约束”，再介绍添加“尺寸约束”的具体方法。

2.8.3　添加几何约束

在二维草图中，添加几何约束主要有两种方法：手工添加几何约束和自动产生几何约束。一般在添加几何约束时，要先单击“显示所有约束”按钮，则二维草图中所存在的所有约束都显示在图中。

方法一：手工添加约束，是指对所选对象由用户自己来指定某种约束。在“约束”工具条中单击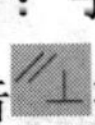按钮，系统就进入了几何约束操作状态。此时，在图形区中选择一个或多个草图对象，所选对象在图形区中会加亮显示。同时，可添加的几何约束类型按钮将会出现在图形区的左上角。

根据所选对象的几何关系，在几何约束类型中选择一个或多个约束类型，则系统会添加指定类型的几何约束到所选草图对象上，这些草图对象会因所添加的约束而不能随意移动或旋转。

下面通过图 2.8.3 所示的相切约束来说明创建约束的一般操作步骤。

Step1. 打开文件 D:\dbugnx8.1\work\ch02\ch02.08\add_1.prt。

Step2. 双击已有草图，单击按钮，进入草图工作环境，单击“显示所有约束”按钮和“约束”按钮。

Step3. 定义约束对象。根据系统**选择要创建约束的曲线**的提示，选取图 2.8.3a 所示的圆弧和圆，系统弹出图 2.8.4 所示的“约束”工具条。

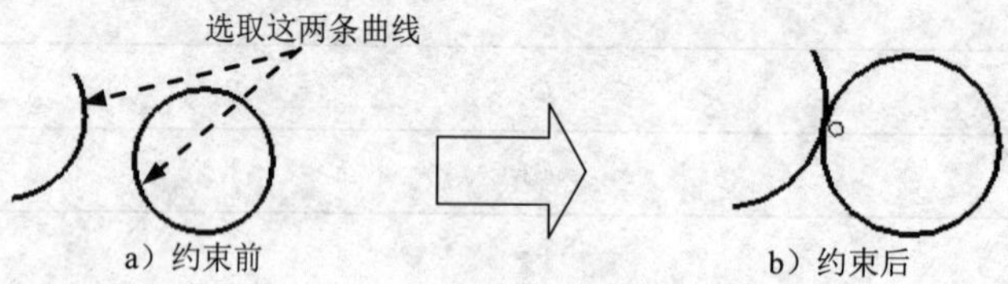

图 2.8.3 添加相切约束

图 2.8.4 “约束”工具条

Step4. 定义约束类型。单击按钮，则圆和圆弧之间会添加“相切”约束。

Step5. 单击中键完成约束的创建，草图中会自动添加约束符号，如图 2.8.3b 所示。

下面通过图 2.8.5 所示的约束来说明创建多个约束的一般操作步骤。

Step1. 打开文件 D:\dbugnx8.1\work\ch02\ch02.08\add_2.prt。

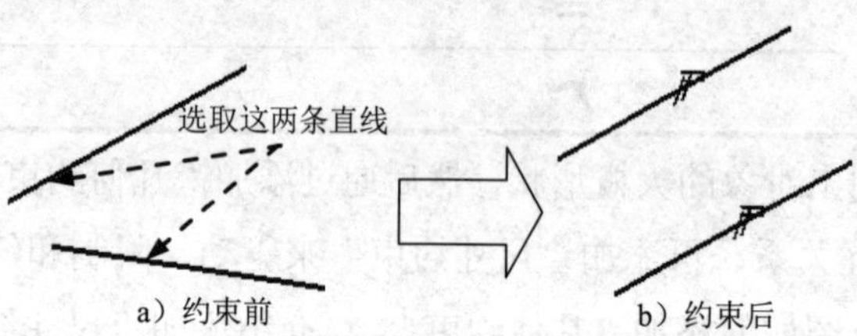

图 2.8.5 添加多个约束

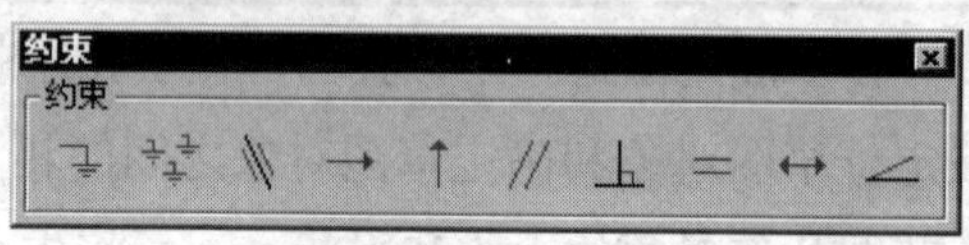

图 2.8.6 “约束” 工具条

Step2. 双击已有草图，单击按钮，进入草图工作环境，单击“显示所有约束”按钮和“约束”按钮。根据系统**选择要创建约束的曲线**的提示，选取图 2.8.5a 所示的两条直线，系统弹出图 2.8.6 所示的“约束”工具条，单击“等长”按钮，则直线之间会添加等长约束，再单击选择两条直线，单击“平行”按钮，则直线之间会添加平行约束。

Step3. 单击鼠标中键完成约束的创建，草图中会自动添加约束符号，如图 2.8.5b 所示。

关于其他类型约束的创建，与以上两个范例的创建过程相似，这里就不再赘述，读者可以自行研究。

方法二：自动产生几何约束，是指系统根据选择的几何约束类型以及草图对象间的关系，自动添加相应的约束到草图对象上。一般都利用“自动约束”按钮来让系统自动添加约束。其操作步骤如下：

Step1. 单击“约束”工具条中的“自动约束”按钮，系统弹出“自动约束”对话框。

Step2. 在“自动约束”对话框中单击要自动创建的约束的相应按钮，然后单击 确定 按钮。通常用户一般都选择自动创建所有的约束，这样只需在对话框的 全部设置 区域中单击 设置 按钮，则对话框中的约束复选框全部被选中，然后单击 确定 按钮，完成自动创建约束的设置。

这样，在草图中画任意曲线，系统会自动添加相应的约束，而系统没有自动添加的约束就需要用户利用手工添加约束的方法来自己添加。

2.8.4　添加尺寸约束

添加尺寸约束也就是在草图上标注尺寸，并设置尺寸标注线的形式与尺寸大小，来驱动、限制和约束草图几何对象。选择下拉菜单 插入(S) → 尺寸(M) 中的命令。主要包括以下几种标注方式。

1. 标注水平尺寸

标注水平尺寸是标注直线或两点之间的水平投影长度。下面通过标注图 2.8.7b 所示的尺寸，来说明创建水平距离的一般操作步骤。

Step1. 打开文件 D:\dbugnx8.1\work\ch02\ch02.08\add_dimension_1.prt。

Step2. 双击图 2.8.7a 所示的直线，单击按钮，进入草图工作环境，选择下拉菜单 插入(S) → 尺寸(M) ▸ → 水平(H)... 命令。

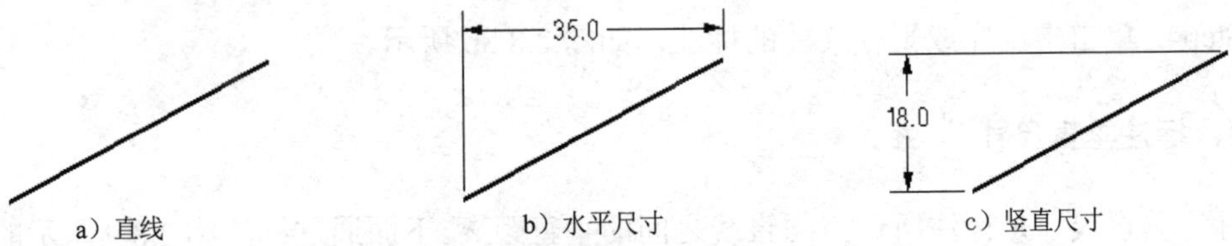

图 2.8.7　水平和竖直尺寸的标注

Step3. 定义标注尺寸的对象。选择图 2.8.7a 所示的直线，系统生成水平尺寸。

Step4. 定义尺寸放置的位置。移动鼠标至合适位置，单击放置尺寸。如果要改变直线尺寸，则可以在系统弹出的动态输入框中输入所需的数值。

Step5. 单击中键完成水平尺寸的标注，如图 2.8.7b 所示。

2. 标注竖直尺寸

标注竖直尺寸是标注直线或两点之间的垂直投影距离。下面通过标注图 2.8.7c 所示的尺寸，来说明创建竖直尺寸的步骤。

Step1. 选择刚标注的水平距离，单击鼠标右键，在系统弹出的快捷菜单中选择 删除(D) 命令，删除该水平尺寸。

Step2. 选择下拉菜单 插入(S) → 尺寸(M) → 竖直(V)... 命令，单击选取图 2.8.7a 所示的直线，系统生成竖直尺寸。

Step3. 移动鼠标至合适位置，单击放置尺寸。如果要改变距离，则可以在系统弹出的动态输入框中输入所需的数值。

Step4. 单击中键完成竖直尺寸的标注，如图 2.8.7c 所示。

3．标注平行尺寸

标注平行尺寸是标注所选直线两端点之间的最短距离。下面通过标注图 2.8.8b 所示的尺寸，来说明创建平行尺寸的步骤。

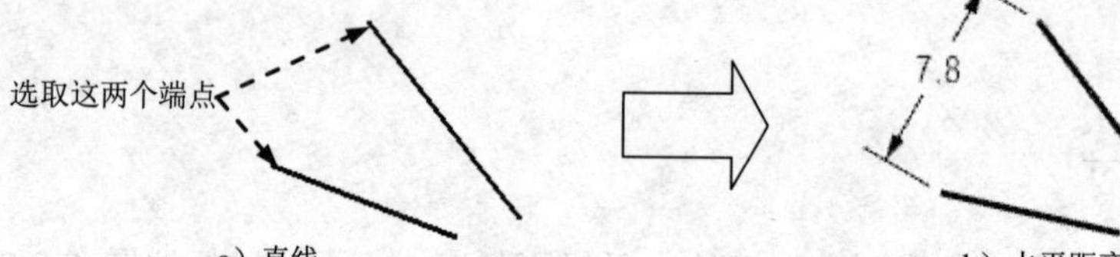

图 2.8.8　水平距离的标注

Step1. 打开文件 D:\dbugnx8.1\work\ch02\ch02.08\add_dimension_2.prt。

Step2. 双击图 2.8.8a 所示的直线进入草图工作环境，选择下拉菜单 插入(S) → 尺寸(M) → 平行(P)... 命令，选择两条直线的两个端点（图 2.8.8a），系统生成平行尺寸。

Step3. 移动鼠标至合适位置，单击放置尺寸。

Step4. 单击中键完成平行尺寸的标注，如图 2.8.8b 所示。

4．标注垂直尺寸

标注垂直尺寸是标注所选点与直线之间的垂直距离。下面通过标注图 2.8.9 所示的尺寸，来说明创建垂直距离的步骤。

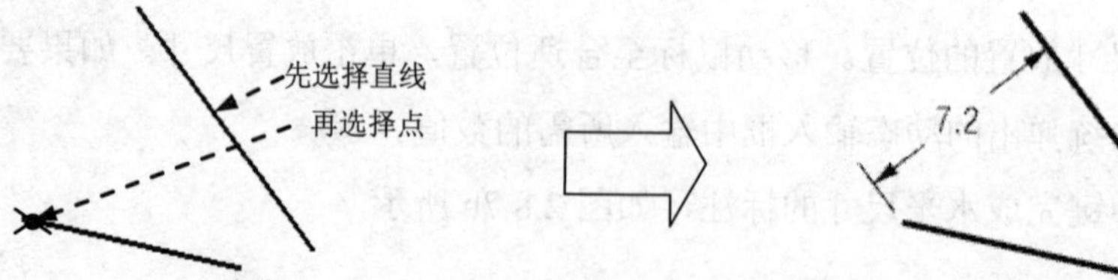

图 2.8.9　垂直尺寸的标注

Step1．打开文件 D:\dbugnx8.1\work\ch02\ch02.08\add_dimension_3.prt。

Step2．双击图 2.8.9a 所示的直线，单击按钮，进入草图工作环境，选择下拉菜单 插入(S) → 尺寸(M) → 垂直(E)... 命令，标注点到直线的距离，先选择直线，然后再选择点，系统生成垂直尺寸。

Step3．移动鼠标至合适位置，单击左键放置尺寸。

Step4．单击中键完成垂直尺寸的标注，如图 2.8.9b 所示。

注意：要标注点到直线的距离，必须先选择直线，然后再选择点。

5．标注两条直线间的角度

标注两条直线间的角度是标注所选直线之间夹角的大小，且角度有锐角和钝角之分。下面通过标注图 2.8.10 所示的角度来说明标注直线间角度的步骤。

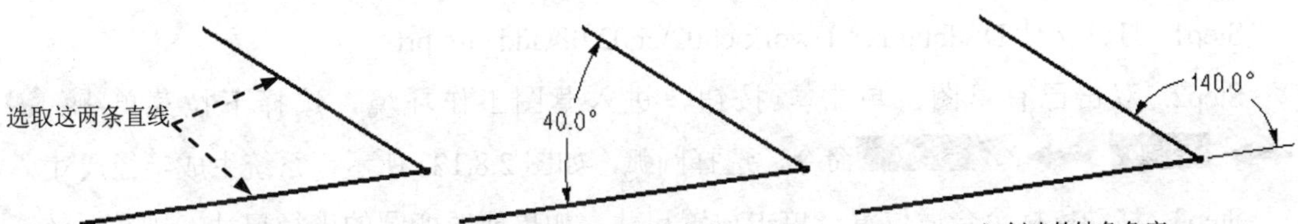

a）曲线　　b）创建的锐角角度　　c）创建的钝角角度

图 2.8.10　角度的标注

Step1．打开文件 D:\dbugnx8.1\work\ch02\ch02.08\add_angle.prt。

Step2．双击已有草图，单击按钮，进入草图工作环境，选择下拉菜单 插入(S) → 尺寸(M) → 角度(A)... 命令，选择两条直线（图 2.8.10a），系统生成角度。

Step3．移动鼠标至合适位置（移动的位置不同，生成的角度可能是锐角或钝角，如图 2.8.10 所示），单击放置尺寸。

Step4．单击中键完成角度的标注，如图 2.8.10b、c 所示。

6．标注直径

标注直径是标注所选圆直径的大小。下面通过标注图 2.8.11 所示圆的直径，来说明标注直径的步骤。

Step1．打开文件 D:\dbugnx8.1\work\ch02\ch02.08\add_d.prt。

Step2．双击已有草图，单击按钮，进入草图工作环境，选择下拉菜单 插入(S) → 尺寸(M) → 直径(D)... 命令，选择图 2.8.11a 所示的圆，系统生成直径尺寸。

Step3．移动鼠标至合适位置，单击放置尺寸。

Step4．单击中键完成直径的标注，如图 2.8.11b 所示。

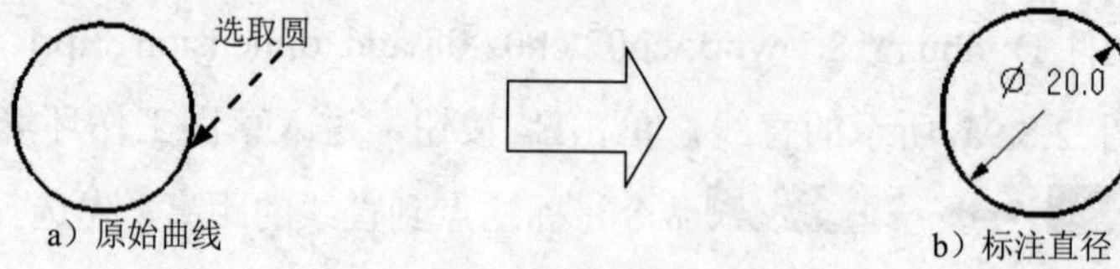

图 2.8.11　直径的标注

7. 标注半径

标注半径是标注所选圆或圆弧半径的大小。下面通过标注图 2.8.12 所示圆弧的半径，来说明标注半径的步骤。

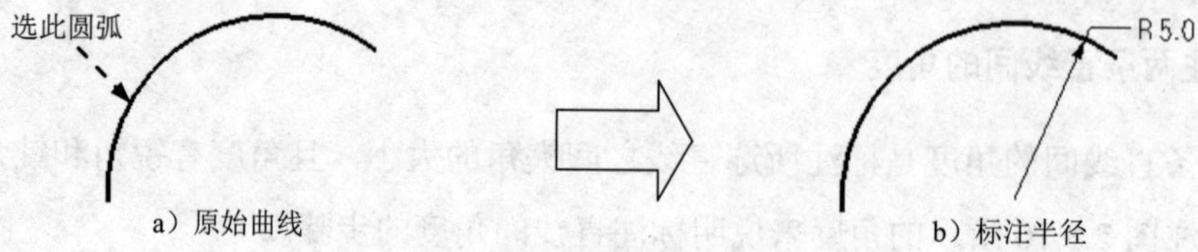

图 2.8.12　半径的标注

Step1. 打开文件 D:\dbugnx8.1\work\ch02\ch02.08\add_arc.prt。

Step2. 双击已有草图，单击按钮，进入草图工作环境，选择下拉菜单 插入(S) → 尺寸(M) → 半径(R)... 命令，选择圆弧，如图 2.8.12a 所示，系统生成半径尺寸。

Step3. 移动鼠标至合适位置，单击放置尺寸。如果要改变圆的半径尺寸，则在系统弹出的动态输入框中输入所需的数值。

Step4. 单击中键完成半径的标注，如图 2.8.12b 所示。

2.9　修改草图约束

修改草图约束主要是指利用“草图约束”工具条中的“显示/移除约束”、“动画模拟尺寸”、“转换为参考的/激活的”和“备选解”这些工具按钮来进行草图约束的管理。

2.9.1　显示所有约束

单击“草图约束”工具条中的按钮，将显示施加到草图上的所有几何约束。

2.9.2　显示/移除约束

显示/移除约束主要是用来查看现有的几何约束，设置查看的范围、查看类型和列表方式以及移除不需要的几何约束。

单击“草图约束”工具条中的按钮，使所有存在的约束都显示在图形区中，然后单击“草图约束”工具条中的 按钮，系统弹出图 2.9.1 所示的“显示/移除约束”对话框。

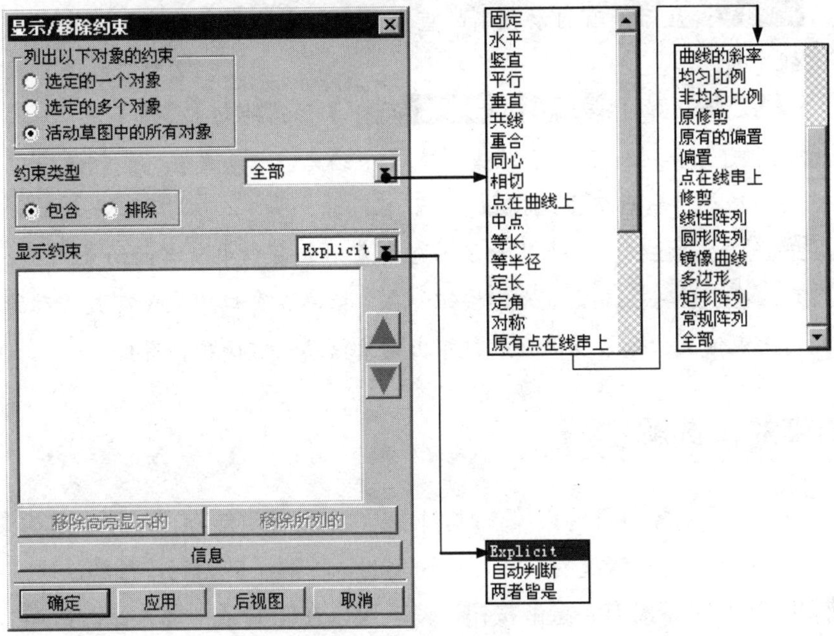

图 2.9.1　“显示/移除约束”对话框

图 2.9.1 所示的“显示/移除约束”对话框中各选项用法的说明如下：

- 列出以下对象的约束区域：控制在显示约束列表窗口中要列出的约束。它包含了 3 个复选框。
  - ☑ 选定的一个对象复选框：允许每次仅选择一个对象。选择其他对象将自动取消选择以前选定的对象。该列表窗口显示了与选定对象相关的约束。这是默认设置。
  - ☑ 选定的多个对象复选框：可选择多个对象，选择其他对象不会取消选择以前选定的对象，它允许用户选取多个草图对象，在约束列表框中显示它们所包含的几何约束。
  - ☑ 活动草图中的所有对象复选框：在约束列表框中列出当前草图对象中所有的约束。
- 约束类型下拉列表：过滤在下拉列表中显示的约束类型。当选择此下拉列表时，系统会列出可选的约束类型（图 2.9.1），用户从中选择要显示的约束类型名称即可。在它的包含和排除两个单选项中只能选一个，通常都选择包含单选项。
- 显示约束下拉列表：控制显示约束列表窗口中显示指定类型的约束，还是显示指定类型以外的所有其他约束。该下拉列表中用于显示当前选定的草图几何对象的几何约束。当在该列表框中选择某约束时，约束对应的草图对象在图形区中会高亮显示，并显示出草图对象的名称。列表框右边的上下箭头是用来按顺序选择约束的。显示约束下拉列表包含了三种选项。
  - ☑ Explicit：显示所有由用户显示或非显示创建的约束，包括所有非自动判断的重合约束，但不包括所有系统在曲线创建期间自动判断的重合约束。

☑ 自动判断：显示所有自动判断的重合约束，它们是在曲线创建期间由系统自动创建的。

☑ 两者皆是：包括Explicit和自动判断两种类型的约束。

- 移除高亮显示的按钮：用于移除一个或多个约束，方法是在约束列表窗口中选择需要移除的约束，然后单击此按钮。
- 移除所列的按钮：用于移除显示在约束列表窗口中所有的约束。
- 信息按钮：在“信息”窗口中显示有关活动的草图的所有几何约束信息。如果要保存或打印出约束信息，该选项很有用。

2.9.3 约束的备选解

当用户对一个草图对象进行约束操作时，同一约束条件可能存在多种满足约束的情况，“备选解”操作正是针对这种情况的，它可从约束的一种解法转为另一种解法。

“草图工具”工具条中没有备选解按钮，读者可以在工具条中加入此按钮，也可通过定制的方法在下拉菜单中添加该命令（以下如有添加命令或按钮的情况将不再说明）。单击此按钮，则会系统弹出“备选解”对话框（图 2.9.2），在系统选择一个尺寸或圆/圆弧的提示下选择对象，系统会将所选对象直接转换为同一约束的另一种约束表现形式，单击应用按钮之后还可以继续对其他操作对象进行约束方式的“备选解”操作；如果没有，则单击确定按钮完成“备选解”操作。

下面用一个具体的实例来说明一下“备选解”的操作。如图 2.9.3 所示，绘制的是两个相切的圆。我们知道两圆相切有外切和内切两种情况。如果不想要图中所示的外切的图形，就可以通过“备选解”操作，把它们转换为内切的形式，具体步骤如下：

Step1. 打开文件 D:\dbugnx8.1\work\ch02\ch02.09\alternation.prt。

Step2. 双击曲线，单击按钮，进入草图工作环境。

Step3. 选择下拉菜单 工具(T) ➡ 约束(T) ➡ 备选解算方案(O)... 命令（或单击“草图工具”工具条中的“备选解”按钮），系统弹出“备选解”对话框，如图 2.9.2 所示。

Step4. 选取图 2.9.3 所示的圆或曲线，实现“备选解”操作，如图 2.9.4 所示。

Step5. 单击关闭按钮，关闭“备选解”对话框。

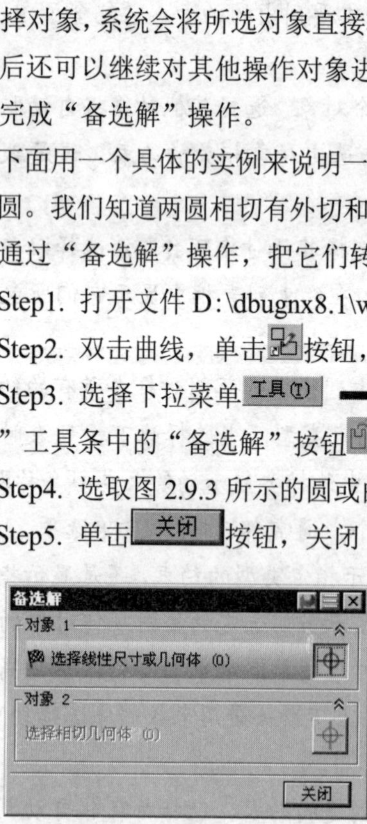

图 2.9.2 “备选解”对话框

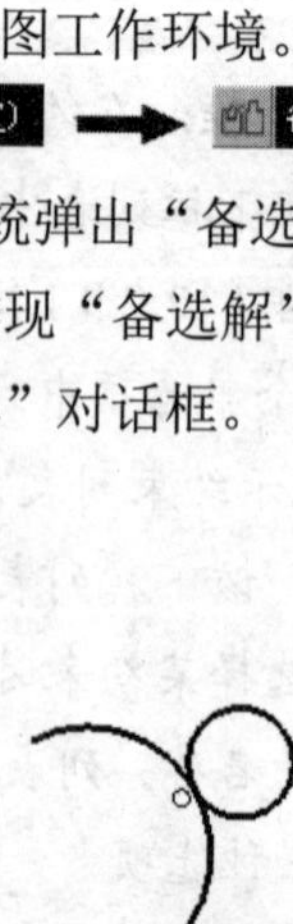

图 2.9.3 外切图形

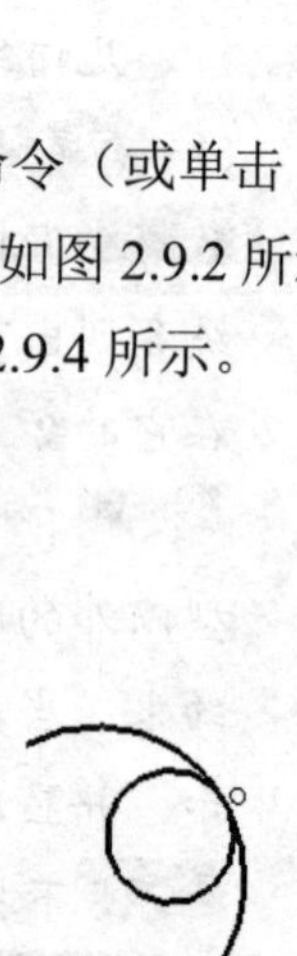

图 2.9.4 内切图形

2.9.4　移动尺寸

为了使草图的布局更清晰合理，可以移动尺寸文本的位置，操作步骤如下：

Step1. 将鼠标移至要移动的尺寸处，按住鼠标左键。

Step2. 左右或上下移动鼠标，可以移动尺寸箭头和文本框的位置。

Step3. 在合适的位置松开鼠标左键，完成尺寸位置的移动。

2.9.5　修改尺寸值

修改草图的标注尺寸有如下两种方法。

方法一：

Step1. 双击要修改的尺寸，如图 2.9.5 所示。

Step2. 系统弹出动态输入框，如图 2.9.6 所示。在动态输入框中输入新的尺寸值，并按鼠标中键，完成尺寸的修改，如图 2.9.7 所示。

方法二：

Step1. 将鼠标移至要修改的尺寸处右击。

Step2. 在系统弹出的快捷菜单中选择 编辑值(U)... 命令。

Step3. 在系统弹出的动态输入框中输入新的尺寸值，单击中键完成尺寸的修改。

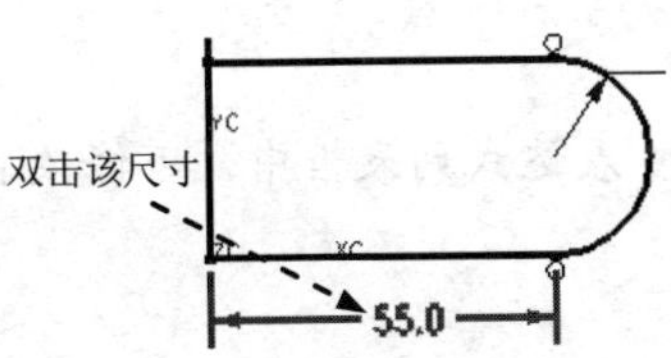

图 2.9.5　标注尺寸（一）

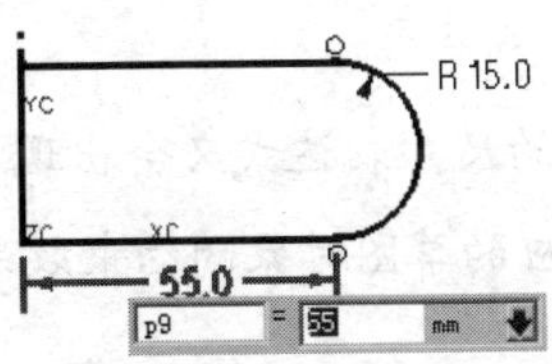

图 2.9.6　标注尺寸（二）

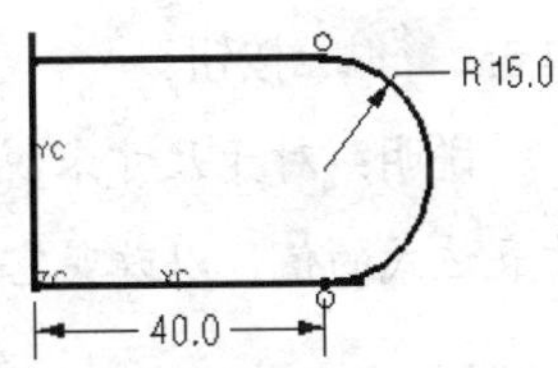

图 2.9.7　标注尺寸（三）

说明：此节练习文件为 D:\dbugnx8.1\work\ch02\ch02.09 路径下的 edit.prt。

2.9.6　转换至/自参考对象

在为草图对象添加几何约束和尺寸约束的过程中，有些草图对象是作为基准、定位来使用的，或者有些草图对象在创建尺寸时可能引起约束冲突，此时可利用“草图约束”工具条中的“转换为参考的/激活的”按钮，将草图对象转换为参考线；当然必要时，也可利用该按钮将其激活，即从参考线转化为草图对象。下面以图 2.9.8 为例，说明其操作方法及作用。

Step1. 打开文件 D:\dbugnx8.1\work\ch02\ch02.09\reference.prt。

Step2. 双击已有草图，单击按钮，进入草图工作环境，如图 2.9.8a 所示。

Step3. 选择下拉菜单 工具(T) → 约束(T) → 转换至/自参考对象(V)... 命令（或单击“草图工具”工具条中的“转换至/自参考对象”按钮），系统弹出图 2.9.9 所示的“转换至/自参考对象”对话框，选中 参考曲线或尺寸 单选项。

Step4. 根据系统**选择要转换的曲线或尺寸**的提示，选取图 2.9.8a 中的圆，单击 应用 按钮，被选取的对象就转换成参考对象，结果如图 2.9.8b 所示。

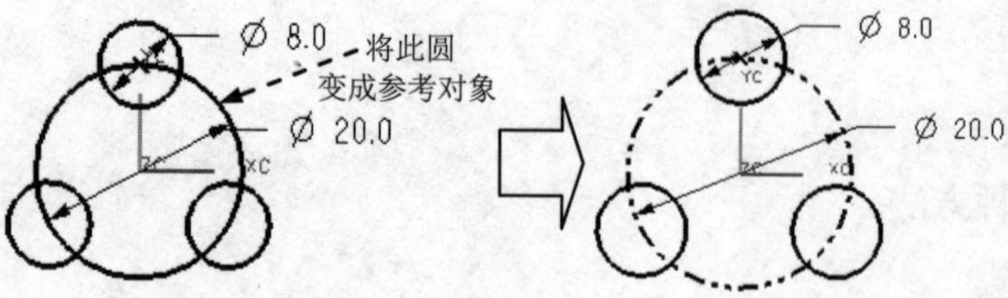

a) 创建参考对象前　　b) 创建参考对象后

图 2.9.8　转换参考对象

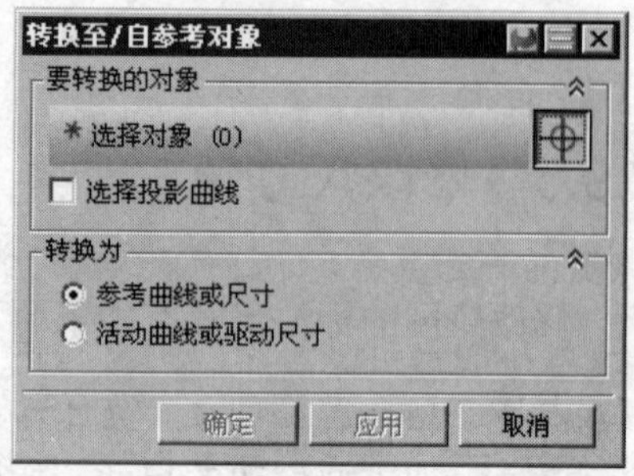

图 2.9.9　“转换至/自参考对象”对话框

说明：如果选择的对象是曲线，它转换成参考对象后，用浅色双点画线显示，在对草图曲线进行拉伸和旋转操作中它将不起作用；如果选择的对象是一个尺寸，在它转换为参考对象后，它仍然在草图中显示，并可以更新，但其尺寸表达式在表达式列表框中将消失，它不再对原来的几何对象产生约束效应。

Step5. 在“转换至/自参考对象”对话框中选中 活动曲线或驱动尺寸 单选项，然后选取图 2.9.8b 中创建的参考对象，单击 应用 按钮，参考对象被激活，变回图 2.9.8a 所示的形式，然后单击 取消 按钮。

说明：对于尺寸来说，它的尺寸表达式又会出现在尺寸表达式列表框中，可修改其尺寸表达式的值，以改变它所对应的草图对象的约束效果。

2.10　草图的管理

在草图绘制完成后，可通过图 2.10.1 所示的“草图”工具条来管理草图。下面简单介绍工具条中的各工具按钮功能。

图 2.10.1　“草图”工具条

2.10.1　定向视图到草图

“定向视图到草图”按钮为，用于使草图平面与屏幕平行，方便草图的绘制。

2.10.2 定向视图到模型

“定向视图到模型”按钮为，用于将视图定向到当前的建模视图，即在进入草图环境之前显示的视图。

2.10.3 重新附着

“重新附着”按钮为，该按钮有以下三个功能：

- 移动草图到不同的平面、基准平面或路径。
- 切换原位上的草图到路径上的草图，反之亦然。
- 沿着所附着到的路径，更改路径上的草图的位置。

注意： 目标平面、面或路径必须有比草图更早的时间戳记（即在草图前创建）。对于原位上的草图，重新附着也会显示任意的定位尺寸，并重新定义它们参考的几何体。

2.10.4 创建定位尺寸

利用中的各下拉选项，可以创建、编辑、删除或重定义草图定位尺寸，并且相对于已存在几何体（边缘、基准轴和基准平面）定位草图。

单击后的下三角箭头，系统会弹出图 2.10.2 所示的下拉选项，它们分别为“创建定位尺寸”按钮、“编辑定位尺寸”按钮、“删除定位尺寸”按钮和“重新定义定位尺寸”按钮。单击“创建定位尺寸”按钮，系统弹出图 2.10.3 所示的“定位”对话框，可以创建草图的定位尺寸。

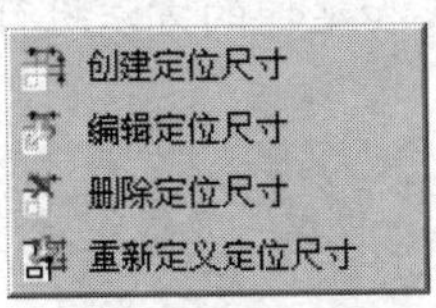

图 2.10.2 “定位草图”下拉选项

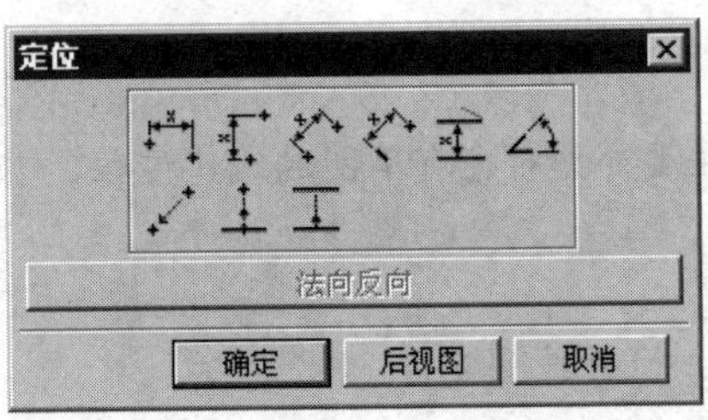

图 2.10.3 “定位”对话框

2.10.5 延迟计算与评估草图

“延迟计算”按钮为，单击该按钮后，系统将延迟草图约束的评估（即创建曲线时，系统不显示约束；指定约束时，系统不会更新几何体），直到单击“评估草图”按钮后可查看草图自动更新的情况。

2.10.6 更新模型

“更新模型”按钮为，用于模型的更新，以反映对草图所作的更改。如果存在要进行的更新，并且退出了草图环境，则系统会自动更新模型。

2.11 草 绘 范 例

与其他二维软件（如 AutoCAD）相比，UG NX 8.0 的二维截面草图的绘制有自己的方法、规律和技巧。用 AutoCAD 绘制二维图形，通过一步一步地输入准确的尺寸，可以直接得到最终需要的图形。而用 UG NX 8.0 绘制二维图形，一般开始不需要给出准确的尺寸，而是先绘制草图，勾勒出图形的大概形状，然后再添加（或修改）几何约束和修改草图的尺寸，在修改时输入各尺寸的准确值（正确值）。由于 UG NX 8.0 具有尺寸驱动功能，所以在修改草图尺寸后，图形的大小会随着尺寸而变化。这样绘制图形的方法虽然繁琐，但在实际的产品设计中，它比较符合设计师的思维方式和设计过程。例如，某个设计师现需要对产品中的一个零件进行全新设计，在设计刚开始时，设计师的脑海里只会有这个零件的大概轮廓和形状，所以他会先以草图的形式把它勾勒出来，草图完成后，设计师接着会考虑图形（零件）的尺寸布局和基准定位等，最后设计师再根据诸多因素（如零件的功能、零件的强度要求、零件与产品中其他零件的装配关系等），确定零件每个尺寸的最终准确值，而最终完成零件的设计。由此看来，UG NX 8.0 的这种“先绘草图、再改尺寸”的绘图方法是非常有道理的。

2.11.1 草图范例 1

范例概述：

本范例主要介绍对已有草图的编辑过程，重点讲解用修剪和延伸的方法进行草图的编辑。图形如图 2.11.1 所示，其编辑过程如下：

Stage1．打开草图文件

打开文件 D:\dbugnx8.1\work\ch02\ch02.11\spsk01.prt。

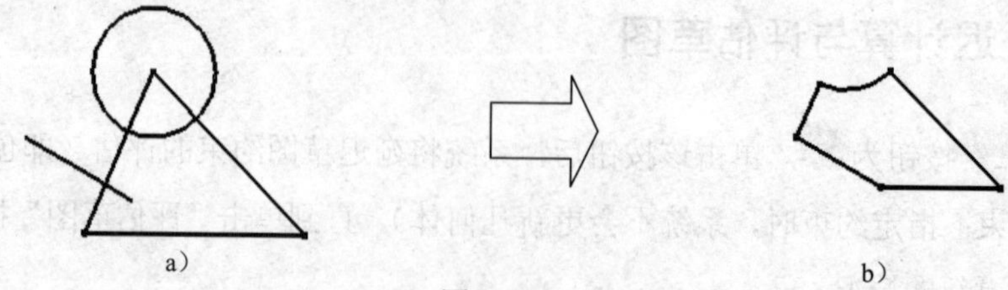

a） b）

图 2.11.1 范例 1

Stage2. 编辑草图

Step1. 延伸修剪对象。

（1）双击已有草图，单击按钮，进入草图环境，选择下拉菜单 编辑(E) → 曲线(V) → 快速延伸(X)... 命令（或在工具条中单击“快速延伸”按钮）。

（2）选取图 2.11.2a 中的线段 B，则此线段延伸到线段 A，结果如图 2.11.2b 所示。

Step2. 修剪对象。选择下拉菜单 编辑(E) → 曲线(V) → 快速修剪(Q)... 命令（或在工具条中单击“快速延伸”按钮）；按住鼠标左键并移动鼠标，绘制图 2.11.3 所示的路径，则与此路径相交的部分被剪掉，如图 2.11.1b 所示。

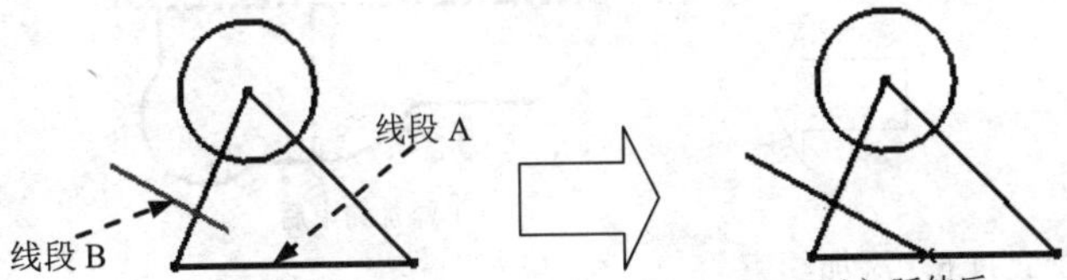

a）延伸前　b）延伸后

图 2.11.2　延伸对象

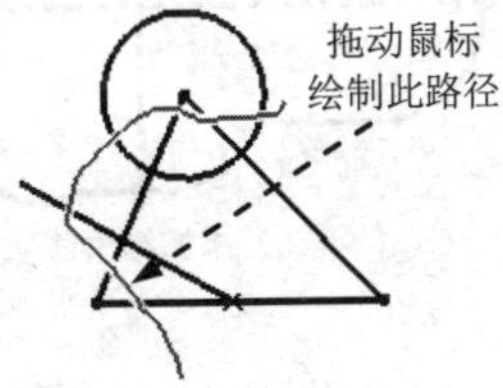

图 2.11.3　修剪对象

Step3. 单击 完成草图 按钮，完成草图并退出草图环境。

2.11.2　草图范例 2

范例概述：

本范例主要介绍利用添加约束的方法进行草图编辑的过程。图形如图 2.11.4 所示，下面介绍其编辑过程。

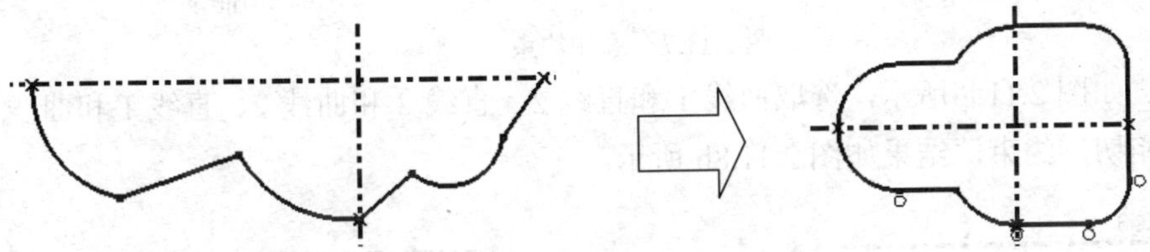
a）　b）

图 2.11.4　范例 2

Stage1. 打开草图文件

打开文件 D:\dbugnx8.1\work\ch02\ch02.11\spsk02.prt。

Stage2. 处理草图约束（添加约束）

Step1. 双击已有草图，单击按钮，进入草图环境，选择下拉菜单 插入(S) → 约束(T)... 命令（或在工具条中单击“约束”按钮）。

Step2. 如图 2.11.5a 所示，选取直线 1 和直线 2，系统弹出“约束”工具条，单击“水平”按钮，结果如图 2.11.5b 所示。

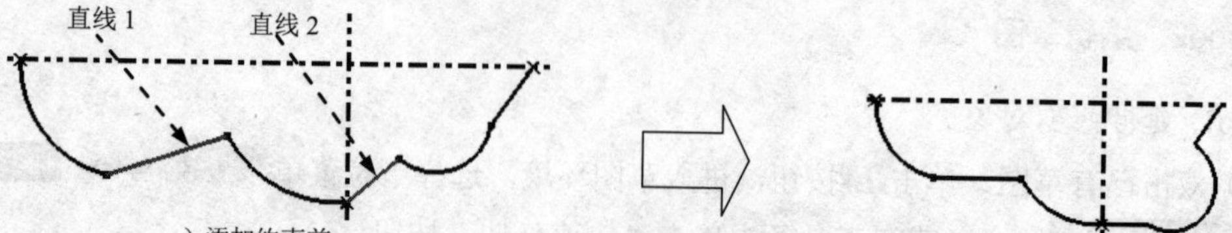

a）添加约束前　　b）添加约束后

图 2.11.5　添加约束

Step3. 如图 2.11.6a 所示，选取直线 3，系统弹出“约束”工具条，单击“竖直”按钮，结果如图 2.11.6 b 所示。

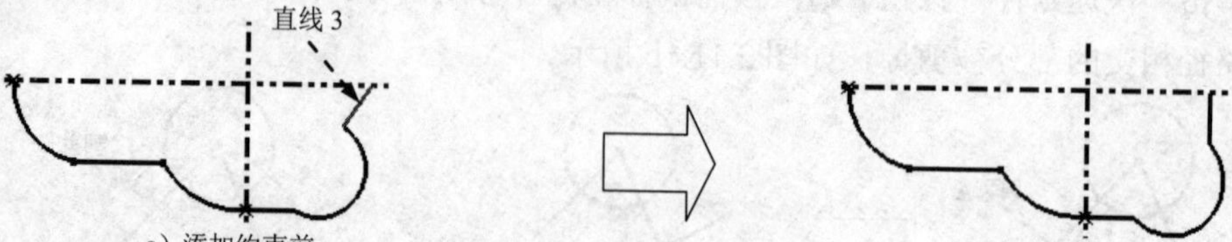

a）添加约束前　　b）添加约束后

图 2.11.6　添加约束

Step4. 如图 2.11.7a 所示，选取直线 3、曲线 1，系统弹出“约束”对话框，单击“相切”按钮，结果如图 2.11.7b 所示。

注意：在选取曲线时，必须选择两者都相互靠近的那一端，否则将不能达到预定的效果，下同。

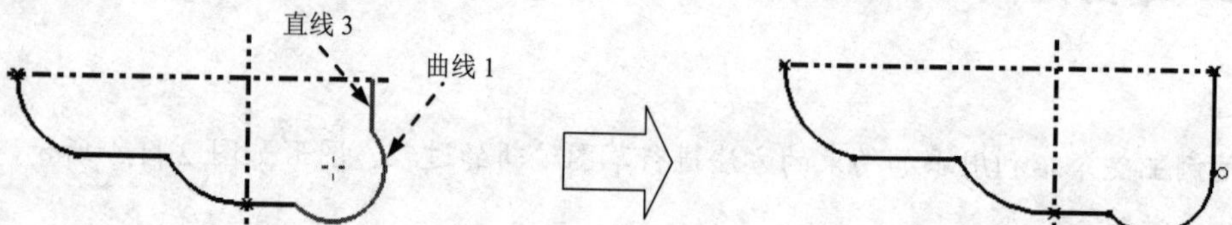

a）添加约束前　　b）添加约束后

图 2.11.7　添加约束

Step5. 如图 2.11.8 所示，选取曲线 1 和直线 2、直线 2 和曲线 2、直线 1 和曲线 3，分别添加“相切”约束，结果如图 2.11.8b 所示。

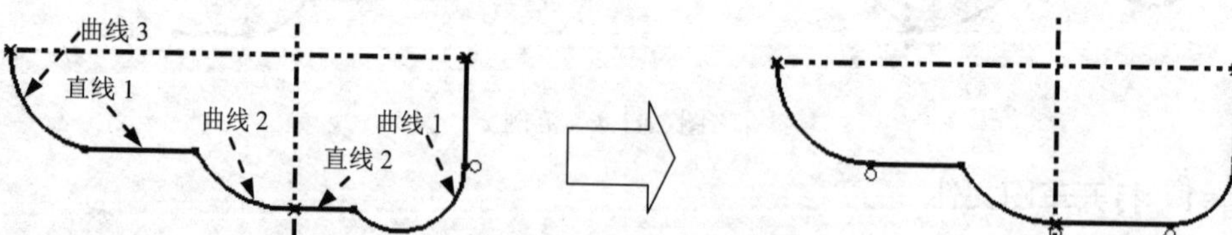

a）添加约束前　　b）添加约束后

图 2.11.8　添加约束

Step6. 镜像曲线。

（1）选择命令。选择下拉菜单 插入(S) → 来自曲线集的曲线(F) → 镜像曲线(M)... 命令（或单击按钮），系统弹出“镜像曲线”对话框。

（2）定义镜像对象。在“镜像曲线”对话框中单击“曲线”按钮，选择图形区中的所有草图曲线（不包括参考曲线）。

（3）定义中心线。在“镜像曲线”对话框中单击“中心线”按钮，选择图 2.11.9 所示的水平参考线为镜像中心线。

（4）单击 < 确定 > 按钮，则完成镜像操作，结果如图 2.11.4b 所示。

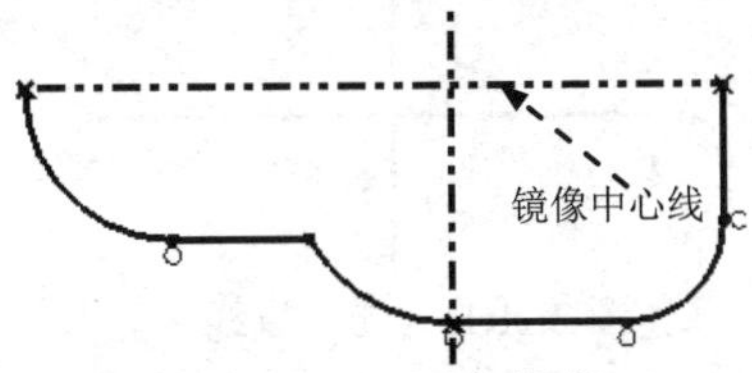

图 2.11.9　添加约束

2.11.3　草图范例 3

范例概述：

本范例主要介绍草图的绘制、编辑和标注的过程，读者要重点掌握约束与尺寸的处理技巧。图形如图 2.11.10 所示，下面介绍其绘制过程。

Stage1．新建一个草图文件

Step1．选择下拉菜单 文件(F) → 新建(N)... 命令（或单击“新建”按钮），系统弹出“新建”对话框。

Step2．在“文件新建”对话框的 模板 选项栏中，选取模板类型为 模型 ，在 名称 文本框中输入文件名为 spsk03，然后单击 确定 按钮。

Step3．选择下拉菜单 插入(S) → 任务环境中的草图(S)... 命令，选择 XY 平面为草图平面，单击 确定 按钮，系统进入草图环境。

Stage2．绘制及修剪草图

Step1．绘制中心线。

（1）选择命令。选择下拉菜单 插入(S) → 曲线(C) → 直线(L)... 命令（或单击“直线”按钮），绘制图 2.11.11 所示的两条直线。

（2）转化参考线。

① 选择下拉菜单 工具(T) → 约束(T) → 转换至/自参考对象 命令（或单击“草图工具”工具条中的“转换至/自参考对象”按钮），系统弹出“转换至/自参考对象”对话框，选中 参考曲线或尺寸 单选项。

② 根据系统 选择要转换的曲线或尺寸 的提示，选取图 2.11.11 中的两条直线，单击 确定 按钮，被选取的对象就转换成参考对象，结果如图 2.11.12 所示。

（3）添加约束。单击“约束”按钮 。根据系统 选择要创建约束的曲线 的提示，选取图 2.11.12 所示的两条参考线，在系统弹出的“约束”工具条中单击按钮，为两条参考线添加“完全固定”约束。

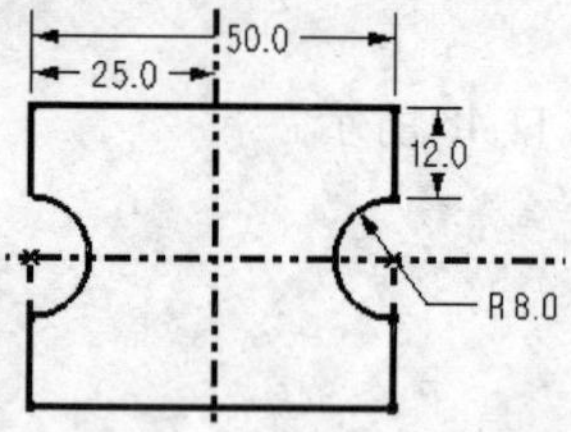

图 2.11.10　范例 3

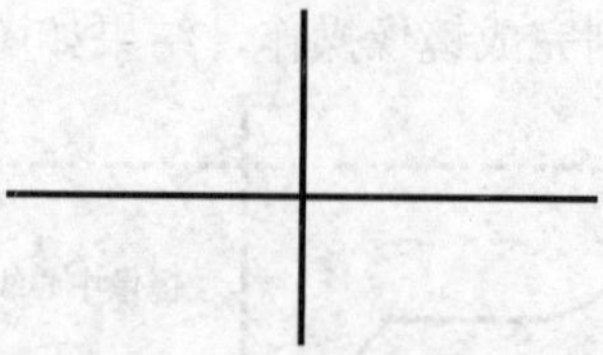

图 2.11.11　绘制直线

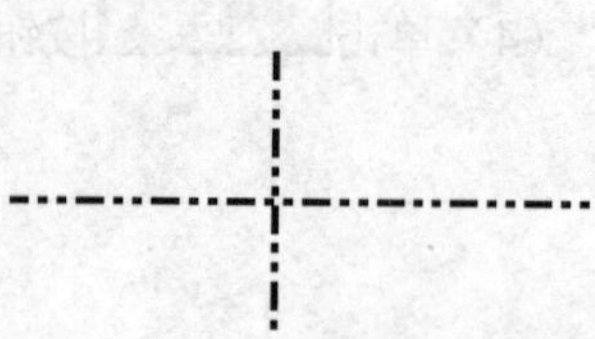

图 2.11.12　转化后的直线

Step2. 选择下拉菜单 插入(S) → 曲线(C) → 矩形(R)... 命令（或单击“矩形”按钮），系统弹出“矩形”工具条，绘制图 2.11.13 所示的矩形。

Step3. 选择下拉菜单 插入(S) → 曲线(C) → 圆(C)... 命令（或单击“圆”按钮），系统弹出“圆”工具条，绘制图 2.11.14 所示的两个圆。

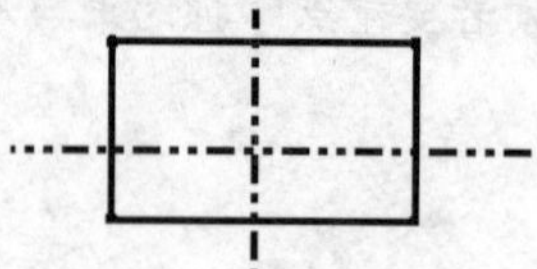

图 2.11.13　绘制矩形

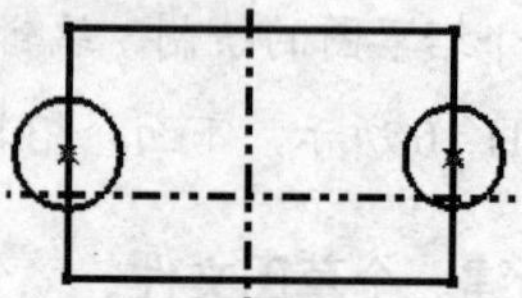

图 2.11.14　绘制圆

Step4. 选择下拉菜单 编辑(E) → 曲线(V) → 快速修剪(Q)... 命令（或在工具条中单击“快速修剪”按钮），选取图 2.11.15 所示的草图，修剪后的图形如图 2.11.15b 所示。

a）修剪前　　b）修剪后

图 2.11.15 修剪草图

Stage3. 添加几何约束

Step1. 单击“约束”按钮。根据系统 选择要创建约束的曲线 的提示，选取图 2.11.16 所示的四条直线，在系统弹出的“约束”工具条中单击 按钮，则在选中的四条直线之间添加“等长”约束。

Step2. 选取图 2.11.17 所示的两条圆弧，在系统弹出的“约束”工具条中单击 按钮，则在选中的两条圆弧之间添加“等半径”约束。

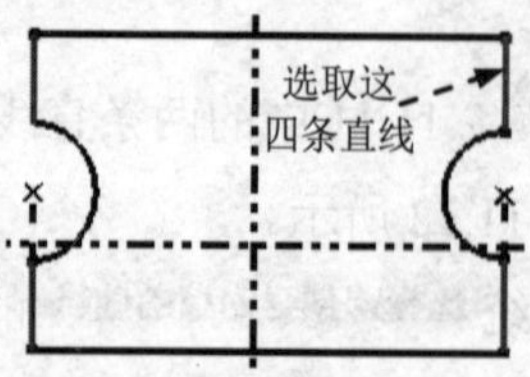

图 2.11.16　选取约束直线

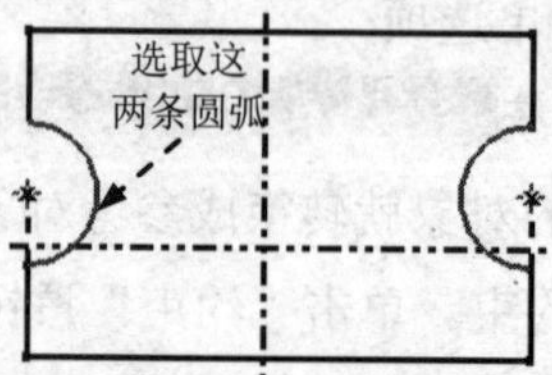

图 2.11.17　选取约束圆弧

Step3. 选取图 2.11.18a 所示的圆弧圆心和水平中心线，在系统弹出的“约束”工具条中单击按钮，则在选中的点和中心线之间添加“点在曲线上”约束，如图 2.11.18b 所示。

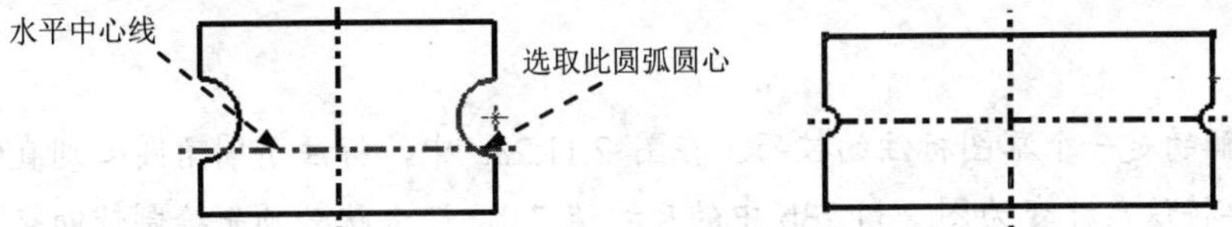

a）约束前　　b）约束后

图 2.11.18　添加“点在曲线上”约束

Stage4．添加尺寸约束

Step1. 标注竖直尺寸。

（1）选择下拉菜单 插入(S) → 尺寸(M) ▸ → 竖直(V)... 命令（或单击“竖直标注”按钮），选取直线 1，在光标处出现图 2.11.19 所示的尺寸。

（2）单击图 2.11.19 所示的一点，确定标注位置。

（3）在系统弹出的动态输入框中输入尺寸值 12，单击中键。

Step2. 标注水平尺寸。

（1）选择下拉菜单 插入(S) → 尺寸(M) ▸ → 水平(H)... 命令（或单击“水平标注”按钮），分别选取直线 2 和中心线 1，在光标处出现图 2.11.20 所示的尺寸。

（2）单击图 2.11.20 所示的一点确定标注位置。

（3）在系统弹出的动态输入框中输入尺寸值 25，单击中键（此时草图的形状可能发生改变，形状的改变与大致绘制的轮廓线的原始尺寸有关）。

（4）参照上述步骤可标注图 2.11.21 所示的尺寸值 50。

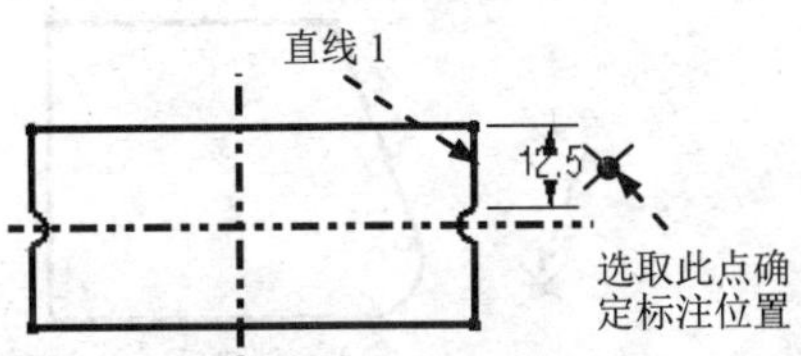

图 2.11.19　竖直标注

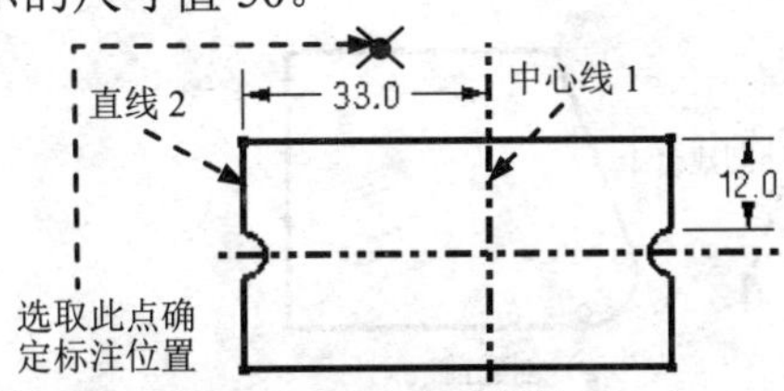

图 2.11.20　水平标注（一）

Step3. 标注半径尺寸。

（1）选择下拉菜单 插入(S) → 尺寸(M) ▸ → 半径(R)... 命令（或单击“半径”按钮），选取圆弧 1，在光标处出现图 2.11.22 所示的尺寸。

（2）单击图 2.11.22 所示的一点确定标注位置。

（3）在系统弹出的动态输入框中输入尺寸值 8，单击中键。

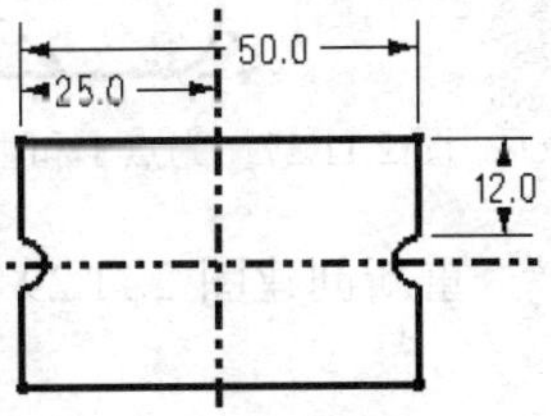

图 2.11.21　水平标注（二）

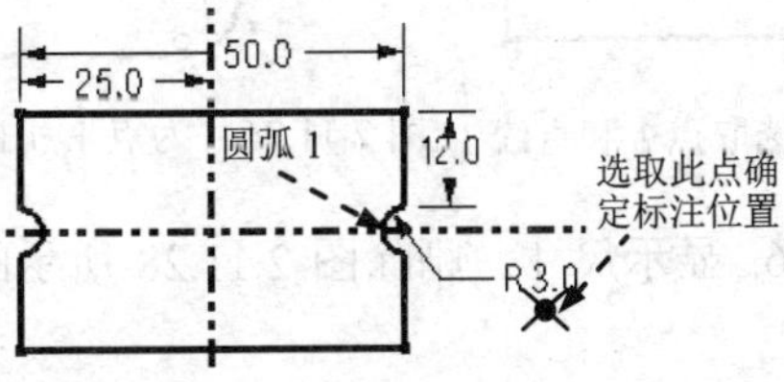

图 2.11.22　半径标注

2.11.4 草图范例 4

范例概述：

本范例讲解的是一个草图标注的技巧。在图 2.11.23a 中，标注了圆角圆心到直线的距离值 5.5，如果要将该尺寸变为图 2.11.23b 中的尺寸值 7.0，那么就必须先绘制辅助交点，然后才能创建尺寸值 7.0。操作步骤如下：

Step1. 打开文件 D:\dbugnx8.1\work\ch02\ch02.11\spsk04.prt。

Step2. 双击已有草图，单击按钮，进入草图环境，隐藏尺寸。

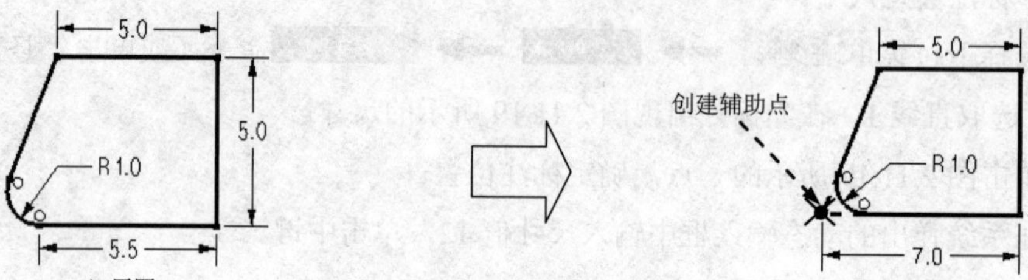

a）原图　　b）结果

图 2.11.23 范例 4

Step3. 创建点 1。选择下拉菜单 插入(S) → 曲线(C) → 点(P)... 命令，系统弹出“点”对话框，在图 2.11.24a 所示的位置单击，然后单击“点”对话框中的 确定 按钮，完成点 1 的创建，如图 2.11.24b 所示。

Step4. 单击“约束”按钮，然后选择图 2.11.25 所示的点 1 和直线 1，在系统弹出的“约束”工具条中单击按钮，为点 1 和直线 1 添加“点在曲线上”约束，如图 2.11.26 所示。

a）创建前　　b）创建后

图 2.11.24 创建点 1

Step5. 参照 Step4 为点 1 和直线 2 添加“点在曲线上”约束，如图 2.11.27 所示。

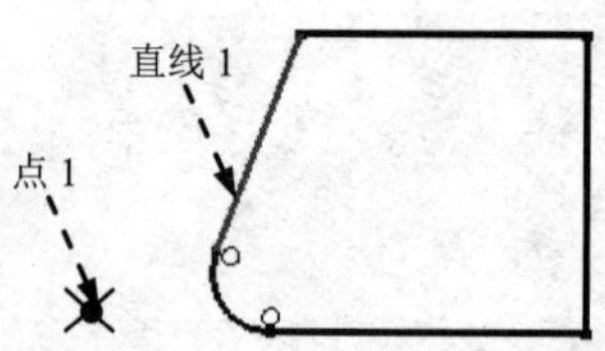

图 2.11.25 选取点 1 和直线 1

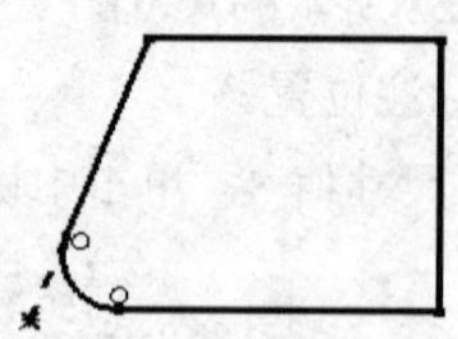

图 2.11.26 为点 1 和直线 1 添加约束后

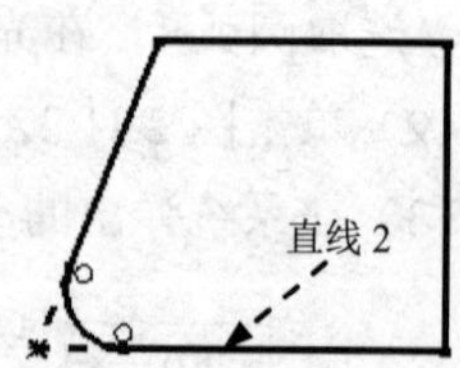

图 2.11.27 为点 1 和直线 2 添加约束后

Step6. 显示尺寸。删除图 2.11.28 所示的“尺寸 5.5”，重新创建图 2.11.29 所示的尺寸 7.0。

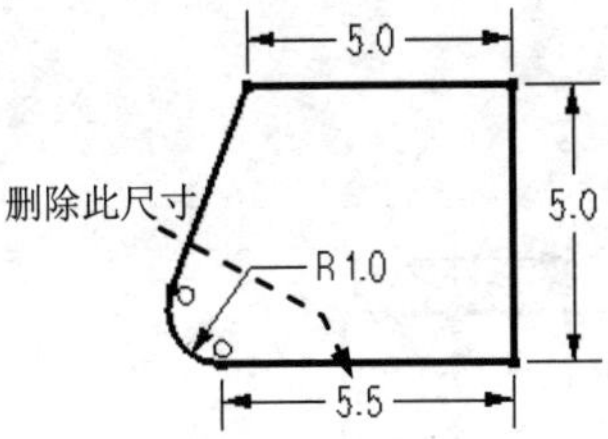

图 2.11.28　删除尺寸

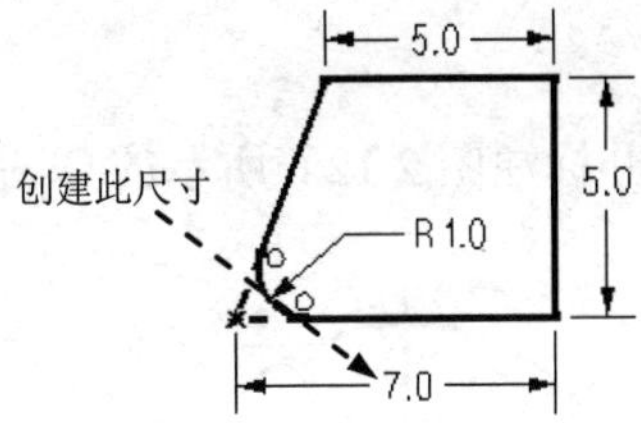

图 2.11.29　创建尺寸

2.12　习　　题

习题 1

绘制并标注图 2.12.1 所示的草图。

习题 2

打开文件 D:\dbugnx8.1\work\ch02\ch02.12\exsk2.prt，然后对打开的草图进行编辑，如图 2.12.2 所示。

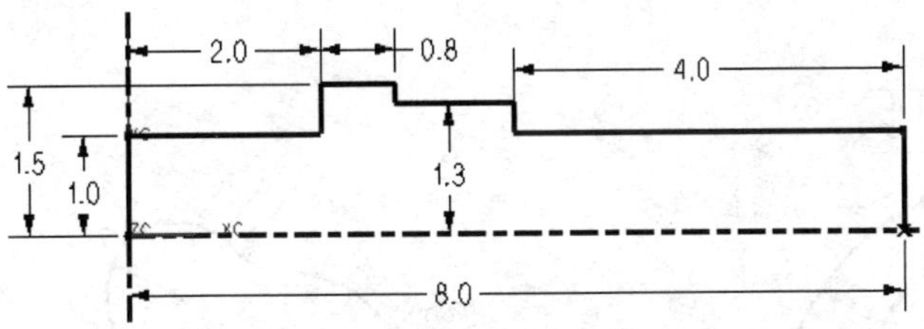

图 2.12.1　习题 1

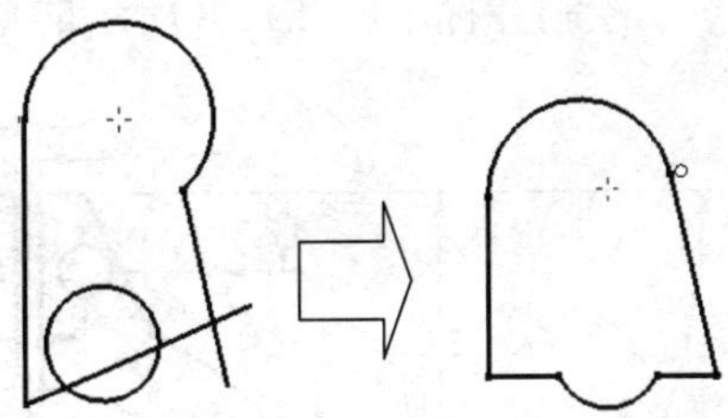

图 2.12.2　习题 2

习题 3

绘制并标注图 2.12.3 所示的草图。

习题 4

绘制并标注图 2.12.4 所示的草图。

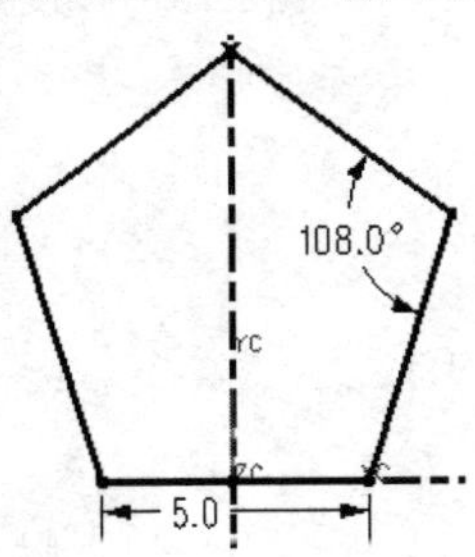

图 2.12.3　习题 3

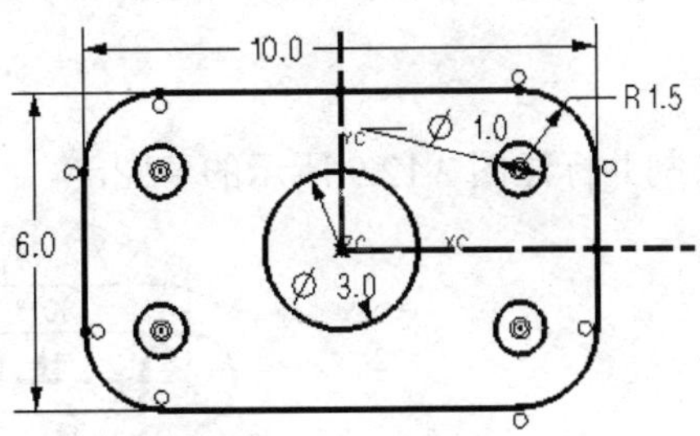

图 2.12.4　习题 4

习题 5

绘制并标注图 2.12.5 所示的草图。

习题 6

绘制并标注图 2.12.6 所示的草图。

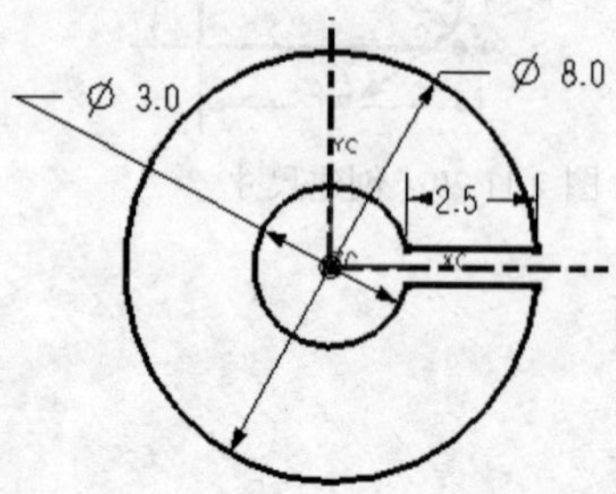

图 2.12.5 习题 5

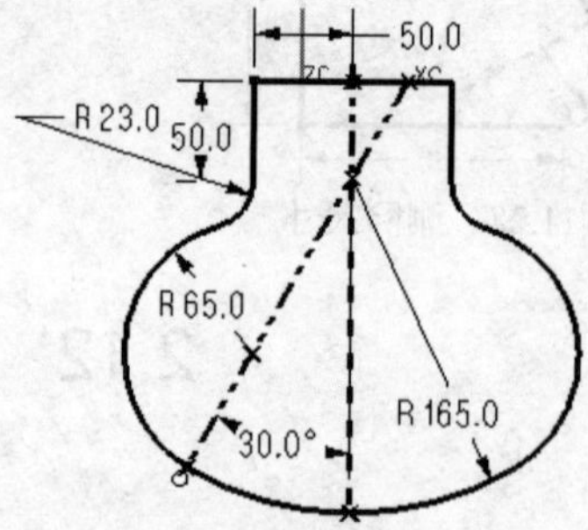

图 2.12.6 习题 6

习题 7

绘制并标注图 2.12.7 所示的草图。

习题 8

绘制并标注图 2.12.8 所示的草图。

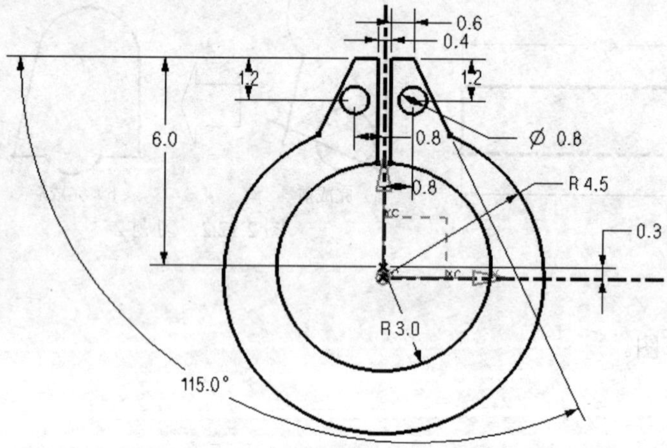

图 2.12.7 习题 7

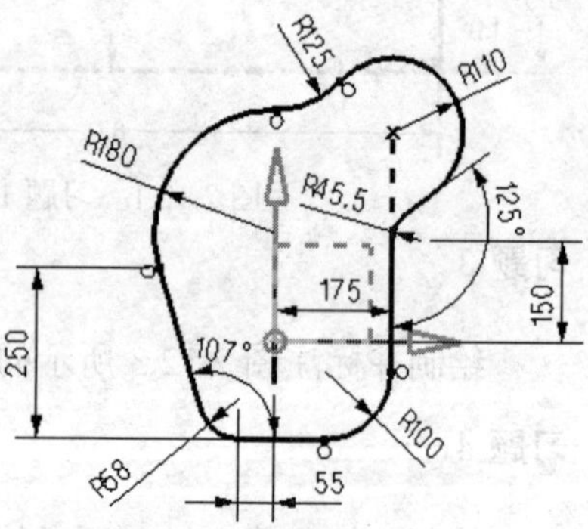

图 2.12.8 习题 8

习题 9

绘制并标注图 2.12.9 所示的草图。

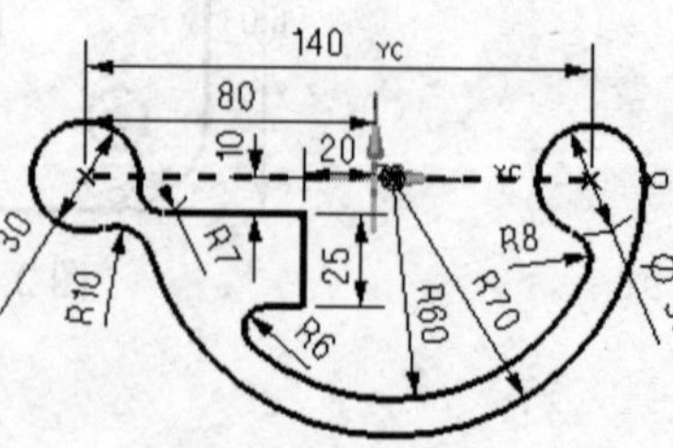

图 2.12.9 习题 9

第 3 章　零 件 设 计

本章提要　　复杂的产品设计都是以简单的零件建模为基础，而零件建模的基本组成单元则是特征。本章介绍了创建一个零件模型的一般操作过程及其他的一些基本的特征工具，包括回转、孔、边倒圆和抽壳等，主要内容包括：

- 三维建模的管理工具——部件导航器。
- 对象的操作。
- 参考几何体（包括基准平面、基准轴、基准坐标系）的创建。
- 一些基本特征的创建、编辑、删除和变换。

3.1　UG NX 8.0 文件的操作

在创建模型前，应该对模型的创建过程要有一个大致的考虑，先做什么，再做什么；如何用较少的步骤完成建模；如何使建模过程尽可能清晰直观；如何方便模型的修改，这些都是需要考虑的因素。在这些因素中，首要考虑的和次要考虑的也是比较重要的问题。

创建一个基本模型的一般过程如下：

（1）新建文件。选择下拉菜单 文件(F) → 新建(N)... 命令。在 模板 选项栏中，选取模板类型为 模型 ，在 名称 文本框中输入文件名称，单击 文件夹 后的“打开文件”按钮，设置文件存放路径。

（2）创建模型的基础特征。基础特征最能反映零件的基本形状和起始构造的特征。

（3）在基础特征上创建其他特征。

（4）特征之间进行布尔操作。

3.1.1　新建文件

新建一个部件文件，可以采用以下步骤：

Step1. 选择下拉菜单 文件(F) → 新建(N)... 命令（或单击“新建”按钮）。

Step2. 系统弹出图 3.1.1 所示的“新建”对话框；在 模板 选项栏中，选取模板类型为 模型 ，在 名称 文本框中输入文件名称（如 model1.prt），单击文本框后的“打开”按钮设置文件存放路径（或者在文件夹文本框中输入文件保存路径，或单击文本框后的“打开”按钮设置文件保存路径）。

Step3. 单击确定按钮，完成新部件的创建。

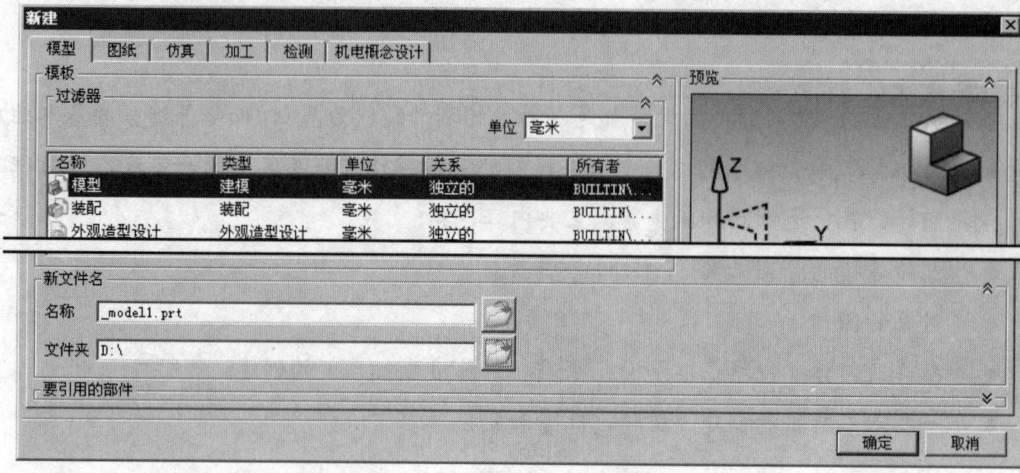

图 3.1.1 “新建”对话框

图 3.1.1 所示的“新建”对话框中主要选项的说明如下：

- 单位下拉列表：规定新部件的测量单位，包括全部、英寸和毫米选项（如果软件安装的是简体中文版，则默认单位是毫米）。
- 名称文本框：显示要创建的新部件文件名。写入文件名时，可以省略.prt 扩展名。当系统建立文件时，添加扩展名。文件名最长为 128 个字符，路径名最长为 256 个字符。有效的文件名字符与操作系统相关。不能使用如下的无效文件名字符，包括“(双引号)、*(星号)、/(正斜杠)、<(小于号)、>(大于号)、:(冒号)、\(反斜杠)、|(垂直杠)等符号。
- 文件夹文本框：用于设置文件的存放路径。

说明：如果要在 UG NX 8.0 中使用中文目录和中文文件名，需要在 Windows 系统中添加一个名为“UGII_UTF8_MODE”的系统环境变量，变量值为“1”，然后重启软件即可。本书随书光盘中有部分文件是在中文目录下创建的，建议读者添加此变量以支持中文路径。

3.1.2 文件保存

1．保存

在 UG NX 8.0 中，选择下拉菜单文件(F) ➡ 保存(S)命令，即可保存文件。

2．另存为

选择下拉菜单文件(F) ➡ 另存为(A)...命令，系统弹出图 3.1.2 所示的“另存为”对话框。

可以利用不同的文件名存储一个已有的部件文件作为备份。

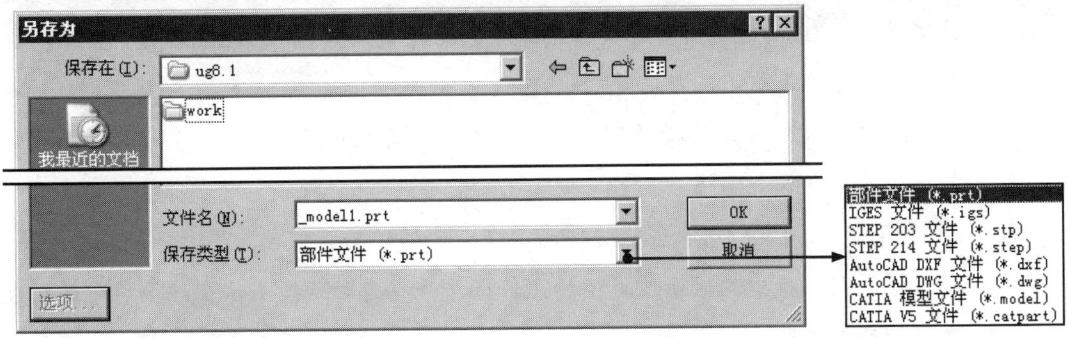

图 3.1.2 “另存为”对话框

3.1.3 打开文件

1．打开一个文件

打开一个部件文件，一般采用以下步骤：

Step1. 选择下拉菜单文件(F) ➡ 打开(O)...命令。

Step2. 系统弹出图 3.1.3 所示的“打开部件文件”对话框；在查找范围(I):下拉列表中选择需打开文件所在的目录（如 D:\dbugnx8.1\work\ch03\ch03.01），在文件名(N):文本框中输入部件名称（如 down_base.prt），并在文件类型(T):下拉列表中选择文件类型。

Step3. 单击 OK 按钮，即可打开部件文件。

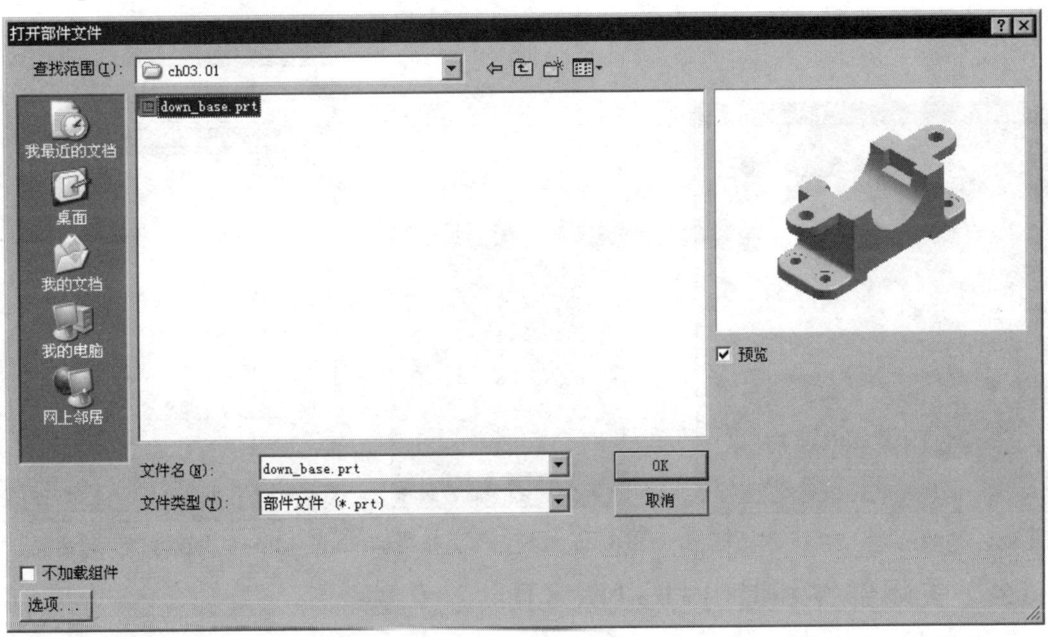

图 3.1.3 “打开部件文件”对话框

图 3.1.3 所示的“打开部件文件”对话框中主要选项的说明如下：

- ☑ 预览复选框：选中该复选框，将显示选择部件文件的预览图像。利用此功能观看部件文件而不必在 UG NX 8.0 软件中一一打开，这样可以很快地找到所需要的部件文件。☑ 预览 功能仅针对存储在 UG NX 8.0 中的部件，在 Windows 平台上有效。如果不想预览，取消选中该复选框即可。

- 文件名(N): 文本框：显示选择的部件文件，也可以输入一部件文件的路径名，路径名长度最多为 256 个字符。
- 文件类型(T): 下拉列表：用于选择文件的类型。选择了某类型后，在“打开部件文件”对话框的列表框中仅显示该类型的文件，系统也自动地用显示在此区域中的扩展名存储部件文件。
- □ 不加载组件 复选框：仅加载选择的组件，不加载未选的组件。
- 选项... （选项）：单击此按钮，系统弹出图 3.1.4 所示的“装配加载选项”对话框，利用该对话框可以对加载方式、加载组件和搜索路径等进行设置。

2. 打开多个文件

在同一进程中，UG NX 8.0 允许同时创建和打开多个部件文件，可以在几个文件中不断切换并进行操作，很方便地同时创建彼此有关系的零件。选择下拉菜单 窗口(O) ➡ 2. body_ok.prt 命令（或其他选项），每次选中不同的文件即可互相切换，窗口(O) 下拉菜单如图 3.1.5 所示。如果打开的文件超过 10 个，选择下拉菜单 窗口(O) ➡ 更多(M)... 命令，系统弹出“更改窗口”对话框（图 3.1.6），可以在对话框中选择所需的部件。

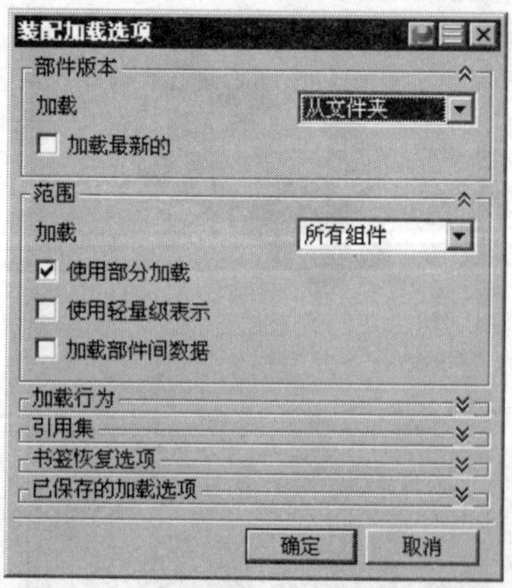

图 3.1.4 “装配加载选项”对话框

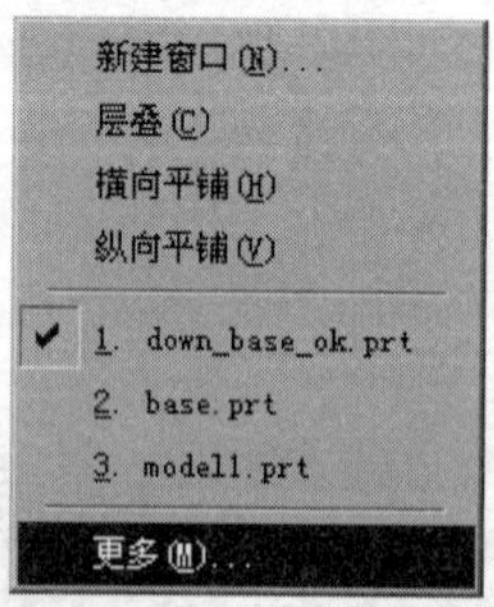

图 3.1.5 “窗口”下拉菜单

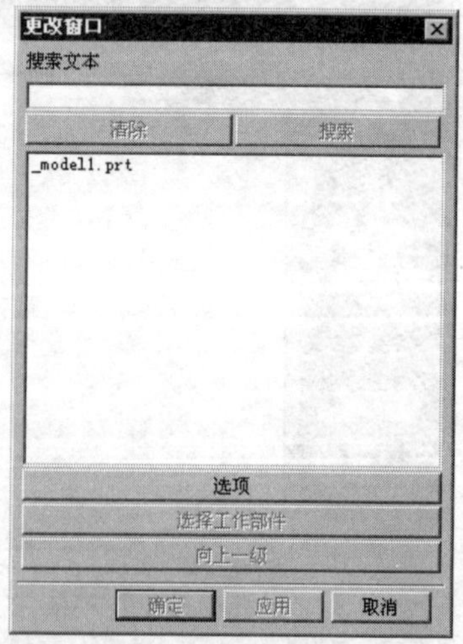

图 3.1.6 “更改窗口”对话框

3.1.4 关闭部件和退出 UG NX 8.0

1. 关闭选择的部件

选择下拉菜单 文件(F) ➡ 关闭(C) ▸ ➡ 选定的部件(P)... 命令，系统弹出图 3.1.7 所示的

“关闭部件”对话框。通过此对话框可以关闭选择的一个或多个打开的部件文件，也可以通过单击 关闭所有打开的部件 按钮，关闭系统当前打开的所有部件。使用此方式关闭部件文件时不存储部件，它仅从工作站的内存中清除部件文件。

注意：选择下拉菜单 文件(F) → 关闭(C) ▸ 命令后，系统弹出图 3.1.8 所示的“关闭”子菜单。

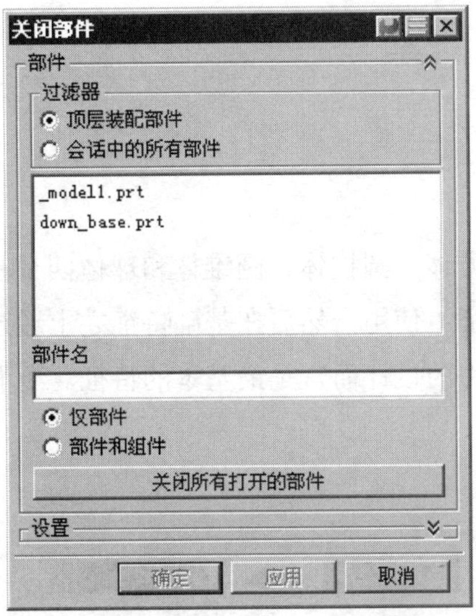

图 3.1.7 “关闭部件”对话框

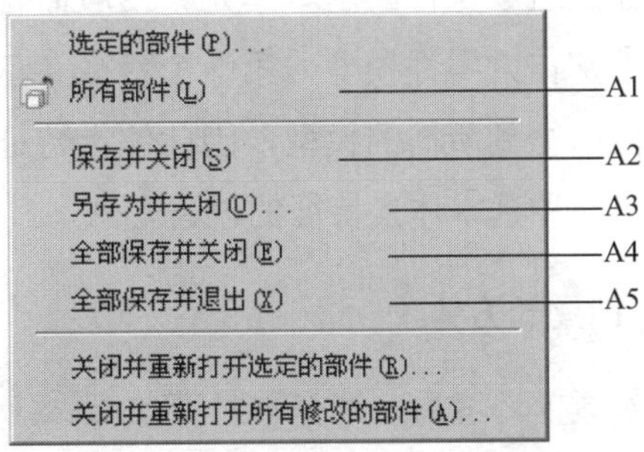

图 3.1.8 “关闭”子菜单

图 3.1.8 所示的“关闭”子菜单中相关命令的说明如下：

A1：关闭当前所有的部件。

A2：以当前名称和位置保存并关闭当前显示的部件。

A3：以不同的名称和（或）不同的位置保存当前显示的部件。

A4：以当前名称和位置保存并关闭所有打开的部件。

A5：保存所有修改过的已打开部件（不包括部分加载的部件），然后退出 UG NX 8.0。

2．退出 UG NX 8.0

选择下拉菜单 文件(F) → 退出(X) 命令（或在工作界面右上角单击 ✕ 按钮），如果部件文件已被修改，系统会弹出图 3.1.9 所示的“退出”对话框。单击 是 - 保存并退出(Y) 按钮，退出 UG NX 8.0。

图 3.1.9 “退出”对话框

图 3.1.9 所示的“退出”对话框中各选项的说明如下：

- 是 - 保存并退出(Y) 按钮：保存部件并关闭当前文件。
- 否 - 退出(N) 按钮：不保存部件并关闭当前文件。
- 取消(C) 按钮：取消此次操作，继续停留在当前文件。

3.2 体　素

3.2.1 基本体素

特征是组成零件的基本单元。一般而言，长方体、圆柱体、圆锥体和球体四个基本体素特征常常作为零件模型的第一个特征（基础特征）使用，然后在基础特征之上通过添加新的特征以得到所需的模型，因此体素特征对零件的设计而言是最基本的特征。下面分别介绍以上四种基本体素特征的创建方法。

1．创建长方体

进入建模环境后，选择下拉菜单 插入(S) → 设计特征(E) ▸ → 长方体(K)... 命令（或单击工具条中的按钮），系统弹出图 3.2.1 所示的“块”对话框。在 类型 选项组中可以选择创建长方体的方法，其方法有三种。

注意： 如果下拉菜单 插入(S) → 设计特征(E) ▸ 中没有 长方体(K)... 命令，则需要定制，具体定制过程请参见“1.4.2 用户界面的定制”相关内容。在后面的章节中如有类似情况，将不再具体说明。

方法一：“原点，边长”方法。

下面以图 3.2.2 所示的长方体为例，说明使用“原点，边长”方法创建长方体的一般过程。

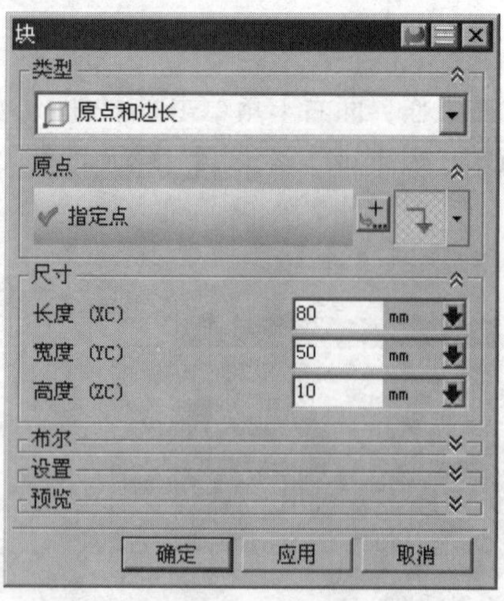

图 3.2.1 “块”对话框（一）

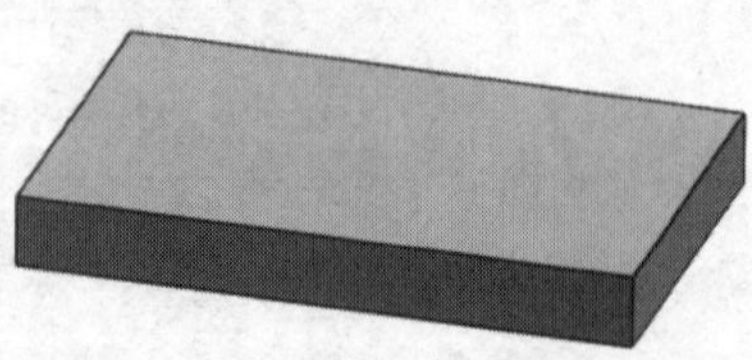

图 3.2.2 长方体特征（一）

Step1．选择命令。选择下拉菜单插入(S) → 设计特征(E) → 长方体(K)...命令，系统弹出图 3.2.1 所示的“块”对话框。

Step2．选择创建长方体的方法。在类型下拉列表中选择原点和边长选项（图 3.2.1）。

Step3．定义长方体的原点（即长方体的一个顶点）。选择坐标原点为长方体顶点（系统默认选择坐标原点为长方体顶点）。

Step4．定义长方体的参数。在长度(XC)文本框中输入值 80，在宽度(YC)文本框中输入值 50，在高度(ZC)文本框中输入值 10。

Step5．单击确定按钮，完成长方体的创建。

说明：长方体创建完成后，如果要对其进行修改，可直接双击该长方体，然后根据系统信息提示编辑其参数。

方法二：“两个点，高度”方法。

“两个点，高度”方法要求指定长方体在 Z 轴方向上的高度和其底面两个对角点的位置，以此创建长方体。下面以图 3.2.3 所示的长方体为例，说明使用“两个点，高度”方法创建长方体的一般过程。

Step1．打开文件 D:\dbugnx8.1\work\ch03\ch03.02\block_1.prt。

Step2．选择命令。选择下拉菜单插入(S) → 设计特征(E) → 长方体(K)...命令，系统弹出“块”对话框。

Step3．选择创建长方体的方法。在类型下拉列表选择两点和高度选项，此时“块”对话框如图 3.2.4 所示。

Step4．定义长方体的原点和对角点。在图形区中选取图 3.2.5 所示的点 1 为原点，选取点 2 为对角点。

Step5．定义长方体的高度。在高度(ZC)文本框中输入值 50。

Step6．单击确定按钮，完成长方体的创建。

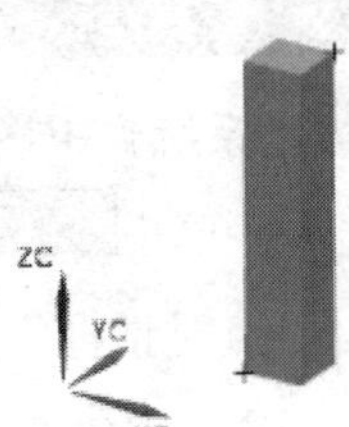

图 3.2.3　长方体特征（二）

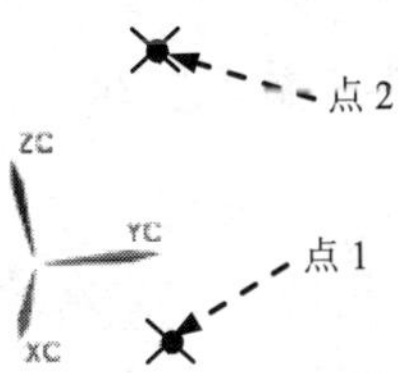

图 3.2.5　选取两个点作为底面对角点

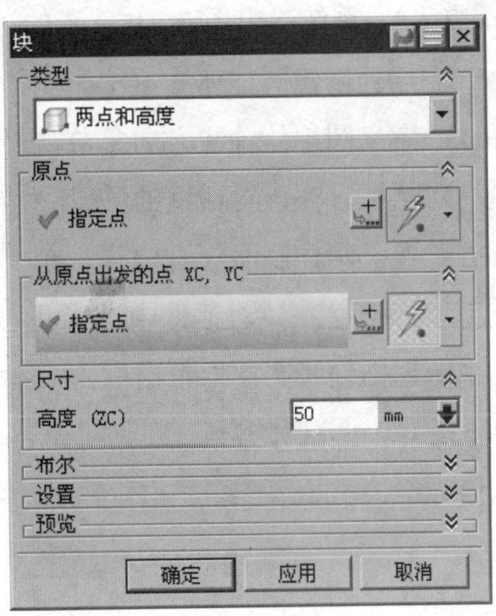

图 3.2.4　“块”对话框（二）

方法三：“两个对角点”方法。

该方法要求设置长方体两个对角点的位置，而不用设置长方体的高度，系统即可从对角点创建长方体。下面以图 3.2.6 所示的长方体为例，说明使用“两个对角点”方法创建长方体的一般过程。

Step1. 打开文件 D:\dbugnx8.1\work\ch03\ch03.02\block_2.prt。

Step2. 选择下拉菜单 插入(S) → 设计特征(E) → 长方体(K)... 命令，系统弹出“块”对话框。

Step3. 选择创建长方体的方法。在 类型 下拉列表中选择 两个对角点 选项。

Step4. 定义长方体的对角点。在图形区中单击图 3.2.7 所示的两个点作为长方体的对角点。

Step5. 单击 确定 按钮，完成长方体的创建。

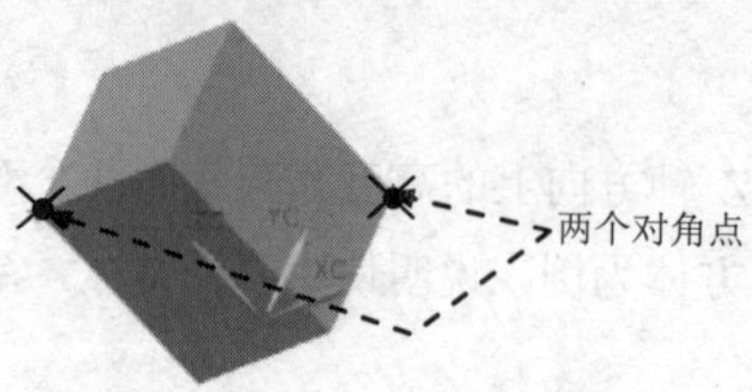

图 3.2.6 长方体特征（三）

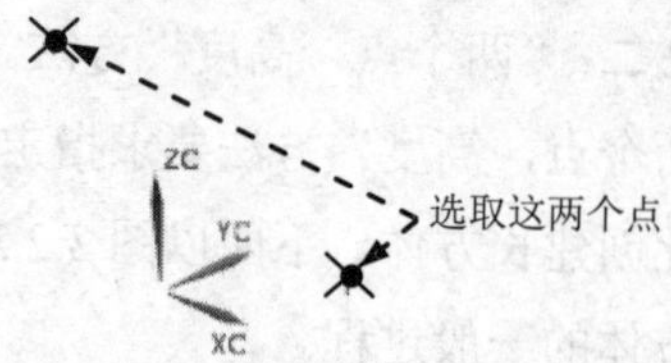

图 3.2.7 选取两个点作为对角点

2. 创建圆柱体

创建圆柱体有“直径，高度”和“高度，圆弧”两种方法，下面将分别介绍。

方法一：“直径，高度”方法。

“直径，高度”方法要求确定一个矢量方向作为圆柱体的轴线方向，再设置圆柱体的直径和高度参数，以及设置圆柱体底面中心的位置。下面以图 3.2.8 所示的零件基础特征（圆柱体）为例，说明使用“直径，高度”方法创建圆柱体的一般操作过程。

Step1. 选择命令。选择下拉菜单 插入(S) → 设计特征(E) → 圆柱体(C)... 命令（或单击 按钮），系统弹出图 3.2.9 所示的“圆柱”对话框。

Step2. 选择创建圆柱体的方法。在 类型 下拉列表中选择 轴、直径和高度 选项。

Step3. 定义圆柱体轴线方向。单击“矢量对话框”按钮，系统弹出图 3.2.10 所示的“矢量”对话框。在该对话框的 类型 下拉列表中选择 ZC 轴 选项，单击 确定 按钮。

Step4. 定义圆柱底面圆心位置。在“圆柱”对话框中单击“点对话框”按钮，系统弹出“点”对话框。在该对话框中设置圆心的坐标为 XC=0.0、YC=0.0、ZC=0.0，单击 确定 按钮，系统返回到“圆柱”对话框。

Step5. 定义圆柱体参数。在“圆柱”对话框中的 直径 文本框中输入值 60，在 高度 文本框中输入值 60，单击 确定 按钮，完成圆柱体的创建。

图 3.2.8　创建圆柱体

图 3.2.10　“矢量”对话框

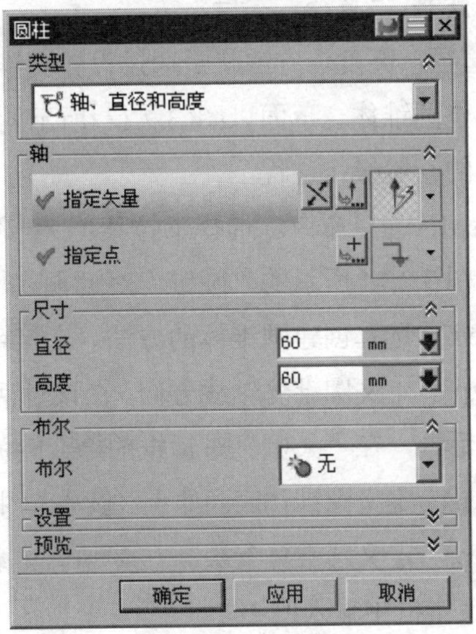

图 3.2.9　“圆柱”对话框（一）

方法二：“高度，圆弧”方法。

“高度，圆弧”方法就是通过设置高度和所选取的圆弧来创建圆柱体。下面以图 3.2.11 所示的零件基础特征（圆柱体）为例，说明使用“高度，圆弧”方法创建圆柱体的一般操作过程。

Step1. 打开文件 D:\dbugnx8.1\work\ch03\ch03.02\cylinder.prt。

Step2. 选择命令。选择下拉菜单 插入(S) → 设计特征(E) → 圆柱体(C)... 命令（或单击按钮），系统弹出“圆柱”对话框。

Step3. 选择创建圆柱体的方法。在 类型 下拉列表中选择 圆弧和高度 选项。

Step4. 定义圆柱体参数。根据系统 为圆柱体直径选择圆弧或圆 的提示，在图形区中选中图 3.2.12 所示的圆弧，在 高度 文本框输入值 60。

Step5. 单击 确定 按钮，完成圆柱体的创建。

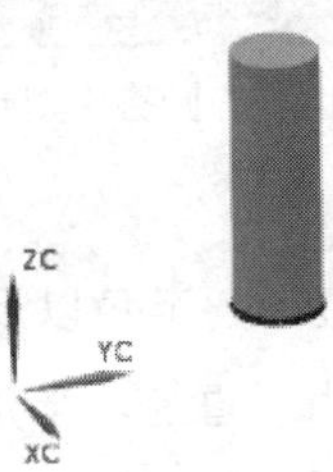

图 3.2.11　创建圆柱体

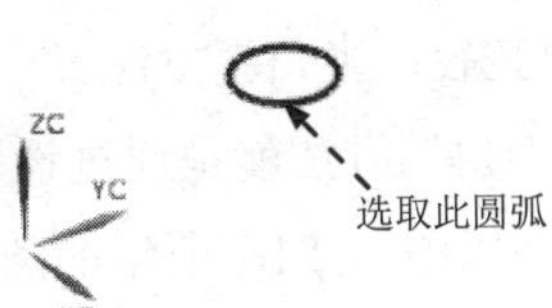

图 3.2.12　选取圆弧

3. 创建圆锥体

圆锥体的创建方法有五种，下面一一介绍。

方法一：“直径，高度”方法。

“直径，高度”方法就是通过设置圆锥体的底部直径、顶部直径、高度以及圆锥轴线方向来创建圆锥体。下面以图 3.2.13 所示的圆锥体为例，说明使用“直径，高度”方法创建圆锥体的一般操作过程。

Step1. 选择命令。选择下拉菜单 插入(S) → 设计特征(E) ▸ → 圆锥(O)... 命令，系统弹出图 3.2.14 所示的“圆锥”对话框（一）。

Step2. 选择创建圆锥体的方法。在类型下拉列表中选择 直径和高度 选项。

Step3. 定义圆锥体轴线方向。在该对话框中单击按钮，系统弹出图 3.2.15 所示的“矢量”对话框，在“矢量”对话框的类型下拉列表中选择 ZC 轴 选项。

Step4. 定义圆锥体底面原点（圆心）。接受系统默认的原点（0，0，0）为底圆原点。

Step5. 定义圆锥体参数。在底部直径文本框中输入值 60，在顶部直径文本框中输入值 0，在高度文本框中输入值 20。

Step6. 单击 确定 按钮，完成圆锥体的创建。

图 3.2.13 “圆锥体”特征（一）

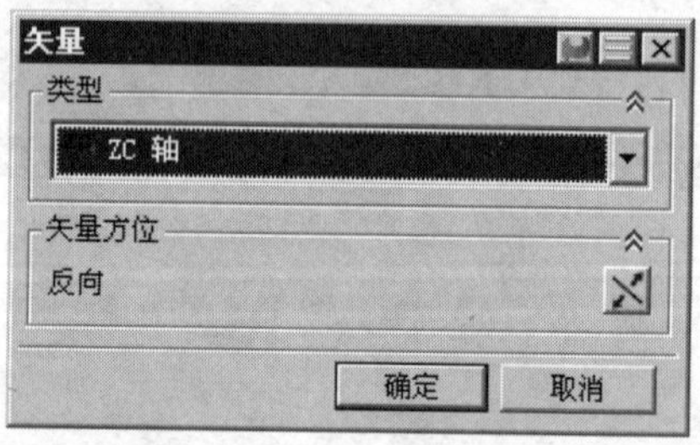

图 3.2.15 “矢量”对话框

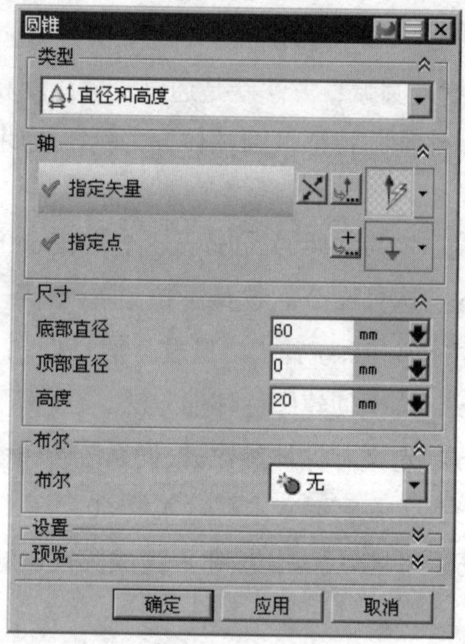

图 3.2.14 “圆锥”对话框（一）

方法二：“直径，半角”方法。

“直径，半角”方法就是通过设置底部直径、顶部直径、半角以及圆锥轴线方向来创建圆锥体。下面以图 3.2.16 所示的圆锥体为例，说明使用“直径，半角”方法创建圆锥体的一般操作过程。

Step1. 选择命令。选择下拉菜单 插入(S) → 设计特征(E) ▸ → 圆锥(O)... 命令，系统弹出“圆锥”对话框。

Step2. 选择创建圆锥体的方法。在类型下拉列表中选择 直径和半角 选项，此时“圆锥”

对话框（二）如图 3.2.17 所示。

Step3. 定义圆锥体轴线方向。在该对话框中单击按钮，系统弹出“矢量”对话框，在“矢量”对话框的类型下拉列表中选择ZC 轴选项。

Step4. 定义圆锥体底面原点（圆心）。选择系统默认的坐标原点（0，0，0）为底面原点。

Step5. 定义圆锥体参数。在底部直径文本框输入值 45，在顶部直径文本框输入值 0，在半角文本框输入值为 25，单击确定按钮，完成圆锥体特征的创建。

图 3.2.16 “圆锥体”特征（二）

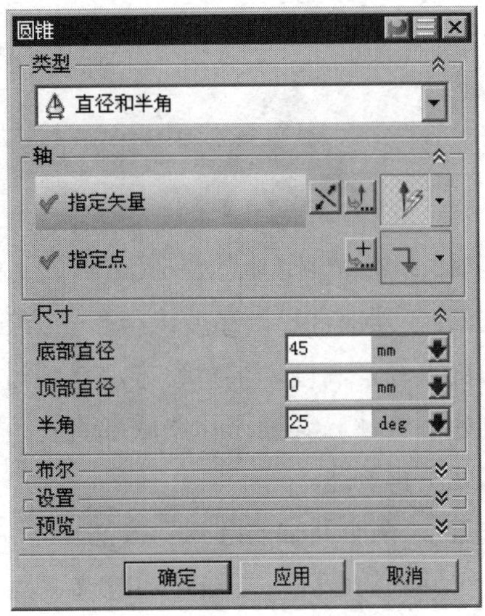

图 3.2.17 “圆锥”对话框（二）

方法三：“底部直径，高度，半角”方法。

“底部直径，高度，半角”方法是通过设置底部直径、高度和半角参数以及圆锥轴线方向来创建圆锥体。下面以图 3.2.18 所示的圆锥体为例，说明使用“底部直径，高度，半角”方法创建圆锥体的一般操作过程。

Step1. 选择命令。选择下拉菜单插入(S) → 设计特征(E) → 圆锥(O)...命令，系统弹出“圆锥”对话框（一）。

Step2. 选择创建圆锥体的方法。在类型下拉列表中选择底部直径，高度和半角选项，此时“圆锥”对话框（三）如图 3.2.19 所示。

Step3. 定义圆锥体轴线方向。在该对话框中单击按钮，系统弹出“矢量”对话框，在“矢量”对话框的类型下拉列表中选择ZC 轴选项。

Step4. 定义圆锥体底面原点（圆心）。选择系统默认的坐标原点（0，0，0）为底面原点。

Step5. 定义圆锥体参数。在底部直径、高度、半角文本框中分别输入值 100、86、30。单击确定按钮，完成圆锥体特征的创建。

图 3.2.18　“圆锥体”特征（三）

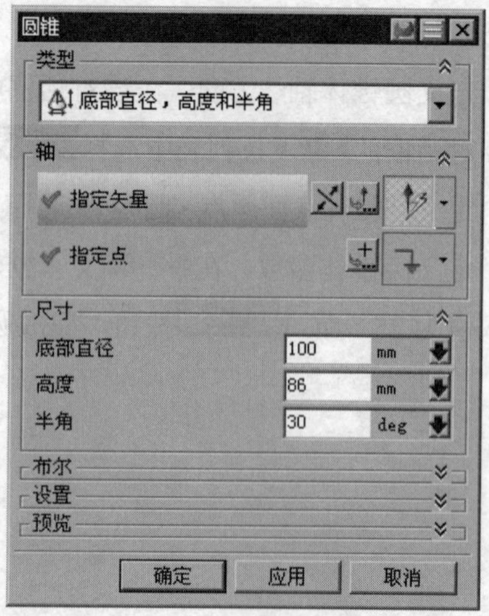

图 3.2.19　“圆锥”对话框（三）

方法四：“顶部直径，高度，半角”方法。

“顶部直径，高度，半角”方法是通过设置顶部直径、高度和半角参数以及圆锥轴线方向来创建圆锥体。其操作和“底部直径，高度，半角”方法基本一致，可参照其创建的步骤，在此不再赘述。

方法五：“两个共轴的圆弧”方法。

“两个共轴的圆弧”方法是通过选取两个圆弧对象来创建圆锥体。下面以图 3.2.20 所示的圆锥体为例，说明使用“两个共轴的圆弧”方法创建圆锥体的一般操作过程。

Step1. 打开文件 D:\dbugnx8.1\work\ch03\ch03.02\cone.prt。

Step2. 选择命令。选择下拉菜单 插入(S) → 设计特征(E) → 圆锥(O)... 命令（或单击 按钮），系统弹出“圆锥”对话框（一）。

Step3. 选择创建圆锥体的方法。在 类型 下拉列表中选择 两个共轴的圆弧 选项，此时“圆锥”对话框（四）如图 3.2.21 所示。

Step4. 单击图 3.2.22 所示的两条弧，完成圆锥体特征的创建。

图 3.2.20　“圆锥体”特征（四）

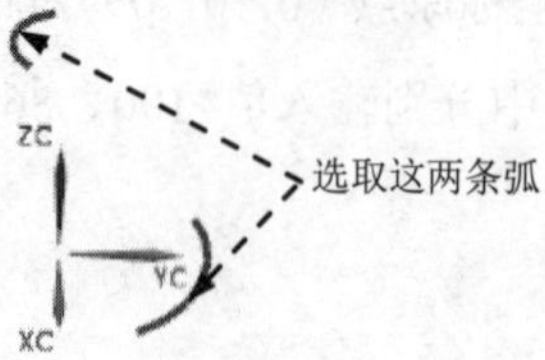

图 3.2.22　选取圆弧

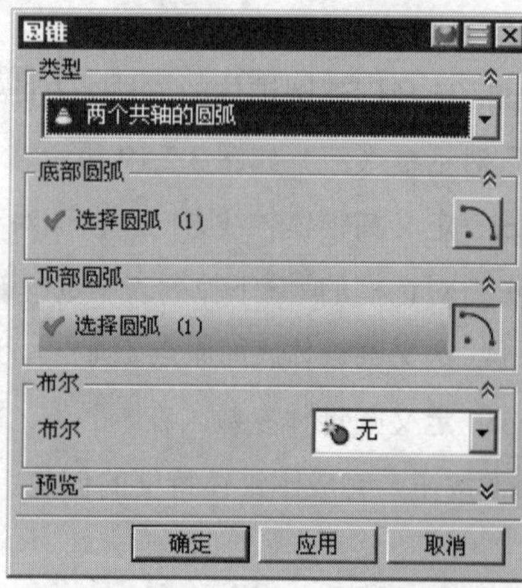

图 3.2.21　“圆锥”对话框（四）

注意：创建圆锥特征中的“两个共轴的圆弧”方法，所选的这两条弧（或圆）必须共轴。两条弧（圆）的直径不能相等，否则创建出错。

4．创建球体

球体特征的创建可以通过“直径，圆心”和“选择圆弧”这两种方法，下面分别介绍。

方法一：“直径，圆心”方法。

“直径，圆心”方法就是通过设置球体的直径和球心位置的方法来创建球特征。下面以图 3.2.23 所示的零件基础特征——球体为例，说明使用“直径，圆心”方法创建球体的一般操作过程。

Step1. 选择命令。选择下拉菜单 插入(S) → 设计特征(E) ▸ → 球(S)... 命令，系统弹出 “球”对话框。

Step2. 选择创建球体的方法。在 类型 下拉列表中选择 中心点和直径 选项，此时“球”对话框（一）如图 3.2.24 所示。

Step3. 定义球心。在该对话框中单击按钮，系统弹出图 3.2.25 所示的“点”对话框，接受系统默认的坐标原点（0，0，0）为球心。

Step4. 定义球体直径。在 直径 文本框输入值 100。单击 确定 按钮，完成球体特征的创建。

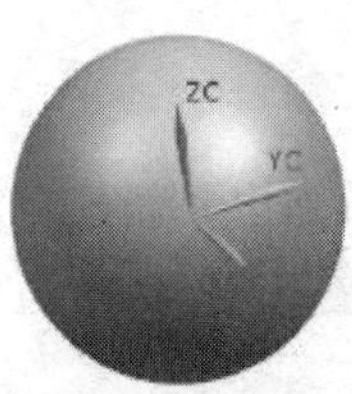

图 3.2.23 球体特征（一）

图 3.2.24 “球”对话框（一）

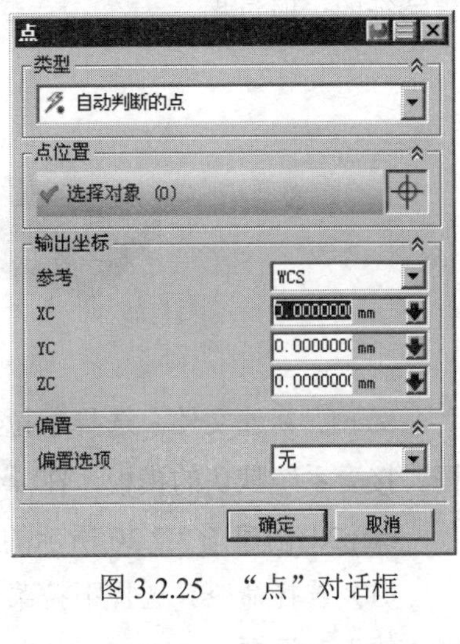

图 3.2.25 “点”对话框

方法二：“选择圆弧”方法。

“选择圆弧”方法就是通过选取的圆弧来创建球体特征，选取的圆弧可以是一段弧也可以是圆。下面以图 3.2.26 所示的零件基础特征——球体为例，说明使用“选择圆弧”方法创建球体的一般操作过程。

Step1. 打开文件 D:\dbugnx8.1\work\ch03\ch03.02\sphere_2.prt。

Step2. 选择命令。选择下拉菜单 插入(S) → 设计特征(E) ▸ → 球(S)... 命令，系统弹出“球”对话框。

Step3. 选择创建球体的方法。在类型下拉列表中选择 圆弧选项，此时“球”对话框（二）如图 3.2.27 所示。

Step4. 根据系统选择圆弧的提示，在图形区选取图 3.2.28 所示的圆弧，完成球特征的创建。

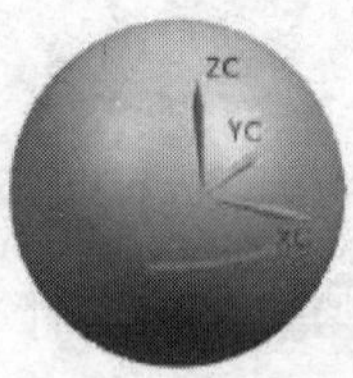

图 3.2.26 球体特征（二）

图 3.2.27 “球”对话框（二）

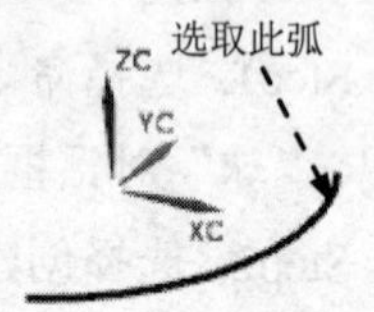

图 3.2.28 选取圆弧

3.2.2 在基本体素上添加其他体素

本节以图 3.2.29 所示的实体模型的创建过程为例，说明在基本体素特征上添加其他体素特征的一般过程。

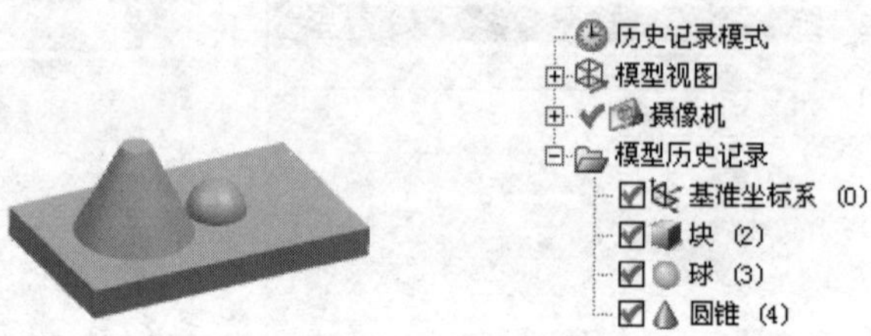

图 3.2.29 模型及模型树

Step1. 新建文件。选择下拉菜单文件(F) → 新建(N)...命令，系统弹出“新建”对话框。接受系统默认的模板，在名称文本框中输入文件名称 body，单击确定按钮。

Step2. 创建图 3.2.30 所示的基本长方体特征。

（1）选择命令。选择下拉菜单插入(S) → 设计特征(E) → 长方体(K)...命令，系统弹出“块”对话框。

（2）选择创建长方体的方法。在类型下拉列表中选择 原点和边长选项。

（3）定义长方体参数。在长度 (XC) 文本框中输入值 100，在宽度 (YC) 文本框中输入值 60，在高度 (ZC) 文本框中输入值 10。

（4）单击确定按钮，完成长方体的创建。

Step3. 添加图 3.2.31 所示的球体特征。

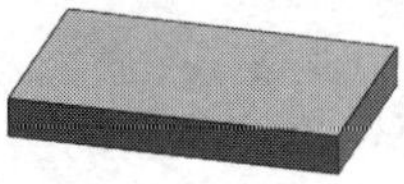

图 3.2.30　长方体特征

图 3.2.31　添加球体特征

（1）选择命令。选择下拉菜单 插入(S) → 设计特征(E)▸ → 球(S)... 命令，系统弹出“球”的对话框。

（2） 选择创建球体的方法。在类型下拉列表中选择 中心点和直径选项。

（3） 定义球中心点位置。在该对话框中单击按钮，系统弹出 “点”对话框，在“点”对话框的 XC 文本框中输入值 60，在 YC 文本框中输入值 30，在 ZC 文本框中输入值 10。

（4）定义球体直径。在直径文本框输入值 20。

（5）对球体和长方体求和。在布尔下拉列表中选择 求和 选项，采用系统默认的求和对象。单击 确定 按钮，完成球体的创建。

Step4. 添加图 3.2.32 所示的圆锥体特征。

（1）选择命令。选择下拉菜单 插入(S) → 设计特征(E)▸ → 圆锥(O)... 命令，系统弹出“圆锥”对话框。

（2）选择创建圆锥体的方法。在类型下拉列表中选择 直径和高度选项。

（3）定义圆锥体轴线方向。在该对话框中单击按钮，系统弹出“矢量”对话框，在“矢量”对话框的类型下拉列表中选择 ZC 轴选项。

（4）定义圆锥体参数。在底部直径文本框中输入值 40，在顶部直径文本框中输入值 10，在高度文本框中输入值 30。

（5）定义圆锥体底面圆心位置。在 XC 文本框中输入值 30，在 YC 文本框中输入值 30，在 ZC 文本框中输入值 10。

（6）对圆锥体和前面已求和的实体进行布尔运算。在布尔下拉列表中选择 求和 选项，采用系统默认的求和对象。单击 确定 按钮，完成圆锥体的创建。

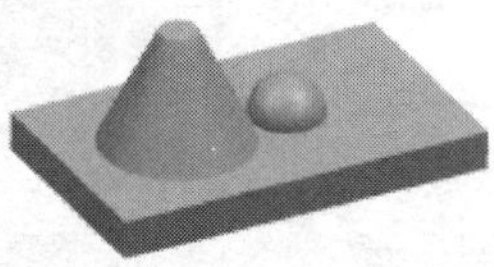

图 3.2.32　添加圆锥体特征

3.3　布 尔 操 作

布尔操作可以对两个或两个以上已经存在的实体进行求和、求差及求交运算。

3.3.1 布尔操作概述

布尔操作可以将原先存在的多个独立的实体进行运算，以产生新的实体。进行布尔运算时，首先选择目标体（即被执行布尔运算的实体，只能选择一个），然后选择刀具体（即在目标体上执行操作的实体，可以选择多个），运算完成后，刀具体成为目标体的一部分，而且如果目标体和刀具体具有不同的图层、颜色、线型等特性，产生的新实体具有与目标体相同的特性。如果部件文件中已存有实体，当建立新特征时，新特征可以作为刀具体，已存在的实体作为目标体。布尔操作主要包括以下三部分内容：

- 布尔求和操作。
- 布尔求差操作。
- 布尔求交操作。

3.3.2 布尔求和操作

布尔求和操作用于将刀具体和目标体合并成一体。下面以图 3.3.1 所示的模型为例，介绍布尔求和操作的一般过程。

Step1. 打开文件 D:\dbugnx8.1\work\ch03\ch03.04\unite.prt。

Step2. 选择命令。选择下拉菜单 插入(S) → 组合(B) ▸ → 求和(U)... 命令，系统弹出图 3.3.2 所示的“求和”对话框。

Step3. 定义目标和刀具。在图 3.3.1a 中，依次选择目标（圆锥体）和刀具（球体），单击 < 确定 > 按钮，完成该布尔操作，结果如图 3.3.1b 所示。

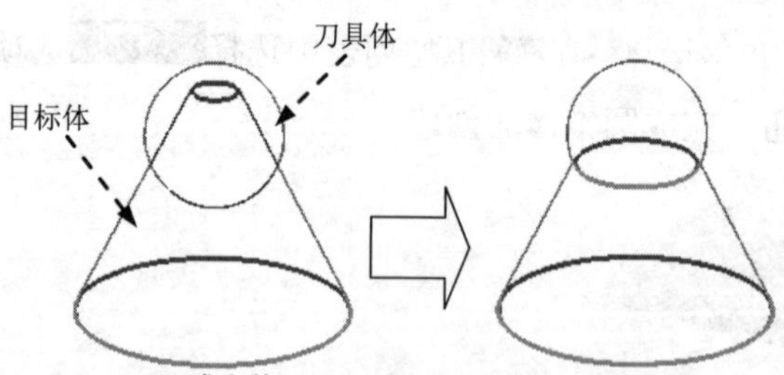

a）求和前　　b）求和后

图 3.3.1 布尔求和操作

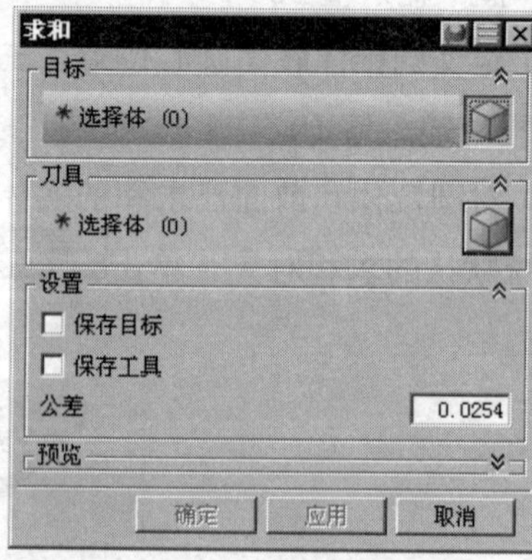

图 3.3.2 “求和”对话框

注意：布尔求和操作要求刀具体和目标体必须在空间上接触才能进行运算，否则将提示出错。

图 3.3.2 所示的“求和”对话框中各复选框的功能说明如下：

- □ 保存目标 复选框：为求和操作保存目标体。如果需要在一个未修改的状态下保存所选目标体的副本时，使用此选项。
- □ 保存工具 复选框：为求和操作保存工具体。如果需要在一个未修改的状态下保存所选工具体的副本时，使用此选项。在编辑“求和”特征时，此选项不可用。

3.3.3 布尔求差操作

布尔求差操作用于将刀具体从目标体中移除。下面以图 3.3.3 所示的模型为例，介绍布尔求差操作的一般过程。

Step1. 打开文件 D:\dbugnx8.1\work\ch03\ch03.04\subtract.prt。

Step2. 选择命令。选择下拉菜单 插入(S) → 组合(B) → 求差(S)... 命令，系统弹出图 3.3.4 所示的“求差”对话框。

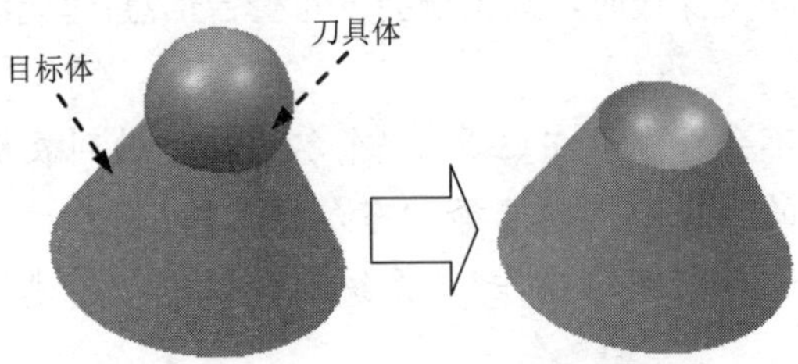

a）求差前　　b）求差后

图 3.3.3　布尔求差操作

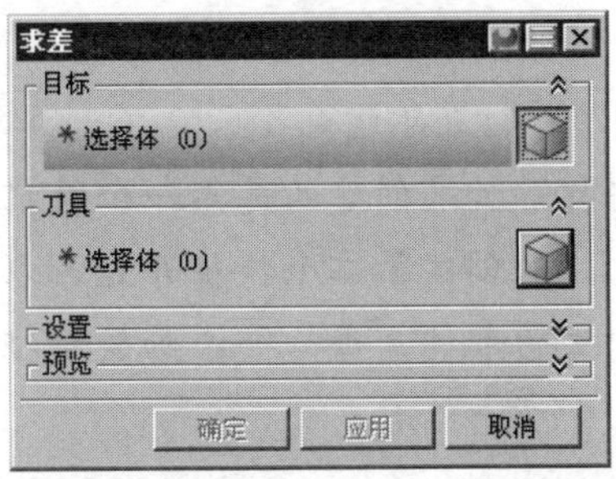

图 3.3.4　“求差”对话框

Step3. 定义目标体和刀具体。依次选择图 3.3.3a 所示的目标体和刀具体，单击 < 确定 > 按钮，完成该布尔操作。

3.3.4 布尔求交操作

布尔求交操作用于创建包含两个不同实体的共有部分。进行布尔求交运算时，刀具体与目标体必须相交。下面以图 3.3.5 所示的模型为例，介绍布尔求交操作的一般过程。

Step1. 打开文件 D:\dbugnx8.1\work\ch03\ch03.04\intersection.prt。

Step2. 选择命令。选择下拉菜单 插入(S) → 组合(B) → 求交(I)... 命令，系统弹出图 3.3.6 所示的“求交”对话框。

Step3. 定义目标体和刀具体。依次选取图 3.3.5a 所示的实体作为目标体和刀具体，单击 < 确定 > 按钮，完成该布尔操作。

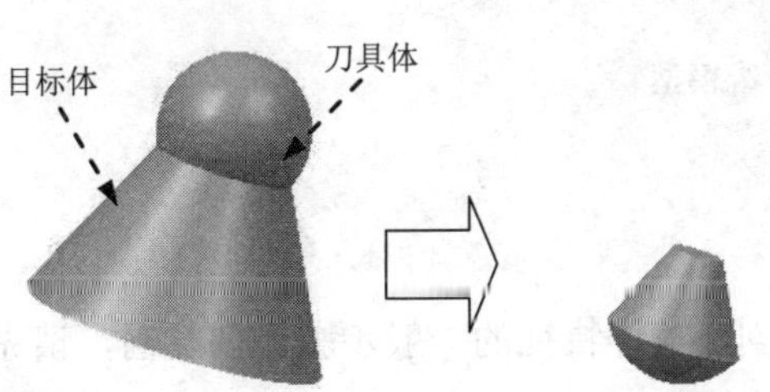

a）求交前　　b）求交后

图 3.3.5　布尔求交操作

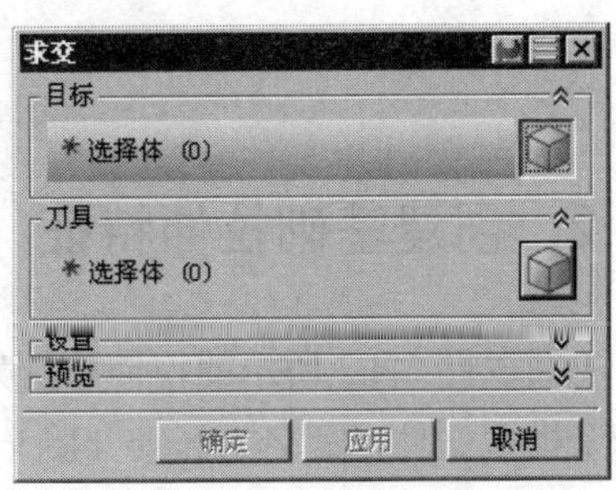

图 3.3.6　“求交”对话框

3.3.5 布尔出错消息

如果布尔运算的使用不正确，可能出现错误，其出错信息如下：

- 在进行实体的求差和求交运算时，所选工具体必须与目标体相交，否则系统会发布警告信息："工具体完全在目标体外"。
- 在进行操作时，如果使用复制目标，且没有创建一个或多个特征，则系统会发布警告信息："不能创建任何特征"。
- 如果在执行一个片体与另一个片体的求差操作时，则系统会发布警告信息："非歧义实体"。
- 如果在执行一个片体与另一个片体的求交操作时，则系统会发布警告信息："无法执行布尔运算"。

注意：如果创建的是第一个特征，此时不会存在布尔运算，"布尔操作"的列表框为灰色。从创建第二个特征开始，以后加入的特征都可以选择"布尔操作"，而且对于一个独立的部件，每一个添加的特征都需要选择"布尔操作"，系统默认选中"创建"类型。

3.4 拉 伸 特 征

3.4.1 拉伸特征简述

拉伸特征是将截面沿着草图平面的垂直方向拉伸而成的特征，它是最常用的零件建模方法。下面以一个简单实体三维模型（图 3.4.1）为例，说明拉伸特征的基本概念及其创建方法，同时介绍用 UG 软件创建零件三维模型的一般过程。

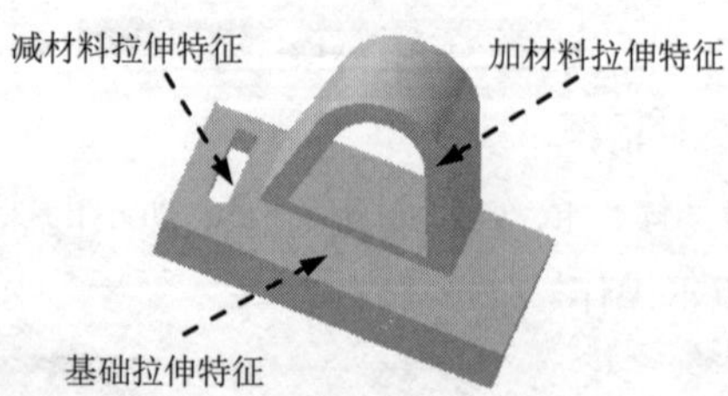

图 3.4.1　实体三维模型

3.4.2 创建基础拉伸特征

下面以图 3.4.2 所示的拉伸特征为例，说明创建拉伸特征的一般步骤。创建前，请先新建一个模型文件，命名为 base_block，进入建模环境。

1．选取拉伸特征命令

选取特征命令一般有如下两种方法：

方法一：　从下拉菜单中获取特征命令。选择下拉菜单 插入(S) → 设计特征(E) → 拉伸(E)... 命令。

方法二：　从工具栏中获取特征命令。本例可以直接单击“特征”工具栏中的按钮。

图 3.4.2　拉伸特征

2．定义拉伸特征的截面草图

定义拉伸特征截面草图的方法有两种：选择已有草图作为截面草图；创建新草图作为截面草图。本例中介绍定义拉伸特征截面草图的第二种方法，具体定义过程如下：

Step1．选择特征命令后，系统弹出图 3.4.3 所示的“拉伸”对话框，在该对话框中单击按钮，创建新草图。

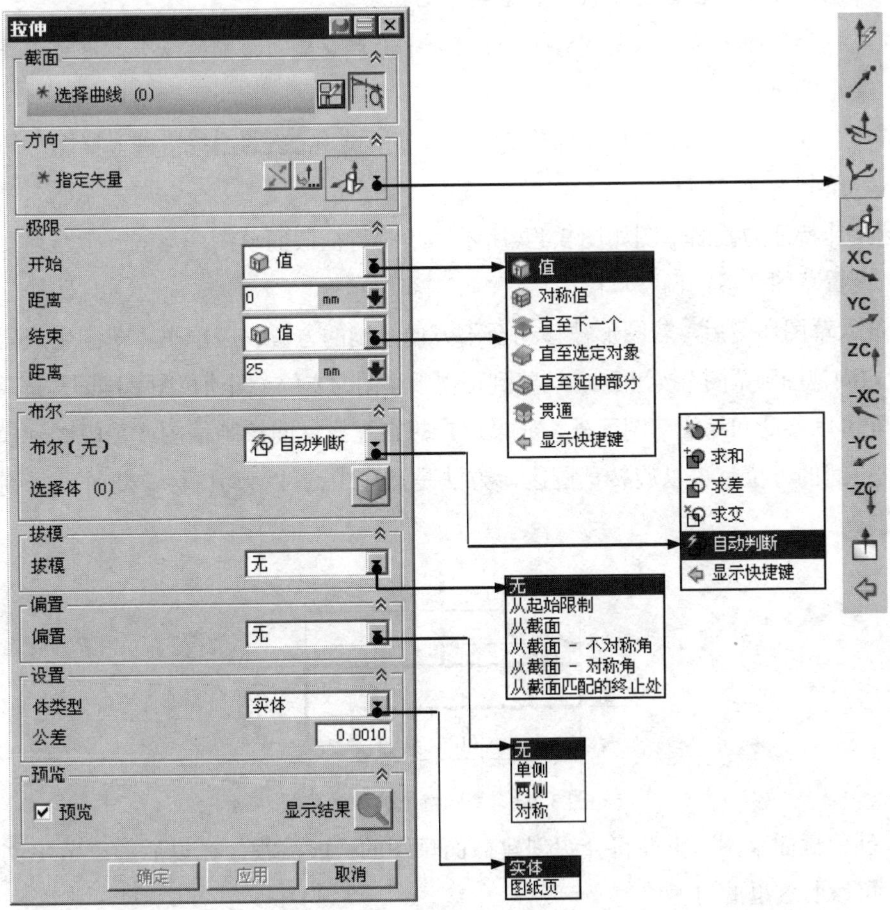

图 3.4.3　“拉伸”对话框

图 3.4.3 所示的“拉伸”对话框中相关选项的功能说明如下：

- （曲线）：选择已有的草图或几何体边缘作为拉伸特征的截面。
- （绘制截面）：创建一个新草图作为拉伸特征的截面。完成草图并退出草图环境后，系统自动选择该草图作为拉伸特征的截面。
- ：该选项用于指定拉伸的方向。可单击对话框中的按钮，从弹出的下拉列表中选取相应的方式，指定拉伸的矢量方向。单击按钮，系统就会自动使当前的拉伸方向相反。
- 体类型：用于指定拉伸生成的是片体（即曲面）特征还是实体特征。

说明：在拉伸操作中，也可以在图形区拖动相应的手柄按钮设置拔模角度和偏置值等，这样操作更加方便和灵活。另外，UG NX 8.0 支持最新的动态拉伸操作方法——可以使用鼠标选中要拉伸的曲线，然后右击，在弹出的快捷菜单中选择 拉伸(E)... 命令，同样可以完成相应的拉伸操作。

Step2. 定义草图平面。

对草图平面的概念和有关选项介绍如下：

- 草图平面是特征截面或轨迹的绘制平面。
- 选择的草图平面可以是 XY 平面、YZ 平面和 ZX 平面中的一个，也可以是模型的某个表面。

完成上步操作后，选取 XY 平面作为草图平面，单击 确定 按钮进入草图环境。

Step3. 绘制截面草图。

基础拉伸特征的截面草图如图 3.4.4 所示。绘制特征截面草图图形的一般步骤如下：

（1）设置草图环境，调整草图区。

① 进入草图环境后，若图形被移动至不方便绘制的方位，应单击“草图生成器”工具栏中的“定向视图到草图”按钮，调整到正视于草图的方位（即使草图基准面与屏幕平行）。

② 除可以移动和缩放草图区外，如果用户想在三维空间绘制草图或希望看到模型截面图在三维空间的方位，可以旋转草图区，方法是按住中键并移动鼠标，此时可看到图形跟着鼠标旋转。

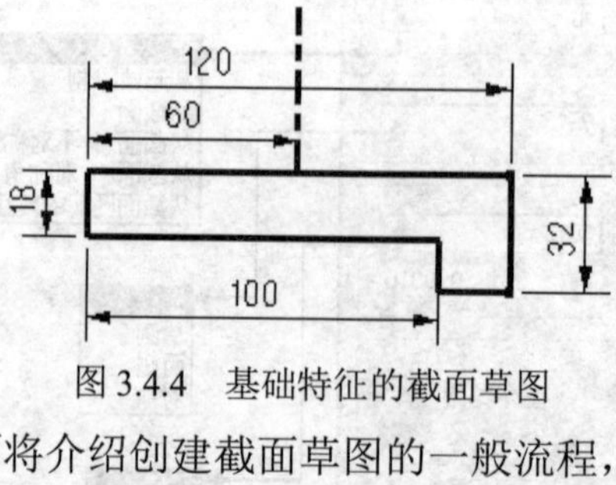

图 3.4.4 基础特征的截面草图

（2）创建截面草图。下面将介绍创建截面草图的一般流程，在以后的章节中创建截面草图时，可参照这里的内容。

① 绘制截面几何图形的大体轮廓。

注意：绘制草图时，开始没有必要很精确地绘制截面的几何形状、位置和尺寸，只要大概的形状与图 3.4.5 相似就可以。

② 建立几何约束。建立图 3.4.6 所示的水平、竖直、相等和共线约束。

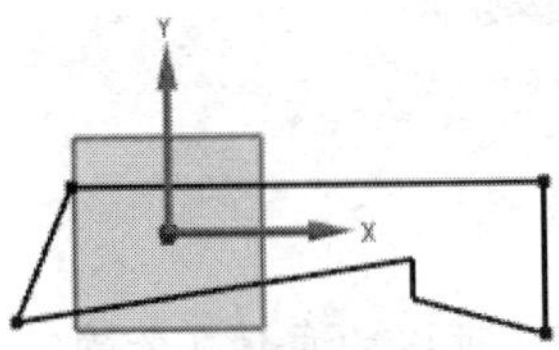

图 3.4.5 草图截面的初步图形

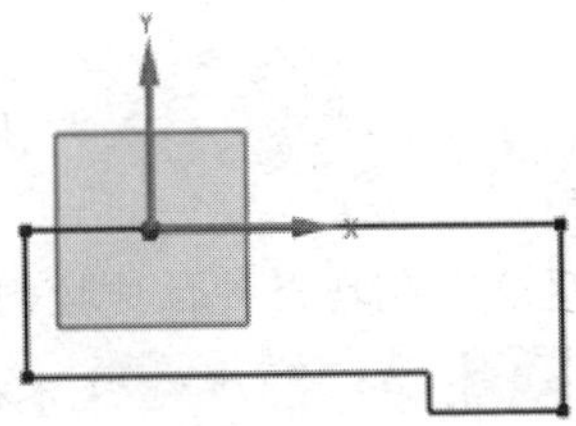

图 3.4.6 建立几何约束

③ 建立尺寸约束。单击“草图约束”工具栏中的“自动判断的尺寸”按钮，标注图 3.4.7 所示的五个尺寸，建立尺寸约束。

④ 修改尺寸。将尺寸修改为设计要求的尺寸，如图 3.4.8 所示。其操作提示与注意事项如下：

- 尺寸的修改应安排在建立完约束以后进行。
- 注意修改尺寸的顺序，先修改对截面外观影响不大的尺寸。

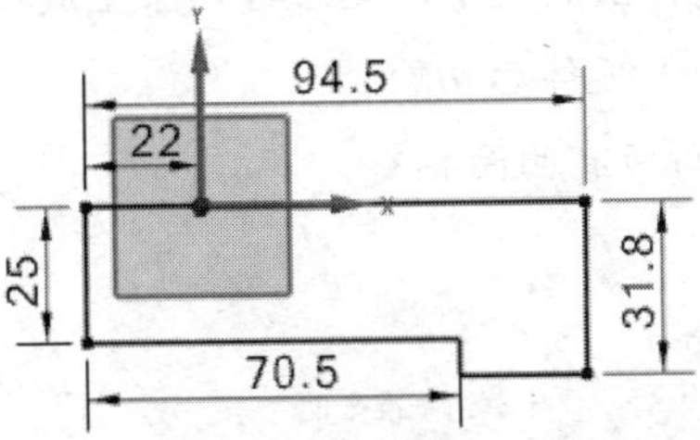

图 3.4.7 建立尺寸约束

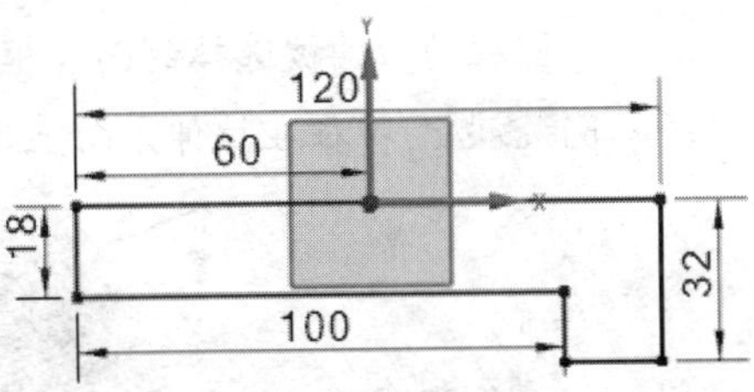

图 3.4.8 修改尺寸

Step4. 完成草图绘制后，单击完成草图按钮，退出草图环境。

3. 定义拉伸类型

退出草图环境后，图形区出现拉伸的预览，在对话框中不进行选项操作，创建系统默认的实体类型。

4. 定义拉伸深度属性

Step1. 定义拉伸方向。拉伸方向采用系统默认的矢量方向（图 3.4.9）。

说明：“拉伸”对话框中的选项用于指定拉伸的方向，单击对话框中的按钮，从系统弹出的下拉列表中选取相应的方式，即可指定拉伸的矢量方向，单击按钮，系统就会自动使当前的拉伸方向相反。

Step2. 定义拉伸深度。在开始下拉列表中选择对称值选项，在距离文本框中输入值

120，此时图形区如图 3.4.2b 所示。

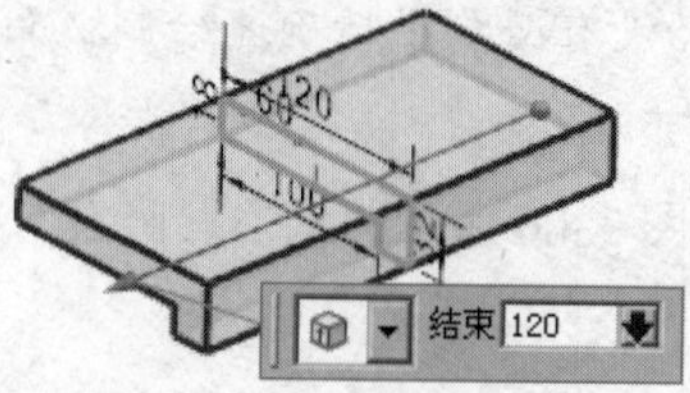

图 3.4.9　定义拉伸方向

说明：

- 极限区域：包括六种拉伸控制方式。
  - ☑值：在开始/结束文本框输入具体的数值（可以为负值）来确定拉伸的高度，起始值与结束值之差的绝对值为拉伸的高度。
  - ☑对称值：特征将在截面所在平面的两侧进行拉伸，且两侧的拉伸深度值相等，如图 3.4.10 所示。
  - ☑直至下一个：特征拉伸至下一个障碍物的表面处终止，如图 3.4.10 所示。
  - ☑直至选定对象：特征拉伸到选定的实体、平面、辅助面或曲面为止，如图 3.4.10 所示。
  - ☑直至延伸部分：把特征拉伸到选定的曲面，但是选定面的大小不能与拉伸体完全相交，系统就会自动按照面的边界延伸面的大小，然后再切除生成拉伸体，圆柱的拉伸被选择的面（框体的内表面）延伸后切除。
  - ☑贯通：特征在拉伸方向上延伸，直至与所有曲面相交。

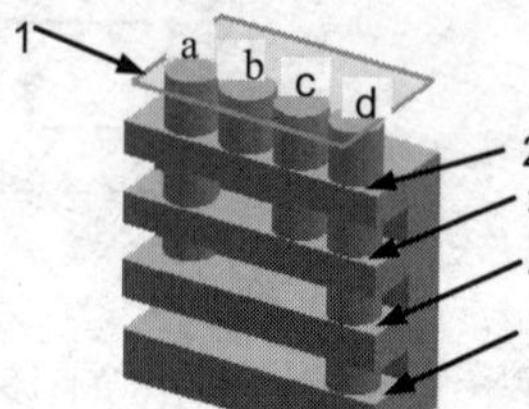

图 3.4.10　拉伸深度选项示意图

- 布尔区域：如果图形区在拉伸之前已经创建了其他实体，则可以在进行拉伸的同时与这些实体进行布尔操作，包括创建、求和、求差和求交。
- 拔模区域：对拉伸体沿拉伸方向进行拔模。角度大于 0 时，沿拉伸方向向内拔模；角度小于 0 时，沿拉伸方向向外拔模。
  - ☑ 从起始限值：该方式将直接从设置的起始位置开始拔模。
  - ☑ 从截面：该方式用于设置拉伸特征拔模的起始位置为拉伸截面处。
  - ☑ 从截面 - 不对称角：用于在拉伸截面两侧进行不对称的拔模。
  - ☑ 起始截面 - 对称角：用于在拉伸截面两侧进行对称的拔模，如图 3.4.11 所示。
  - ☑ 从截面匹配的终止处：用于在拉伸截面两侧进行拔模，所输入的角度为“结束”侧的拔模角度，且起始面与结束面的大小相同，如图 3.4.12 所示。

- 偏置区域：通过设置起始值与结束值，可以创建拉伸薄壁类型特征（图 3.4.13），起始值与结束值之差的绝对值为薄壁的厚度。

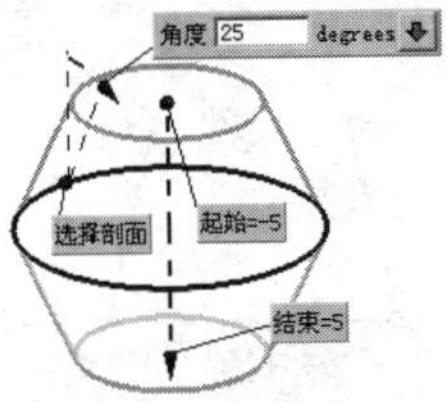

图 3.4.11 起始截面-对称角

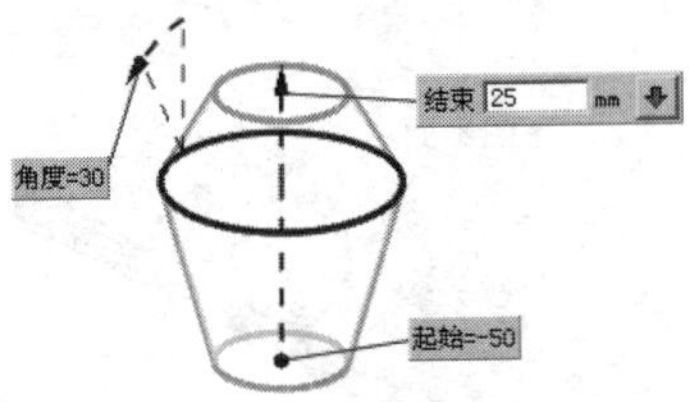

图 3.4.12 从截面匹配的终止处

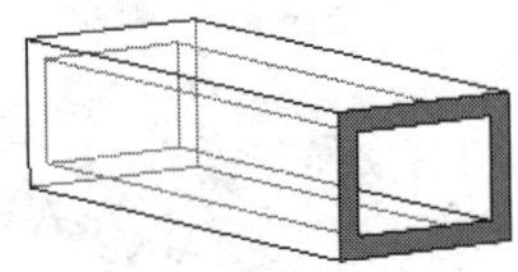
图 3.4.13 偏置

5．完成拉伸特征的定义

Step1．特征的所有要素被定义完毕后，预览所创建的特征，以检查各要素的定义是否正确。

说明： 预览时，可按住鼠标中键进行旋转查看，如果所创建的特征不符合设计意图，可选择对话框中的相关选项重新定义。

Step2．预览完成后，单击“拉伸”对话框中的< 确定 >按钮，完成特征的创建。

3.4.3 添加其他特征

1．添加加材料拉伸特征

在创建零件的基本特征后，可以增加其他特征。现在要添加图 3.4.14 所示的加材料拉伸特征，操作步骤如下：

Step1．选择下拉菜单插入(S) → 设计特征(E) → 拉伸(E)...命令（或单击“特征”工具栏中的按钮），系统弹出“拉伸”对话框。

Step2．创建截面草图。

（1）选取草图基准平面。在“拉伸”对话框中单击按钮，然后选取图 3.4.15 所示的模型表面作为草图基准平面，单击确定按钮，进入草图环境。

（2）绘制特征的截面草图。绘制图 3.4.16 所示的截面草图的大体轮廓。完成草图绘制后，单击“草图”工具栏中的完成草图按钮，退出草图环境。

Step3．定义拉伸属性。

（1）定义拉伸深度方向。设置拉伸方向沿 XC 方向。

（2）定义拉伸深度。在“拉伸”对话框的开始下拉列表中选择值选项，在其下的距离文本框中输入值 0，在结束下拉列表中选择值选项，在其下的距离文本框中输入值 60，在偏置区域的下拉列表中选择对称选项，在开始文本框输入值 8，其他采用系统默认设置值。在布尔区域中选择求和选项，采用系统默认的求和对象。

Step4．单击“拉伸”对话框中的< 确定 >按钮，完成特征的创建。

注意：此处进行布尔操作是将基础拉伸特征与加材料拉伸特征合并为一体，如果不进行此操作，基础拉伸特征与加材料拉伸特征将是两个独立的实体。

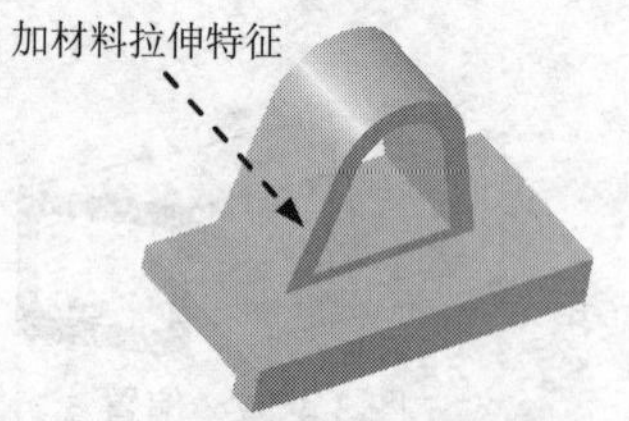

图 3.4.14 添加加材料拉伸特征

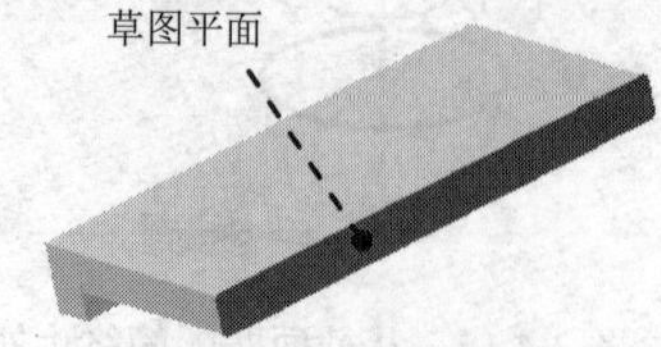

图 3.4.15 选取草图平面

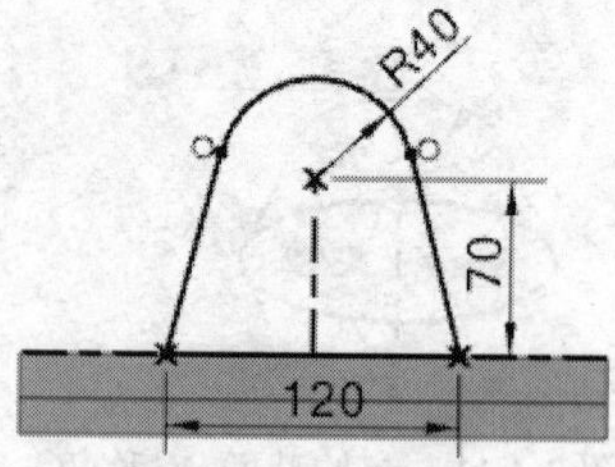

图 3.4.16 截面草图

2．添加减材料拉伸特征

减材料拉伸特征的创建方法与加材料拉伸基本一致，只不过加材料拉伸是增加实体，而减材料拉伸则是减去实体。现在要添加图 3.4.17 所示的减材料拉伸特征，具体操作步骤如下：

Step1. 选择命令。选择下拉菜单 插入(S) → 设计特征(E) ▸ → 拉伸(E)... 命令（或单击“成形特征”工具栏中的按钮），系统弹出“拉伸”对话框。

Step2. 创建截面草图。

（1）选取草图基准平面。在“拉伸”对话框中单击按钮，然后选取图 3.4.18 所示的模型表面作为草图基准平面，单击 确定 按钮，进入草图环境。

（2）绘制特征的截面草图。绘制图 3.4.19 所示的截面草图的大体轮廓。完成草图绘制后，单击“草图”工具栏中的 完成草图 按钮，退出草图环境。

注意：此处进行布尔操作是将已有实体与减材料拉伸特征合并为一体，如果不进行此操作，已有实体与减材料拉伸特征将是两个独立的实体，系统也不会进行减材料操作。

Step3. 定义拉伸属性。

（1）定义拉伸深度方向。设置拉伸方向为-YC 方向。

（2）定义拉伸深度类型和深度值。在“拉伸”对话框的 结束 下拉列表框中选择 贯通 选项，在 布尔 区域中选择 求差 选项，采用系统默认的求差对象。

Step4. 单击“拉伸”对话框中的 < 确定 > 按钮，完成特征的创建。

Step5. 选择下拉菜单 文件(F) → 保存(S) 命令，保存模型文件。

图 3.4.17 添加减材料拉伸特征

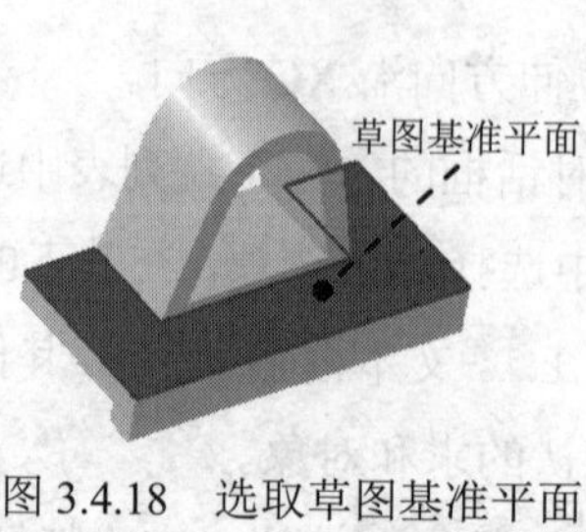

图 3.4.18 选取草图基准平面

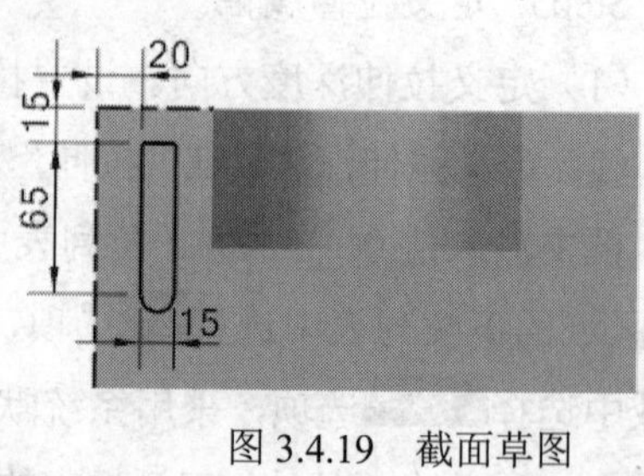

图 3.4.19 截面草图

3.5 回 转 特 征

3.5.1 回转特征简述

回转特征是将截面绕着一条中心轴线旋转而形成的特征（图 3.5.1）。选择下拉菜单 插入(S) → 设计特征(E) → 回转(R)... 命令（或单击 按钮），系统弹出“回转”对话框（图 3.5.2）。

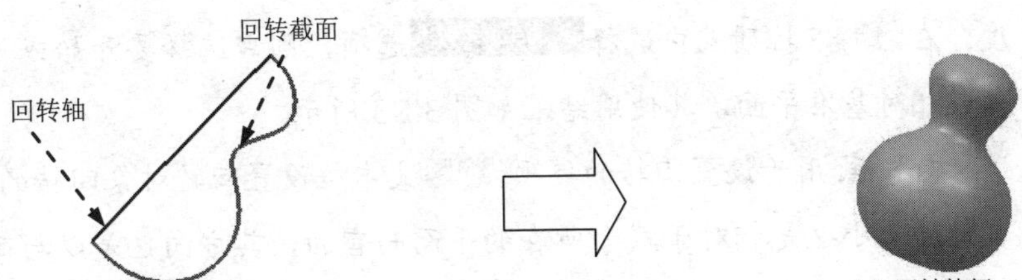

a）截面和回转轴　　b）回转特征

图 3.5.1 回转示意图

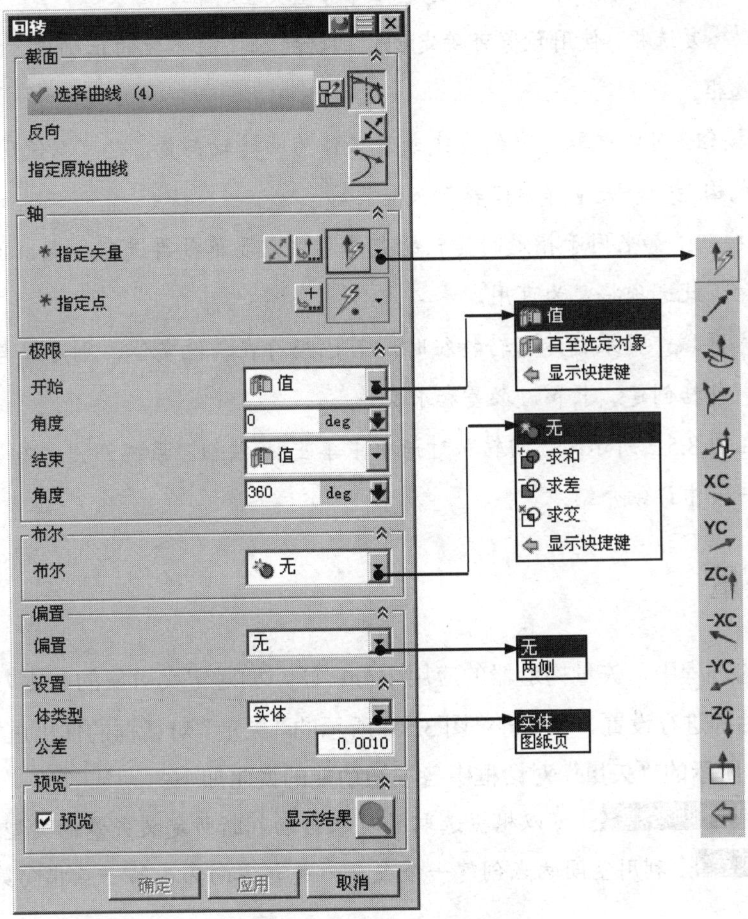

图 3.5.2 “回转”对话框

图 3.5.2 所示的“回转”对话框中各选项的功能说明如下：

- （选择截面）：选择已有的草图或几何体边缘作为回转特征的截面。
- （草图截面）：创建一个新草图作为回转特征的截面。完成草图并退出草图环境后，系统自动选择该草图作为回转特征的截面。
- 极限区域：包含开始和结束两个下拉列表及两个位于其下的角度文本框。
  - ☑ 开始下拉列表：用于设置回转的类项，角度文本框用于设置回转的起始角度，其值的大小是相对于截面所在的平面而言的，其方向以与回转轴成右手定则的方向为准。在开始下拉列表中选择值选项，则需设置起始角度和终止角度；在开始下拉列表中选择直至选定对象选项，则需选择要开始或停止回转的面或相对基准平面，其使用结果如图 3.5.3 所示。
  - ☑ 结束文本框：用于设置回转的类项，角度文本框设置回转对象回转的终止角度，其值的大小也是相对于截面所在的平面而言的，其方向也是以与回转轴成右手定则为准。
- 偏置区域：利用该区域可以创建回转薄壁类型特征。
- ☑ 预览复选框：使用预览可确定创建回转特征之前参数的正确性。系统默认选中该复选框。
- 按钮：可以选取已有的直线或者轴作为回转轴矢量，也可以使用“矢量构造器”方式构造一个矢量作为回转轴矢量。
- 按钮：如果用于指定回转轴的矢量方法需要单独再选定一点，例如用于平面法向时，此选项将变为可用。
- 布尔区域：如果创建回转特征时，若已经存在其他实体，则可以与其进行布尔操作，包括创建、求和、求差和求交。

注意：在图 3.5.2 所示的“回转”对话框中单击按钮，系统弹出“矢量”对话框，其应用将在下一节中详细介绍。

3.5.2　矢量

在建模的过程中，矢量构造器的应用十分广泛，如对定义对象的高度方向、投影方向和回转中心轴等进行设置。下面将对图 3.5.4 所示的“矢量”对话框的使用进行详细的介绍。

图 3.5.4 所示的“矢量”对话框中各按钮功能的说明如下：

- 自动判断的矢量：可以根据选取的对象自动判断所定义矢量的类型。
- 两点：利用空间两点创建一个矢量，矢量方向为由第一点指向第二点。

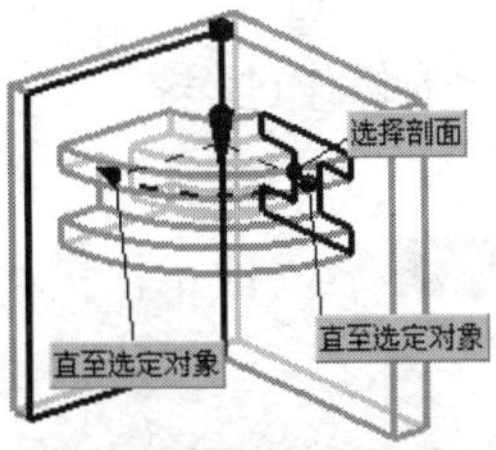

图 3.5.3　“直至选定对象”方式

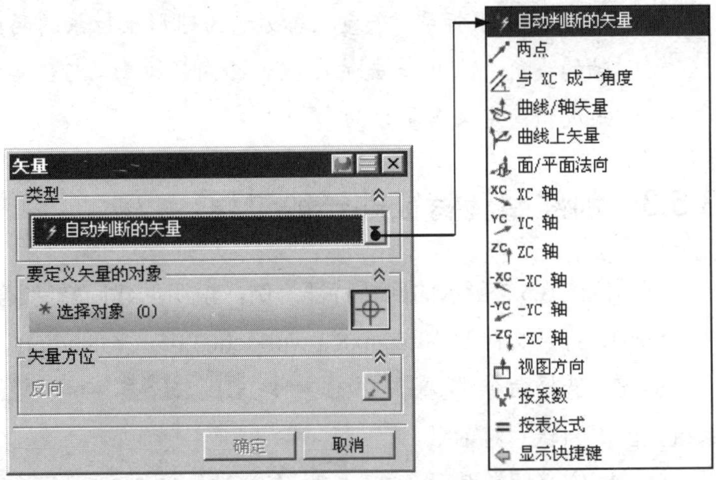

图 3.5.4　“矢量”对话框

- 与 XC 成一角度：用于在 XY 平面上创建与 XC 轴成一定角度的矢量。
- 曲线/轴矢量：通过选取曲线上某点的切向矢量来创建一个矢量。
- 曲线上矢量：在曲线上的任一点指定一个与曲线相切的矢量。可按照圆弧长或百分比圆弧长指定位置。
- 面/平面法向：用于创建与实体表面（必须是平面）法线或圆柱面的轴线平行的矢量。
- XC 轴：用于创建与 XC 轴平行的矢量。注意，这里的“与 XC 轴平行的矢量”不是 XC 轴，例如，在定义回转特征的回转轴时，如果选择此项，只是表示回转轴的方向与 XC 轴平行，并不表示回转轴就是 XC 轴，所以这时要完全定义回转轴还必须再选取一点定位回转轴。下面五项与此相同。
- YC 轴：用于创建与 YC 轴平行的矢量。
- ZC 轴：用于创建与 ZC 轴平行的矢量。
- -XC 轴：用于创建与-XC 轴平行的矢量。
- -YC 轴：用于创建与-YC 轴平行的矢量。
- -ZC 轴：用于创建与-ZC 轴平行的矢量。
- 视图方向：指定与当前工作视图平行的矢量。
- 按系数：按系数指定一个矢量。
- 按表达式：使用矢量类型的表达式来指定矢量。

创建矢量有两种方法，下面分别介绍。

方法一：利用“矢量”对话框中的按钮创建矢量，共有 17 种方式。

方法二：输入矢量的各分量值创建矢量。使用该方式需要确定矢量分量的表达方式。UG NX 8.0 提供了下面两种坐标系。

- ⊙ 笛卡尔 坐标系：用矢量的各分量来确定笛卡儿坐标，即在“矢量”对话框中的 I 、J 和 K 文本框中输入矢量的各分量值来创建矢量。

- ⊙ 球坐标系坐标系：矢量坐标分量为球形坐标系的两个角度值，其中Phi是矢量与 X 轴的夹角，Theta是矢量在 XY 面内的投影与 ZC 轴的夹角，通过在文本框中输入角度值，定义矢量方向。

3.5.3 创建回转特征的一般过程

下面以图 3.5.5 所示的回转特征为例，说明创建回转特征的一般操作过程。

Step1. 打开文件 D:\dbugnx8.1\work\ch03.05\revolved.prt。

Step2. 选择命令。选择 插入(S) → 设计特征(E)▸ → 回转(R)... 命令（或单击按钮），系统弹出“回转”对话框。

Step3. 定义回转截面。单击按钮，选取图 3.5.6 所示的曲线为回转截面，单击中键确认。

Step4. 定义回转轴。单击按钮，在系统弹出的“矢量”对话框中的类型下拉列表中选择 曲线/轴矢量 选项，选取图 3.5.6 所示的直线为回转轴，然后单击“矢量”对话框中的 确定 按钮。

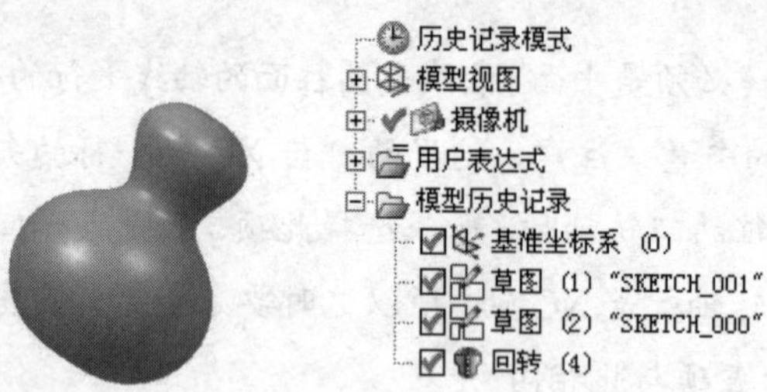

图 3.5.5 模型及模型树

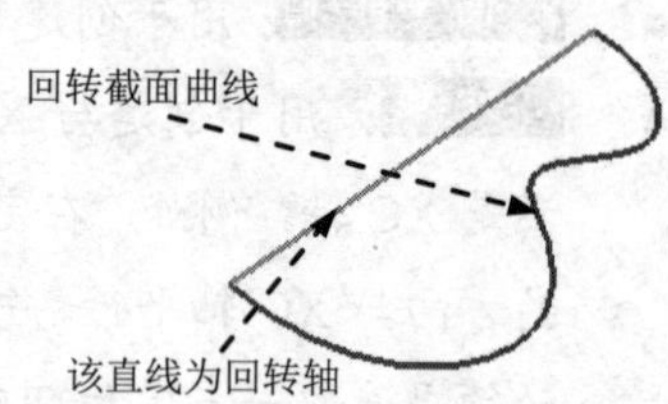

图 3.5.6 定义回转截面和回转轴

注意：

（1）Step3 和 Step4 两步操作可以简化为：先选取图 3.5.6 所示的曲线为回转截面，再单击中键以结束截面曲线的选取，然后选取图 3.5.6 所示的直线为回转轴。

（2）在图 3.5.6 中，作为回转截面的曲线和作为回转轴的直线是两个独立的草图。

Step5. 确定回转角度的起始值和结束值。在“回转”对话框的 开始 文本框中输入值 0，在 结束 文本框中输入值 360。

Step6. 单击 < 确定 > 按钮，完成回转特征的创建。

3.6 倒 斜 角

构建特征不能单独生成，而只能在其他特征上生成，孔特征、倒角特征和圆角特征等都是典型的构建特征。使用“倒斜角”命令可以在两个面之间创建用户需要的倒角。下面以图 3.6.1 所示的范例来说明创建倒斜角的一般过程。

Step1. 打开文件 D:\dbugnx8.1\work\ch03\ch03.06\chamber.prt。

Step2. 选择命令。选择下拉菜单 插入(S) → 细节特征(L) → 倒斜角(C)... 命令，系统弹出图 3.6.2 所示的“倒斜角”对话框。

Step3. 选择倒斜角方式。在 横截面 下拉列表中选择 对称 选项（图 3.6.2）。

Step4. 选取图 3.6.3 所示的两条边线为倒角的参照边。

Step5. 定义倒角参数。在系统弹出的动态输入框中，输入距离值 3（可拖动屏幕上的拖拽手柄至用户需要的偏置值），如图 3.6.4 所示。

Step6. 单击 < 确定 > 按钮，完成倒斜角的创建。

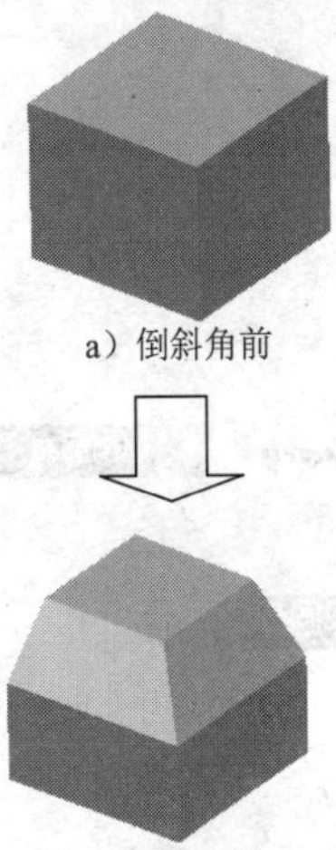

图 3.6.1　创建倒斜角

图 3.6.2　“倒斜角”对话框

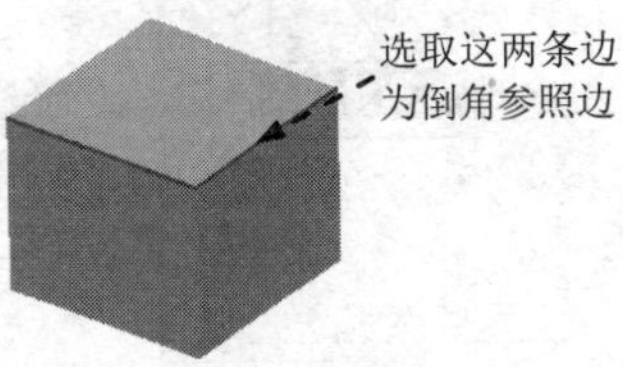

图 3.6.3　选择倒角参照边

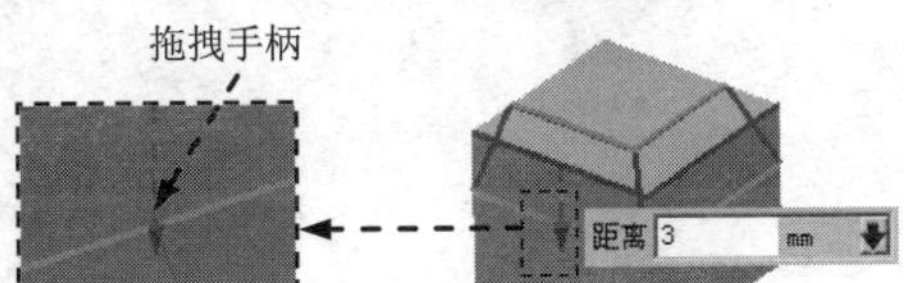

图 3.6.4　倒角拖拽手柄

图 3.6.2 所示的“倒斜角”对话框中有关选项的说明如下：

- 对称：单击该按钮，建立一简单倒斜角，沿两个表面的偏置值是相同的。
- 非对称：单击该按钮，建立一简单倒斜角，沿两个表面有不同的偏置量。对于不对称偏置，可利用按钮反转倒斜角偏置顺序从边缘一侧到另一侧。
- 偏置和角度：单击该按钮，建立一简单倒斜角，它的偏置量是由一个偏置值和一个角度决定的。
- 偏置方法：包括以下两种偏置方法：

☑ 沿面偏置边：仅为简单形状生成精确的倒斜角，从倒斜角的边开始，沿着面测量偏置值，这将定义新倒斜角面的边。

☑ 偏置面并修剪：如果被倒斜角的面很复杂，此选项可延伸用于修剪原始曲面的每个偏置曲面。

3.7　边　倒　圆

如图 3.7.1 所示，使用“边倒圆”（倒圆角）命令可以使多个面共享的边缘变光滑。既可以创建圆角的边倒圆（对凸边缘则去除材料），也可以创建倒圆角的边倒圆（对凹边缘则添加材料）。下面以图 3.7.1 所示的范例说明边倒圆的一般创建过程。

Task1．打开一个已有的零件模型

打开文件 D:\dbugnx8.1\work\ch03\ch03.07\blend.prt。

Task2．创建等半径边倒圆

Step1．选择命令。选择下拉菜单 插入(S) ➡ 细节特征(L) ➡ 边倒圆(E)... 命令，系统弹出图 3.7.2 所示的“边倒圆”对话框。

Step2．定义圆角形状。在对话框中的 形状 下拉列表中选择 圆形 选项。

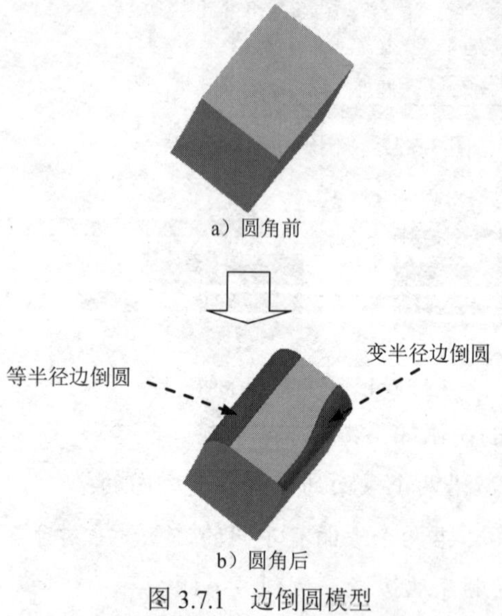

图 3.7.1　边倒圆模型

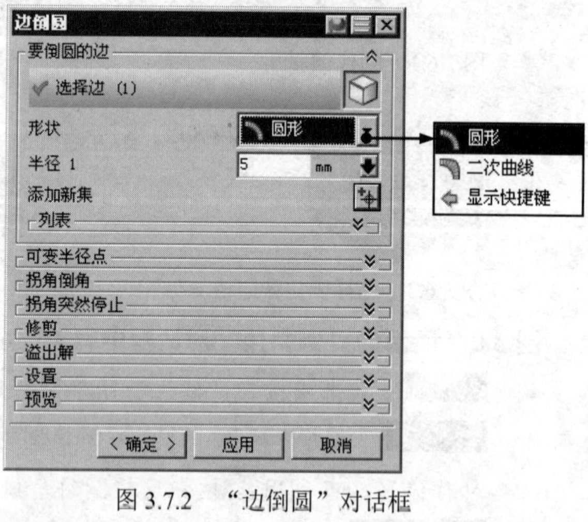

图 3.7.2　“边倒圆”对话框

图 3.7.2 所示的“边倒圆”对话框中有关按钮的说明如下：

- （边）：该按钮用于创建一个恒定半径的圆角，恒定半径的圆角是最简单的、最容易生成的圆角。
- 形状 下拉列表：用于定义倒圆角的形状，包括以下两个形状：

☑ 圆形：选择此选项，倒圆角的截面形状为圆形。

☑ 二次曲线：选择此选项，倒圆角的截面形状为二次曲线。

- 可变半径点：定义边缘上的点，然后输入各点位置的圆角半径值，沿边缘的长度改变倒圆半径。在改变圆角半径时，必须至少已指定了一个半径恒定的边缘，才能使用该选项对它添加可变半径点。
- 拐角倒角：添加回切点到一倒圆拐角，通过调整每一个回切点到顶点的距离，对拐角应用其他的变形。
- 拐角突然停止：通过添加突然停止点，可以在非边缘端点处停止倒圆，进行局部边缘段倒圆。

Step3. 选取要倒圆的边。单击要倒圆的边区域中的按钮，选取要倒圆的边，如图 3.7.3 所示。

Step4. 输入倒圆参数。在对话框中的半径 1 文本框中输入圆角半径值为 5。

Step5. 单击< 确定 >按钮，完成倒圆特征的创建。

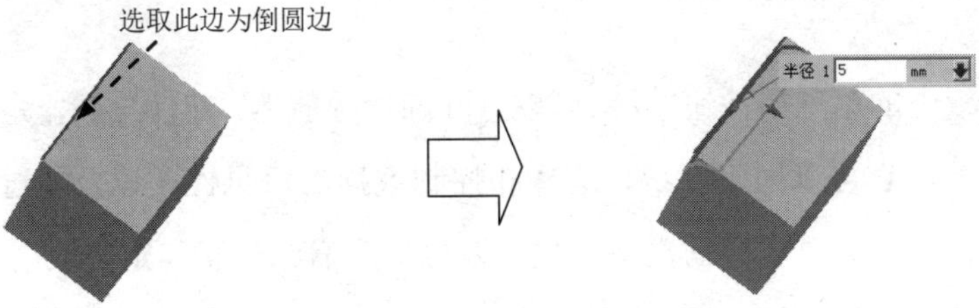

图 3.7.3　创建边倒圆

Task3．创建变半径边倒圆

Step1. 选择命令。选择下拉菜单 插入(S) → 细节特征(L) → 边倒圆(E)... 命令，系统弹出“边倒圆”对话框。

Step2. 定义倒圆对象。单击图 3.7.4 所示的倒圆参照边。

Step3. 定义圆角形状。在对话框的形状下拉列表中选择圆形选项。

Step4. 定义变半径点。单击可变半径点区域中的按钮，单击参照边上任意一点，系统在参照边上出现圆弧长锚，单击圆弧长锚并按住左键不放，拖动到弧长百分比值为 72 的位置（或输入弧长百分比值 72），如图 3.7.5 所示。

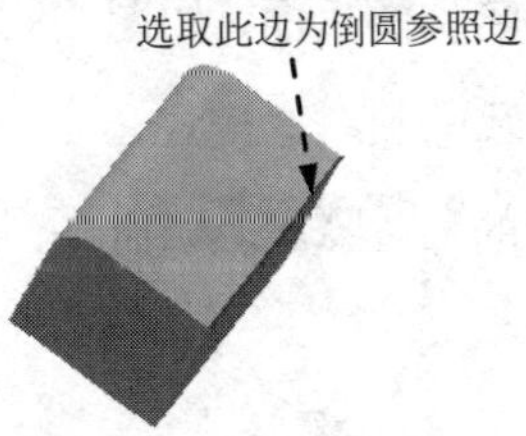

图 3.7.4　选取倒圆参照边

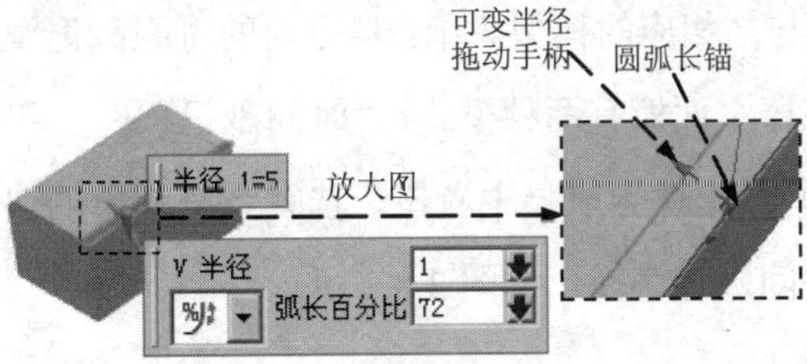

图 3.7.5　创建第一个圆弧长锚

Step5. 定义圆角参数。在系统弹出的动态输入框中输入半径值 1（也可拖动可变半径拖动手柄至需要的半径值）。

Step6. 定义另一个变半径点。其圆角半径值为 5，弧长百分比值为 9，详细步骤同 Step4～Step5。

Step7. 单击 < 确定 > 按钮，完成可变半径倒圆特征的创建。

3.8　UG NX 8.0 的部件导航器

部件导航器提供了在工作部件中特征父－子关系的可视化表示，允许在那些特征上执行各种编辑操作。

3.8.1　部件导航器概述

单击资源板中的第三个按钮，可以打开部件导航器。部件导航器是 UG NX 8.0 资源板中的一个部分，它可以用来组织、选择和控制数据的可见性，以及通过简单浏览来理解数据，也可以在其中更改现存的模型参数，以得到所需的形状和定位表达；另外，“制图”和“建模”数据也包括在部件导航器中。

部件导航器被分隔成 4 个面板：“主面板”、“相依性面板”、“细节面板”以及“预览面板”。构造模型或图纸时，数据被填充到这些面板窗口，使用这些面板导航部件，并执行各种操作。

3.8.2　部件导航器界面简介

部件导航器主面板提供了最全面的部件视图。可以使用它的树状结构（简称“模型树”）查看和访问实体、实体特征和所依附的几何体、视图、图样、表达式、快速检查以及模型中的引用集。打开文件 D:\dbugnx8.1\work\ch03\ch03.08\section.prt，打开后，模型如图 3.8.1 所示，在与之相应的模型树中，括号内的时间戳记跟在各特征名称的后面，如图 3.8.2 所示。部件导航器主面板有两种模式：“时间戳记顺序”和“非时间戳记顺序”模式。

（1）在部件导航器中右击，选择系统弹出的快捷菜单中的 时间戳记顺序 命令，可以在两种模式间进行切换，如图 3.8.3 所示。

图 3.8.1 参照模型

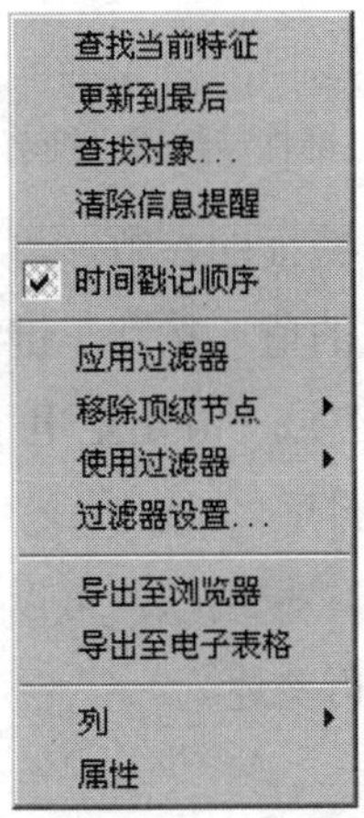

图 3.8.3 部件导航器内右击后弹出的快捷菜单

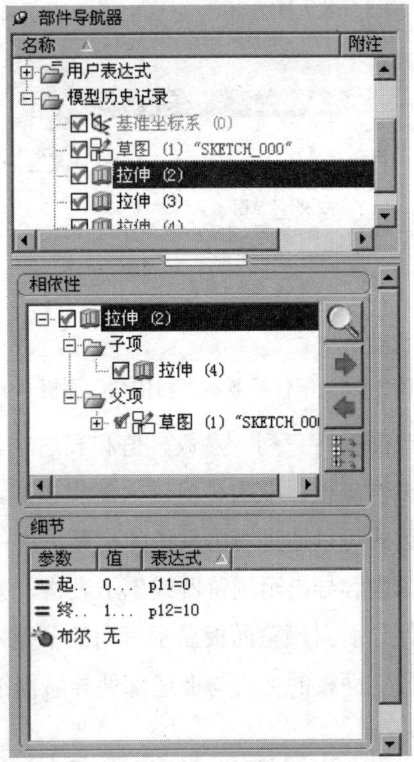

图 3.8.2 “部件导航器”界面

（2）在“设计视图”模式下，工作部件中的所有特征在模型节点下显示，包括它们的特征和操作，先显示最近创建的特征（按相反的时间戳记次序）；在“时间戳记顺序”模式下，工作部件中的所有特征都按它们创建的时间戳记显示为一个节点的线性列表，“非时间戳记顺序”模式不包括“设计视图”模式中可用的所有节点，如图 3.8.4 和图 3.8.5 所示。

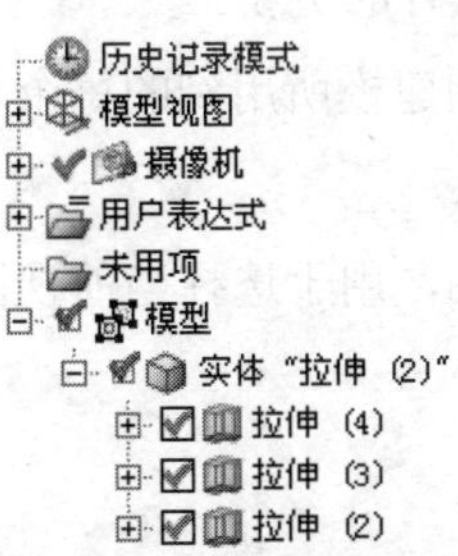

图 3.8.4 “设计视图”模式

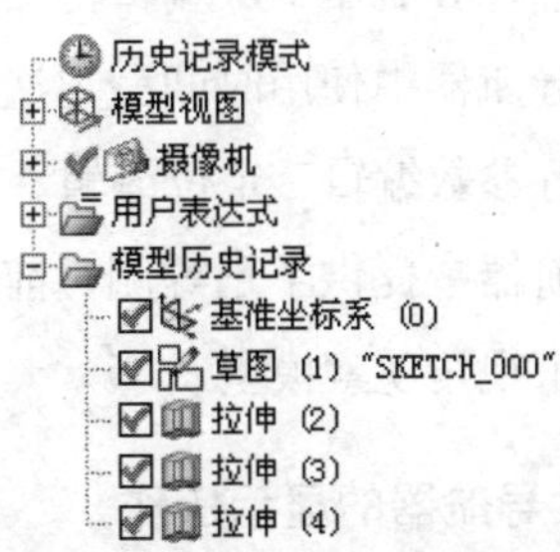

图 3.8.5 “时间戳记顺序”模式

“部件导航器相依性面板”可以查看部件中特征几何体的父子关系，可以帮助修改计划对部件的潜在影响。单击相依性选项，可以打开和关闭该面板，选择其中一个特征，其界面如图 3.8.6 所示。

“部件导航器细节面板”显示属于当前所选特征的特征和定位参数。如果特征被表达式抑制，则特征抑制也将显示。单击细节选项，可以打开和关闭该面板，选择其中一个特征，其界面如图 3.8.7 所示。

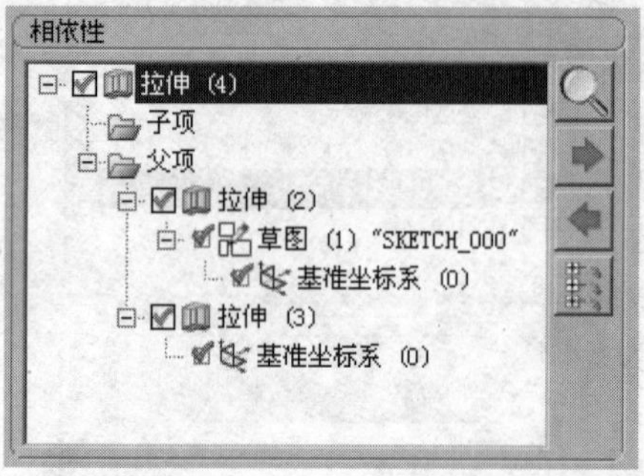

图 3.8.6　部件导航器“相依性”面板

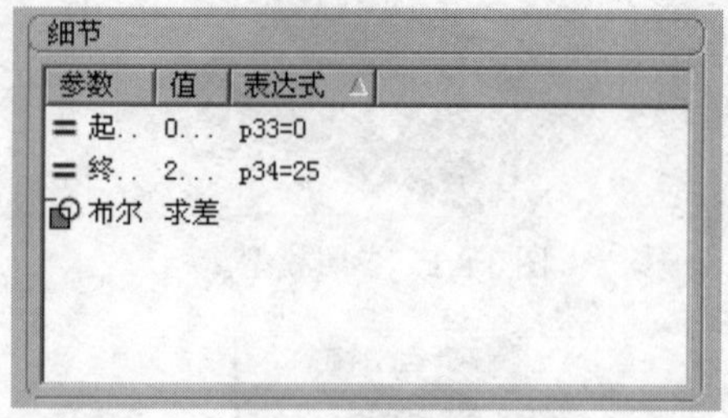

图 3.8.7　部件导航器“细节”面板

细节面板有三列：参数、值和表达式。在此仅显示单个特征的参数，可以直接在细节面板中编辑该值：双击该值进入编辑模式，可以更改表达式的值，按回车键结束编辑。参数和表达式可以通过右击系统弹出菜单中的“导出至浏览器”或“导出至电子表格”，将细节面板的内容导出至浏览器或电子表格，并且可以按任意列排序。

部件导航器预览面板显示可用的预览对象的图像。单击预览选项，可以打开和关闭该面板。预览面板的性质与上述部件导航器细节面板类似，不再赘述。

3.8.3　部件导航器的作用与操作

1．部件导航器的作用

部件导航器可以用来抑制或释放特征和改变它们的参数或定位尺寸等，部件导航器在所有 UG NX 8.0 应用环境中都是有效的，而不只是在建模环境中。可以在建模环境执行特征编辑操作。在部件导航器中，编辑特征可以引起一个在模型上执行的更新。

在部件导航器中使用时间戳记次序，可以按时间序列排列建模所用到的每个步骤，并且可以对其进行参数编辑、定位编辑、显示设置等各种操作。

部件导航器中提供了正等测、前、后、右等八个模型视图，用于选择当前视图的方向，以方便从各个视角观察模型。

2．部件导航器的显示操作

部件导航器对识别模型特征是非常有用的。在部件导航器窗口中选择一个特征，该特征将在图形区高亮显示，并在部件导航器窗口中高亮显示其父特征和子特征。反之，在图形区中选择一特征，该特征和它的父/子层级也会在部件导航器窗口中高亮显示。

为了显示部件导航器，可以在图形区右侧的资源条上单击图标，系统弹出部件导航器界面。当光标离开部件导航器窗口时，部件导航器窗口立即关闭，以方便图形区的操作。如果需要固定部件导航器窗口的显示，单击按钮，使之变为状态，则窗口始终固定显示，直到再次单击按钮。

如果需要以某个方向观察模型，可以在部件导航器中双击模型视图下的选项，可以得到图 3.8.8 中八个方向的视图，当前应用视图后有“（工作）”字样。

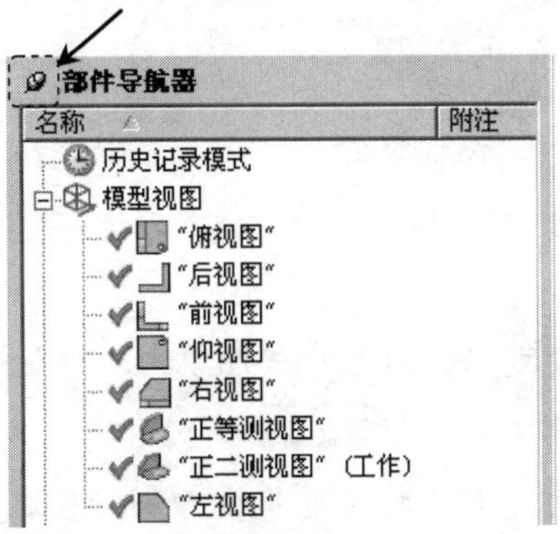

图 3.8.8 “模型视图”中的选项

3. 在部件导航器中编辑特征

在部件导航器中，有多种方法可以选择和编辑特征，在此列举两种。

方法一：

Step1. 双击树列表中的特征，打开其编辑对话框。

Step2. 用与创建时相同的对话框控制编辑其特征。

方法二：

Step1. 在树列表中选择一个特征。

Step2. 右击，选择系统弹出菜单中的编辑参数(P)...命令，打开其编辑对话框。

Step3. 用与创建时相同的对话框控制编辑其特征。

4. 显示表达式

在部件导航器中会显示“主面板表达式”文件夹内定义的表达式，且其名称前会显示表达式的类型（即距离、长度或角度等）。

5. 抑制与取消抑制

通过抑制（Suppressed）功能可使已显示的特征临时从图形区中移去。取消抑制后，该特征显示在图形区中，例如，图 3.8.9a 中的孔特征处于抑制的状态，此时其模型树如图 3.8.10a 所示；图 3.8.9b 中的孔特征处于取消抑制的状态，此时其模型树如图 3.8.10b 所示。

如果要抑制某个特征，可在模型树中选择该特征，右击，在弹出的快捷菜单中选择抑制(S)命令。如果需要取消某个特征的抑制，可在模型树中选择该特征，右击，在弹出的快捷菜单中选择取消抑制(U)命令，即可恢复显示。

a）抑制状态　　b）取消抑制状态

图 3.8.9　特征的抑制（模型）

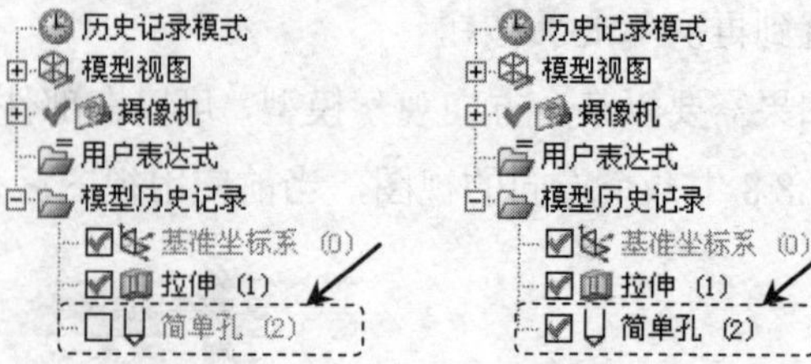

a）抑制状态　　b）取消抑制状态

图 3.8.10　特征的抑制（模型树）

说明：

- 选取 抑制(S) 命令可以使用另外一种方法，即在模型树中选择某个特征后，右击，在弹出的快捷菜单中选择 抑制(S) 命令。
- 在抑制某个特征时，其子特征也将被抑制；在取消抑制某个特征时，其父特征也将被取消抑制。

6．特征回放

用户使用下拉菜单 编辑(E) → 特征(F) → 回放(B)... 命令，可以一次显示一个特征，逐步表示模型的构造过程。

注意：

- 被抑制的特征在回放的过程中是不显示的。
- 如果草图是在特征内部创建的，则在回放过程中不显示，否则草图会显示。

7．信息获取

信息（Information）下拉菜单提供了获取有关模型信息的选项。

信息窗口显示所选特征的详细信息，包括特征名、特征表达式、特征参数和特征的父子关系等。特征信息的获取方法：在部件导航器中选择特征并右击，然后选择 信息(I) 命令，系统弹出“信息”窗口。

说明：

- 在“信息”窗口中可以选择下拉菜单 文件(F) → 另存为...(A) 命令或 打印...(P) Ctrl+P 命令。另存为...(A) 命令用于以文本格式保存在信息窗口中列出的所有信息；打印...(P) Ctrl+P 命令用于将信息列表打印。
- 编辑(E) 下拉菜单中的 查找...(F) Ctrl+F 命令，用于搜索特定表达式。

8．细节

在模型树中选择某个特征后，在“细节”面板中会显示该特征的参数、值和表达式，对某个表达式右击，在系统弹出的快捷菜单中选择 编辑 命令，可以对表达式进行编辑，以便对模型进行修改。例如，在图 3.8.11 所示的“细节”面板中显示的是一个拉伸特征的细节，右击表达式 p3＝19，选择 编辑 命令，在文本框中输入新值 40 并回车，则该拉伸特征会立即变厚。

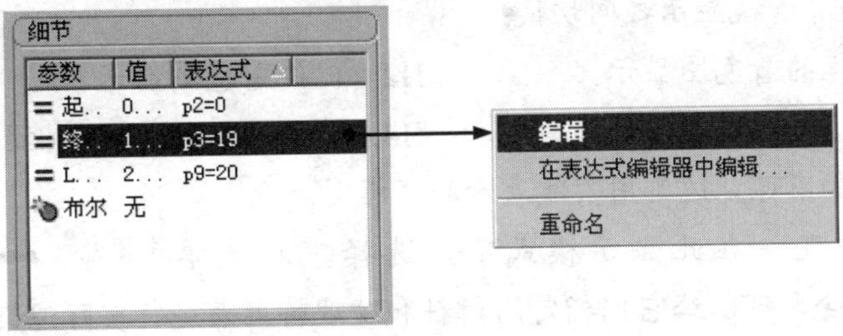

图 3.8.11 表达式编辑的操作

3.9 对象操作

往往在对模型特征操作时，需要对目标对象进行显示、隐藏、分类和删除等操作，使用户能更快捷、更容易地达到目的。

3.9.1 控制对象模型的显示

模型的显示控制主要通过图 3.9.1 所示的“视图”工具条来实现，也可通过视图(V)下拉菜单中的命令来实现。

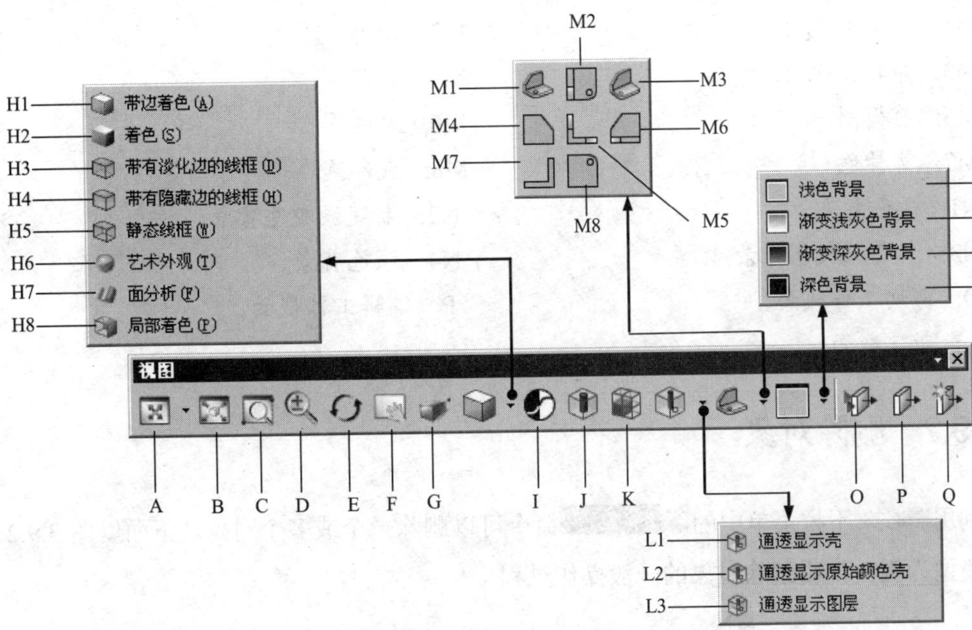

图 3.9.1 “视图”工具条

图 3.9.1 所示的“视图”工具条中各工具按钮的说明如下：

A：自动将对象充满整个屏幕。

B：将选中的对象充满整个屏幕。

C：自动拟合到鼠标选中的区域。

D：缩放对象。

E：旋转对象。　　F：平移对象。

G：在透视与非透视显示之间切换。

H1：以带线框的着色图显示。　　H2：以纯着色图显示。

H3：不可见边用虚线表示的线框图。　　H4：隐藏不可见边的线框图。

H5：可见边和不可见边都用实线表示的线框图。

H6：艺术外观。在此显示模式下，选择下拉菜单 视图(V) → 可视化(V)▸ → 材料/纹理(M)... 命令，可以给它们指定的材料和纹理特性来进行实际渲染。没有指定材料或纹理特性的对象，看起来与“着色”渲染样式下所进行的着色相同。

H7：在“面分析”渲染样式下，选定的曲面对象由小平面几何体表示并渲染小平面以指示曲面分析数据，剩余的曲面对象由边缘几何体表示。

H8：在“局部着色”渲染样式中，选定曲面对象由小平面几何体表示，这些几何体通过着色和渲染显示，剩余的曲面对象由边缘几何体显示。

I：在带线框的着色图显示模式与纯着色图显示模式之间切换。

J：全部通透显示。

K：透明显示已取消着重表示的对象。

L1：使用指定的颜色将较不重要的着色几何体显示为透明壳。

L2：将着色几何体显示为透明壳，保留原始的着色几何体颜色。

L3：使用指定的颜色将较不重要的着色几何体显示为透明图层。

M1：正二测视图。　　M2：顶部。

M3：等轴测视图。　　M4：左视图。

M5：前视图。　　M6：右视图。

M7：背景色。　　M8：底部。

N1：浅色背景。　　N2：渐变浅灰色背景。

N3：渐变深灰色背景。　　N4：深色背景。

O：剪切工作截面。　　P：编辑工作截面。

Q：新建截面。

3.9.2　删除对象

利用 编辑(E) 下拉菜单中的 删除(D)... 命令可以删除一个或多个对象。下面以图 3.9.2 所示的模型为例，说明删除对象的一般操作过程。

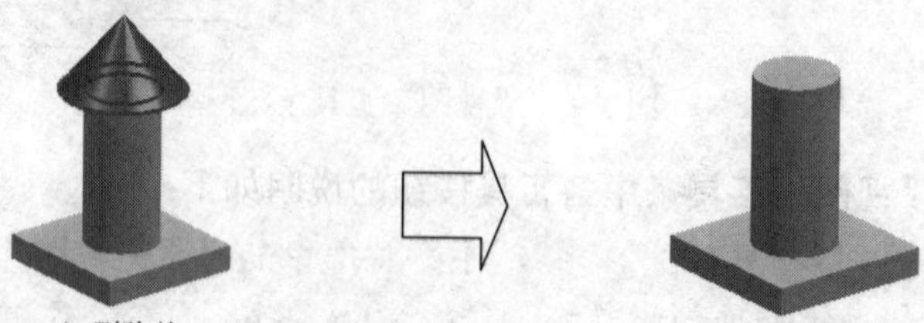

a）删除前　　b）删除后

图 3.9.2　删除对象

Step1. 打开文件 D:\dbugnx8.1\work\ch03\ch03.09\delete.prt。

Step2. 选择命令。选择下拉菜单 编辑(E) → 删除(D)... 命令，系统弹出图 3.9.3 所示的“类选择”对话框。

Step3. 定义删除对象。单击图 3.9.2 a 所示的实体。

Step4. 单击 确定 按钮完成对象的删除。

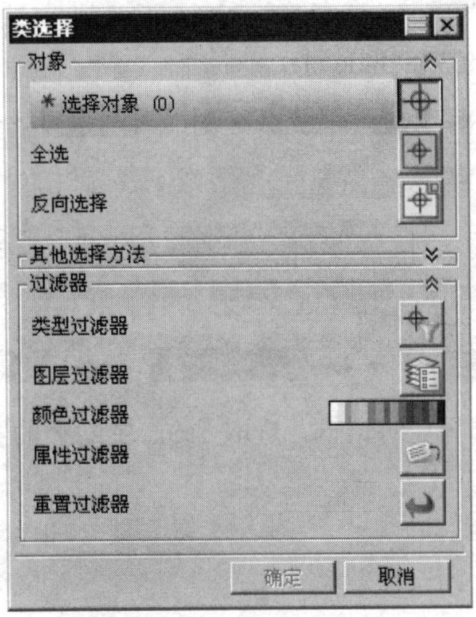

图 3.9.3 “类选择”对话框

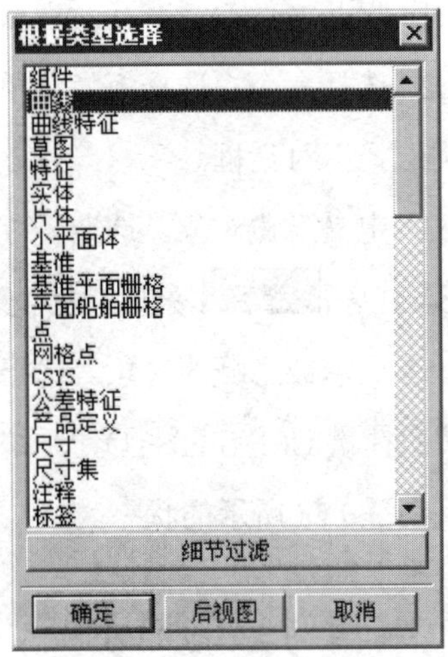

图 3.9.4 “根据类型选择”对话框

图 3.9.3 所示的“类选择”对话框中各选项功能的说明如下：

- 按钮：用于选取图形区中可见的所有对象。
- 按钮：用于选取图形区中未被选中的全部对象。
- 过滤器 区域：用于设置选取对象的类型。
- 按钮：通过指定对象的类型来选取对象。单击该按钮，系统弹出图 3.9.4 所示的“根据类型选择”对话框，可以在列表中选择所需的对象类型。
- 按钮：通过指定图层来选取对象。
- 颜色过滤器：通过指定颜色来选取对象。
- 按钮：利用其他形式进行对象选取。单击该按钮，系统弹出“按属性选择”对话框，可以在列表中选择对象所具有的属性，也允许自定义某种对象的属性。
- 按钮：取消之前设置的所有过滤方式，恢复到系统默认的设置。

3.9.3　隐藏与显示对象

对象的隐藏就是通过一些操作，使该对象在零件模型中不显示。下面以图 3.9.5 所示的模型为例，说明隐藏与显示对象的一般操作过程。

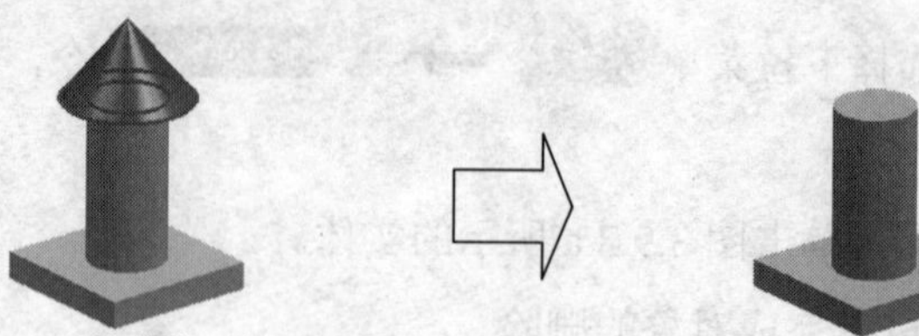

a）隐藏前　　b）隐藏后

图 3.9.5　隐藏对象

Step1. 打开文件 D:\dbugnx8.1\work\ch03\ch03.09\hide.prt。

Step2. 选择命令。选择下拉菜单 编辑(E) → 显示和隐藏(H) ▸ → 隐藏(H)... 命令，系统弹出“类选择”对话框。

Step3. 定义隐藏对象。选取图 3.9.5a 所示的实体。

Step4. 单击 确定 按钮完成对象的隐藏。

Step5. 显示被隐藏的对象。选择下拉菜单 编辑(E) → 显示和隐藏(H) ▸ → 显示(S)... 命令（或按快捷键 Ctrl+Shift+U），系统弹出“类选择”对话框，选取 Step2 中隐藏的实体，则又恢复到图 3.9.5a 所示的状态。

3.9.4 编辑对象的显示

编辑对象的显示就是修改对象的层、颜色、线型和宽度等。下面以图 3.9.6 所示的模型为例，说明编辑对象显示的一般过程。

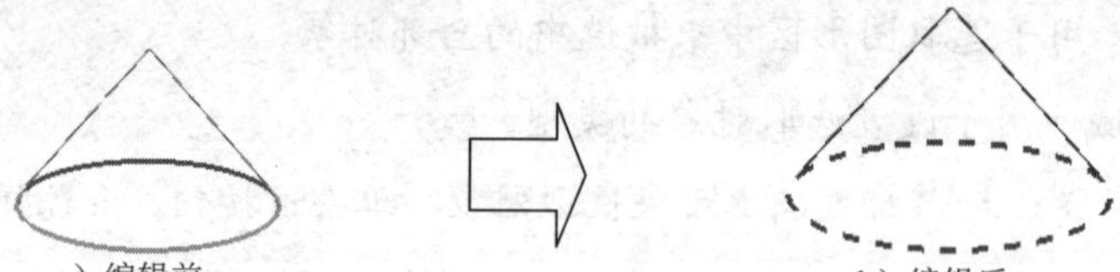

a）编辑前　　b）编辑后

图 3.9.6　编辑对象显示

Step1. 打开文件 D:\dbugnx8.1\work\ch03\ch03.09\display.prt。

Step2. 选择命令。选择下拉菜单 编辑(E) → 对象显示(J)... 命令，系统弹出“类选择”对话框。

Step3. 定义需编辑的对象。选取图 3.9.6a 所示的实体，单击 确定 按钮。

Step4. 修改对象显示属性。在该对话框中的 颜色 区域选择黑色，单击 确定 按钮，在 线型 下拉列表框中选择虚线，在 宽度 下拉列表框中选择粗线宽度，如图 3.9.7 所示。

Step5. 单击 确定 按钮，完成对象显示的编辑。

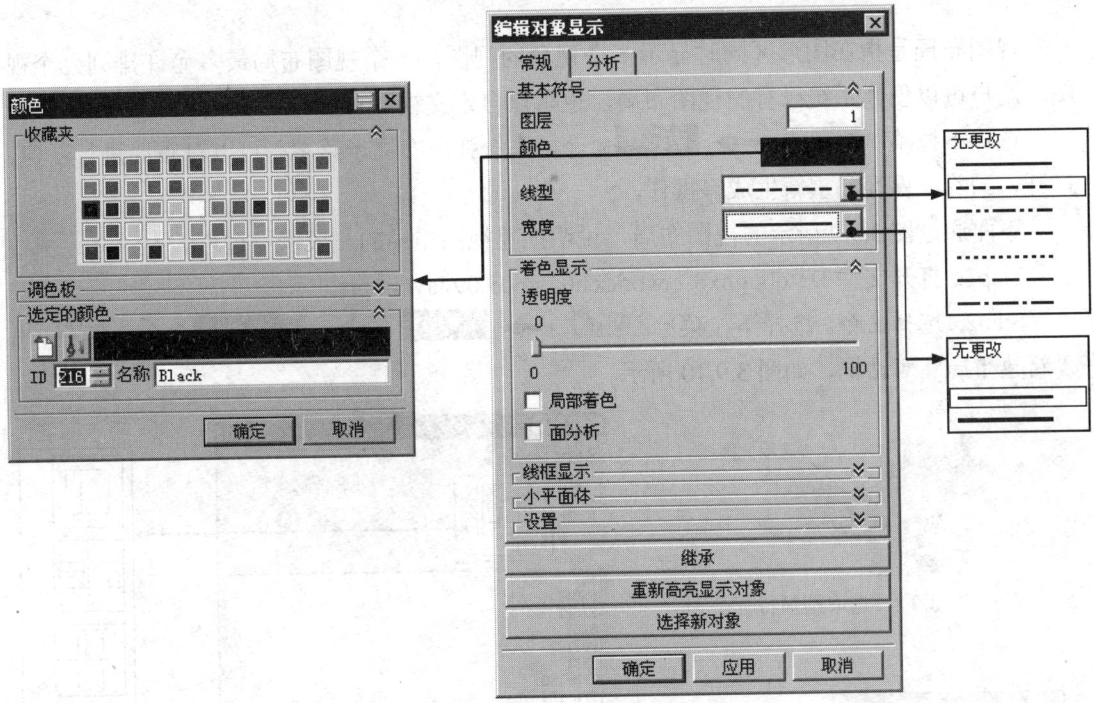

图 3.9.7 “编辑对象显示”对话框

3.9.5 分类选择

UG NX 8.0 提供了一个分类选择的工具，利用选择对象类型和设置过滤器的方法，以达到快速选取对象的目的。选取对象时，可以直接选取对象，也可以利用“类选择”对话框中的对象类型过滤功能，来限制选择对象的范围。选中的对象以高亮方式显示。

注意： 在选取对象的操作中，如果光标短暂停留后，后面出现“...”的提示，则表明在光标位置有多个可供选择的对象。

下面以图 3.9.8 所示的选取圆弧的操作为例，介绍如何选择对象。

Step1. 打开文件 D:\dbugnx8.1\work\ch03\ch03.09\display_2.prt。

Step2. 选择命令。选择下拉菜单 编辑(E) ➡ 对象显示(J)... 命令，系统弹出“类选择”对话框。

Step3. 定义对象类型。单击“类选择”对话框中的按钮，系统弹出“根据类型选择”对话框，选择 曲线 选项，单击 确定 按钮。

Step4. 根据系统 选择要编辑的对象 的提示，在图形区选取图 3.9.8 所示的曲线目标对象（圆弧），单击 确定 按钮。

Step5. 系统弹出“编辑对象显示”对话框，单击 确定 按钮，完成对象的选取。

注意： 这里主要是介绍对象的选取，编辑对象显示的操作不再赘述。

3.9.6　对象的视图布局

视图布局是指在图形区同时显示多个视角的视图，一个视图布局最多允许排列九个视图。用户可以创建系统已有的视图布局，也可以自定义视图布局。

选择下拉菜单 视图(V) ➡ 布局(L) ▸ 命令，系统弹出布局子菜单，可以对布局进行新建、打开、删除、保存和重新生成等操作。

下面通过图 3.9.9 所示的视图布局，说明创建视图布局的一般操作过程。

Step1. 打开文件 D:\dbugnx8.1\work\ch03\ch03.09\layout.prt。

Step2. 选择命令。选择下拉菜单 视图(V) ➡ 布局(L) ▸ ➡ 新建(N)... 命令，系统弹出“新建布局”对话框，如图 3.9.10 所示。

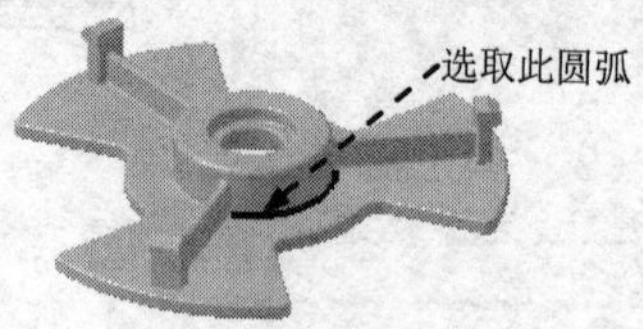

图 3.9.8　选取圆弧特征

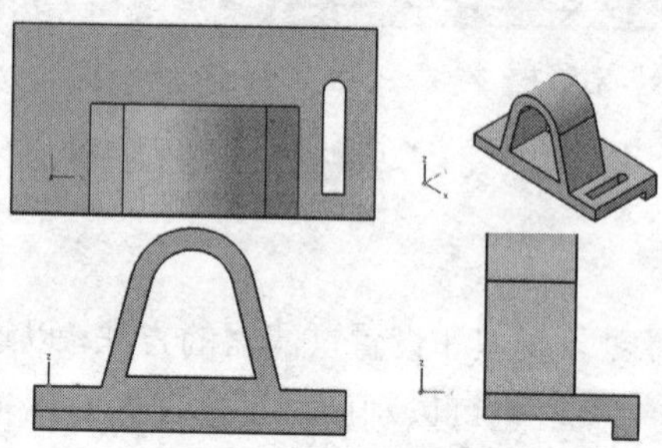

图 3.9.9　创建的布局

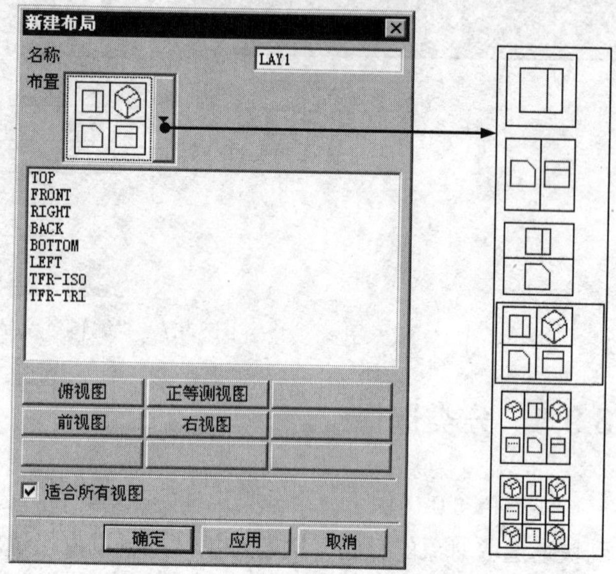

图 3.9.10　“新建布局”对话框

Step3. 设置视图属性。在 名称 文本框中输入新布局的名称 LAY4，在 布置 下拉列表框中选择图 3.9.10 所示的布局方式，单击 确定 按钮。

Step4. 保存视图布局。选择下拉菜单 视图(V) ➡ 布局(L) ▸ ➡ 保存(S) 命令，保存当前视图布局。

3.10　UG NX 8.0 中图层的使用

所谓图层，就是在空间中选择不同的图层面来存放不同的目标对象。UG NX 8.0 中的图层功能类似于设计师在透明覆盖图层上建立模型的方法，一个图层就类似于一个透明的覆盖图层；不同的是，在一个图层上的对象可以是三维空间中的对象。

3.10.1　图层的基本概念

在一个 UG NX 8.0 部件中，最多可以含有 256 个图层，每个图层上可含任意数量的对象，因此在一个图层上可以含有部件中的所有对象，而部件中的对象也可以分布在任意一个或多个图层中。

在一个部件的所有图层中，只有一个图层是当前工作图层，所有操作只能在当前工作图层上进行，而其他图层则可以对它们的可见性、可选择性等进行设置和辅助工作。如果要在某图层中创建对象，则应在创建对象前使其成为当前工作图层。

3.10.2　设置图层

UG NX 8.0 提供了 256 个图层，这些图层都必须通过选择 格式(R) 下拉菜单中的 图层设置(S)... 命令来完成所有的设置。图层的应用对于建模工作有很大的帮助。选择 图层设置(S)... 命令后，系统弹出图 3.10.1 所示的“图层设置”对话框，利用该对话框，用户可以根据需要设置图层的名称、分类、属性和状态等，也可以查询图层的信息，还可以进行有关图层的一些编辑操作。

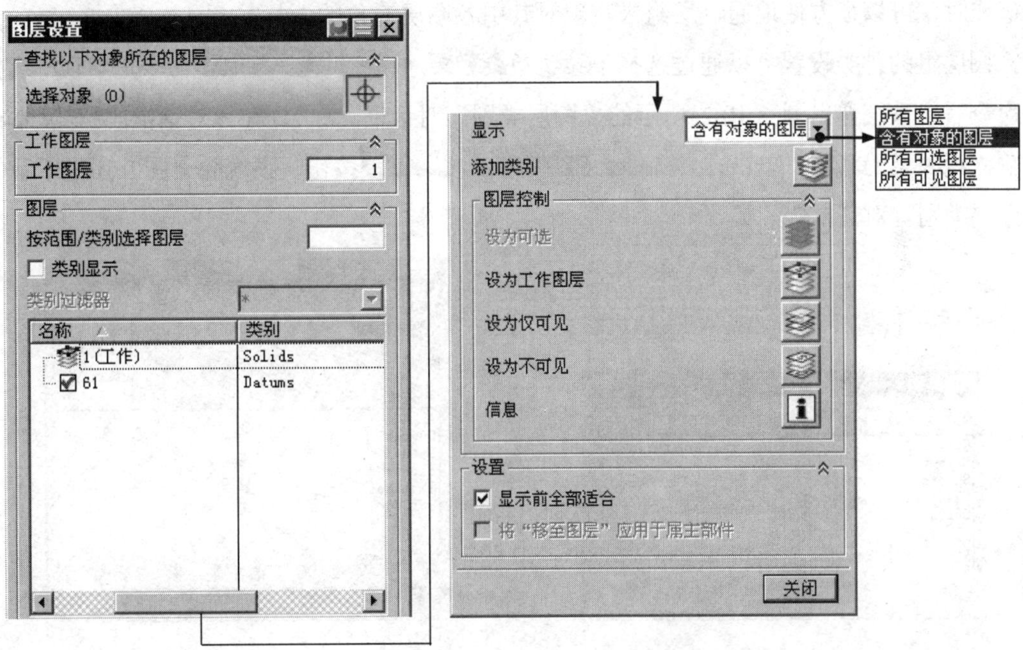

图 3.10.1　“图层设置”对话框

图 3.10.1 所示的“图层设置”对话框中的主要功能说明如下：

- 工作图层 文本框：在该文本框中输入某图层号并按回车键后，则系统自动将该图层设置为当前的工作图层。
- 按范围/类别选择图层 文本框：在该文本框中输入层的种类名称后，系统会自动选取所有属于该种类的图层。

- ☑ 类别显示选项：选中此选项图层，列表中将按对象的类别进行显示，如图 3.10.2 所示。
- 类别过滤器文本框：文本框主要用于输入已存在的图层种类名称来进行筛选，该文本框中系统默认为“*”，此符号表示所有的图层种类。
- 显示下拉列表：用于控制图层列表框中图层显示的情况。
  - ☑ 所有图层选项：图层状态列表框中显示所有的图层（1～256 层）。
  - ☑ 含有对象的图层选项：图层状态列表框中仅显示含有对象的图层。
  - ☑ 所有可选图层选项：图层状态列表框中仅显示可选择的图层。
  - ☑ 所有可见图层选项：图层状态列表框中仅显示可见的图层。

  注意：当前的工作图层在以上三种情况下，都会在图层列表框中显示。

在 UG NX 8.0 系统中，可对相关的图层分类进行管理，以提高操作的效率。例如可设置“MODELING”、“DRAFTING”和“ASSEMBLY”等图层组种类，图层组“MODELING”包括 1～20 层，图层组“DRAFTING”包括 21～40 层，图层组“ASSEMBLY”包括 41～60 层。当然可以根据自己的习惯来进行图层组种类的设置。当需要对某一层组中的对象进行操作时，可以很方便地通过层组来实现对其中各图层对象的选择。

图层组的种类设置可以通过选择下拉菜单 格式(R) ➡ 图层类别(C)... 命令来实现。选择该命令后，系统弹出图 3.10.2 所示的“图层类别”对话框（一），在该对话框的类别文本框中输入新种类的名称，单击 创建/编辑 按钮，系统弹出图 3.10.3 所示的“图层类别”对话框（二）。

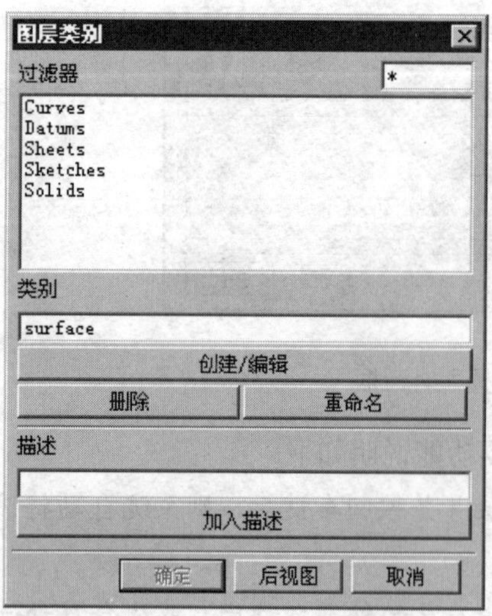

图 3.10.2　“图层类别”对话框（一）

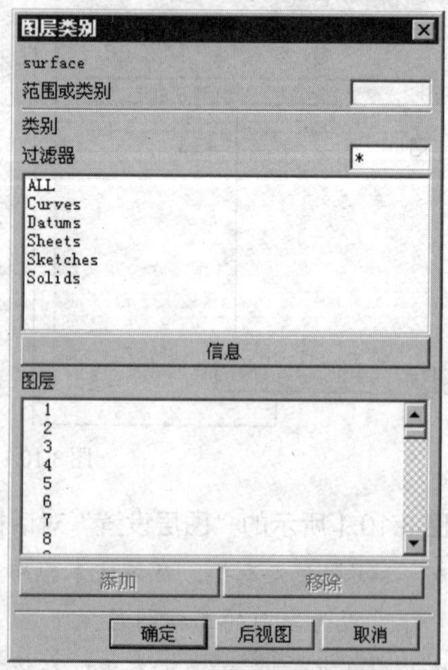

图 3.10.3　“图层类别”对话框（二）

图 3.10.2 所示的"图层类别"对话框（一）中主要选项的功能说明如下：

- 过滤器文本框：用于输入已存在的图层种类名称来进行筛选，该文本框下方的列表框用于显示已存在的图层组种类或筛选后的图层组种类，可在该列表框中直接选取需要进行编辑的图层组种类。
- 类别文本框：用于输入图层组种类的名称，可输入新的种类名称来建立新的图层组种类，或是输入已存在的名称进行该图层组的编辑操作。
- 创建/编辑按钮：用于创建新的图层组或编辑现有的图层组。单击该按钮前，必须要在类别文本框中输入名称。如果输入的名称已经存在，则可对该图层组进行编辑操作；如果所输入的名称不存在，则创建新的图层组。
- 删除按钮和重命名按钮：主要用于图层组种类的编辑操作。删除按钮用于删除所选取的图层组种类；重命名按钮用于对已存在的图层组种类重新命名。
- 描述文本框：用于输入某图层相应的描述文字，解释该图层的含义。当输入的文字长度超出文本框的规定长度时，系统则会自动进行延长匹配，所以在使用中也可以输入比较长的描述语句。

在进行图层组种类的建立、编辑和更名的操作时，可以按照以下的方式进行。

1. 建立一个新的图层

在图 3.10.2 所示的"图层类别"对话框（一）中类别后的文本框中输入新图层的名称，还可在描述后的文本框中输入相应的描述信息。单击确定按钮，在系统弹出的图 3.10.3 所示的"图层类别"对话框（二）中，从图层列表框中选取该种类需要包括的层，先单击添加按钮，然后单击确定按钮完成操作，即可创建一个新的图层组。

2. 修改所选图层的描述信息

在图 3.10.2 所示的"图层类别"对话框（一）中选择需修改描述信息的图层，在描述文本框中输入相应的描述信息，然后单击确定按钮，系统便可修改所选图层的描述信息。

3. 编辑一个存在图层种类

在图 3.10.1 所示的"图层设置"对话框的类别选项组中输入图层名称，或直接在图层组种类列表框中选择欲编辑的图层，便可对其进行编辑操作。

3.10.3 视图中的可见图层

使用格式(R)下拉菜单中的视图中的可见层(V)...命令，可以设置图层的可见或不可见。选择视图中的可见层(V)...命令后，系统弹出图 3.10.4 所示的“视图中的可见图层”对话框（一），在该对话框中选取某个视图，单击 确定 按钮，则系统弹出图 3.10.5 所示的“视图中的可见图层”对话框（二），该对话框用于控制所选视图所在层的显示状态。在“视图中的可见图层”对话框（二）的列表框中选择某个图层，然后单击 可见 按钮或 不可见的 按钮，可以设置该图层的可见性。

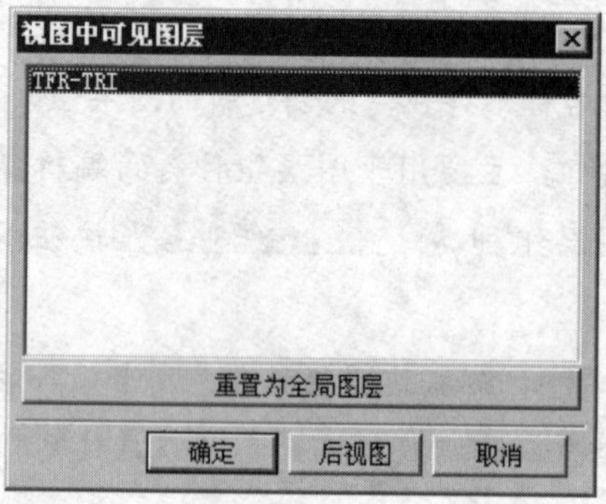

图 3.10.4 “视图中的可见图层”对话框（一）

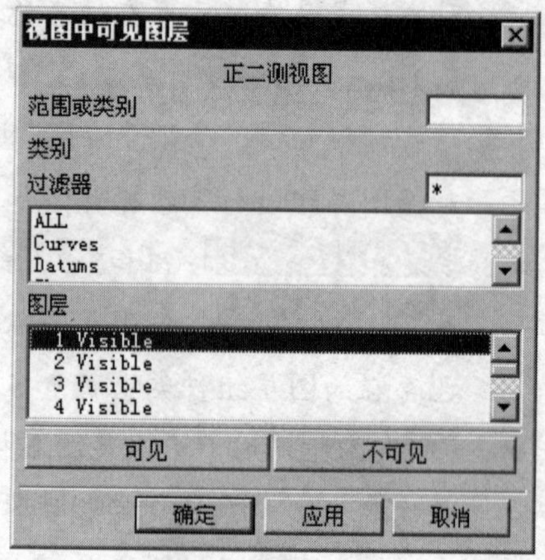

图 3.10.5 “视图中的可见图层”对话框（二）

3.10.4 移动至图层

“移动至图层”功能用于把对象从一个图层移出并放置到另一个图层，其一般操作步骤如下：

Step1. 选择命令。选择下拉菜单 格式(R) → 移动至图层(M)... 命令，系统弹出“类选取”对话框。

Step2. 定义目标特征。先单击目标特征，然后单击“类选择”对话框中的 确定 按钮，系统弹出图 3.10.6 所示的“图层移动”对话框。

Step3. 选择目标图层或输入目标图层的编号，单击 确定 按钮，完成该操作。

3.10.5 复制至图层

“复制至图层”功能用于把对象从一个图层复制到另一个图层，且源对象依然保留在原来的图层上，其一般操作步骤如下：

Step1. 选择命令。选择下拉菜单中 格式(R) → 复制至图层(O)...，系统弹出“类选取”对话框。

Step2. 定义目标特征。先单击目标特征，然后单击 确定 按钮，系统弹出“图层复制”对话框，如图 3.10.7 所示。

Step3. 定义目标图层。从图层列表框中选择一个目标图层，或在数据输入字段中输入一个图层编号。单击 确定 按钮，完成该操作。

说明：组件、基准轴和基准平面类型不能在图层之间复制，只能移动。

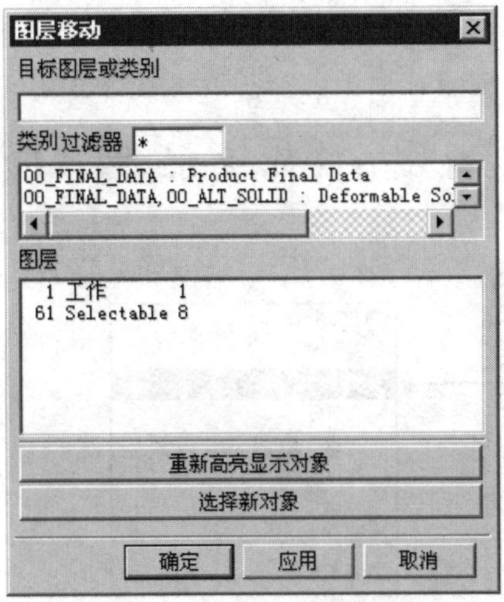

图 3.10.6　“图层移动”对话框

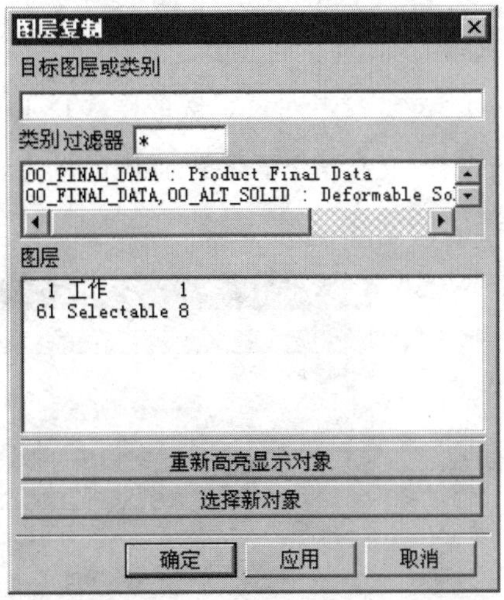

图 3.10.7　“图层复制”对话框

3.11 常用的基准特征

3.11.1　基准平面

基准平面可作为创建其他特征（如圆柱、圆锥、球以及回转的实体等）的辅助工具。

可以创建两种类型的基准平面：相对的和固定的。

相对基准平面：相对基准平面是根据模型中的其他对象创建的，可使用曲线、面、边缘、点及其他基准作为基准平面的参考对象。

固定基准平面：固定基准平面既不供参考，也不受其他几何对象的约束，但在用户定义特征中除外。可使用任意相对基准平面创建固定基准平面，方法是：取消选择“基准平面”对话框中的 □ 关联 复选框；还可根据 WCS 和绝对坐标系，并通过使用方程式中的系数，使用一些特殊方法创建固定基准平面。

下面以图 3.11.1 所示的范例来说明创建基准平面的一般过程。

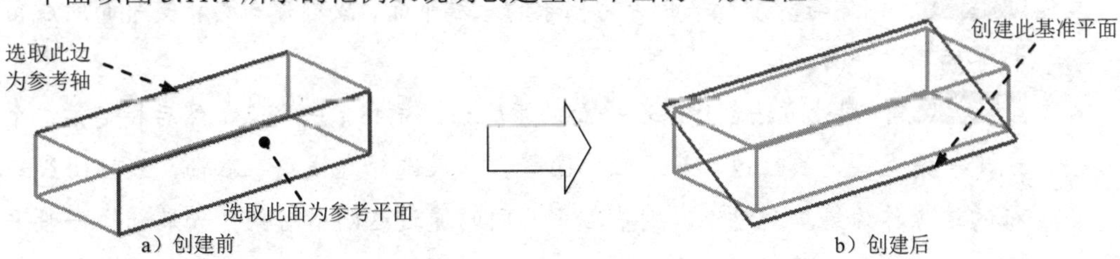

图 3.11.1　创建基准平面

Step1. 打开文件 D:\dbugnx8.1\work\ch03\ch03.11\define_plane.prt。

Step2. 选择命令。选择下拉菜单 插入(S) → 基准/点(D) ▸ → 基准平面(D)... 命令，系统弹出图 3.11.2 所示的“基准平面”对话框。

Step3. 选择创建基准平面的方法。在“基准平面”对话框的 类型 下拉列表中选择 成一角度 选项。

Step4. 定义参考对象。选取图 3.11.1a 所示的参考平面和参考轴。

Step5. 定义参数。在系统弹出的动态输入框内输入角度值 60，单击 <确定> 按钮，完成基准平面的创建。

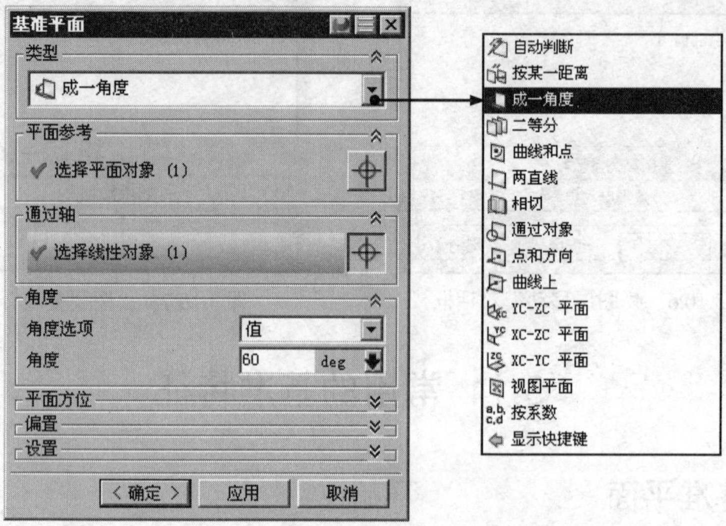

图 3.11.2 “基准平面”对话框

图 3.11.2 所示的“基准平面”对话框中各选项功能的说明如下：

- 自动判断：通过选择的对象自动判断约束条件。例如，选取一个表面或基准平面时，系统自动生成一个预览基准平面，可以输入偏置值和数量来创建基准平面。
- 按某一距离：通过输入偏置值创建与已知平面（基准平面或零件表面）平行的基准平面。
- 成一角度：通过输入角度值创建与已知平面成一角度的基准平面。先选择一个平的面或基准平面，然后选择一个与所选面平行的线性曲线或基准轴，以定义旋转轴。
- 二等分：创建与两平行平面距离相等的基准平面，或创建与两相交平面所成角度相等的基准平面。
- 曲线和点：用此方法创建基准平面的步骤为：先指定一个点，然后指定第二个点或者一条直线、线性边、基准轴、面等。如果选择直线、基准轴、线性曲线或特征的边缘作为第二个对象，则基准平面同时通过这两个对象；如果选择一般平面或基准平面作为第二个对象，则基准平面通过第一个点，但与第二个对象平行；

如果选择两个点，则基准平面通过第一个点并垂直于这两个点所定义的方向；如果选择三个点，则基准平面通过这三个点。

- 两直线：通过选择两条现有直线，或直线与线性边、面的法向向量或基准轴的组合，创建的基准平面包含第一条直线且平行于第二条直线。如果两条直线共面，则创建的基准平面将同时包含这两条直线。否则，还会有下面两种可能的情况：
  ☑ 这两条线不垂直。创建的基准平面包含第二条直线且平行于第一条直线。
  ☑ 这两条线垂直。创建的基准平面包含第一条直线且垂直于第二条直线，或是包含第二条直线且垂直于第一条直线（可以使用循环解实现）。
- 相切：创建一个与任意非平的表面相切的基准平面，还可选择与第二个选定对象相切。选择曲面后，系统显示与其相切的基准平面的预览，可接受预览的基准平面，或选择第二个对象。
- 通过对象：根据选定的对象平面创建基准平面，对象包括曲线、边缘、面、基准、平面、圆柱、圆锥或回转面的轴、基准坐标系、坐标系以及球面和回转曲面。如果选择圆锥面或圆柱面，则在该面的轴线上创建基准平面。
- 按系数：通过使用系数 A、B、C 和 D 指定一个方程的方式，创建固定基准平面，该基准平面由方程 AX+ BY+CZ=D 确定。
- 点和方向：通过定义一个点和一个方向来创建基准平面。定义的点可以是使用点构造器创建的点，也可以是曲线或曲面上的点；定义的方向可以通过选取的对象自动判断，也可以使用矢量构造器来构建。
- 曲线上：创建一个与曲线垂直或相切且通过已知点的基准平面。
- YC-ZC 平面：沿工作坐标系（WCS）或绝对坐标系（ACS）的 YC-ZC 轴创建一个固定的基准平面。
- XC-ZC 平面：沿工作坐标系（WCS）或绝对坐标系（ACS）的 XC-ZC 轴创建一个固定的基准平面。
- XC-YC 平面：沿工作坐标系（WCS）或绝对坐标系（ACS）的 XC-YC 轴创建一个固定的基准平面。
- 视图平面：创建平行于视图平面并穿过绝对坐标系（ACS）原点的固定基准平面。

3.11.2 基准轴

基准轴既可以是相对的，也可以是固定的。以创建的基准轴为参考对象，可以创建其他对象，比如基准平面、回转特征和拉伸体等。下面通过图 3.11.3 所示的实例来说明创建基准轴的一般操作步骤。

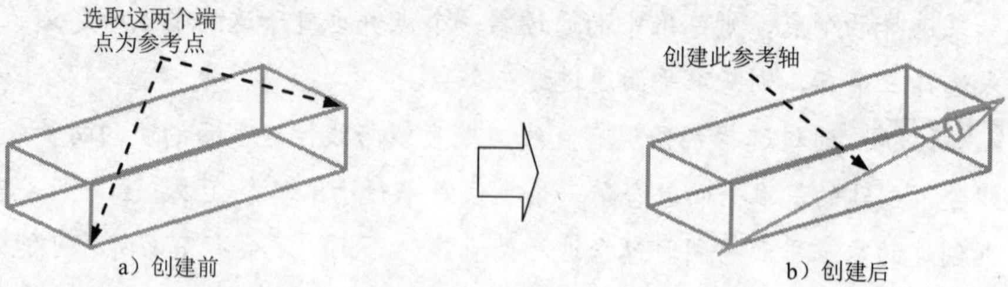

图 3.11.3 创建基准轴

Step1. 打开文件 D:\dbugnx8.1\work\ch03\ch03.11\define axis.prt。

Step2. 选择命令。选择下拉菜单 插入(S) → 基准/点(D) → 基准轴(A)... 命令，系统弹出图 3.11.4 所示的“基准轴”对话框。

Step3. 选择“两点”方式来创建基准轴。在“基准轴”对话框中的类型下拉列表中，选择 两点 选项（图 3.11.4）。

Step4. 定义参考点。选取长方体两个顶点为参考点，如图 3.11.3a 所示（创建的基准轴与选择点的先后顺序有关，可以通过单击“基准轴”对话框中的“反向”按钮调整）。

Step5. 单击 < 确定 > 按钮，完成基准轴的创建。

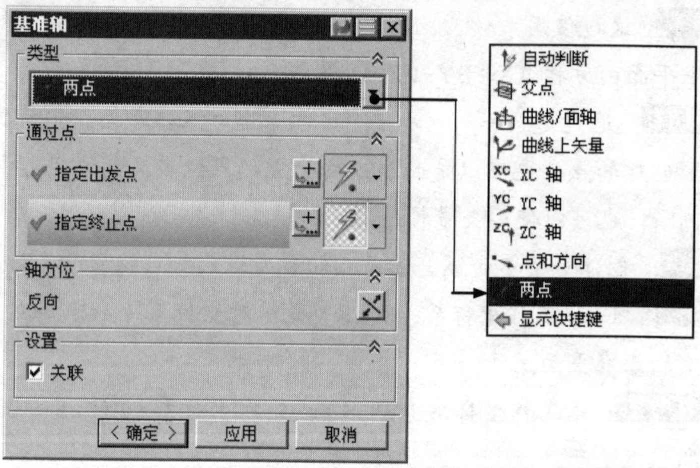

图 3.11.4 “基准轴”对话框

图 3.11.4 所示的“基准轴”对话框中各选项功能的说明如下：

- 自动判断：系统根据选择的对象自动判断约束。
- 交点：通过两个相交平面创建基准轴。
- 曲线/面轴：创建一个起点在选择曲线上的基准轴。
- 曲线矢量上：创建与曲线的某点相切、垂直，或者与另一对象垂直或平行的基准轴。
- XC 轴：选择该选项，读者可以沿 XC 方向创建基准轴。
- YC 轴：选择该选项，读者可以沿 YC 方向创建基准轴。
- ZC 轴：选择该选项，读者可以沿 ZC 方向创建基准轴。
- 点和方向：通过定义一个点和一个矢量方向来创建基准轴。通过曲线、边或曲面上的一点，可以创建一条平行于线性几何体或基准轴、面轴，或垂直于一个曲面的基准轴。

- 两点：通过定义轴上的两点来创建基准轴。第一点为基点，第二点定义了从第一点到第二点的方向。

3.11.3 基准坐标系

基准坐标系由 3 个基准平面、3 个基准轴和原点组成，在基准坐标系中可以选择单个基准平面、基准轴或原点。基准坐标系可用来创建其他特征、约束草图和定位在一个装配中的组件等。下面通过图 3.11.5 所示的范例来说明创建基准坐标系的一般操作过程。

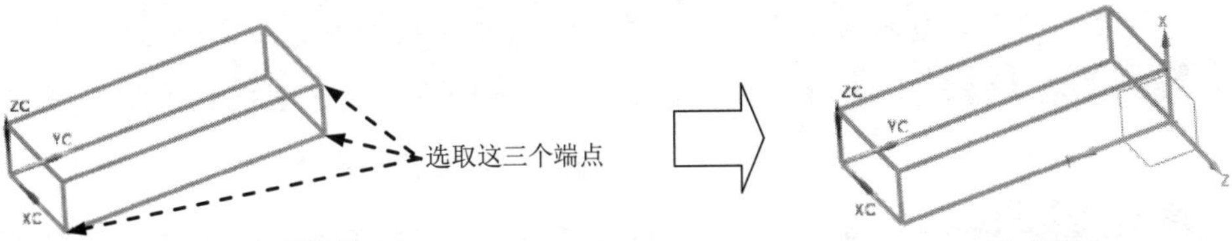

图 3.11.5 创建基准坐标系

Step1. 打开文件 D:\dbugnx8.1\work\ch03\ch03.11\define csys.prt。

Step2. 选择命令。选择下拉菜单 插入(S) → 基准/点(D) ▸ → 基准 CSYS... 命令，系统弹出图 3.11.6 所示的“基准 CSYS”对话框。

Step3. 选择创建基准坐标系的方式。在“基准 CSYS”对话框的类型下拉列表中选择 原点，X 点，Y 点 选项。

Step4. 定义参考点。选取长方体的三个顶点作为基准坐标系的参考点，其中原点是第一点，X 轴是从第一点到第二点的矢量，Y 轴是从第一点到第三点的矢量，如图 3.11.5a 所示。

Step5. 单击 < 确定 > 按钮，完成基准坐标系的创建。

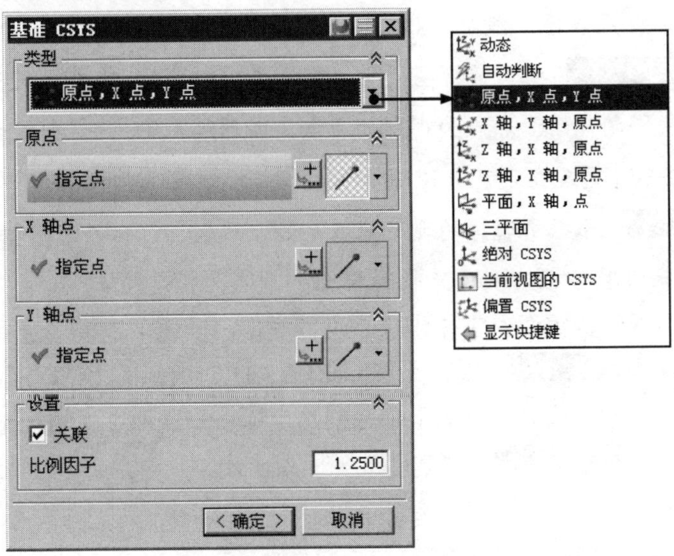

图 3.11.6 “基准 CSYS”对话框

图 3.11.6 所示的“基准 CSYS”对话框中各选项功能的说明如下：

- 动态：选择该选项，读者可以手动将 CSYS 移到所需的任何位置和方向。
- 自动判断：创建一个与所选对象相关的 CSYS，或通过 X、Y 和 Z 分量的增量来创建 CSYS。实际所使用的方法是基于所选择的对象和选项。要选择当前的 CSYS，可选择自动判断的方法。
- 原点，X 点，Y 点：根据选择的三个点或创建三个点来创建 CSYS。要想指定三个点，可以使用点方法选项或使用相同功能的菜单，打开“点构造器”对话框。X 轴是从第一点到第二点的矢量；Y 轴是从第一点到第三点的矢量；原点是第一点。
- X 轴，Y 轴，原点：根据所选择或定义的一点和两个矢量来创建 CSYS。选择的两个矢量作为坐标系的 X 轴和 Y 轴；选择的点作为坐标系的原点。
- Z 轴，X 轴，原点：根据所选择或定义的一点和两个矢量来创建 CSYS。选择的两个矢量作为坐标系的 Z 轴和 X 轴；选择的点作为坐标系的原点。
- Z 轴，Y 轴，原点：根据所选择或定义的一点和两个矢量来创建 CSYS。选择的两个矢量作为坐标系的 Z 轴和 Y 轴；选择的点作为坐标系的原点。
- 平面，X 轴，点：根据所选择的一个平面、X 轴和原点来创建 CSYS。其中选择的平面为 Z 轴平面，选取的 X 轴方向即为 CSYS 中 X 轴方向，选取的原点为 CSYS 的原点。
- 三平面：根据所选择的三个平面来创建 CSYS。X 轴是第一个“基准平面/平的面”的法线；Y 轴是第二个“基准平面/平的面”的法线；原点是这三个基准平面/面的交点。
- 绝对 CSYS：指定模型空间坐标系作为坐标系。X 轴和 Y 轴是“绝对 CSYS”的 X 轴和 Y 轴；原点为“绝对 CSYS”的原点。
- 当前视图的 CSYS：将当前视图的坐标系设置为坐标系。X 轴平行于视图底部；Y 轴平行于视图的侧面；原点为视图的原点（图形屏幕中间）。如果通过名称来选择，CSYS 将不可见或在不可选择的层中。
- 偏置 CSYS：根据所选择的现有基准 CSYS 的 X、Y 和 Z 的增量来创建 CSYS。X 轴和 Y 轴为现有 CSYS 的 X 轴和 Y 轴；原点为指定的点。

在建模过程中，经常需要对工作坐标系进行操作，以便于建模。选择下拉菜单 格式(R) → WCS ▸ → 定向(N)... 命令，系统弹出图 3.11.7 所示的“CSYS”对话框，对所建的工作坐标系进行操作。该对话框的上部为创建坐标系的各种方式的按钮，其他选项为涉及到的参数。其创建的操作步骤和创建基准坐标系一致。

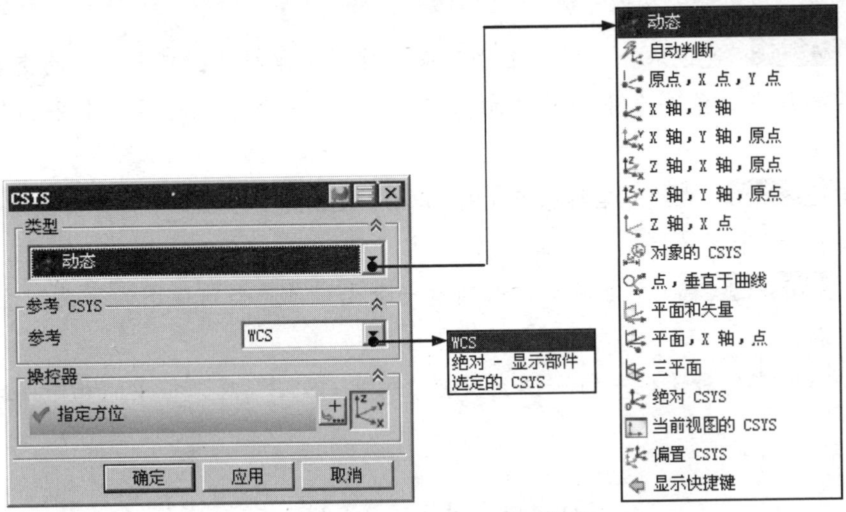

图 3.11.7　“CSYS”对话框

图 3.11.7 所示的“CSYS”对话框中各按钮功能的说明如下：

- **自动判断**：通过选择的对象或输入坐标分量值来创建一个坐标系。
- **原点，X 点，Y 点**：通过三个点来创建一个坐标系。这三个点依次是原点、X 轴方向上的点和 Y 轴方向上的点。第一点到第二点的矢量方向为 X 轴正向，Z 轴正向由第二点到第三点按右手法则来确定。
- **X 轴，Y 轴**：通过两个矢量来创建一个坐标系。坐标系的原点为第一矢量与第二矢量的交点，XC-YC 平面为第一矢量与第二矢量所确定的平面，X 轴正向为第一矢量方向，从第一矢量至第二矢量按右手法则确定 Z 轴的正向。
- **X 轴，Y 轴，原点**：创建一点作为坐标系原点，再选取或创建两个矢量来创建坐标系。X 轴正向平行于第一矢量方向，XC-YC 平面平行于第一矢量与第二矢量所在平面，Z 轴正向由从第一矢量在 XC-YC 平面上的投影矢量至第二矢量在 XC-YC 平面上的投影矢量，按右手法则确定。
- **Z 轴，X 点**：通过选择或创建一个矢量和一个点来创建一个坐标系。Z 轴正向为矢量的方向，X 轴正向为沿点和矢量的垂线指向定义点的方向，Y 轴正向由从 Z 轴至 X 轴按右手法则确定，原点为三个矢量的交点。
- **对象的 CSYS**：用选择的平面曲线、平面或工程图来创建坐标系，XC-YC 平面为对象所在的平面。
- **点，垂直于曲线**：利用所选曲线的切线和一个点的方法来创建一个坐标系。原点为切点，曲线切线的方向即为 Z 轴矢量，X 轴正向为沿点到切线的垂线指向点的方向，Y 轴正向由从 Z 轴至 X 轴矢量按右手法则确定。
- **平面和矢量**：通过选择一个平面、选择或创建一个矢量来创建一个坐标系。X

轴正向为面的法线方向，Y 轴为矢量在平面上的投影，原点为矢量与平面的交点。

- 三平面：通过依次选择三个平面来创建一个坐标系。三个平面的交点为坐标系的原点，第一个平面的法向为 X 轴，第一个平面与第二个平面的交线为 Z 轴。
- 绝对 CSYS：在绝对坐标原点（0，0，0）处创建一个坐标系，即与绝对坐标系重合的新坐标系。
- 当前视图的 CSYS：用当前视图来创建一个坐标系。当前视图的平面即为 XC-YC 平面。

说明：“CSYS”对话框中的一些选项与“基准 CSYS”对话框中的相同，此处不再赘述。

3.12 拔 模

使用“拔模”命令可以使面相对于指定的拔模方向成一定的角度。拔模通常用于对模型、部件、模具或冲模的竖直面添加斜度，以便借助拔模面将部件或模型与其模具或冲模分开。用户可以为拔模操作选择一个或多个面，但它们必须都是同一实体的一部分。下面分别以面拔模和边拔模为例介绍拔模过程。

1. 面拔模

下面以图 3.12.1 所示的模型为例，说明面拔模的一般操作过程。

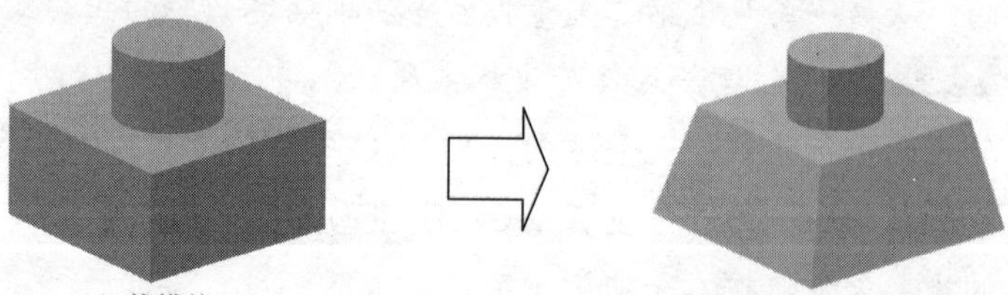

a）拔模前 b）拔模后

图 3.12.1 创建面拔模

Step1. 打开文件 D:\dbugnx8.1\work\ch03\ch03.12\traft_1.prt。

Step2. 选择命令。选择下拉菜单 插入(S) → 细节特征(L) → 拔模(T)... 命令，系统弹出图 3.12.2 所示的“拔模”对话框。

Step3. 选择拔模方式。在“拔模”对话框的 类型 下拉菜单中选择 从平面 选项。

Step4. 指定拔模方向。单击 按钮，选取 ZC 作为拔模的方向。

Step5. 定义拔模固定平面。选取图 3.12.3 所示的长方体的一个表面作为拔模固定平面。

Step6. 定义拔模面。选取图 3.12.4 所示的表面作为要加拔模角的面。

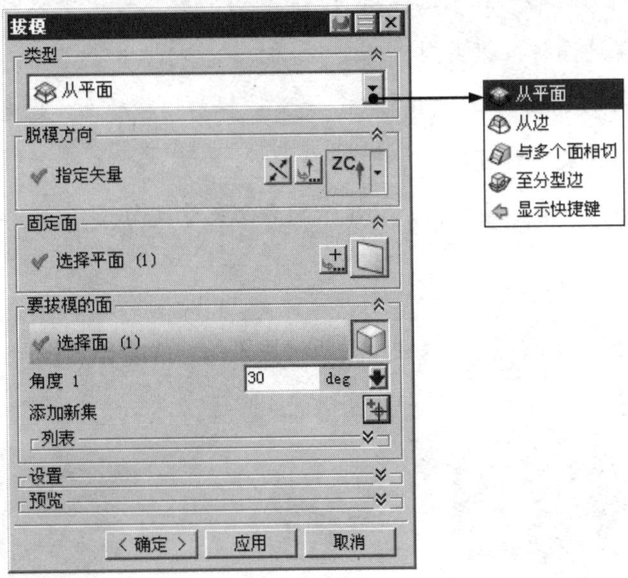

图 3.12.2 “拔模”对话框

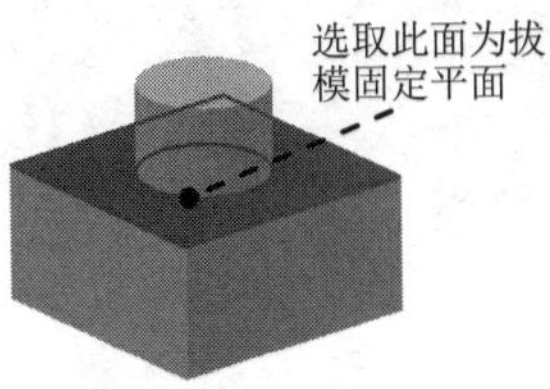

图 3.12.3 定义拔模固定平面

图 3.12.4 定义拔模面

Step7. 定义拔模角。系统弹出设置拔模角的动态文本框，输入拔模角度值 30（也可拖动拔模手柄至需要的拔模角度）。

Step8. 单击 < 确定 > 按钮，完成拔模操作。

图 3.12.2 所示的“草图”对话框中有关按钮的说明如下：

- 从平面：单击该按钮，在静止平面上，实体的横截面通过拔模操作维持不变。
- 从边：单击该按钮，使整个面在回转过程中保持通过部件的横截面是平的。
- 与多个面相切：在拔模操作之后，拔模的面仍与相邻的面相切。此时，固定边未被固定，而是移动的，以保持与选定面之间的相切约束。
- 至分型边：在整个面回转过程中保留通过该部件中平的横截面，并且根据需要在分型边缘创建突出部分。
- （自动判断的矢量）：单击该按钮，可以从所有的指定矢量创建选项中进行选择。
- （固定平面）：单击该按钮，允许通过选择的平面、基准平面或与拔模方向垂直的平面所通过的一点来选择该面。此选择步骤仅可用于从固定平面拔模和拔模到分型边缘这两种拔模类型。

- （要拔模的面）：单击该按钮，允许选择要拔模的面。此选择步骤仅在创建从固定平面拔模类型时可用。
- （反向）：单击该按钮，将显示的方向矢量反向。

2．边拔模

下面以图 3.12.5 所示的模型为例，说明边拔模的一般操作过程。

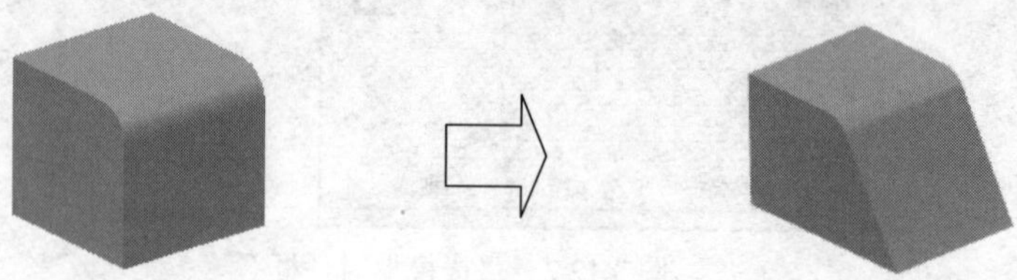

a）拔模前　　b）拔模后

图 3.12.5　创建边拔模

Step1．打开文件 D:\dbugnx8.1\work\ch03\ch03.12\traft_2.prt。

Step2．选择命令。选择下拉菜单 插入(S) → 细节特征(L) → 拔模(T)... 命令，系统弹出“拔模”对话框。

Step3．选择拔模类型。在“拔模”对话框的 类型 下拉菜单中选择 从边 选项，从固定边缘拔模。

Step4．指定拔模方向。单击按钮，选取 ZC↑ 作为拔模的方向。

Step5．定义拔模边缘。选取图 3.12.6 所示的长方体的一条边线作为要拔模的边缘。

Step6．定义拔模角。系统弹出设置拔模角的动态文本框，在动态文本框内输入拔模角度值 30（也可拖动拔模手柄至需要的拔模角度），单击按钮，调整拔模侧方向（图 3.12.7）。

Step7．单击 < 确定 > 按钮，完成拔模操作。

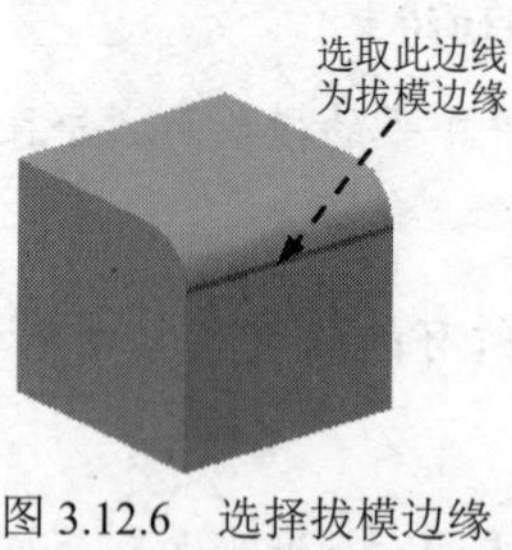

图 3.12.6　选择拔模边缘

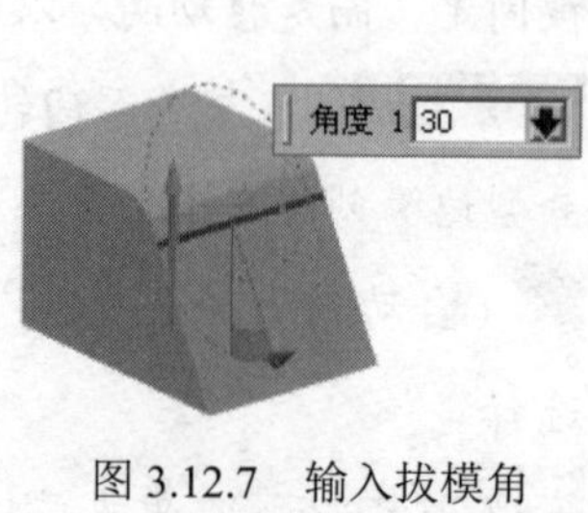

图 3.12.7　输入拔模角

3.13 抽 壳

使用“抽壳”命令可以利用指定的壁厚值来抽空一实体，或绕实体建立一壳体。可以指定不同表面的厚度，也可以移除单个面。图 3.13.1 所示为长方体底面抽壳和体抽壳后的模型。

a）表面抽壳　　b）体抽壳

图 3.13.1　抽壳

1．在长方体上执行面抽壳操作

下面以图 3.13.2 所示的模型为例，说明面抽壳的一般操作过程。

Step1．打开文件 D:\dbugnx8.1\work\ch03\ch03.13\shell_01.prt。

Step2．选择命令。选择下拉菜单 插入(S) ➡ 偏置/缩放(O)▸ ➡ 抽壳(H)... 命令，系统弹出图 3.13.3 所示的“抽壳”对话框。

Step3．在对话框的 类型 下拉列表中选取 移除面，然后抽壳 选项（图 3.13.3）。

Step4．定义移除面。选取图 3.13.4 所示的表面为要穿透的面。

Step5．定义抽壳厚度。在“抽壳”对话框的 厚度 文本框内输入值 10.0，也可以拖动抽壳手柄至需要的数值，如图 3.13.5 所示。

Step6．单击 < 确定 > 按钮，完成抽壳操作。

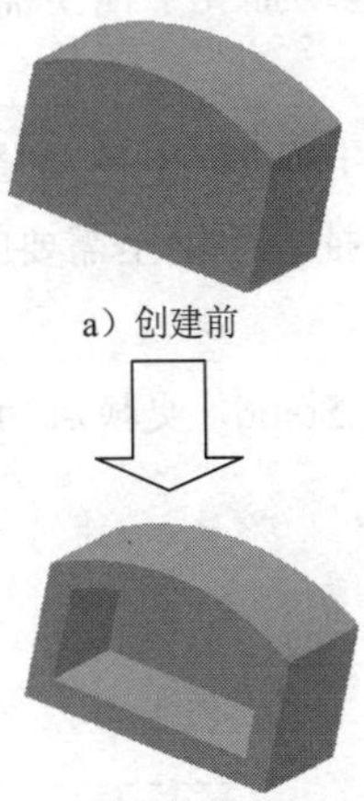

a）创建前

b）创建后

图 3.13.2　创建面抽壳

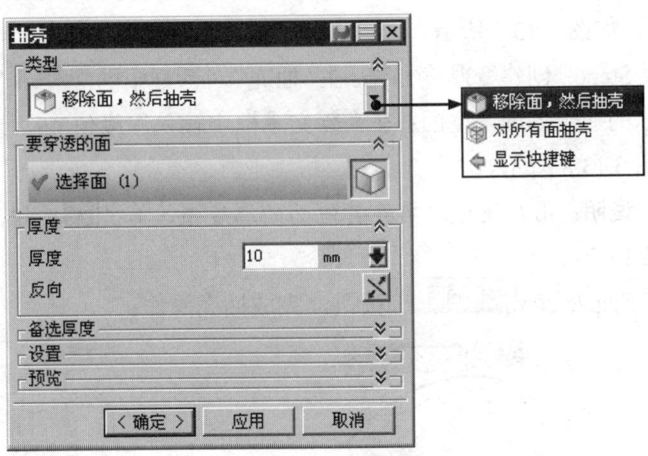

图 3.13.3　“抽壳”对话框

图 3.13.3 所示的“抽壳”对话框中有关按钮的说明如下：

- 移除面，然后抽壳：选取该选项，选择要从成壳体中移除的面。可以选择一个或多个移除面，当选择移除面时，“选择意图”工具条被激活。

- 对所有面抽壳：单击该按钮，选择要抽壳的体，壳的偏置方向是所选择面的法向。如果在部件中仅有一单个实体，它将被自动选中。

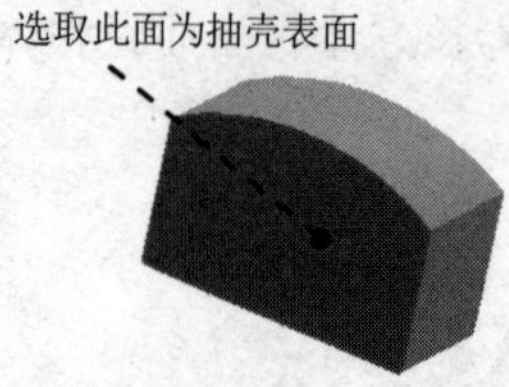

图 3.13.4 选取抽壳表面

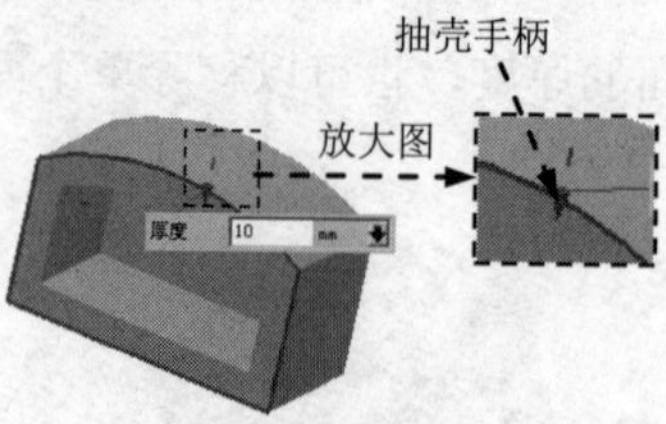

图 3.13.5 面抽壳的创建

2. 在长方体上执行体抽壳操作

下面以图 3.13.6 所示的模型为例，说明体抽壳的一般操作过程。

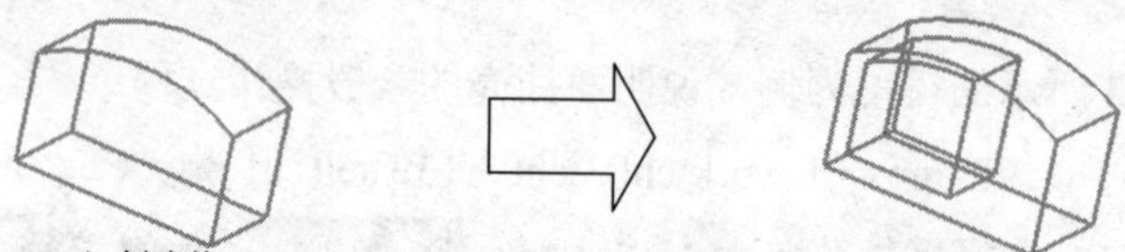

a）创建前　　b）创建后

图 3.13.6 体抽壳

Step1. 打开文件 D:\dbugnx8.1\work\ch03\ch03.13\shell_02.prt。

Step2. 选择命令。选择下拉菜单 插入(S) → 偏置/缩放(O) → 抽壳(H)... 命令，系统弹出“抽壳”对话框。

Step3. 在对话框的 类型 下拉列表中选取 对所有面抽壳 选项。

Step4. 定义抽壳对象。选择长方体为要抽壳的体。

Step5. 输入参数。在 厚度 文本框中输入厚度值 6（或者可以拖动抽壳手柄至需要的数值），如图 3.13.7 所示。

Step6. 创建变厚度抽壳。在“抽壳”对话框中的 备选厚度 区域，单击按钮；选取图 3.13.8 所示的抽壳备选厚度面；在 厚度 文本框中输入厚度值 45，或者拖动抽壳手柄至需要的数值，如图 3.13.8 所示。

说明：用户还可以更换其他面的厚度值，单击按钮，操作同 Step6，更换后的结果如图 3.13.7 所示。

Step7. 单击 < 确定 > 按钮，完成抽壳操作。

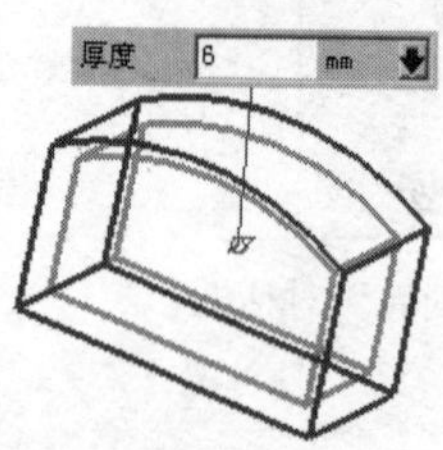

图 3.13.7 体抽壳

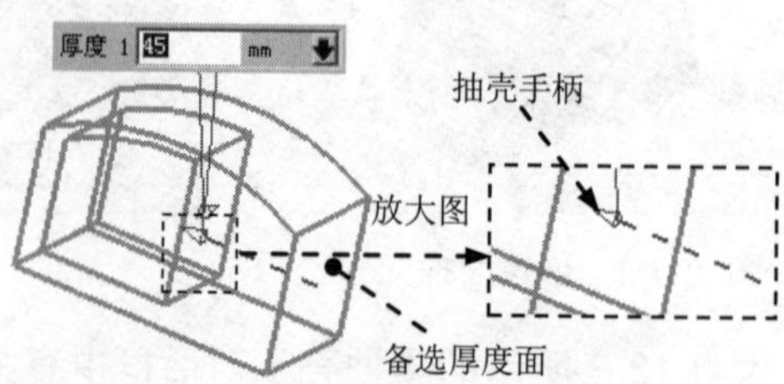

图 3.13.8 创建变厚度抽壳

3.14 孔

在 UG NX 8.0 中，可以创建以下三种类型的孔特征（Hole）。

- 简单孔：具有圆形截面的切口，它始于放置曲面并延伸到指定的终止曲面或用户定义的深度。创建时要指定“直径”、“深度”和“尖端尖角”。
- 埋头孔：该选项允许用户创建指定“孔直径”、“孔深度”、“尖角”、“埋头直径”和“埋头深度”的埋头孔。
- 沉头孔：该选项允许用户创建指定“孔直径”、“孔深度”、“尖角”、“沉头直径”和“沉头深度”的沉头孔。

下面以图 3.14.1 所示的零件为例，说明在一个模型上添加孔特征（简单孔）的一般操作过程。

Task1．打开一个已有的零件模型

打开文件 D:\dbugnx8.1\work\ch03\ch03.14\hole.prt。

Task2．添加孔特征（简单孔）

Step1．选择命令。选择下拉菜单 插入(I) → 设计特征(E)▸ → 孔(H)... 命令（或在“成形特征”工具条中单击 按钮），系统弹出“孔”对话框，如图 3.14.2 所示。

Step2．选取孔的类型。在“孔”对话框的 类型 下拉列表中选择 常规孔 选项。

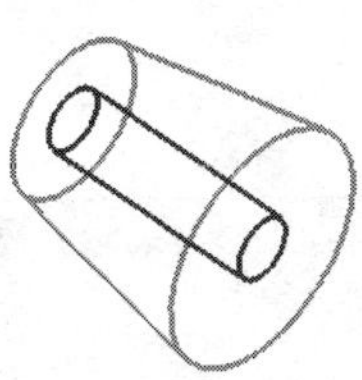

图 3.14.1　创建孔特征

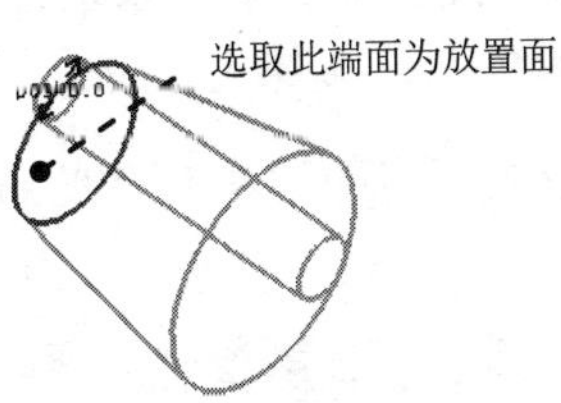

图 3.14.3　选取放置面

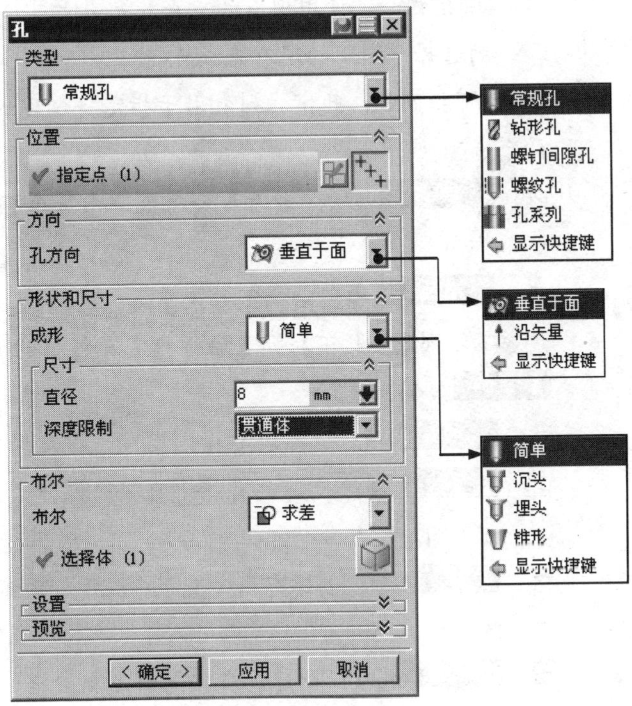

图 3.14.2　“孔”对话框

Step3. 定义孔的放置位置。定义孔的放置面。首先确认“选择条”工具条中的⊙按钮被按下，选取图 3.14.3 所示的端面为放置面。

Step4. 输入参数。在“孔”对话框中的 直径 文本框中输入值 8，在深度限制下拉列表中选择贯通体选项。

Step5. 完成孔的创建。对话框中的其余设置保持系统默认，单击< 确定 >按钮，完成孔特征的创建。

图 3.14.2 所示的“孔”对话框中有关按钮的说明如下：

沉头孔和埋头孔的创建与简单孔的创建类似，不再赘述。

- 类型下拉列表：
  - ☑ 常规孔：创建指定尺寸的简单孔、沉头孔、埋头孔或锥孔特征等，常规孔可以是不通孔、通孔或指定深度条件的孔。
  - ☑ 钻形孔：根据 ANSI 或 ISO 标准创建简单钻形孔特征。
  - ☑ 螺钉间隙孔：创建简单、沉头或埋头通孔，它们是为具体应用而设计的，例如螺钉间隙孔。
  - ☑ 螺纹孔：创建螺纹孔，其尺寸标注由标准、螺纹尺寸和径向进给等参数控制。
  - ☑ 孔系列：创建起始、中间和结束孔尺寸一致的多形状、多目标体的对齐孔。
- 位置下拉列表：
  - ☑ 按钮：单击此按钮，打开“创建草图”对话框，并通过指定放置面和方位来创建中心点。
  - ☑ 按钮：可使用现有的点来指定孔的中心。可以是“选择条”工具条中提供的选择意图下的现有点或点特征。
- 孔方向下拉列表：此下拉列表用于指定将创建的孔的方向，有垂直于面和沿矢量两个选项。
  - ☑ 垂直于面选项：沿着与公差范围内每个指定点最近的面法向的反向定义孔的方向。
  - ☑ 沿矢量选项：沿指定的矢量定义孔方向。
- 成形下拉列表：此下拉列表由于指定孔特征的形状，有简单、沉头、埋头和锥形四个选项。
  - ☑ 简单选项：创建具有指定直径、深度和尖端顶锥角的简单孔。
  - ☑ 沉头选项：创建具有指定直径、深度、顶锥角、沉头孔径和沉头孔深度的沉头孔。
  - ☑ 埋头选项：创建有指定直径、深度、顶锥角、埋头孔径和埋头孔角度的埋头孔。
  - ☑ 锥形选项：创建具有指定斜度和直径的孔，此项只有在类型下拉列表中选

择 常规孔 选项时可用。

- 直径 文本框：此文本框用于控制孔直径的大小，可直接输入数值。
- 深度限制 下拉列表：此下拉列表用于控制孔深度类型，包括 值 、直至选定对象 、直至下一个 和 贯通体 四个选项。
  - ☑ 值 选项：给定孔的具体深度值。
  - ☑ 直至选定对象 选项：创建一个深度为直至选定对象的孔。
  - ☑ 直至下一个 选项：对孔进行扩展，直至孔到达下一个面。
  - ☑ 贯通体 选项：创建一个通孔，贯通所有特征。
- 布尔 下拉列表：此下拉列表用于指定创建孔特征的布尔操作，包括 无 和 求差 两个选项。
  - ☑ 无 选项：创建孔特征的实体表示，而不是将其从工作部件中减去。
  - ☑ 求差 选项：从工作部件或其组件的目标体减去工具体。

3.15 螺 纹

在 UG NX 8.0 中，可以创建两种类型的螺纹。

- 符号螺纹：以虚线圆的形式显示在要攻螺纹的一个或几个面上。符号螺纹可使用外部螺纹表文件（可以根据特殊螺纹要求来定制这些文件），以确定其参数。
- 详细螺纹：比符号螺纹看起来更真实，但由于其几何形状的复杂性，创建和更新都需要较长的时间。详细螺纹是完全关联的，如果特征被修改，则螺纹也相应更新。可以选择生成部分关联的符号螺纹，或指定固定的长度。部分关联是指如果螺纹被修改，则特征也将更新（但反过来则不行）。

在产品设计时，当需要制作产品的工程图时，应选择符号螺纹；如果不需要制作产品的工程图，而是需要反映产品的真实结构（如产品的广告图和效果图），则选择详细螺纹。

说明：详细螺纹每次只能创建一个，而符号螺纹可以创建多组，而且创建时需要的时间较少。

下面以图 3.15.1b 所示的零件为例，说明在一个模型上添加螺纹特征（详细螺纹）的一般操作过程。

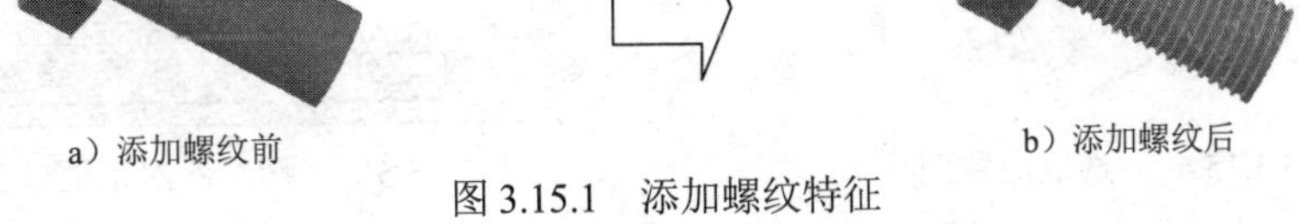

a）添加螺纹前　　b）添加螺纹后

图 3.15.1 添加螺纹特征

Task1．打开一个已有的零件模型

打开文件 D:\dbugnx8.1\work\ch03\ch03.15\threads.prt。

Task2．添加螺纹特征（详细螺纹）

Step1. 选择命令。选择下拉菜单 插入(I) → 设计特征(E) → 螺纹(T)... 命令（或在“特征操作”工具条中单击按钮），系统弹出图 3.15.2 所示的“螺纹”对话框（一）。

Step2. 选取螺纹的类型。在“螺纹”对话框（一）中选中 ⊙ 详细 单选项，系统弹出图 3.15.3 所示的“螺纹”对话框（二）。

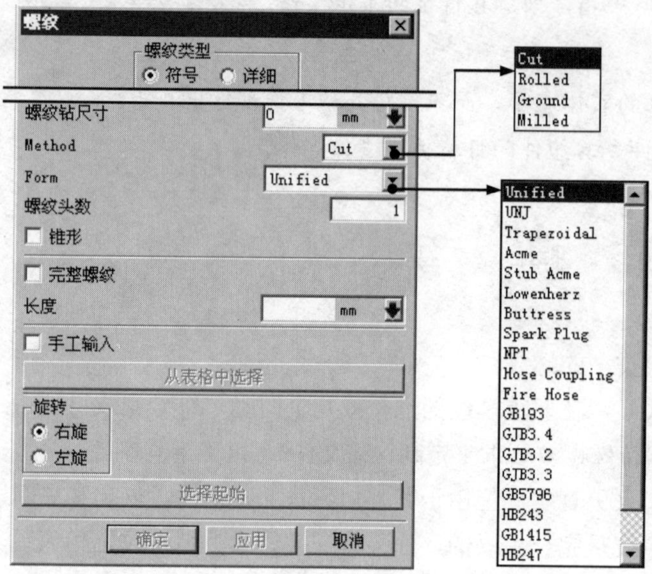

图 3.15.2 “螺纹”对话框（一）

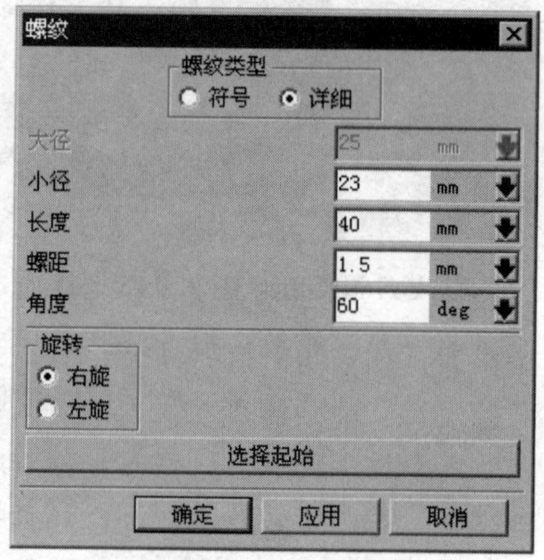

图 3.15.3 “螺纹”对话框（二）

Step3. 定义螺纹的放置。

（1）定义螺纹的放置面。选取图 3.15.4 所示的柱面为放置面，此时系统自动生成螺纹的方向矢量（图 3.15.4）。

（2）定义螺纹起始面。在“螺纹”对话框中单击 选择起始 按钮，系统弹出图 3.15.5 所示的“螺纹”对话框（三），选取图 3.15.6 所示的平面为螺纹的起始面，系统弹出图 3.15.7 所示的“螺纹”对话框（四）。

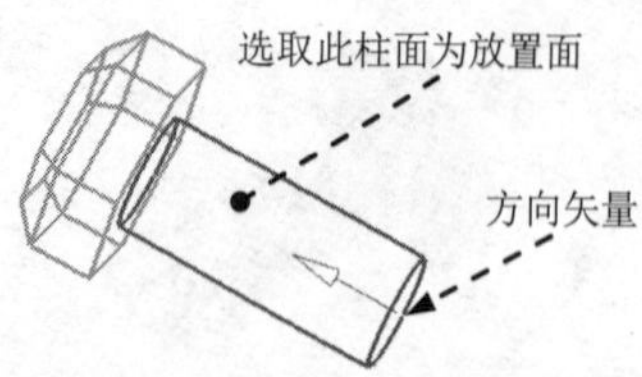

图 3.15.4 选取放置面

图 3.15.5 “螺纹”对话框（三）

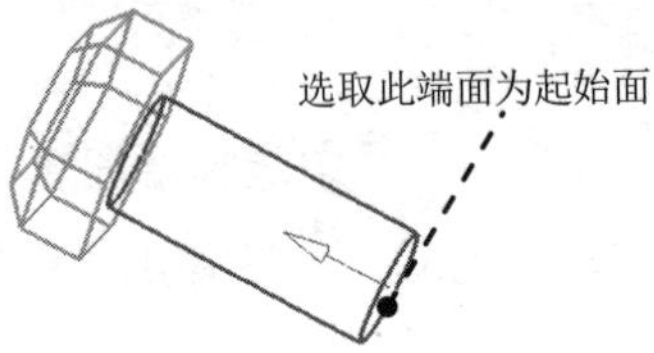

图 3.15.6　选取起始面

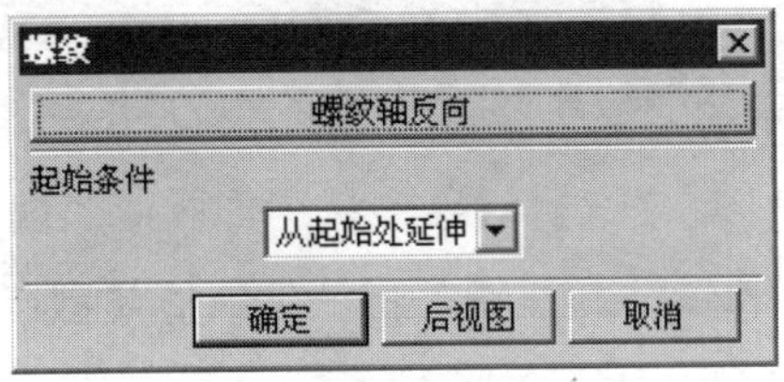

图 3.15.7　“螺纹”对话框（四）

说明：单击“螺纹”对话框（四）中的 螺纹轴反向 按钮，可以调整生成螺纹的矢量方向。

Step4. 定义螺纹开始条件。在“螺纹”对话框（四）中的 起始条件 下拉列表中选择 从起始处延伸 选项，单击 确定 按钮。系统返回“螺纹”对话框（二）。

Step5. 定义螺纹参数。在“螺纹”对话框（二）中输入图 3.15.3 所示的参数，单击 确定 按钮，完成螺纹特征的添加。

3.16　特征的编辑

特征的编辑是在完成特征的创建以后，对其中的一些参数进行修改的操作。可以对特征的尺寸、位置和先后次序等参数进行重新编辑，在一般情况下，保留其与别的特征建立起来的关联性质。它包括编辑参数、编辑定位、特征移动、特征重排序、替换特征、抑制特征、取消抑制特征、去除特征参数以及特征回放等。

3.16.1　编辑参数

编辑参数用于在创建特征时使用的方式和参数值的基础上编辑特征。选择下拉菜单 编辑(E) → 特征(F) ▸ → 编辑参数(P)... 命令，在系统弹出的“编辑参数”对话框中选取需要编辑的特征或在已绘图形中选择需要编辑的特征，系统会由用户所选择的特征弹出不同的对话框来完成对该特征的编辑。下面以一个范例来说明编辑参数的操作过程，如图 3.16.1 所示。

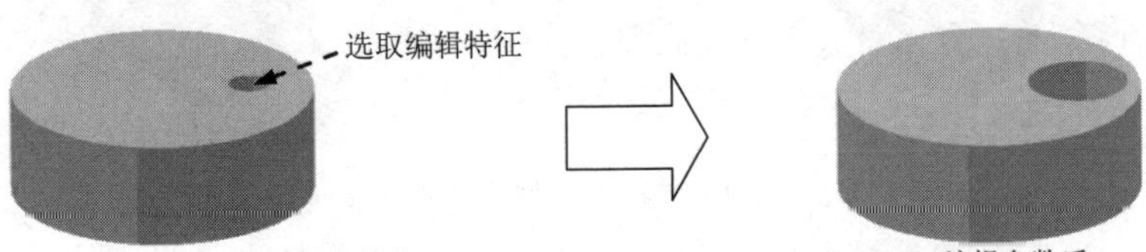

a）编辑参数前　　b）编辑参数后

图 3.16.1　编辑参数

Step1. 打开文件 D:\dbugnx8.1\work\ch03\ch03.16\Simple Hole.prt。

Step2. 选择下拉菜单 编辑(E) → 特征(F) → 编辑参数(P)... 命令，系统弹出图 3.16.2 所示的“编辑参数”对话框（一）。

Step3. 定义编辑对象。从图形区或“编辑参数”对话框（一）中选择要编辑的简单孔特征。单击 确定 按钮，特征参数值显示在图形区域（图 3.16.3），系统弹出“编辑参数”对话框（二），如图 3.16.4 所示。

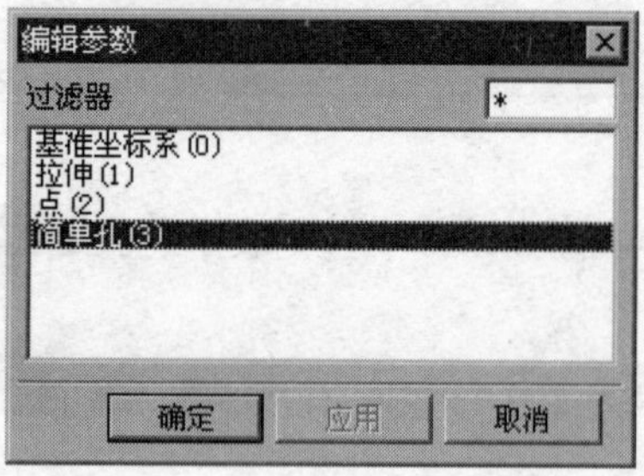

图 3.16.2　“编辑参数”对话框（一）

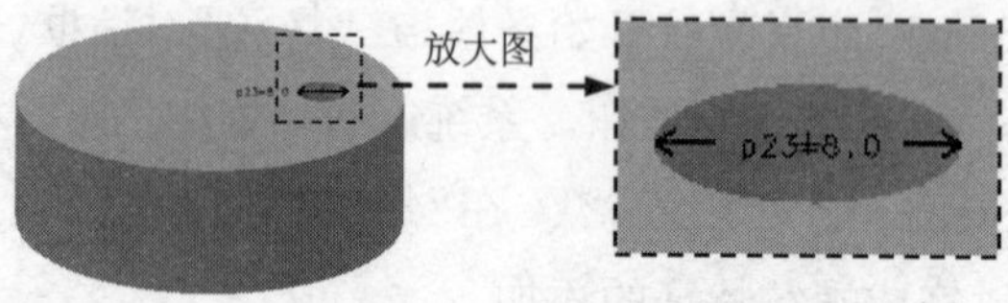

图 3.16.3　特征参数值

Step4. 编辑特征参数。在“编辑参数”对话框（二）中单击 特征对话框 按钮，系统弹出图 3.16.5 所示的“编辑参数”对话框（三），在对话框的 直径 文本框中输入新的数值 20，单击 确定 按钮，系统弹出“编辑参数”对话框（二）。

Step5. 在“编辑参数”对话框（二）中单击 确定 按钮，完成编辑参数的操作。

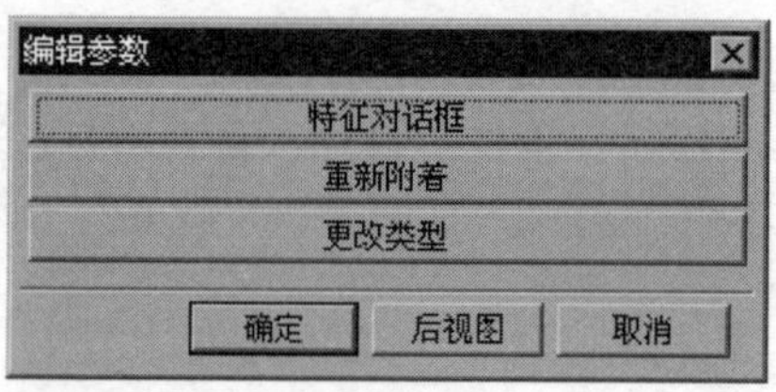

图 3.16.4　“编辑参数”对话框（二）

图 3.16.5　“编辑参数”对话框（三）

3.16.2　编辑定位

编辑定位(O)... 命令用于对目标特征重新定义位置，包括修改、添加和删除定位尺寸。下面以一个范例来说明特征编辑定位的过程，如图 3.16.6 所示。

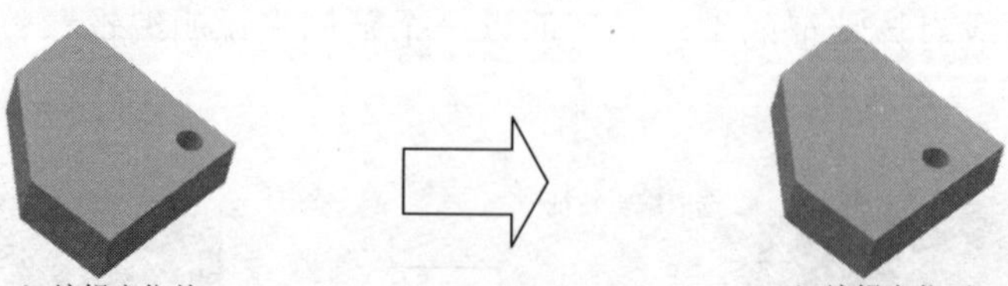

a）编辑定位前　　b）编辑定位后

图 3.16.6　创建环形阵列

Step1. 打开文件 D:\dbugnx8.1\work\ch03\ch03.16\Simple Hole_1.prt。

Step2. 选择下拉菜单 编辑(E) → 特征(F) → 编辑位置(O)... 命令，系统弹出“编辑位置”对话框（一），如图 3.16.7 所示。

Step3. 定义编辑对象。选取图 3.16.8 所示的简单孔特征，单击**确定**按钮，系统弹出图 3.16.9 所示的“编辑位置”对话框（二）。

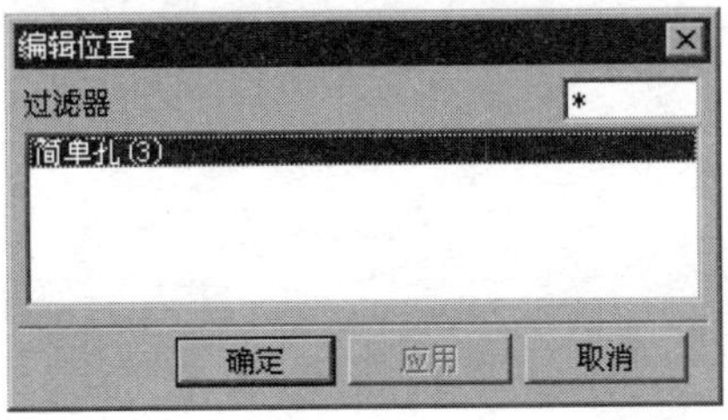

图 3.16.7　“编辑位置”对话框（一）

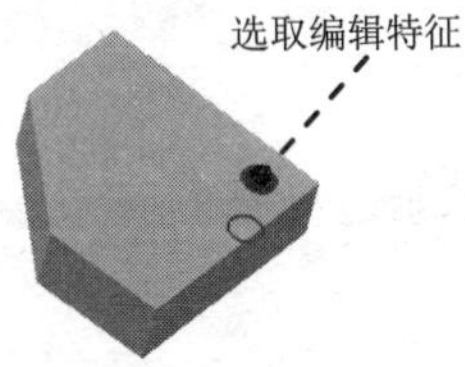

图 3.16.8　选取要编辑的特征

Step4. 编辑特征参数。单击**编辑尺寸值**按钮，系统弹出图 3.16.10 所示的“编辑表达式”对话框。在文本框中输入值 20，单击三次**确定**按钮，完成编辑特征的定位。

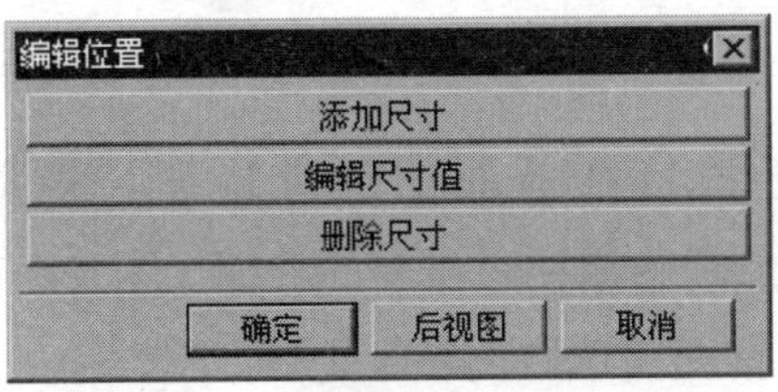

图 3.16.9　“编辑位置”对话框（二）

图 3.16.10　“编辑表达式”对话框

3.16.3　特征重排序

特征重排序可以改变特征应用于模型的次序，即将重定位特征移至选定的参考特征之前或之后。对具有关联性的特征重排序以后，与其关联特征也被重排序。下面以一个范例来说明特征重排序的操作步骤，如图 3.16.11 所示。

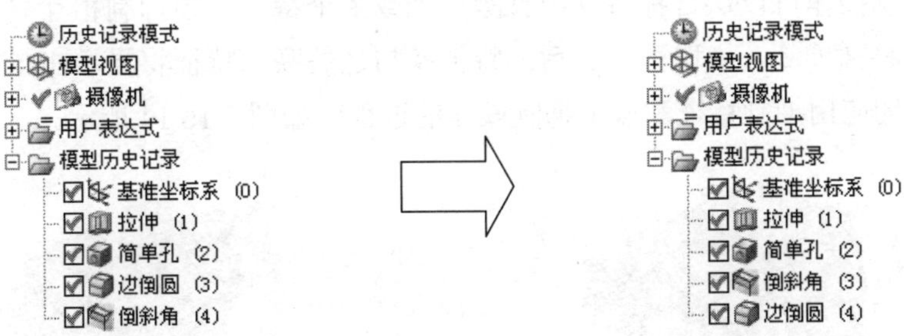

a）特征重排序前　　b）特征重排序后

图 3.16.11　模型树

Step1. 打开文件 D:\dbugnx8.1\work\ch03\ch03.16\ranking.prt。

Step2. 选择下拉菜单**编辑(E)** → **特征(F)** → **重排序(R)...**命令，系统弹出“特征重排序”对话框，如图 3.16.12 所示。

Step3. 根据系统**选择参考特征**的提示，在该对话框中的**过滤器**列表框中选取**倒斜角(4)**选项为参考特征（图 3.16.12），或在图形区选取需要的特征（图 3.16.13），在选择方法选项组中选取⊙之后选项。

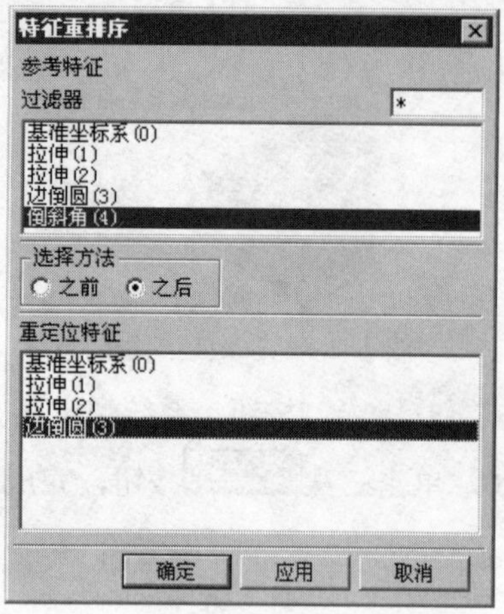

图 3.16.12 “特征重排序”对话框

图 3.16.13 选取要重排序的特征

Step4. 在重定位特征列表框中将会出现位于该特征前面的所有特征，根据系统选择重定位特征的提示，在该列表框中选取边倒圆(3)选项为需要重排序的特征（图 3.16.13），在选择方法选项组中选择⊙之后单选项，将其移至前面所选取的特征之后。

Step5. 单击确定按钮，完成特征的重排序。

图 3.16.12 所示的“特征重排序”对话框中选择方法选项组的说明如下：

- ⊙之前单选项：选中的重定位特征被移动到参考特征之前。
- ⊙之后单选项：选中的重定位特征被移动到参考特征之后。

3.16.4 特征的抑制与取消抑制

特征的抑制操作可以从目标特征中移除一个或多个特征，当抑制相互关联的特征时，关联的特征也将被抑制。当取消抑制后，特征及与之关联的特征将显示在图形区。下面以一个范例来说明应用抑制特征和取消抑制操作的过程，如图 3.16.14 所示。

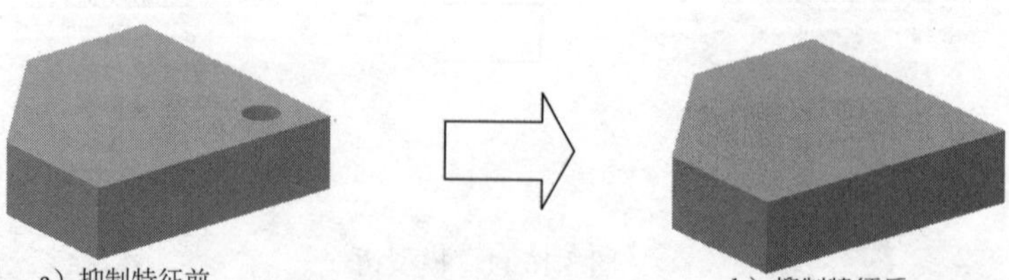

a）抑制特征前　　b）抑制特征后

图 3.16.14 抑制特征

Task 1. 抑制特征

Step1. 打开文件 D:\dbugnx8.1\work\ch03\ch03.16\chasten.prt。

Step2. 选择下拉菜单 编辑(E) → 特征(F) ▸ → 抑制(S)... 命令，系统弹出“抑制特征”对话框（图 3.16.15）。

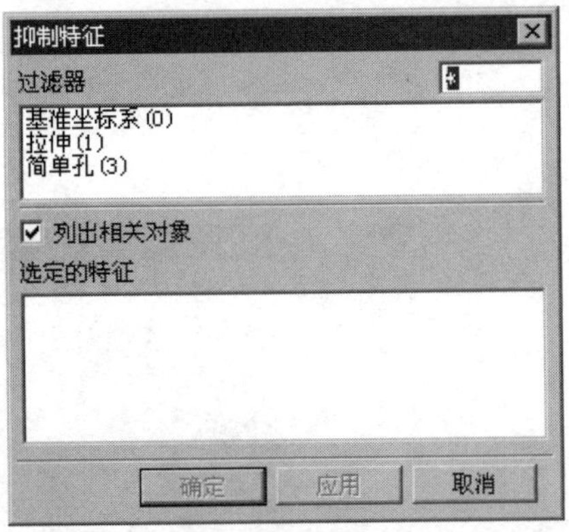

图 3.16.15　“抑制特征”对话框

Step3. 定义抑制对象。选取图 3.16.16 所示的特征。

Step4. 单击 确定 按钮，完成抑制特征的操作，如图 3.16.14b 所示。

Task 2.　取消抑制特征

Step1. 选择下拉菜单 编辑(E) → 特征(F) ▸ → 取消抑制(U)... 命令，系统弹出“取消抑制特征”对话框，如图 3.16.17 所示。

Step2. 在该对话框中选取需要取消抑制的特征，单击 确定 按钮，完成取消抑制特征的操作，模型恢复到初始状态（图 3.16.14a）。

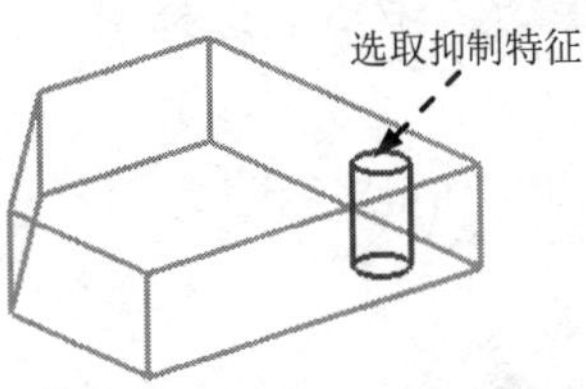

图 3.16.16　选取抑制特征

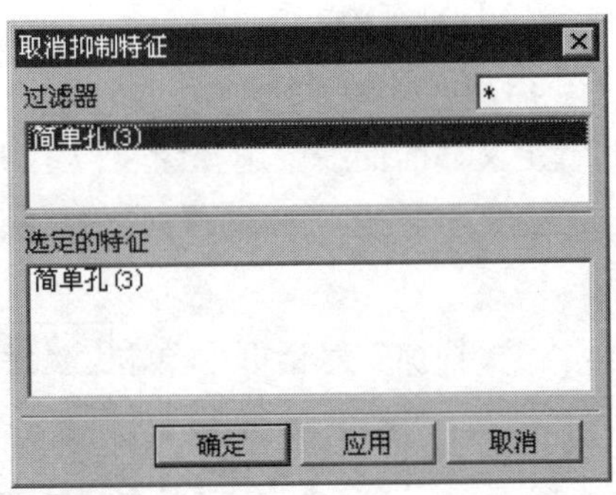

图 3.16.17　“取消抑制特征”对话框

3.17　扫 掠 特 征

扫掠特征是用规定的方法沿一条空间的路径移动一条曲线而产生的体。移动曲线称为截面线串，其路径称为引导线串。下面以图 3.17.1 所示的模型为例，说明创建扫掠特征的一般操作过程。

Task1. 打开一个已有的零件模型

打开文件 D:\dbugnx8.1\work\ch03\ch03.17\sweep.prt。

Task2．添加扫掠特征

Step1．选择命令。选择下拉菜单 插入(S) → 扫掠(W) → 扫掠(S)... 命令，系统弹出图 3.17.2 所示的“扫掠”对话框。

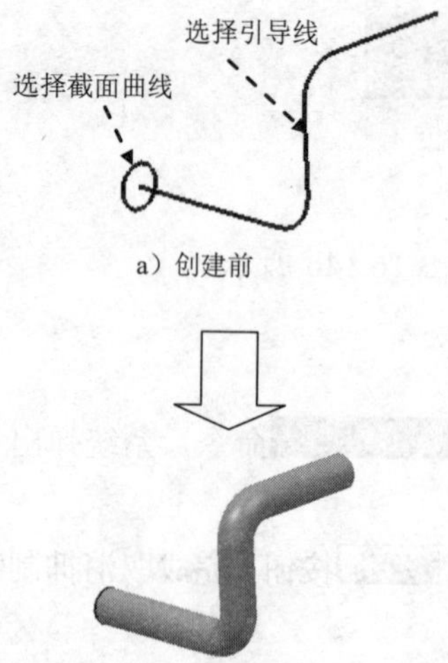

a）创建前

b）创建后

图 3.17.1　创建扫掠特征

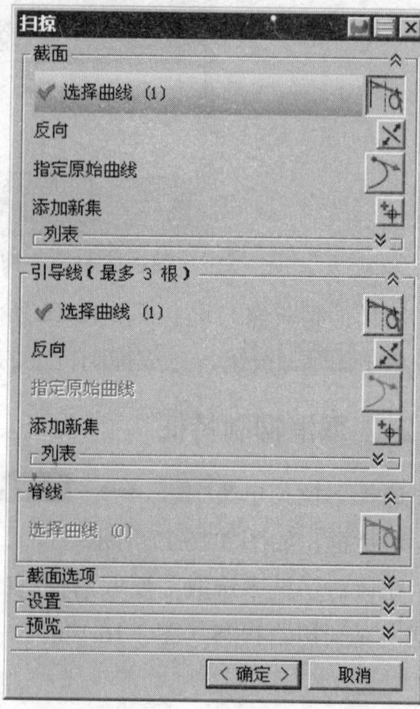

图 3.17.2　“扫掠”对话框

Step2．定义截面曲线。选择图 3.17.1a 所示的截面曲线。

Step3．定义引导线。在 引导线（最多 3 根） 区域中单击 * 选择曲线 (0) 按钮，选择图 3.17.1a 所示的引导线。

Step4．在“扫掠”对话框中单击 < 确定 > 按钮，完成扫掠的特征操作。

3.18　三角形加强筋（肋）

用户可以使用“三角形加强筋”命令沿着两个面集的交叉曲线来添加三角形加强筋特征。要创建三角形加强筋特征，首先必须指定两个相交的面集，面集可以是单个面，也可以是多个面；其次要指定三角形加强筋的基本定位点，可以是沿着交叉曲线的点，也可以是交叉曲线和平面相交处的点。下面以图 3.18.1 所示的模型为例，说明创建三角形加强筋的一般操作过程。

Step1．打开文件 D:\dbugnx8.1\work\ch03\ch03.18\dart.prt。

Step2. 选择命令。选择下拉菜单 插入(I) ➡ 设计特征(E)▸ ➡ 三角形加强筋(D)... 命令，系统弹出图 3.18.2 所示的“三角形加强筋”对话框，可以沿着两个面的交叉曲线来添加三角形加强筋特征。

Step3. 定义面集 1。选取放置三角形加强筋的第一组面，如图 3.18.3 所示。

Step4. 定义面集 2。单击“第二组”按钮（图 3.18.2），选取放置三角形加强筋的第二组面，系统出现加强筋的预览，如图 3.18.3 所示。

Step5. 选择方式。在 方法 选项组中选择 沿曲线 方式。

Step6. 定义放置位置。在对话框中选中 ⊙ %圆弧长 单选项，输入需要放置加强筋的位置值 75（将加强筋放置到图 3.18.1b 所示的位置）。

Step7. 输入参数。在 角度(A) 文本框中输入值 30，在 深度(D) 文本框中输入值 20，在 半径(R) 文本框中输入值 5。

Step8. 单击 确定 按钮，完成三角形加强筋特征的添加。

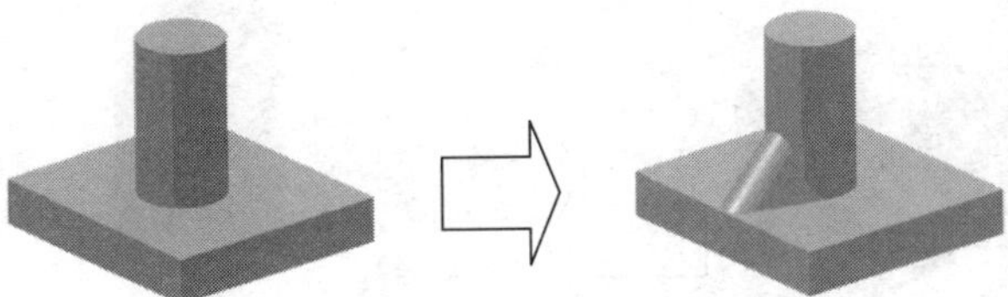

a）创建前　　b）创建后

图 3.18.1　创建三角形加强筋特征

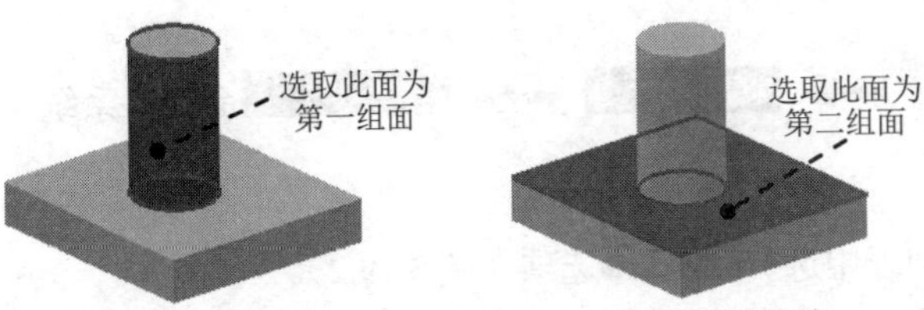

a）第一组面　　b）第二组面

图 3.18.3　选取放置面

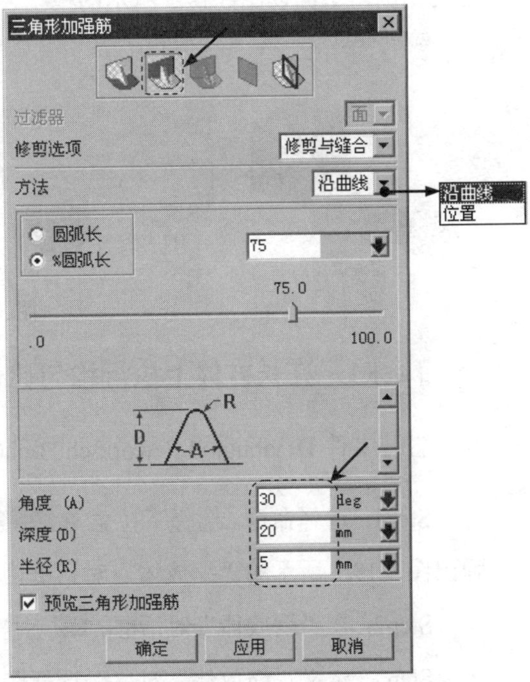

图 3.18.2　“三角形加强筋”对话框

图 3.18.2 所示的“三角形加强筋”对话框中主要选项的说明如下：

● 选择步骤：用于选择操作步骤。
  - ☑ (第一组)：用于选择第一组面．可以为面集选择一个或多个面。
  - ☑ (第二组)：用于选择第二组面。可以为面集选择一个或多个面。
  - ☑ (位置曲线)：用于在有多条可能的曲线时选择其中一条位置曲线。
  - ☑ (位置平面)：用于选择相对于平面或基准平面的三角形加强筋特征的位置。

☑ (方位平面)：用于对三角形加强筋特征的方位选择平面。

- 方法下拉列表：用于定义三角形加强筋的位置。

☑ 沿曲线：在交叉曲线的任意位置交互式地定义三角形加强筋基点。

☑ 位置：定义一个可选方式，以查找三角形加强筋的位置。即可以输入坐标或单击位置平面/方位平面。

- ⊙ %圆弧长下拉列表：该选项用于选择加强筋在交叉曲线上的位置。

3.19 缩 放

使用“缩放”命令可以在“工作坐标系”（WCS）中按比例缩放实体和片体。可以使用均匀比例，也可以在 XC、YC 和 ZC 方向上独立地调整比例。比例类型有均匀、轴对称和通用比例。下面以图 3.19.1 所示的模型，说明使用“缩放”命令的一般操作过程。

a）比例操作前 b）均匀比例操作后 c）轴对称比例操作后

图 3.19.1 缩放

Task1. 在长方体上执行均匀比例类型操作

打开文件 D:\dbugnx8.1\work\ch03\ch03.19\scale.prt。

Step1. 选择命令。选择下拉菜单 插入(S) → 偏置/缩放(O) → 缩放体(S)... 命令，系统弹出图 3.19.2 所示的“缩放体”对话框。

Step2. 在“缩放体”对话框的类型下拉列表中选择 均匀 选项（图 3.19.2）。

Step3. 定义“缩放体”对象。选择图 3.19.3 所示的立方体。

Step4. 定义缩放点。单击缩放点区域中的 * 指定点 (0) 按钮，然后选择图 3.19.4 所示的立方体顶点。

Step5. 输入参数。在 均匀 文本框中输入比例因子 1.5，单击 应用 按钮，完成均匀比例操作，如图 3.19.5 所示。

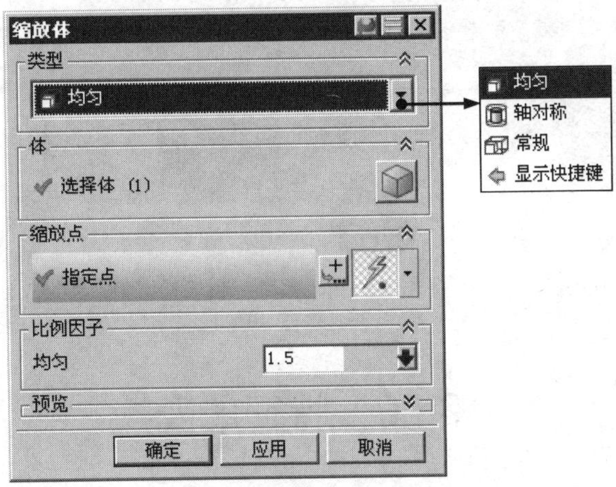

图 3.19.2　“缩放体”对话框

图 3.19.2 所示的“缩放体”对话框中有关按钮的说明如下：

- 类型下拉列表：比例类型有四个基本选择步骤，但对每一种比例“类型”方法而言，不是所有的步骤都可用。
  - ☑ 均匀：在所有方向上均匀地按比例缩放。
  - ☑ 轴对称：以指定的比例因子（或乘数）沿指定的轴对称缩放。
  - ☑ 常规：在 X、Y 和 Z 三个方向上以不同的比例因子缩放。
- （选择体）：允许用户为比例操作选择一个或多个实体或片体。所有的三个“类型”方法都要求此步骤。

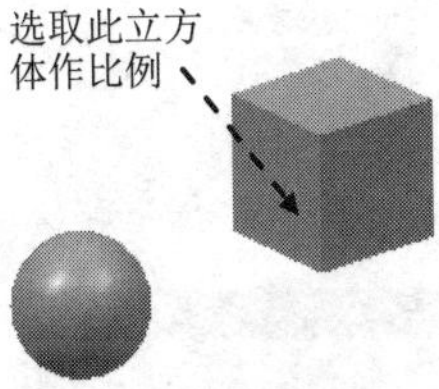

图 3.19.3　选择体

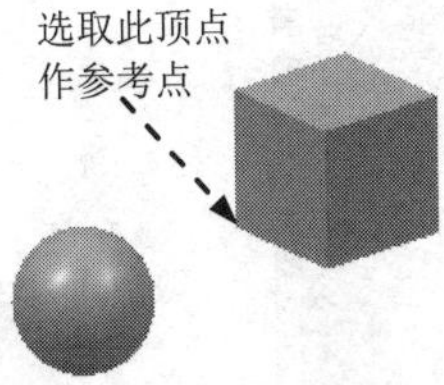

图 3.19.4　选择参考点

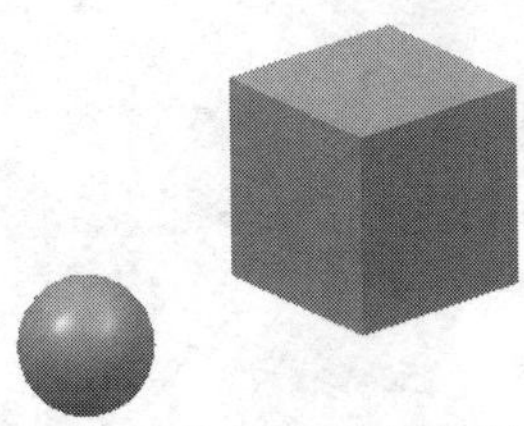

图 3.19.5　均匀比例模型

Task2．在立方体上执行轴对称比例类型操作

Step1．选择类型。在“缩放体”对话框的类型下拉列表中选择轴对称选项。

Step2．定义“缩放体”对象。选取要执行比例操作的立方体，如图 3.19.6 所示。

Step3．定义矢量方向。选择* 指定矢量 (0)下拉列表中的“两点”按钮，然后选取立方体的两个顶点（点 1 和点 2），如图 3.19.7 所示。

Step4．定义参考点。单击指定轴通过点 (1)按钮，然后选取图 3.19.7 所示的点 1 为缩放参考点。

Step5．输入参数。在对话框的沿轴向文本框中输入比例因子 2，其余参数采用系统默认设置值，单击确定按钮，完成轴对称比例操作，如图 3.19.8 所示。

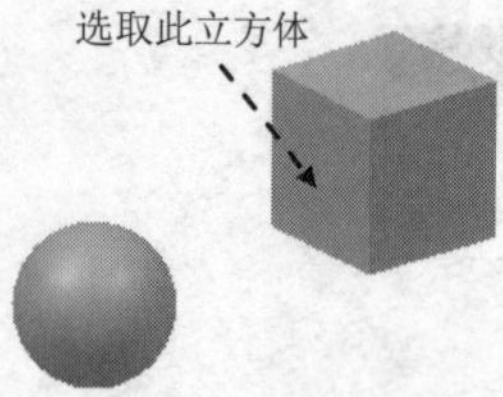

图 3.19.6 选择立方体

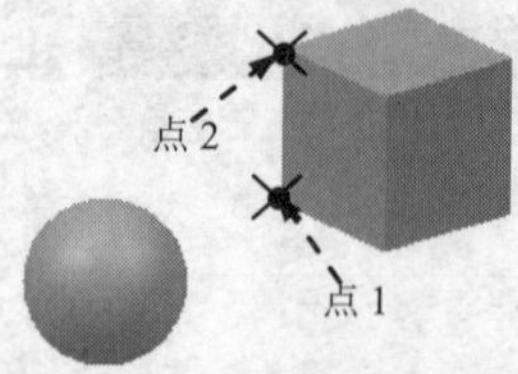

图 3.19.7 选择判断矢量

图 3.19.8 轴对称比例模型

3.20 特征的变换

变换(M)...命令允许用户进行平移、旋转、比例或复制等操作，但是不能用于变换视图、布局、图样或当前的工作坐标系。通过变换生成的特征与源特征不相关联。

选择下拉菜单编辑(E) ➡ 变换(M)...命令（或单击按钮），系统弹出图 3.20.1 所示的“变换”对话框（一），选取特征后，单击确定按钮，系统弹出图 3.20.2 所示的“变换”对话框（二）。

说明：如果在选择变换(N)...命令之前，已经在图形区选取了某对象，则选择变换(N)...命令后，系统直接系统弹出“变换”对话框（二）。

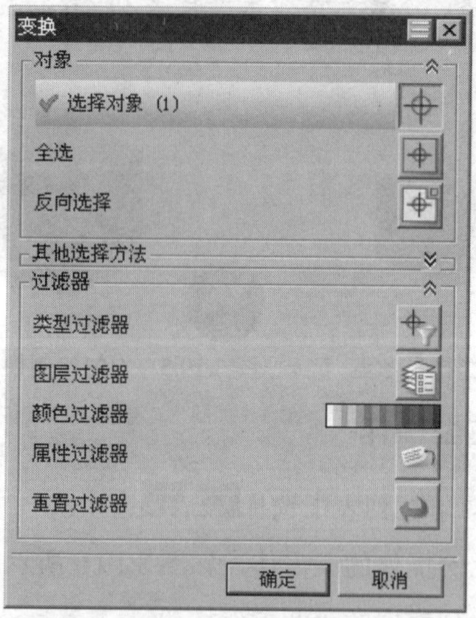

图 3.20.1 “变换”对话框（一）

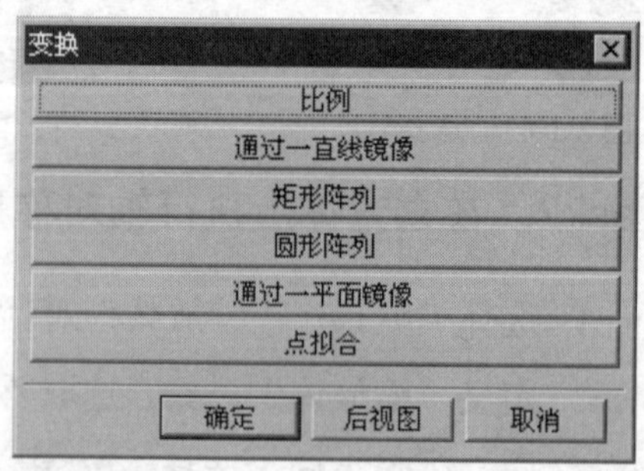

图 3.20.2 “变换”对话框（二）

图 3.20.2 所示的“变换”对话框（二）中按钮的功能说明如下：

- 比例 按钮：通过指定参考点和缩放类型及缩放比例值来缩放对象。
- 通过一直线镜像 按钮：通过指定一直线为镜像中心线来复

制选择的特征。

- 矩形阵列按钮：对选定的对象进行矩形阵列操作。
- 圆形阵列按钮：对选定的对象进行圆形阵列操作。
- 通过一平面镜像按钮：通过指定一平面为镜像中心线来复制选择的特征。
- 点拟合按钮：将对象从引用集变换到目标点集。

3.20.1　比例变换

比例变换用于对所选对象进行成比例的放大或缩小。下面以一个范例来说明比例变换的操作步骤，如图 3.20.3 所示。

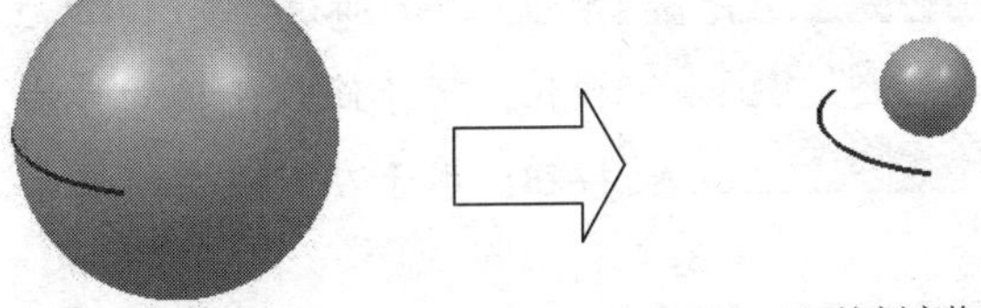

a）比例变换前　　b）比例变换后

图 3.20.3　比例变换

Step1. 打开文件 D:\dbugnx8.1\work\ch03\ch03.20\Body_1.prt。

Step2. 选择下拉菜单 编辑(E) → 变换(M)... 命令，系统弹出“变换”对话框（一），在图形区选取图 3.20.3a 所示的特征后，单击 确定 按钮，系统弹出“变换”对话框（二）。

Step3. 根据系统 选择选项 的提示，单击 比例 按钮，系统弹出“点”对话框。

Step4. 以系统默认的点作为参考点，单击 确定 按钮，系统弹出图 3.20.4 所示的“变换”对话框（三）。

Step5. 定义比例参数。在 比例 文本框中输入值 0.3，单击 确定 按钮，系统弹出图 3.20.5 所示的“变换”对话框（四）。

图 3.20.4　“变换”对话框（三）

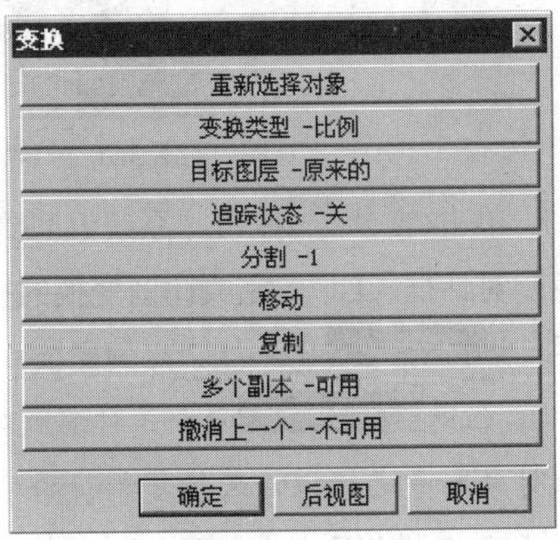

图 3.20.5　“变换”对话框（四）

图 3.20.4 所示的“变换”对话框（三）中按钮的功能说明如下：

- 比例文本框：在此文本框中输入要缩放的比例值。
- 非均匀比例按钮：此按钮用于对模型的非均匀比例缩放设置。单击此按钮，系统弹出图 3.20.6 所示的“变换”对话框（五），对话框中的XC-比例、YC-比例和ZC-比例文本框中分别输入各自方向上要缩放的比例值。

图 3.20.6 “变换”对话框（五）

图 3.20.5 所示的“变换”对话框（四）中按钮的功能说明如下：

- 重新选择对象按钮：用于通过“类选择”工具条来重新选择对象。
- 变换类型 -比例按钮：用于修改变换的方法。
- 目标图层 -原来的按钮：用于在完成变换以后，选择生成的对象所在的图层。
- 追踪状态 -关按钮：用于设置跟踪变换的过程，但是对于原对象是实体、片体或边界时不可用。
- 分割 -1按钮：用于把变换的距离、角度分割成相等的等份。
- 移动按钮：用于移动对象的位置。
- 复制按钮：用于复制对象。
- 多个副本 -可用按钮：用于复制多个对象。
- 撤消上一个 -不可用按钮：用于取消刚建立的变换。

Step6. 根据系统选择操作的提示，单击移动按钮，系统弹出图 3.20.7 所示的“变换”对话框（六）。

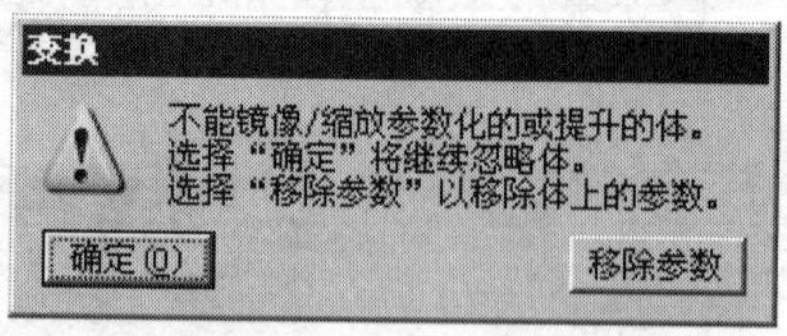

图 3.20.7 “变换”对话框（六）

Step7. 单击移除参数按钮，系统返回到“变换”对话框（四），单击取消按钮，关闭“变换”对话框（四），完成比例变换的操作。

说明：缩放体(S)...命令与“比例变换”都是对体的缩放操作（在缩放体过程中没有本质的区别），但是缩放体(S)...命令是对缩放对象本身进行的操作，而“比例变换”命令既可以对缩放对象本身进行操作又能复制新的对象而源对象保持不变。缩放体(S)...命令在进行“轴向缩放”时其操作比“比例变换”较为简单。读者可以根据模型的具体需要来选择命令。

3.20.2　用直线作镜像

用直线作镜像是将所选特征相对于选定的一条直线（镜像中心线）作镜像。下面以一个范例来说明用直线作镜像的操作步骤，如图 3.20.8 所示。

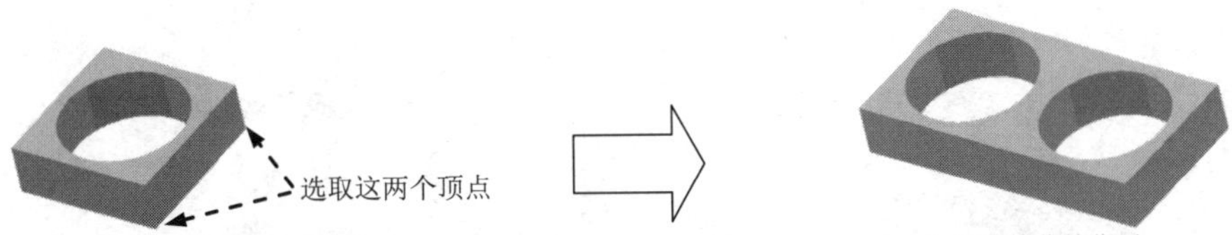

a）用直线作镜像前　　b）用直线作镜像后

图 3.20.8　用直线作镜像

Step1. 打开文件 D:\dbugnx8.1\work\ch03\ch03.20\mirror.prt。

Step2. 选择下拉菜单 编辑(E) → 变换(M)... 命令，选取图 3.20.8a 所示的实体，单击 确定 按钮，系统弹出“变换”对话框（二）。

Step3. 定义镜像中心线。在“变换”对话框（二）中单击 通过一直线镜像 按钮，系统弹出图 3.20.9 所示的“变换”对话框（七）。单击 两点 按钮，系统弹出“点”对话框。选取图 3.20.8a 所示的两个顶点，系统弹出图 3.20.10 所示的“变换”对话框（八）。

Step4. 根据系统 选择操作 的提示，单击 复制 按钮，完成用直线作镜像的操作。

Step5. 单击 取消 按钮，关闭“变换”对话框（八）。

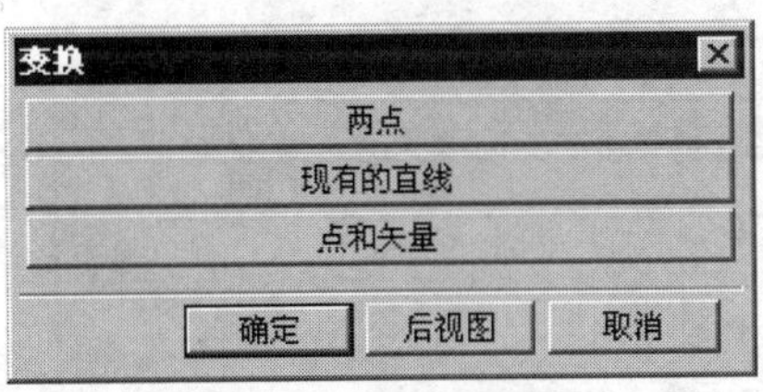

图 3.20.9　“变换”对话框（七）

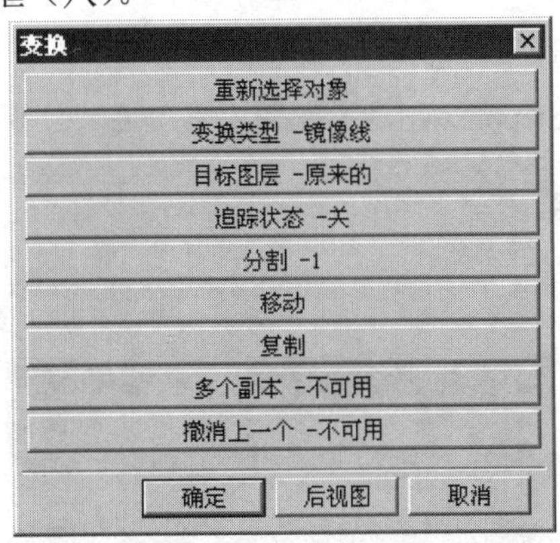

图 3.20.10　“变换”对话框（八）

图 3.20.9 所示的“变换”对话框（七）中各按钮的功能说明如下：

- 两个点 按钮：选中两个点，该两点之间的连线即为参考线。
- 现有的直线 按钮：选取已有的一条直线作为参考线。
- 点和矢量 按钮：选取一点，再指定一个矢量，将通过给定的点的矢量作为参考线。

3.20.3 变换命令中的矩形阵列

矩形阵列主要用于将选中的对象从指定的原点开始，沿所给方向生成一个等间距的矩形阵列，下面以一个范例来说明使用变换命令中的矩形阵列的操作步骤，如图 3.20.11 所示。

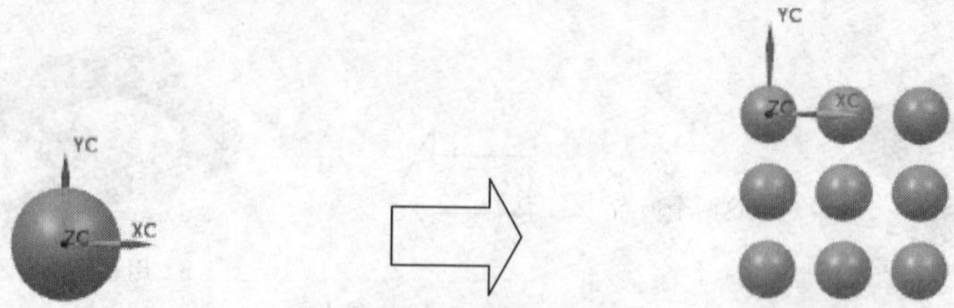

a）矩形阵列前　　b）矩形阵列后

图 3.20.11　矩形阵列

Step1. 打开文件 D:\dbugnx8.1\work\ch03\ch03.20\rectange_array.prt。

Step2. 选择下拉菜单 编辑(E) → 变换(M)... 命令，选取图 3.20.11a 所示的球体，在“变换”对话框（二）中单击 矩形阵列 按钮，系统弹出“点”对话框。

Step3. 根据系统 选择对象以自动判断点，或单击“确定”以在坐标位置指定点 的提示，在图形区选取坐标原点为矩形阵列参考点，根据系统 选择对象以自动判断点，或单击“确定”以在坐标位置指定点 的提示，再次选取坐标原点为阵列原点，系统弹出图 3.20.12 所示的“变换”对话框（九）。

Step4. 定义阵列参数。在“变换”对话框（九）中输入变换参数，如图 3.20.12 所示，单击 确定 按钮，系统弹出图 3.20.13 所示的“变换”对话框（十）。

Step5. 根据系统 选择操作 的提示，单击 复制 按钮，完成矩形阵列操作。

Step6. 单击 取消 按钮，关闭“变换”对话框（十）。

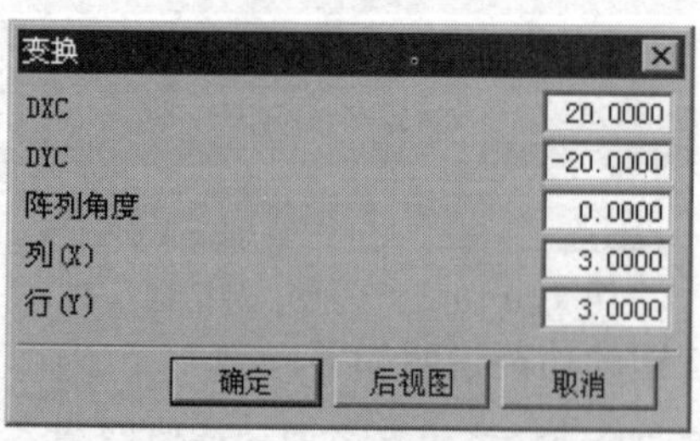

图 3.20.12　“变换”对话框（九）

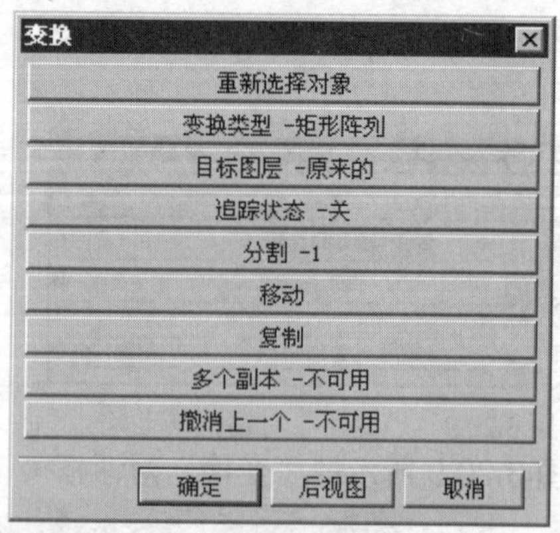

图 3.20.13　“变换”对话框（十）

图 3.20.12 所示的“变换”对话框（九）中各文本框的功能说明如下：

- DXC 文本框：表示沿 XC 方向上的间距。
- DYC 文本框：表示沿 YC 方向上的间距。
- 阵列角度 文本框：表示生成矩形阵列所指定的角度。

- 列(X) 文本框：表示在 XC 方向上特征的个数。
- 行(Y) 文本框：表示在 YC 方向上特征的个数。

3.20.4 变换命令中的圆形阵列

圆形阵列用于将选中的对象从指定的原点开始，绕阵列的中心生成一个等角度间距的环形阵列，下面以一个范例来说明使用变换命令中的环形阵列的操作步骤，如图 3.20.14 所示。

Step1. 打开文件 D:\dbugnx8.1\work\ch03\ch03.20\round_array.prt。

Step2. 选择下拉菜单 编辑(E) ➡ 变换(M)... 命令，选取图 3.20.14a 所示的球体，在“变换”对话框（二）中单击 圆形阵列 按钮，系统弹出“点”对话框。

Step3. 在“点”对话框中设置圆形阵列参考点的坐标值为（40，40，15），阵列原点的坐标值为（40，40，15），单击 确定 按钮，系统弹出图 3.20.15 所示的“变换”对话框（十一）。

Step4. 定义阵列参数。在“变换”对话框（十一）中输入所需参数，如图 3.20.15 所示，单击 确定 按钮，系统弹出“变换”对话框。

Step5. 根据系统 选择操作 的提示，单击 复制 按钮，完成圆形阵列操作。

Step6. 单击 取消 按钮，关闭“变换”对话框。

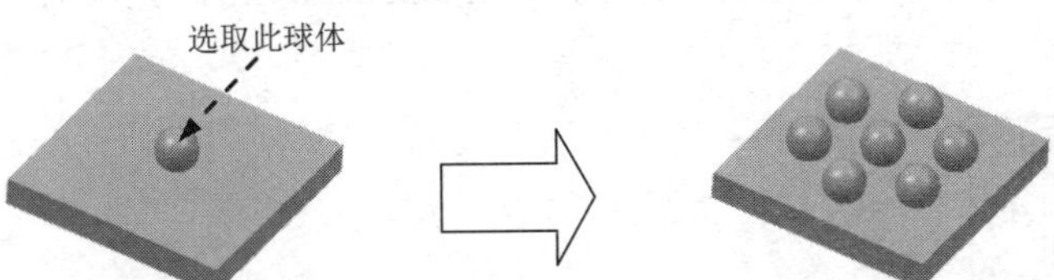

a）圆形阵列前　　b）圆形阵列后

图 3.20.14 圆形阵列

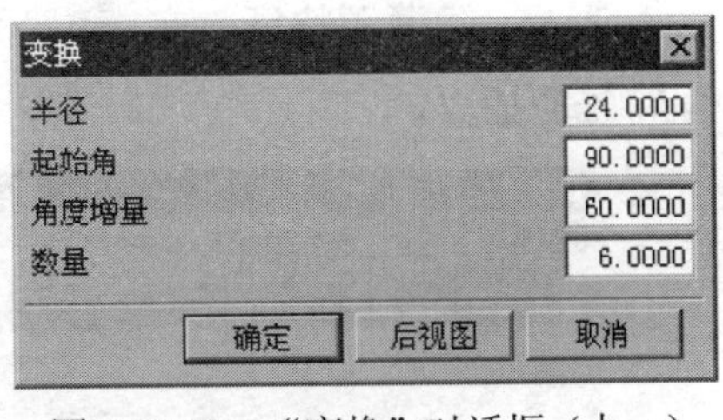

图 3.20.15 “变换”对话框（十一）

3.21 模型的关联复制

模型的关联复制主要包括 抽取体(E)... 和 对特征形成图样(A)... 两种，这两种方式都是对已有的模型特征进行操作，可以创建与已有模型特征相关联的目标特征，从而减少许多重复的操作，节约大量的时间。

3.21.1 抽取

抽取是用来创建所选取特征的关联副本。抽取操作的对象包括面、面区域和体。如果抽取一条曲线，则创建的是曲线特征；如果抽取一个面或一个区域，则创建一个片体；如果抽取一个体，则新体的类型将与原先的体相同（实体或片体）。当更改原来的特征时，可以决定抽取后得到的特征是否需要更新。在零件设计中，常会用到抽取模型特征的功能，它可以充分地利用已有的模型，大大地提高工作效率。下面以几个范例来说明如何使用抽取功能。

1．抽取面特征

图 3.21.1 所示的抽取单个曲面的操作过程如下：

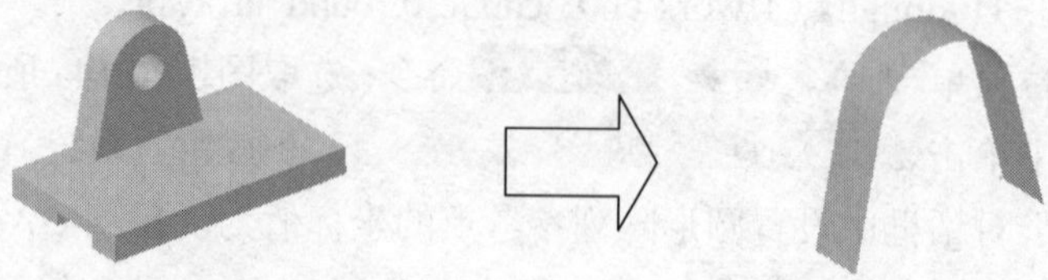

a）抽取前　　b）抽取后

图 3.21.1　抽取面特征

Step1．打开文件 D:\dbugnx8.1\work\ch03\ch03.21\extracted_1.prt。

Step2．选择下拉菜单 插入(S) ➡ 关联复制(A) ▸ ➡ 抽取体(E)... 命令，系统弹出图 3.21.2 所示的“抽取体”对话框。

Step3．定义抽取对象。在“抽取体”对话框的类型下拉列表中选择 面 选项（图 3.21.2），

Step4．选取抽取对象。选取图 3.21.3 所示的曲面。

Step5．隐藏源特征。在 设置 区域选中 ☑ 隐藏原先的 复选框，单击 确定 按钮，完成对曲面特征的抽取。

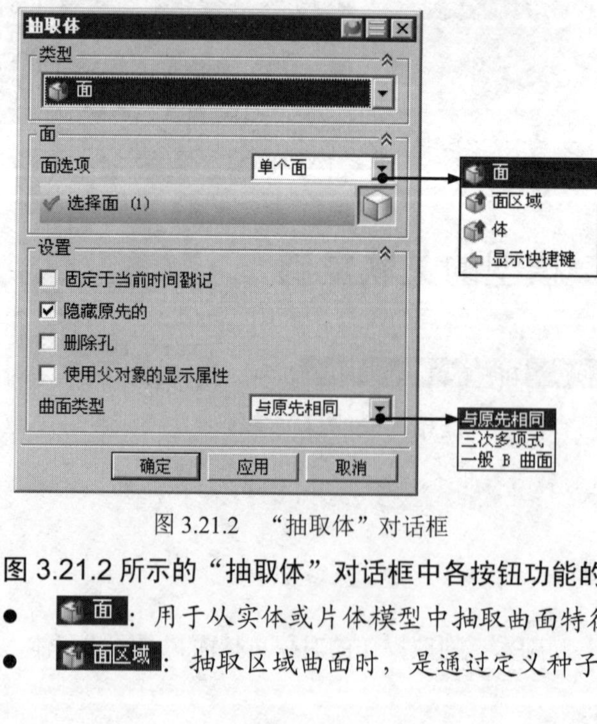

图 3.21.2　“抽取体”对话框

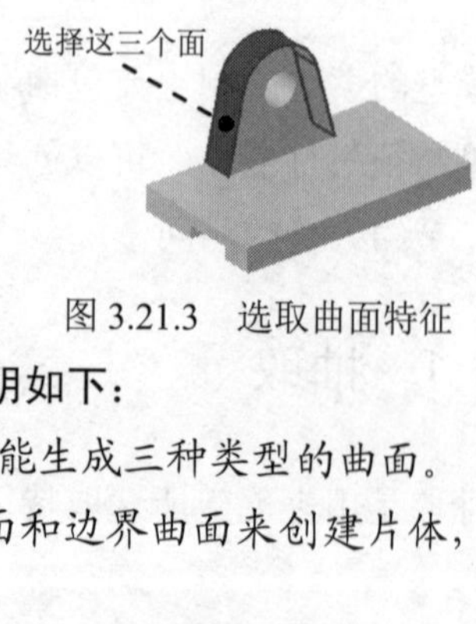

图 3.21.3　选取曲面特征

图 3.21.2 所示的“抽取体”对话框中各按钮功能的说明如下：

- 面：用于从实体或片体模型中抽取曲面特征，能生成三种类型的曲面。
- 面区域：抽取区域曲面时，是通过定义种子曲面和边界曲面来创建片体，创建

的片体是从种子面开始向四周延伸到边界面的所有曲面构成的片体（其中包括种子曲面，但不包括边界曲面）。

- 体：用于生成与整个所选特征相关联的实体。
- 与原先相同：从模型中抽取的曲面特征保留原来的曲面类型。
- 三次多项式：用于将模型的选中面抽取为三次多项式B曲面类型。
- 一般B曲面：用于将模型的选中面抽取为一般的B曲面类型。

2．抽取面区域特征

抽取面区域特征用于创建一个片体，该片体是一组和种子面相关的且被边界面限制的面。

用户根据系统提示选取种子面和边界面后，系统会自动选取从种子面开始向四周延伸直到边界面的所有曲面（包括种子面，但不包括边界面）。

抽取区域特征的具体操作在后面6.4节的“曲面的复制”中有详细介绍，在此就不再赘述。

3．抽取体特征

抽取体特征可以创建整个体的关联副本，并将各种特征添加到抽取体特征上，而不在原先的体上出现。当更改原先的体时，还可以决定抽取体特征是否更新。

Step1．打开文件D:\dbugnx8.1\work\ch03\ch03.21\extracted_1.prt。

Step2．选择下拉菜单 插入(S) → 关联复制(A) ▸ → 抽取体(E)... 命令，系统弹出“抽取体”对话框，如图3.21.4所示。

Step3．定义抽取对象。在“抽取体”对话框的类型下拉列表中选择 体 选项（图3.21.4），

Step4．选取抽取对象。选取图3.21.5所示的体特征。

Step5．隐藏源特征。在 设置 区域选中 ☑隐藏原先的 复选框。单击 确定 按钮，完成对体特征的抽取，结果如图3.21.1a所示（建模窗口中所显示的特征是原来特征的关联副本）。

注意：所抽取的体特征与原特征相互关联，类似于复制功能。

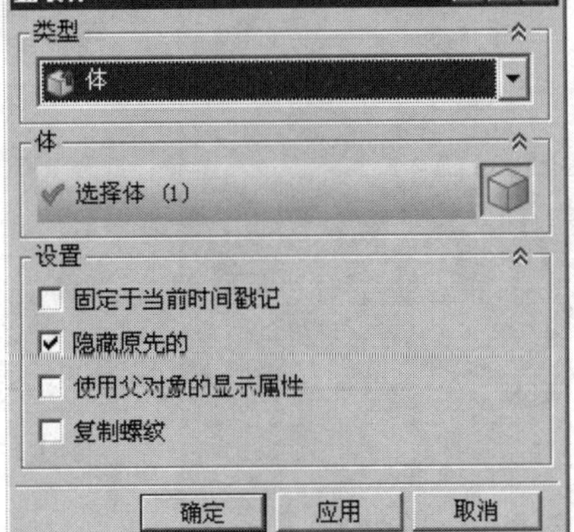

图3.21.4　“抽取体”对话框

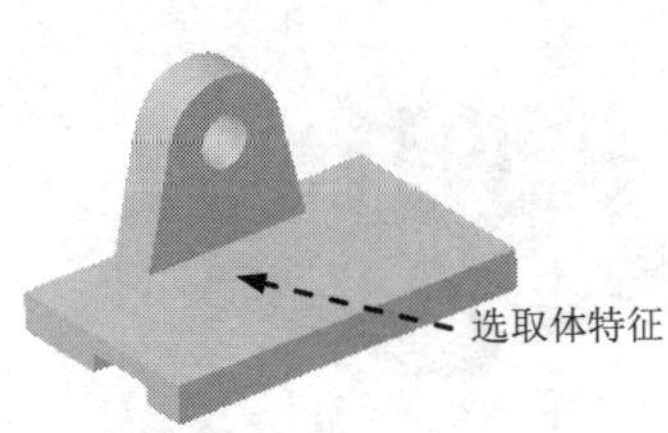

图3.21.5　选取体特征

3.21.2 对特征形成图样

对特征形成图样操作是对模型特征的关联复制，类似于副本。可以生成一个或者多个特征组，而且对于一个特征来说，其所有的实例都是相互关联的，可以通过编辑原特征的参数来改变其所有的实例。实例功能可以定义线性阵列、圆形阵列、多边形阵列、螺旋式阵列、常规阵列和参考阵列等。下面将具体介绍对特征形成图样操作的部分功能。

1. 线性阵列

线性阵列功能可以把一个或者多个所选的模型特征生成实例的线性阵列。下面以一个范例来说明创建矩形阵列的过程，如图 3.21.6 所示。

Step1. 打开文件 D:\dbugnx8.1\work\ch03\ch03.21\Rectangular Array.prt。

Step2. 选择下拉菜单 插入(S) → 关联复制(A) → 对特征形成图样(A)... 命令，系统弹出图 3.21.7 所示的“对特征形成图样”对话框。

a）矩形阵列前

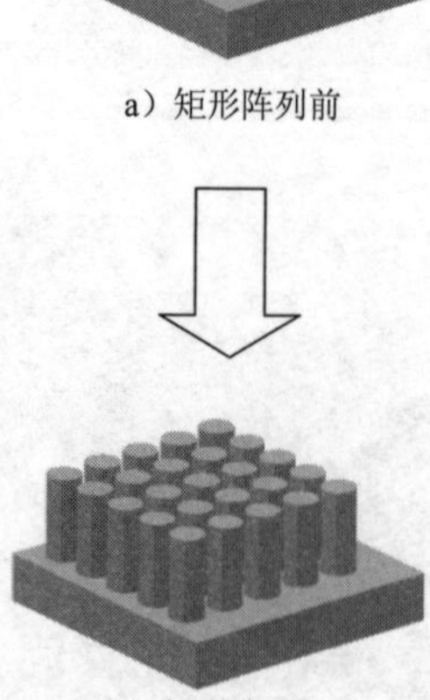

b）矩形阵列后

图 3.21.6　创建矩形阵列

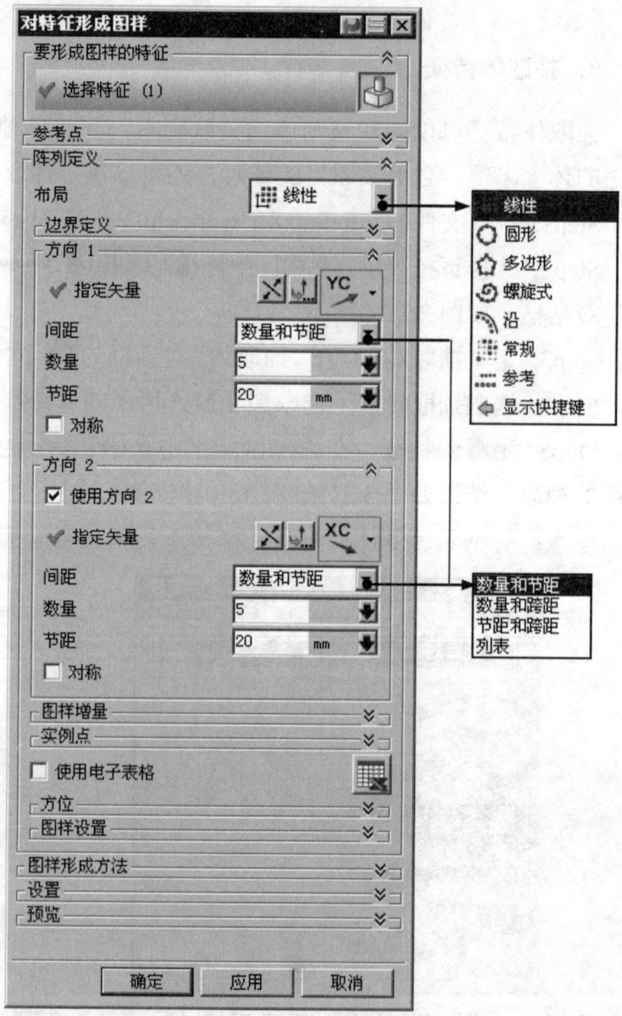

图 3.21.7　“对特征形成图样”对话框

Step3. 选取阵列的对象。在特征树中选取拉伸特征为要阵列的特征。

Step4. 定义阵列方法。在对话框中的 布局 下拉列表中选择 线性 选项。

Step5. 定义方向 1 阵列参数。在对话框中的 方向 1 区域中单击按钮，选择 YC 轴为第一阵列方向；在 间距 下拉列表中选择 数量和节距 选项，然后在 数量 文本框中输入阵列数量为 5，在 节距 文本框中输入阵列节距为 20。

Step6. 定义方向 2 阵列参数。在对话框中选中 ☑ 使用方向 2 复选项，然后单击按钮，选择 XC 轴为第二阵列方向；在 间距 下拉列表中选择 数量和节距 选项，然后在 数量 文本框中输入阵列数量为 5，在 节距 文本框中输入阵列节距为 20。

Step7. 单击 确定 按钮，完成矩形阵列的创建。

图 3.21.7 所示的“对特征形成图样”对话框中部分选项的功能说明如下：

- 布局 下拉列表：用于定义阵列方式。
  - ☑ 线性 选项：选中此选项，可以根据指定的一个或两个线性方向进行阵列。
  - ☑ 圆形 选项：选中此选项，可以绕着一根指定的旋转轴进行环形阵列，阵列实例绕着旋转轴圆周分布。
  - ☑ 多边形 选项：选中此选项，可以沿着一个正多边形进行阵列。
  - ☑ 螺旋式 选项：选中此选项，可以沿着螺旋线进行阵列。
  - ☑ 沿 选项：选中此选项，可以沿着一条曲线路径进行阵列。
  - ☑ 常规 选项：选中此选项，可以根据空间的点或由坐标系定义的位置点进行阵列。
  - ☑ 参考 选项：选中此选项，可以参考模型中已有的阵列方式进行阵列。
- 间距 下拉列表：用于定义各阵列方向的数量和间距。
  - ☑ 数量和节距 选项：选中此选项，通过输入阵列的数量和每两个实例的中心距离进行阵列。
  - ☑ 数量和跨距 选项：选中此选项，通过输入阵列的数量和每两个实例的间距进行阵列。
  - ☑ 节距和跨距 选项：选中此选项，通过输入阵列的数量和每两个实例的中心距离及间距进行阵列。
  - ☑ 列表 选项：选中此选项，通过定义的阵列表格进行阵列。

2．圆形阵列

圆形阵列功能可以把一个或者多个所选的模型特征生成实例的圆周阵列。下面以一个范例来说明创建圆形实例阵列的过程，如图 3.21.8 所示。

Step1. 打开文件 D:\dbugnx8.1\work\ch03\ch03.21\Circular Array.prt。

Step2. 选择下拉菜单 插入(S) → 关联复制(A) ▸ → 对特征形成图样(A)... 命令，系统弹出“对特征形成图样”对话框。

Step3. 选取阵列的对象。在特征树中选取图 3.21.8a 所示的特征为要阵列的特征。

Step4. 定义阵列方法。在对话框的 布局 下拉列表中选择 圆形 选项。

Step5. 定义旋转轴和中心点。在对话框的 旋转轴 区域中单击 * 指定矢量 后面的按钮，选择 ZC 轴为旋转轴；然后单击 * 指定点 按钮，选取图 3.21.9 所示的点为阵列中心点。

Step6. 定义阵列参数。在对话框的 角度方向 区域的 间距 下拉列表中选择 数量和节距 选项，然后在 数量 文本框中输入阵列数量为 6，在 节距角 文本框中输入阵列角度值为 60。

Step7. 单击 确定 按钮，完成圆形阵列的创建。

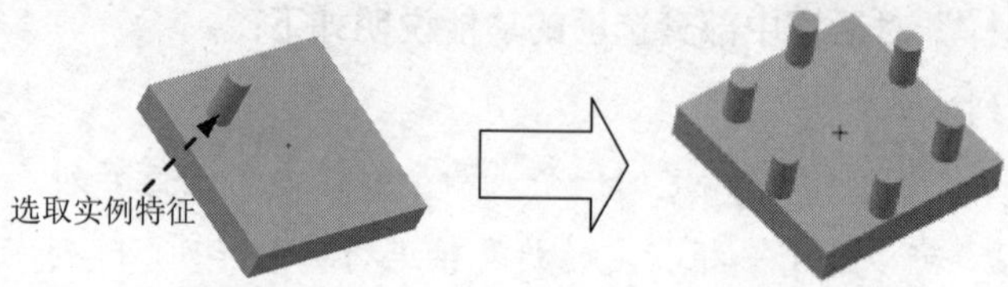

a）圆形阵列前　b）圆形阵列后

图 3.21.8 创建圆形阵列

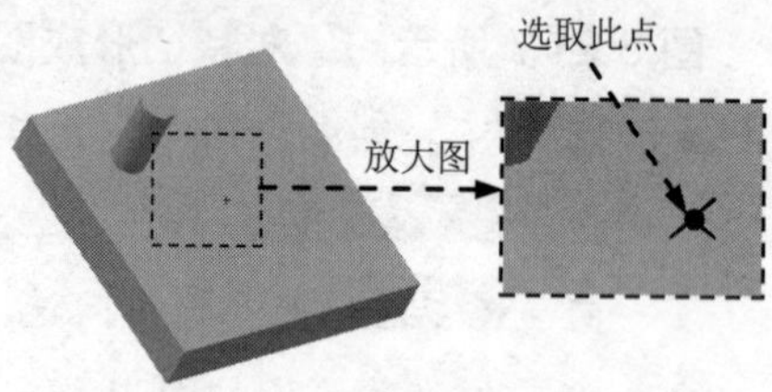

图 3.21.9 选取参考点

3.21.3 镜像特征

镜像特征功能可以将所选的特征相对于一个平面或基准平面（称为镜像中心平面）进行镜像，从而得到所选的特征的一个副本。下面以一个范例来说明创建镜像特征的一般过程，如图 3.21.10 所示。

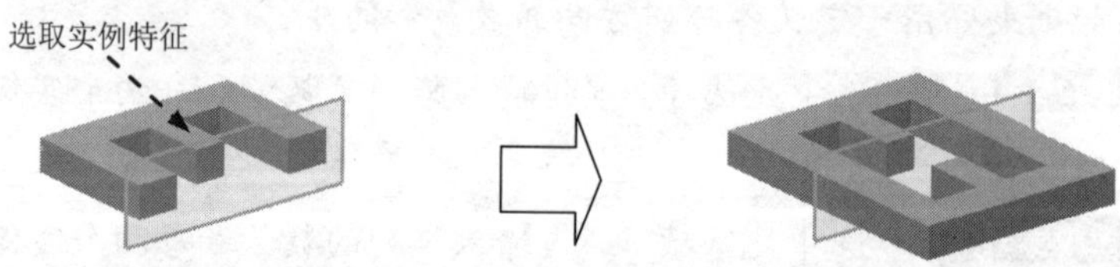

a）镜像特征前　b）镜像特征后

图 3.21.10 镜像特征

Step1. 打开文件 D:\dbugnx8.1\work\ch03\ch03.21\mirror.prt。

Step2. 选择下拉菜单 插入(S) → 关联复制(A) ▸ → 镜像特征(M)... 命令，系统弹出图 3.21.11 所示的“镜像特征”对话框。

Step3. 定义镜像对象。单击“镜像特征”对话框中的按钮，选取镜像特征（图 3.21.10a）。

Step4. 定义镜像基准面。在 平面 列表中选择 现有平面 选项，单击“平面”按钮，选取图 3.21.12 所示的镜像平面，单击 确定 按钮，完成镜像特征的操作。

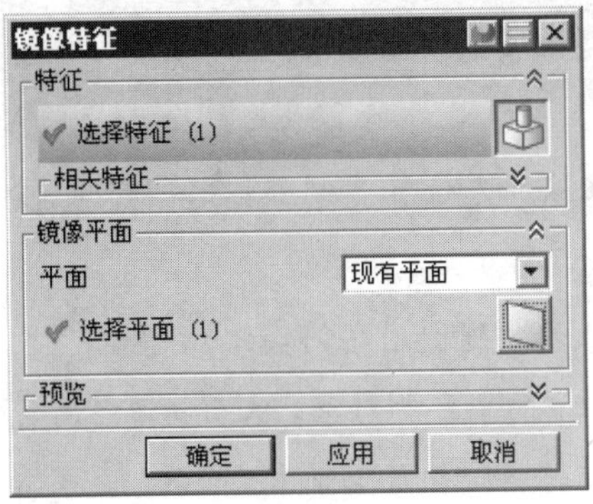

图 3.21.11 “镜像特征”对话框

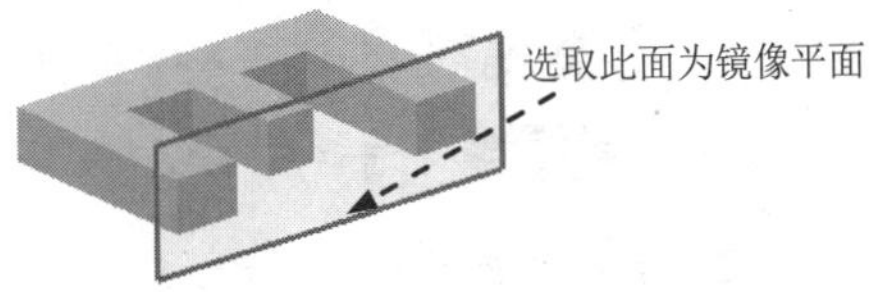

图 3.21.12 选取镜像平面

3.21.4 实例几何体

用户可以通过使用“实例几何体”命令创建对象的副本，即可以轻松地复制几何体、面、边、曲线、点、基准平面和基准轴，并保持引用与其原始体之间的关联性。下面以一个范例来说明实例几何体的一般操作过程，如图 3.21.13 所示。

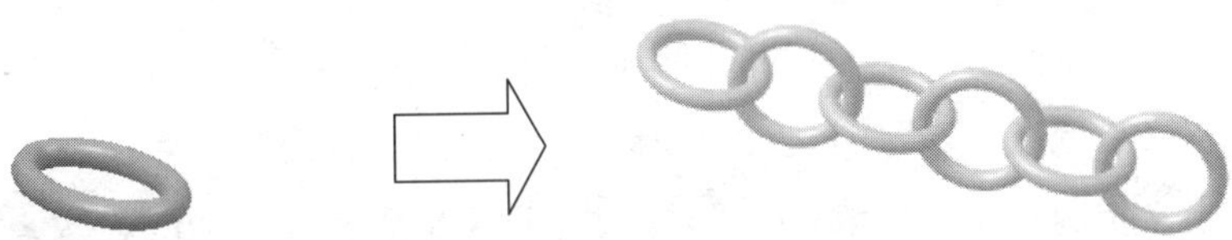

a）“实例几何体”前　　b）“实例几何体”后

图 3.21.13 实例几何体操作

Step1. 打开文件 D:\dbugnx8.1\work\ch03\ch03.21\excerpt.prt。

Step2. 选择下拉菜单 插入(S) → 关联复制(A) ▸ → 生成实例几何特征(G)... 命令，系统弹出图 3.21.14 所示的“实例几何体”对话框。

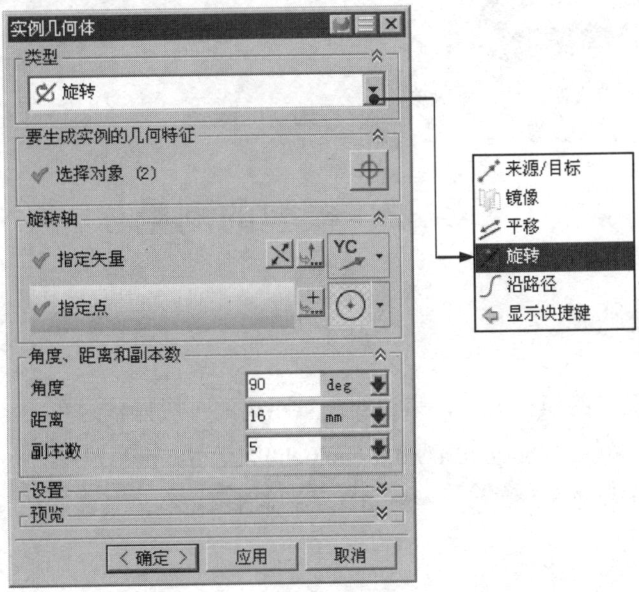

图 3.21.14 “实例几何体”对话框

图 3.20.4 所示的“实例几何体”对话框中各选项的说明如下：

- 类型下拉列表：
  - ☑ 来源/目标选项：用于通过将对象从原先位置复制到指定位置的这种方式来创建引用几何体。
  - ☑ 镜像选项：用于通过镜像的方式来创建引用几何实体。
  - ☑ 平移选项：用于通过一个指定的方向来复制对象，从而创建引用几何实体。
  - ☑ 旋转选项：用于通过围绕指定旋转轴旋转产生副本。
  - ☑ 沿路径选项：用于沿指定的曲线或边的路径复制对象。
- 角度文本框：用于定义围绕旋转轴旋转的角度值。
- 距离文本框：用于定义偏移的距离。
- 副本数文本框：用于定义引用几何体副本的数量值。

Step3. 定义引用类型。在类型下拉列表中选取旋转选项。

Step4. 定义实例几何体对象。选取图 3.21.15 所示的实体为实例几何体对象。

Step5. 定义指定矢量。在“实例几何体”对话框中，选择下拉列表中的YC选项。

Step6. 定义指定点。选取图 3.21.16 所示的实体的圆心为指定点。

Step7. 定义实例几何体参数。在角度文本框中输入角度值 90，在距离文本框中输入偏移距离值 16，在副本数输入副本数量值 5。

Step8. 单击“实例几何体”对话框中的< 确定 >按钮，完成实例几何体特征的操作。

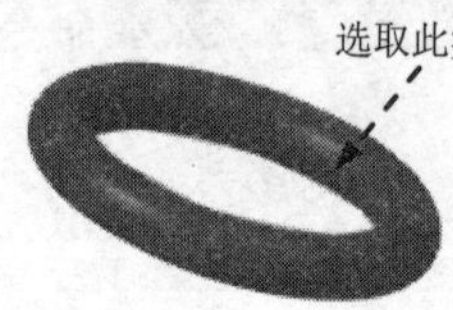

图 3.21.15 定义实例几何体对象

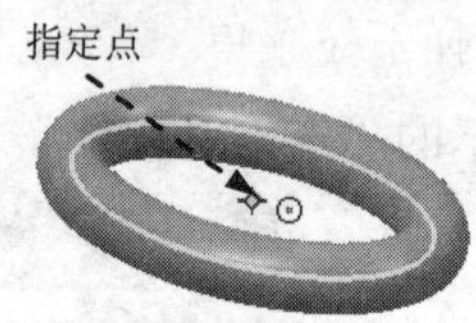

图 3.21.16 定义指定点

3.22 模型的测量

3.22.1 测量距离

下面以一个简单的模型为例，来说明测量距离的一般操作过程。

Step1. 打开文件 D:\dbugnx8.1\work\ch03\ch03.22\distance.prt。

Step2. 选择下拉菜单分析(L) → 测量距离(D)...命令，系统弹出图 3.22.1 所示的“测量距离”对话框。

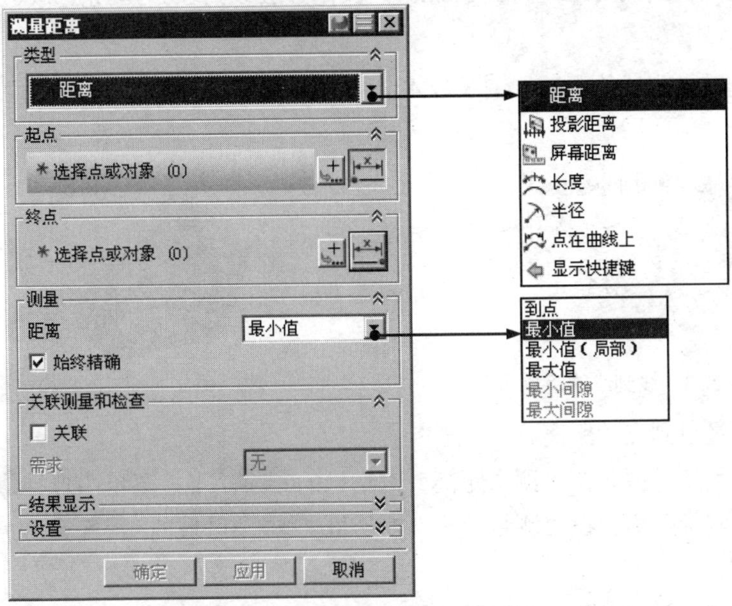

图 3.22.1　“测量距离”对话框

图 3.22.1 所示的“测量距离”对话框中 类型 区域各选项说明如下：

☑ 距离 选项：可以测量点、线、面之间的任意距离。

☑ 投影距离 选项：可以测量空间上的点、线在同一个面上投影之间的距离。

☑ 屏幕距离 选项：可以测量图形区的任意位置距离。

☑ 长度 选项：可以测量任意线段的距离。

☑ 半径 选项：可以测量任意圆的半径值。

☑ 点在曲线上 选项：用于测量在曲线上两点之间的最短距离。

Step3. 测量面到面的距离。

（1）定义测量类型。在“测量距离”对话框的 类型 下拉菜单中选择 距离 选项。

（2）定义测量距离。在“测量距离”对话框 测量 区域的 距离 下拉列表中选取 最小值 选项。

（3）定义测量对象。选取图 3.22.2a 所示的模型表面 1，再选取模型表面 2。测量结果如图 3.22.2b 所示。

（4）单击 应用 按钮，完成面到面的距离测量。

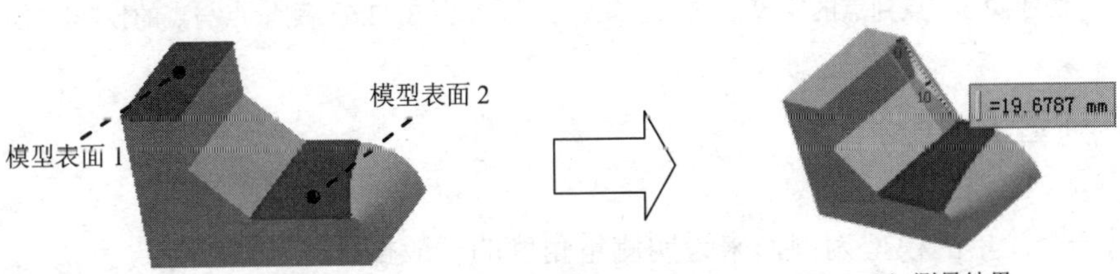

a）测量前　　b）测量结果

图 3.22.2　测量面与面的距离

Step4. 测量线到线的距离（图 3.22.3），操作方法参见 Step3，先选取边线 1，后选取边线 2。

Step5. 测量点到线的距离（图 3.22.4），操作方法参见 Step3，先选取中点 1，后选取边线。

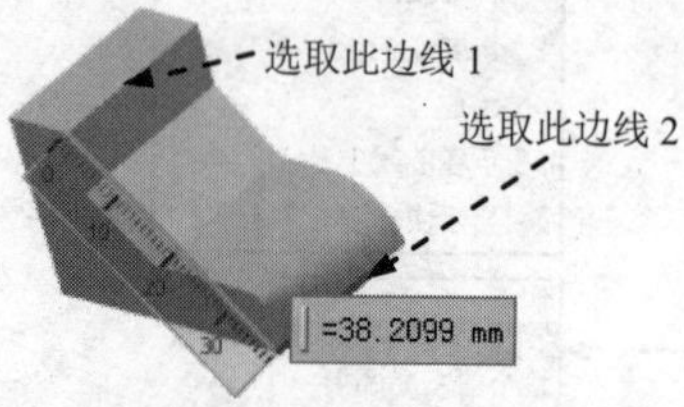

图 3.22.3 线到线的距离

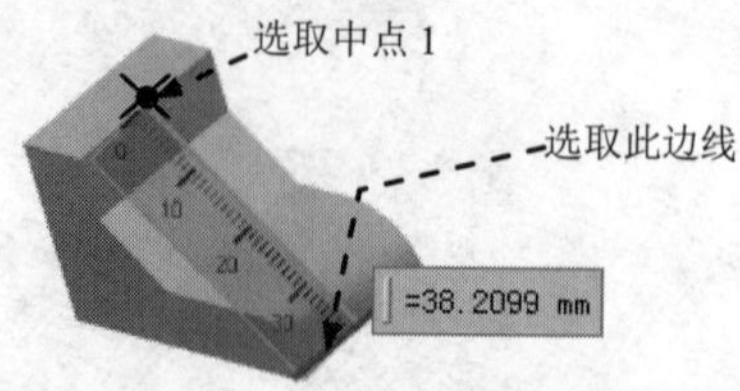

图 3.22.4 点到线的距离

Step6. 测量点到点的距离。

（1）定义测量类型。在“测量距离”对话框的类型下拉菜单中选择距离选项。

（2）定义测量距离。在“测量距离”对话框测量区域的距离下拉列表中选取到点选项。

（3）定义测量几何对象。选取图 3.22.5 所示的模型表面的点 1、点 2。测量结果如图 3.22.5 所示。

（4）单击应用按钮，完成测量点到点的距离。

Step7. 测量点与点的投影距离（投影参照为平面）。

（1）定义测量类型。在“测量距离”对话框的类型下拉菜单中选择投影距离选项。

（2）定义测量距离。在“测量距离”对话框测量区域的距离下拉列表中选取最小值选项。

（3）定义投影矢量。在“测量距离”对话框的指定矢量下拉列表中选择 YC 选项。

（4）定义测量几何对象。先选取图 3.22.6 所示的模型点 1，然后选取图 3.22.6 所示的模型点 2，测量结果如图 3.22.6 所示。

（5）单击< 确定 >按钮，完成点与点的投影距离测量。

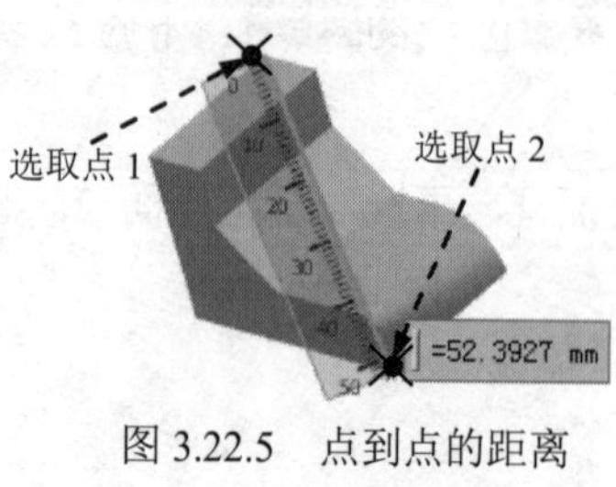

图 3.22.5 点到点的距离

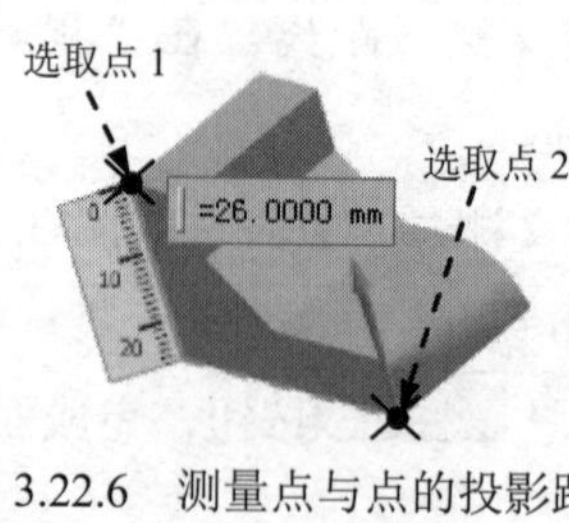

图 3.22.6 测量点与点的投影距离

3.22.2 测量角度

下面以一个简单的模型为例，来说明测量角度的一般操作过程。

Step1. 打开文件 D:\dbugnx8.1\work\ch03\ch03.22\angle.prt。

Step2. 选择下拉菜单 分析(L) → 测量角度(A)... 命令，系统弹出图 3.22.7 所示的“测量角度”对话框。

Step3. 测量面与面间的角度。

（1）定义测量类型。在“测量角度”对话框的 类型 下拉列表中选择 按对象 选项。

（2）定义测量计算平面。选取 测量 区域 评估平面 下拉列表中的 3D 角 选项，选取 方向 下拉列表中的 内角 选项。

（3）定义测量几何对象。选取图 3.22.8a 所示的模型表面 1，再选取图 3.22.8a 所示的模型表面 2，测量结果如图 3.22.8b 所示。

（4）单击 应用 按钮，完成面与面之间的角度测量。

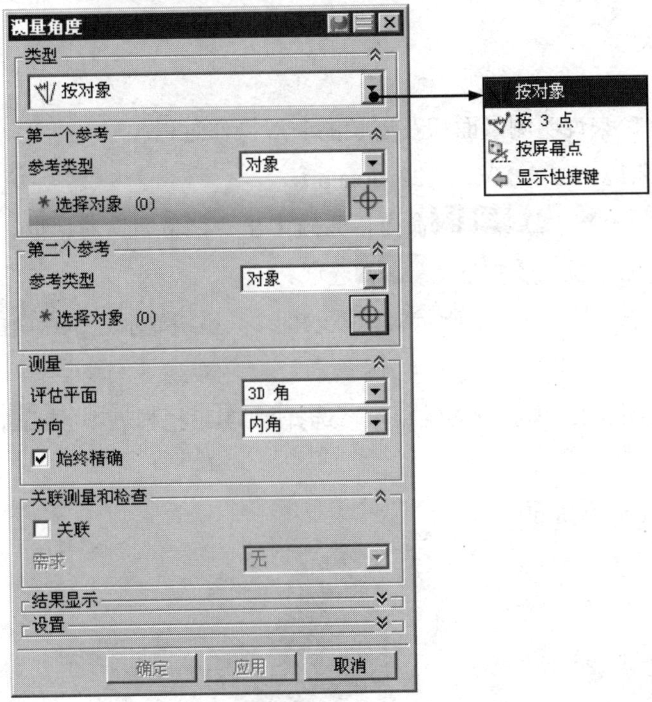

图 3.22.7　“测量角度”对话框

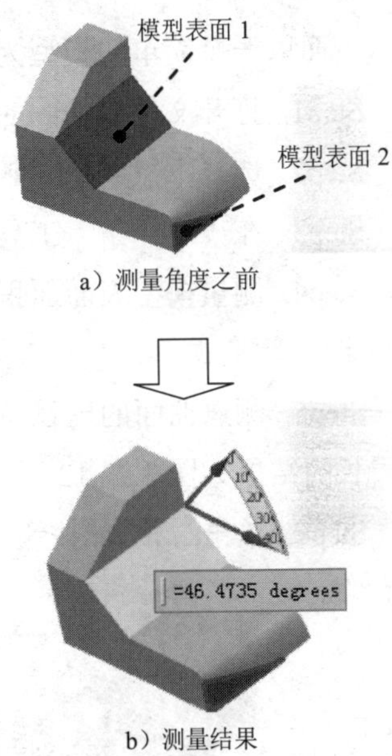

图 3.22.8　测量面与面间的角度

Step4. 测量线与面间的角度。步骤参见测量面与面间的角度。依次选取图 3.22.9a 所示的边线 1、表面 2，测量结果如图 3.22.9b 所示，单击 应用 按钮。

注意：选取线的位置不同，即线上标示的箭头方向不同，所显示的角度值可能也会不同，两个方向的角度值之和为 180°。

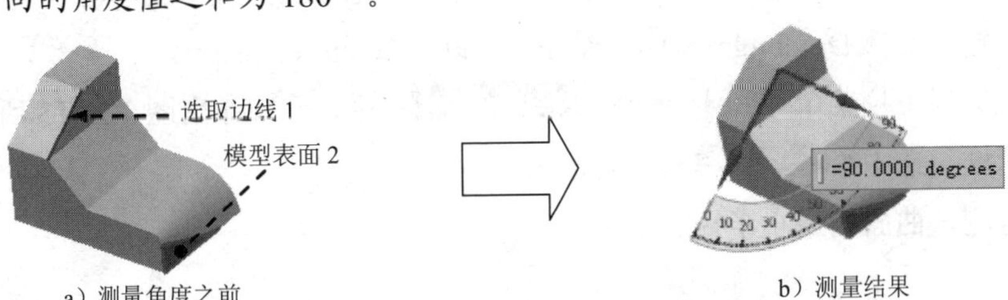

图 3.22.9　测量线与面间的角度

Step5. 测量线与线间的角度。步骤参见测量面与面间的角度。依次选取图 3.22.10a 所示的边线 1、边线 2，测量结果如图 3.22.10b 所示。

Step6. 单击 < 确定 > 按钮，完成角度测量。

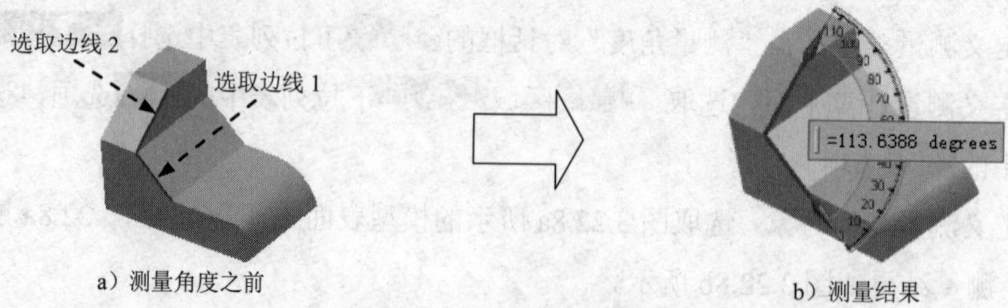

a）测量角度之前　b）测量结果

图 3.22.10　测量线与线间的角度

3.22.3　测量面积及周长

下面以一个简单的模型为例，来说明测量面积及周长的一般操作过程。

Step1. 打开文件 D:\dbugnx8.1\work\ch03\ch03.22\ area.prt。

Step2. 选择下拉菜单 分析(L) ➡ 测量面(F)... 命令，系统弹出“测量面”对话框。

Step3. 在“选择条”工具条的下拉列表中选择 单个面 选项。

Step4. 测量模型表面面积。选取图 3.22.11 所示的模型表面 1，系统显示这个曲面的面积结果。

Step5. 测量曲面的周长。在图 3.22.11 显示的结果中，选择 面积 下拉列表中的 周长，测量周长的结果如图 3.22.12 所示。

Step6. 单击 确定 按钮，完成测量面。

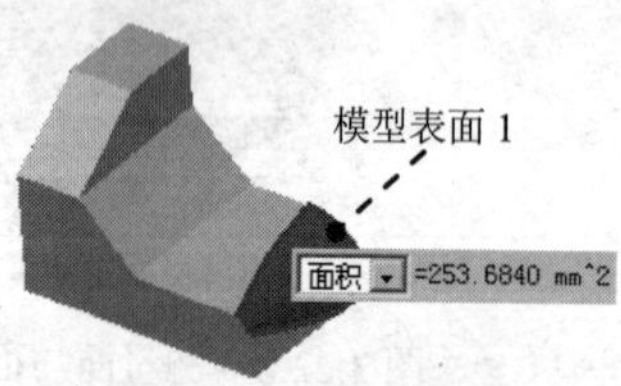

图 3.22.11　测量面积

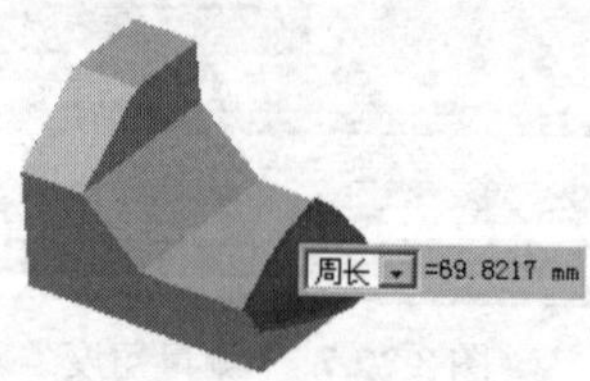

图 3.22.12　测量周长

3.22.4　测量最小半径

下面以一个简单的模型为例，来说明测量最小半径的一般操作过程。

Step1. 打开文件 D:\dbugnx8.1\work\ch03\ch03.22\miniradius.prt。

Step2. 选择下拉菜单 分析(L) ➡ 最小半径(R)... 命令，系统弹出图 3.22.13 所示的“最小半径”对话框，选中 ☑ 在最小半径处创建点 复选项。

Step3. 测量曲面的最小半径。

（1）连续选取图 3.22.14 所示的模型表面。

（2）单击 确定 按钮，曲面的最小半径位置如图 3.22.15 所示，半径值见图 3.22.16 所示的“信息”窗口。

Step4. 单击 取消 按钮，完成最小半径测量。

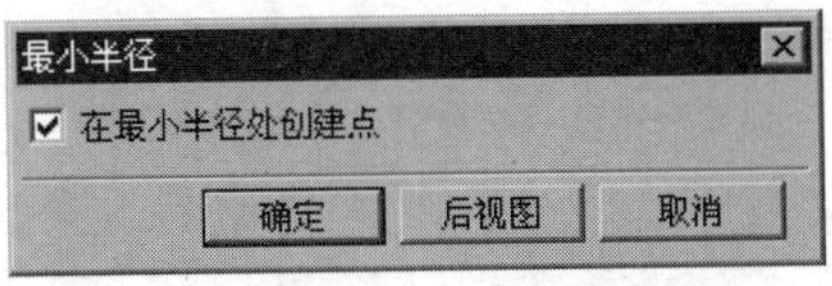

图 3.22.13　“最小半径”对话框

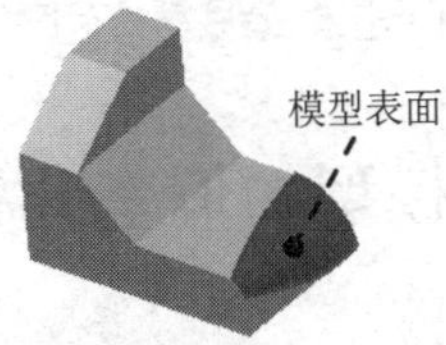

图 3.22.14　选取模型表面

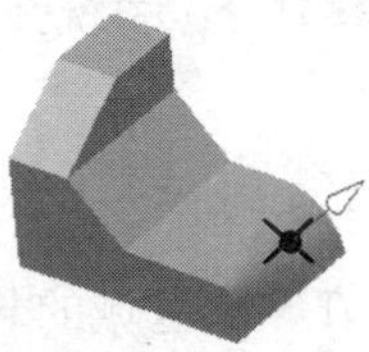

图 3.22.15　最小半径位置

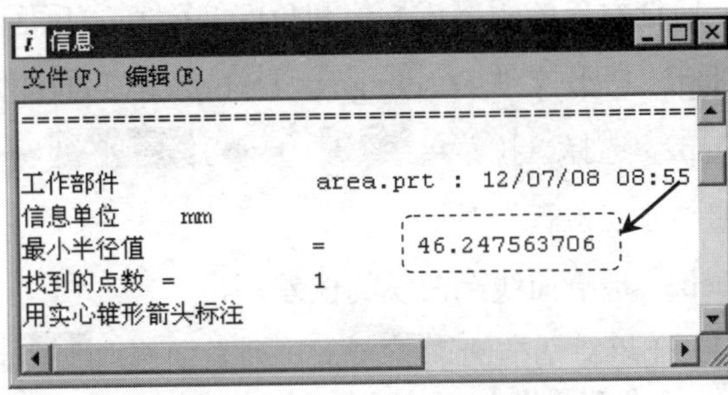

图 3.22.16　“信息”窗口

3.23　模型的基本分析

3.23.1　模型的质量属性分析

通过模型质量属性分析，可以获得模型的体积、曲面区域、质量、回转半径和重量等数据。下面以一个模型为例，简要说明模型质量属性分析的一般操作过程。

Step1. 打开文件 D:\dbugnx8.1\work\ch03\ch03.23\mass.prt。

Step2. 选择下拉菜单 分析(L) → 测量体(B)... 命令，系统弹出“测量体”对话框。

Step3. 选取图 3.23.1a 所示的模型实体，系统弹出图 3.23.1 所示模型上的“体积”下拉列表。

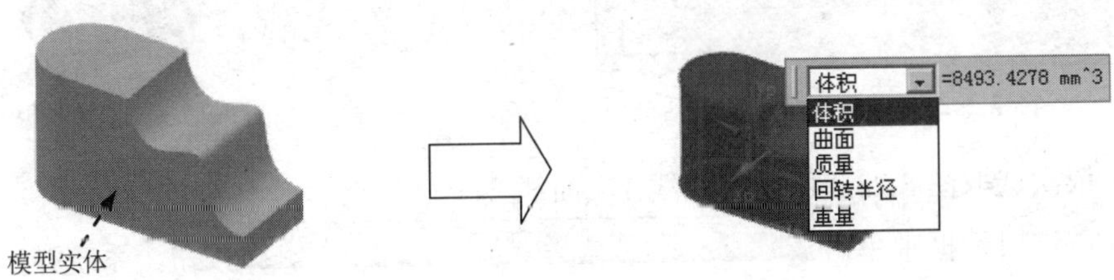

a）分析前　　b）分析结果

图 3.23.1　体积分析

Step4. 选择“体积”下拉列表中的曲面选项，系统显示该模型的表面积。

Step5. 选择“体积”下拉列表中的质量选项，系统显示该模型的质量。

Step6. 选择“体积”下拉列表中的回转半径选项，系统显示该模型的回转半径。

Step7. 选择“体积”下拉列表中的重量选项，系统显示该模型的重量。

Step8. 单击 确定 按钮，完成模型质量属性分析。

3.23.2 模型的偏差分析

通过模型的偏差分析，可以检查所选的对象是否相接、相切，以及边界是否对齐等，并得到所选对象的距离偏移值和角度偏移值。下面以一个模型为例，简要说明其操作过程。

Step1. 打开文件 D:\dbugnx8.1\work\ch12\ch03.23\deviation.prt。

Step2. 选择下拉菜单 分析(L) → 偏差(V) ▸ → 检查(C)... 命令，系统弹出图 3.23.2 所示的“偏差检查”对话框。

Step3. 检查曲线至曲线的偏差。

（1）在该对话框的 类型 下拉列表中选取 曲线到曲线 选项，在 设置 区域的 偏差选项 下拉列表中选择 所有偏差 选项。

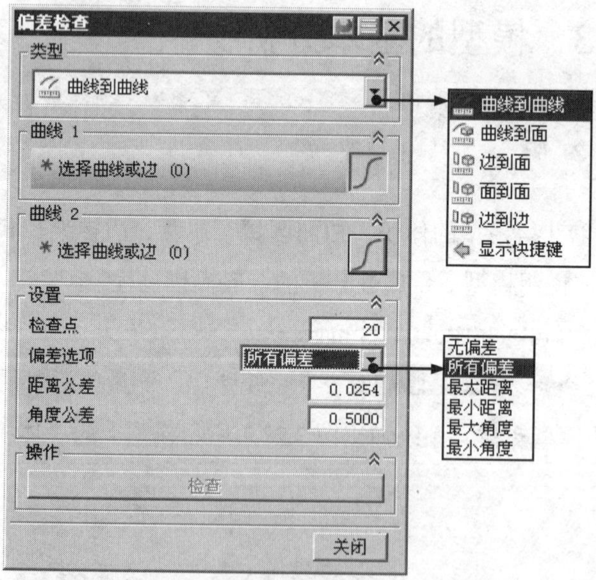

图 3.23.2 “偏差检查”对话框

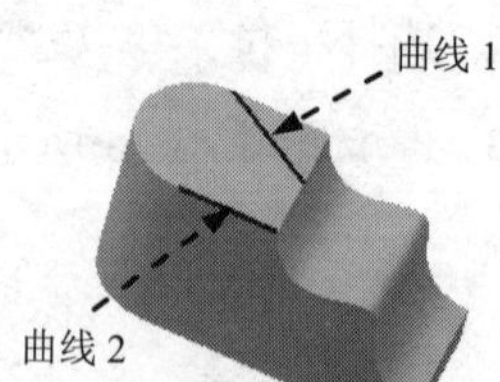

图 3.23.3 选择对象

（2）依次选取图 3.23.3 所示的曲线 1、曲线 2。

（3）在该对话框中单击 检查 按钮，系统弹出图 3.23.4 所示的“信息”窗口，在弹出的“信息”窗口中会列出指定的信息，包括分析点的个数、两个对象的最小距离误差、最大距离误差、平均距离错误、最小角度误差、最大角度误差、平均角度误差以及各检查点的数据。完成曲线至曲线的偏差检查。

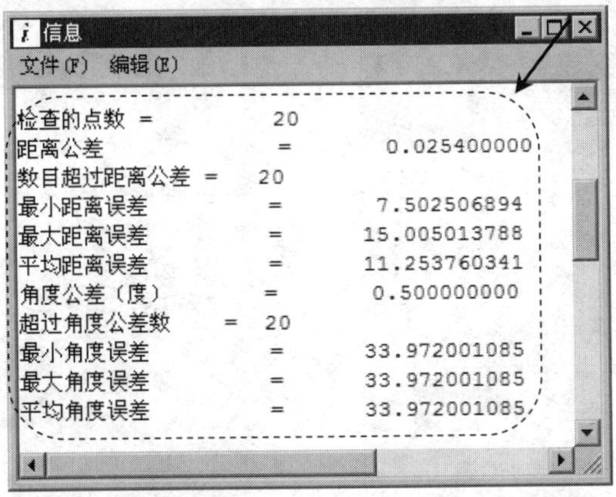

图 3.23.4　“信息”窗口

Step4. 检查曲线至面的偏差。根据经过点斜率的连续性，检查曲线是否真的位于模型表面上。在 类型 下拉列表中选取 曲线到面 选项，操作方法参见检查曲线至曲线的偏差。

说明： 进行曲线至面的偏差检查时，选取图 3.23.5 所示的曲线 1 和曲面为检查对象。曲线至面的偏差检查只能选取非边缘的曲线，所以只能选择曲线 1。

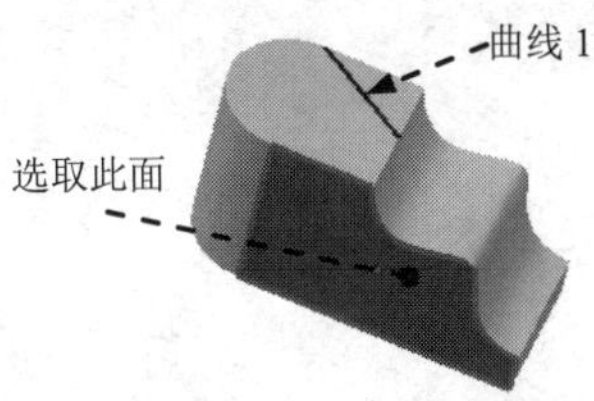

图 3.23.5　对象选择

Step5. 对于边到面偏差、面至面偏差、边缘至边缘偏差的检测，操作方法参见检查曲线至曲线的偏差。

3.23.3　模型的几何对象检查

“检查几何体”工具可以分析各种类型的几何对象，找出错误的或无效的几何体；也可以分析面和边等几何对象，找出其中无用的几何对象和错误的数据结构。下面以一个模型为例，简要说明几何对象检查的一般操作过程。

Step1. 打开文件 D:\dbugnx8.1\work\ch03\ch03.23\examgeo.prt。

Step2. 选择下拉菜单 分析(L) ➡ 检查几何体(X)... 命令，系统弹出图 3.23.6 所示的“检查几何体”对话框。

Step3. 定义检查项。单击 全部设置 按钮，在图形区选取图 3.23.7 所示的面和实体。然后单击“检查几何体”对话框 操作 区域中的 检查几何体 按钮，此时对话框如图 3.23.8 所示。

Step4. 单击“信息”按钮[i]，系统弹出图 3.23.9 所示的“信息”窗口，可在“信息”窗口中查看检查结果。

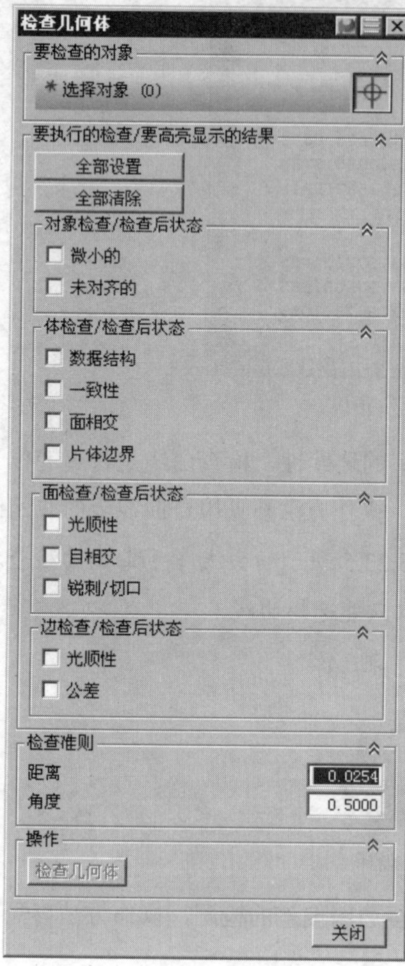

图 3.23.6 “检查几何体”对话框

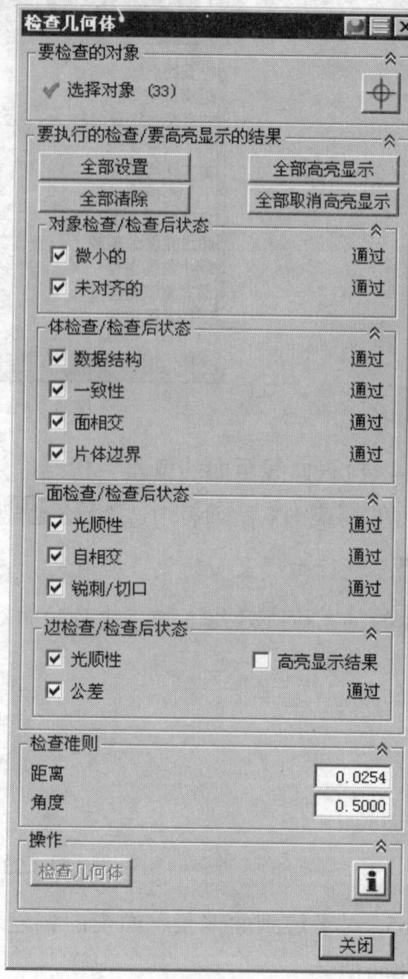

图 3.23.8 “检查几何体”对话框

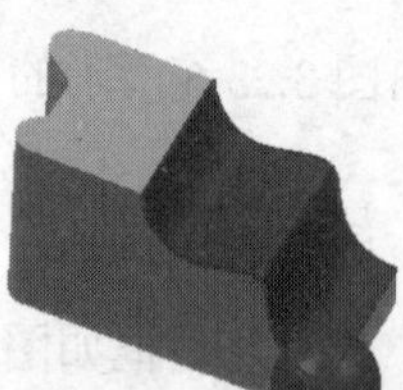

图 3.23.7 对象选择

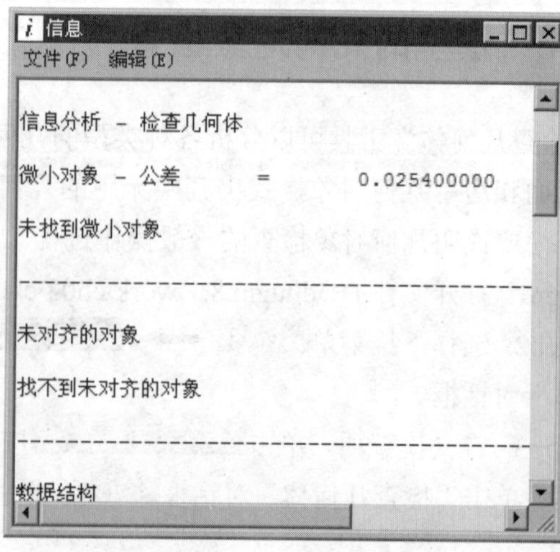

图 3.23.9 “信息”窗口

3.24 范例 1——连轴零件

范例概述

本范例介绍了连轴零件的设计过程。通过练习本例，读者可以掌握回转、孔和倒斜角等特征的应用。在创建特征时，需要注意在特征定位过程中运用到的技巧和注意事项。零件模型及模型树如图 3.24.1 所示。

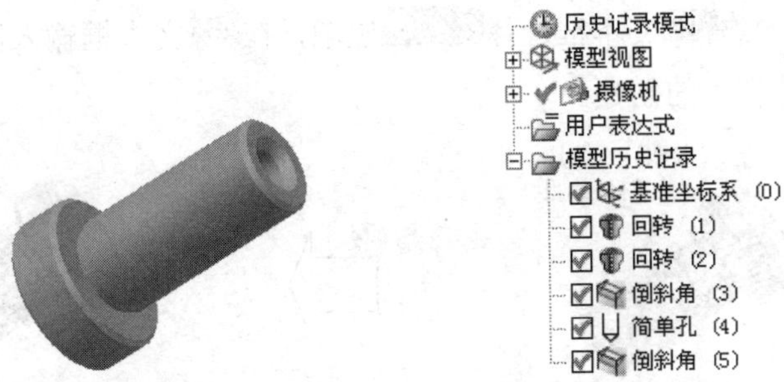

图 3.24.1 零件模型及模型树

Step1. 新建文件。选择下拉菜单 文件(F) → 新建(N)... 命令，系统弹出“新建”对话框。在 模型 选项卡的 模板 区域中选取模板类型为 模型，在 名称 文本框中输入文件名称 connecting_shaft，单击 确定 按钮。

Step2. 创建图 3.24.2 所示的回转特征 1。选择下拉菜单 插入(S) → 设计特征(E) → 回转(R)... 命令。选取 XY 平面为草图平面，绘制图 3.24.3 所示的截面草图。选取 XC 基准轴为回转轴，在 极限 区域的 开始 下拉列表中选择 值 选项，在 角度 文本框输入值 0，在 结束 下拉列表中选择 值 选项，在 角度 文本框输入值 360，其他参数设置采用系统默认值。单击 < 确定 > 按钮，完成回转特征 1 的创建。

图 3.24.2 回转特征 1

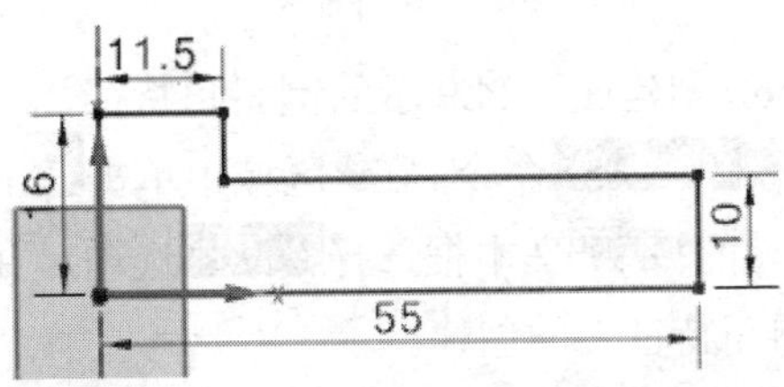

图 3.24.3 截面草图

Step3. 创建图 3.24.4 所示的回转特征 2。选择下拉菜单 插入(S) → 设计特征(E) → 回转(R)... 命令。选取 XY 平面为草图平面，绘制图 3.24.5 所示的截面草图，选取 XC 基准轴为回转轴，在 极限 区域的 开始 下拉列表中选择 值 选项，并在 角度 文本框输入值 0，在 结束 下拉列表中选择 值 选项，并在 角度 文本框输入值 360。在 布尔 下拉列表中选择 求差 选项，采用系统默认的求差对象；单击 < 确定 > 按钮，完成回转特征 2 的创建。

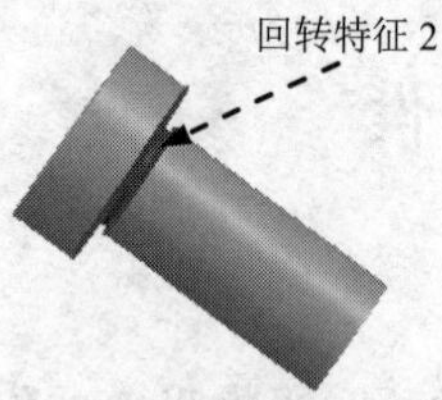

图 3.24.4 回转特征 2

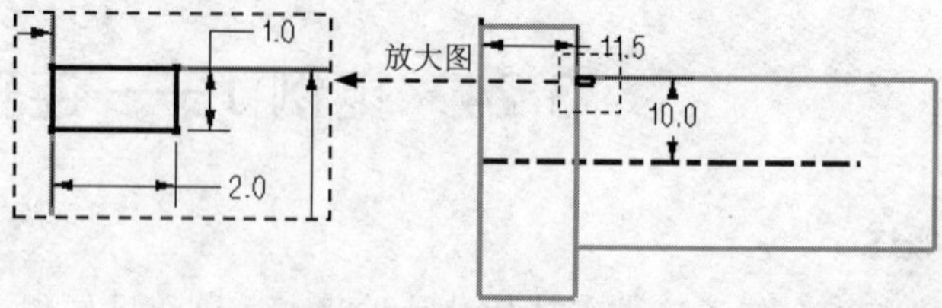

图 3.24.5 截面草图

Step4. 创建图 3.24.6 所示的倒斜角特征 1。选择下拉菜单 插入(S) → 细节特征(L) ▸ → 倒斜角(C)... 命令。在 边 区域中单击按钮，选取图 3.24.6a 所示的 3 条边线为倒斜角参照，在 偏置 区域的 横截面 文本框选择 对称 选项，在 距离 文本框输入值 1；单击 < 确定 > 按钮，完成倒斜角特征 1 的创建。

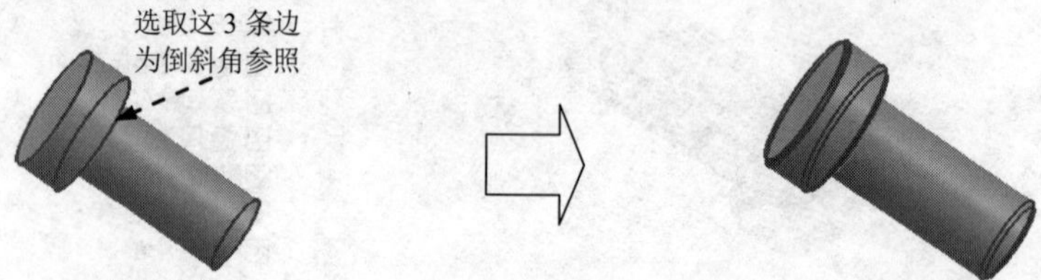

a）倒斜角前　　b）倒斜角后

图 3.24.6 倒斜角特征 1

Step5. 创建图 3.24.7 所示的孔特征 1。选择下拉菜单 插入(S) → 设计特征(E) ▸ → 孔(H)... 命令。在 类型 下拉列表中选择 常规孔 选项，选取图 3.24.8 所示圆的中心为定位点，在“孔”对话框 直径 文本框中输入值 8，在 深度限制 文本框中输入值 35，对话框中的其他参数设置保持系统默认值；单击 < 确定 > 按钮，完成孔特征 1 的创建。

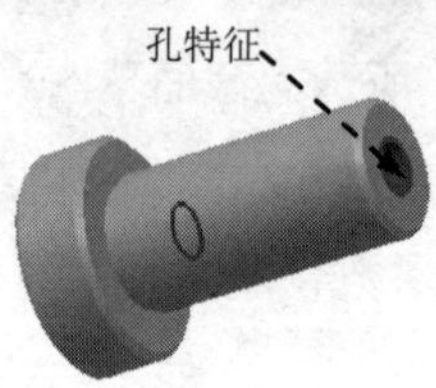

图 3.24.7 孔特征 1

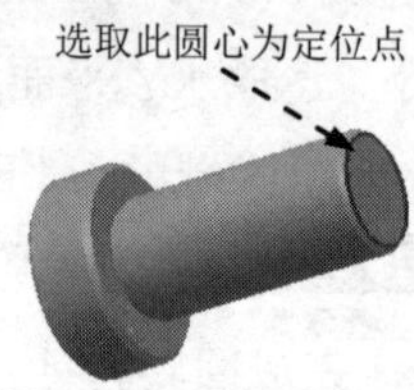

图 3.24.8 选取定位点

Step6. 创建图 3.24.9 示的倒斜角特征 2。选择下拉菜单 插入(S) → 细节特征(L) ▸ → 倒斜角(C)... 命令。在 边 区域中单击按钮，选择图 3.24.9 所示的边线为倒斜角参照，在 偏置 区域的 横截面 文本框选择 对称 选项，并在 距离 文本框输入值 2；单击 < 确定 > 按钮，完成倒斜角特征 2 的创建。

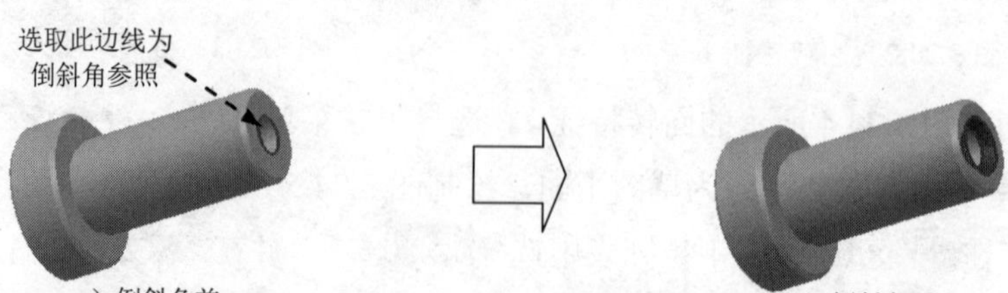

a）倒斜角前　　b）倒斜角后

图 3.24.9 倒斜角特征 2

Step7. 保存零件模型。选择下拉菜单 文件(F) → 保存(S) 命令，即可保存零件模型。

3.25　范例 2——摇臂

范例概述

本范例介绍了机械零件——摇臂的创建过程。在创建过程中主要运用了拉伸、圆角和镜像等命令。其中镜像命令的使用是要重点掌握的。零件模型及模型树如图 3.25.1 所示。

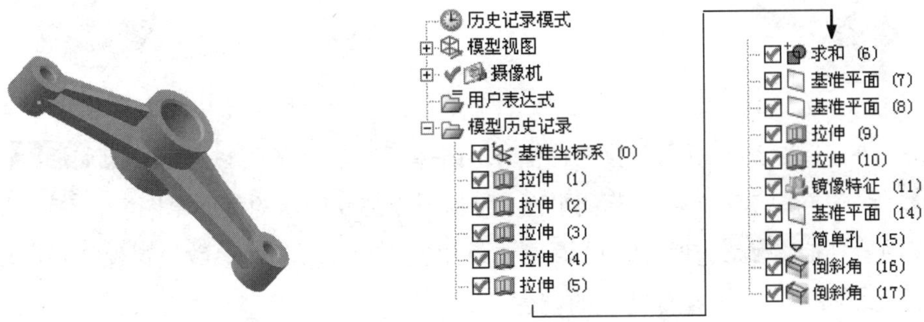

图 3.25.1　零件模型及模型树

Step1. 新建文件。选择下拉菜单 文件(F) ➡ 新建(N)... 命令，系统弹出“新建”对话框，在 新文件名 区域的 名称 文本框中输入文件名称 finger，单击 确定 按钮。

Step2. 创建图 3.25.2 所示的拉伸特征 1。选择下拉菜单 插入(S) ➡ 设计特征(E) ➡ 拉伸(E)... 命令。选取 XY 平面为草图平面，绘制图 3.25.3 所示的截面草图，在 极限 区域的 开始 下拉列表中选择 对称值 选项，并在 距离 文本框中输入值 20，其他参数设置保持系统默认值；单击 < 确定 > 按钮，完成拉伸特征 1 的创建。

图 3.25.2　拉伸特征 1

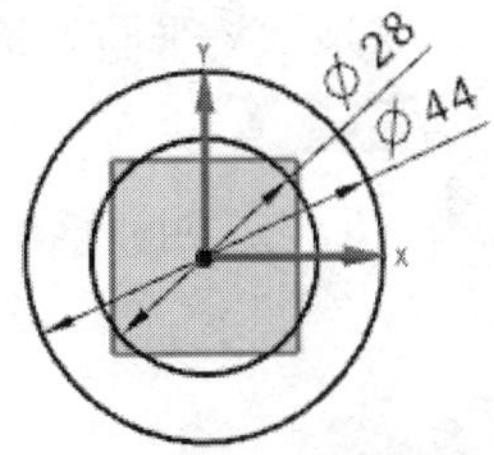

图 3.25.3　截面草图

Step3. 创建图 3.25.4 所示的拉伸特征 2。选择下拉菜单 插入(S) ➡ 设计特征(E) ➡ 拉伸(E)... 命令。选取 XY 平面为草图平面，绘制图 3.25.5 所示的截面草图，在 极限 区域的 开始 下拉列表中选择 对称值 选项，并在 距离 文本框中输入值 11，其他参数设置保持系统默认值；单击 < 确定 > 按钮，完成拉伸特征 2 的创建。

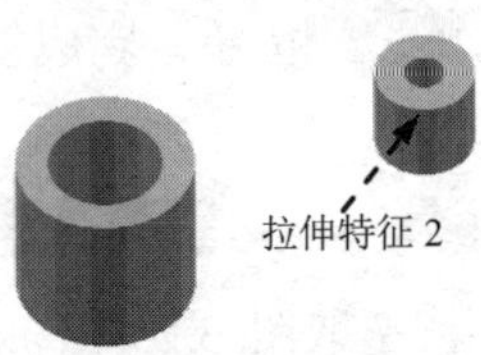

图 3.25.4　拉伸特征 2

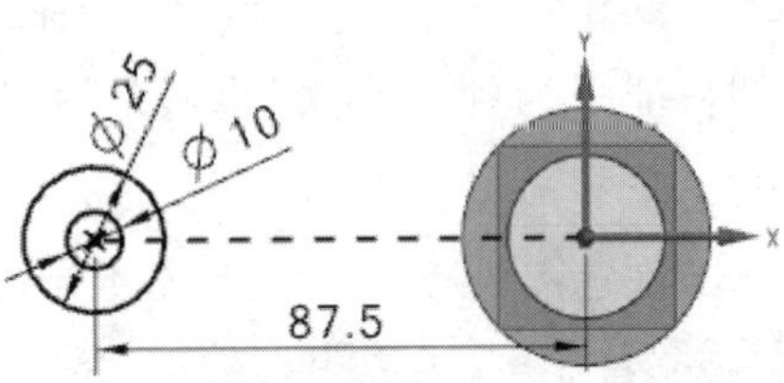

图 3.25.5　截面草图

Step4. 创建图 3.25.6 所示的拉伸特征 3。选择下拉菜单 插入(S) → 设计特征(E) → 拉伸(E)... 命令。选取 XY 平面为草图平面，绘制图 3.25.7 所示的截面草图，在 极限 区域的 开始 下拉列表中选择 对称值 选项，并在 距离 文本框中输入值 4，其他参数设置保持系统默认值；单击 < 确定 > 按钮，完成拉伸特征 3 的创建。

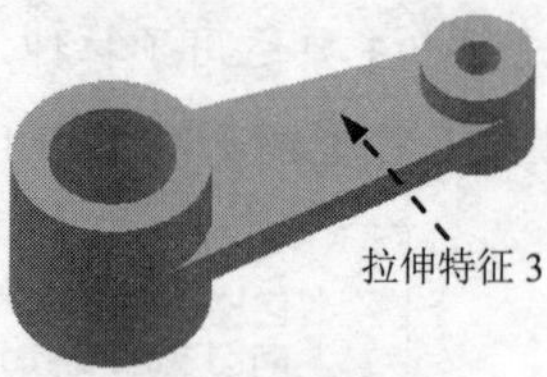

图 3.25.6 拉伸特征 3

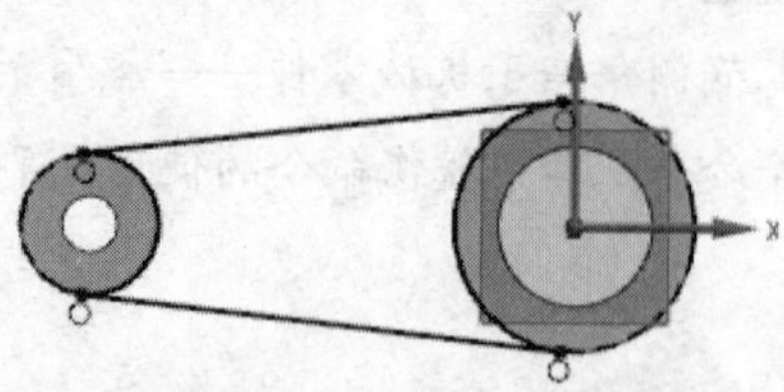
图 3.25.7 截面草图

Step5. 创建图 3.25.8 所示的拉伸特征 4。选择下拉菜单 插入(S) → 设计特征(E) → 拉伸(E)... 命令。选取 XY 平面为草图平面，绘制图 3.25.9 所示的截面草图，在 极限 区域的 开始 下拉列表中选择 对称值 选项，并在 距离 文本框中输入值 11，其他参数设置保持系统默认值；单击 < 确定 > 按钮，完成拉伸特 4 的创建。

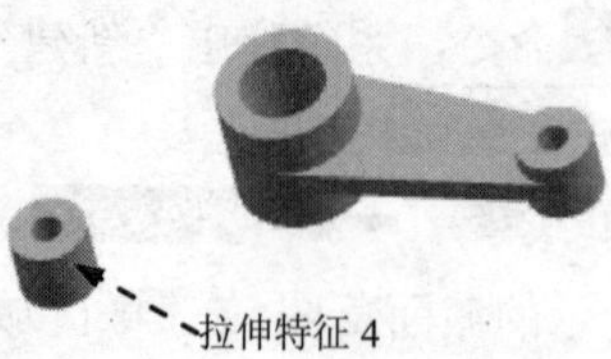

图 3.25.8 拉伸特征 4

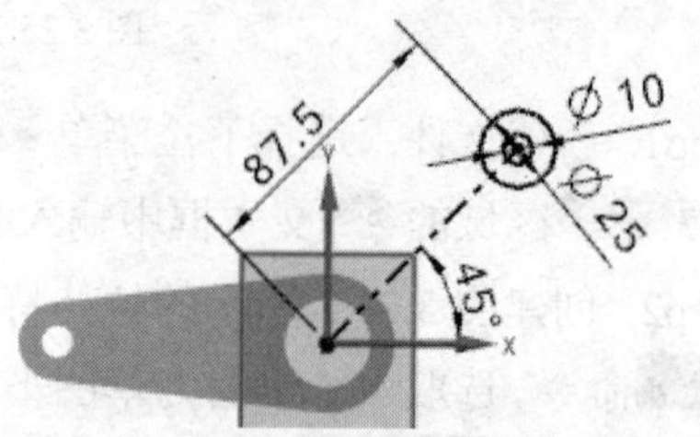

图 3.25.9 截面草图

Step6. 创建图 3.25.10 所示的拉伸特征 5。选择下拉菜单 插入(S) → 设计特征(E) → 拉伸(E)... 命令。选取 XY 平面为草图平面，绘制图 3.25.11 所示的截面草图，在 极限 区域的 开始 下拉列表中选择 对称值 选项，并在 距离 文本框中输入值 4，其他参数设置保持系统默认值；单击 < 确定 > 按钮，完成拉伸特征 5 的创建。

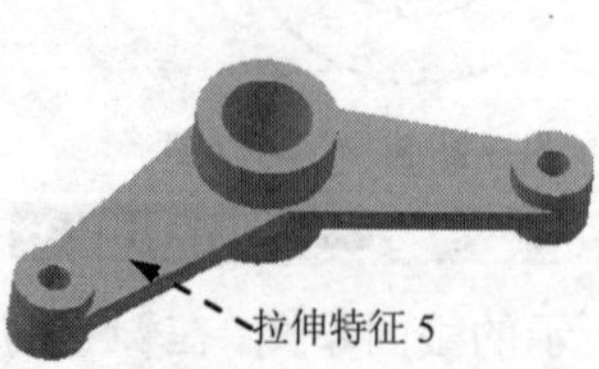

图 3.25.10 拉伸特征 5

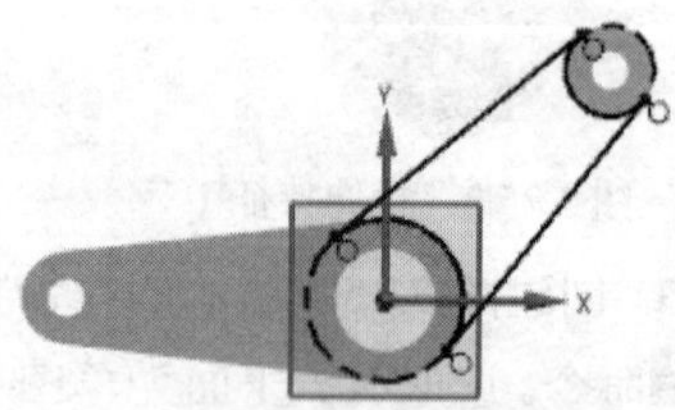
图 3.25.11 截面草图

Step7. 创建求和特征 1。选择下拉菜单 插入(S) → 组合(B) → 求和(U)... 命令。选取拉伸特征 1 为目标体；选取其余的实体为刀具体，单击 < 确定 > 按钮，完成求和特征 1 的创建。

Step8. 创建图 3.25.12 所示的基准平面 1。选择下拉菜单 插入(S) → 基准/点(D) → 基准平面(D)... 命令。在 类型 区域的下拉列表中选择 两直线 选项，选取图 3.25.13 所示的轴线 1 和轴线 2 为参考对象；单击〈确定〉按钮，完成基准平面 1 的创建。

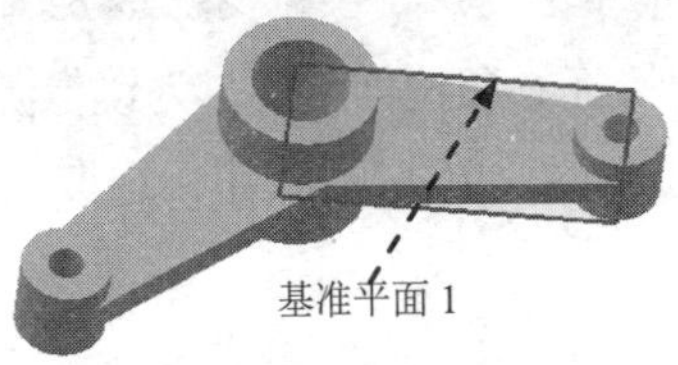

图 3.25.12 基准平面 1

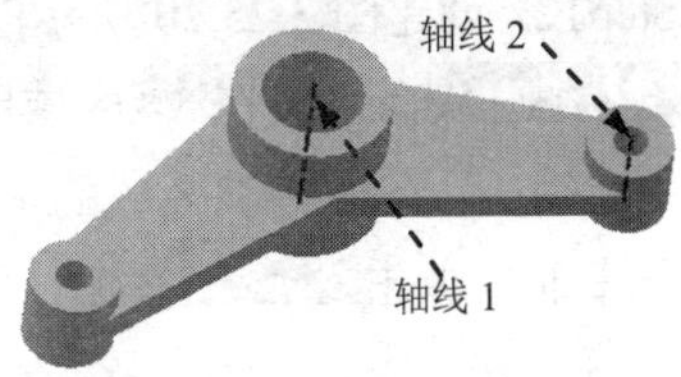

图 3.25.13 选取参考对象

Step9. 创建图 3.25.14 所示的基准平面 2。选择下拉菜单 插入(S) → 基准/点(D) → 基准平面(D)... 命令。在类型区域的下拉列表中选择 两直线 选项，选取图 3.25.15 所示的轴线 1 和轴线 3 为参考对象；单击〈确定〉按钮，完成基准平面 2 的创建。

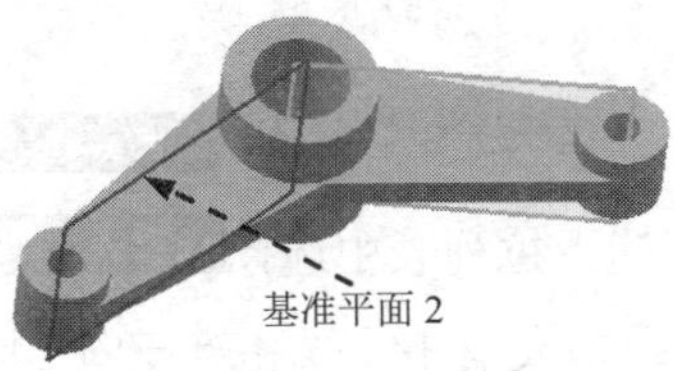

图 3.25.14 基准平面 2

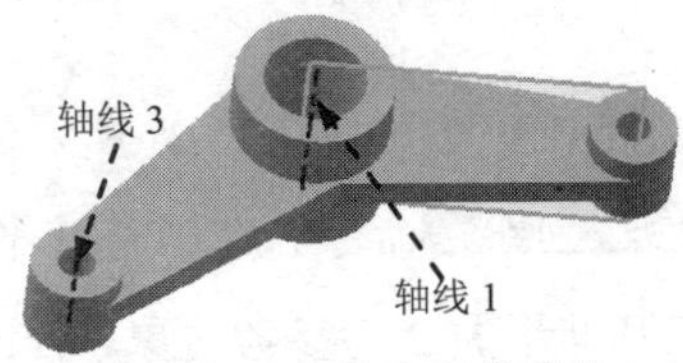

图 3.25.15 选取参考对象

Step10. 创建图 3.25.16 所示的拉伸特征 6。选择下拉菜单 插入(S) → 设计特征(E) → 拉伸(E)... 命令；选取基准平面 1 为草图平面，绘制图 3.25.17 所示的截面草图；在极限区域的开始下拉列表中选择 对称值 选项，并在距离文本框中输入值 2.0；在布尔区域的下拉列表框中选择 求和 选项，采用系统默认的求和对象；其他参数采用系统默认的设置值。

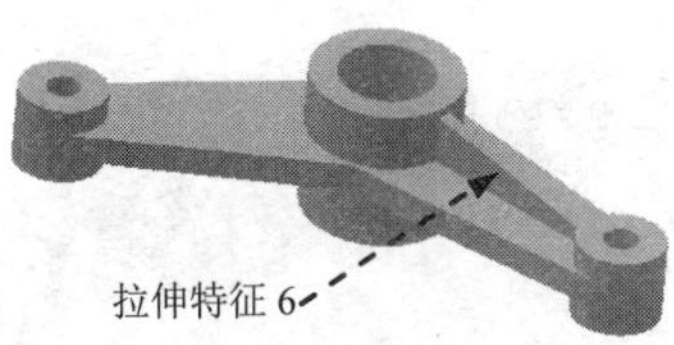

图 3.25.16 拉伸特征 6

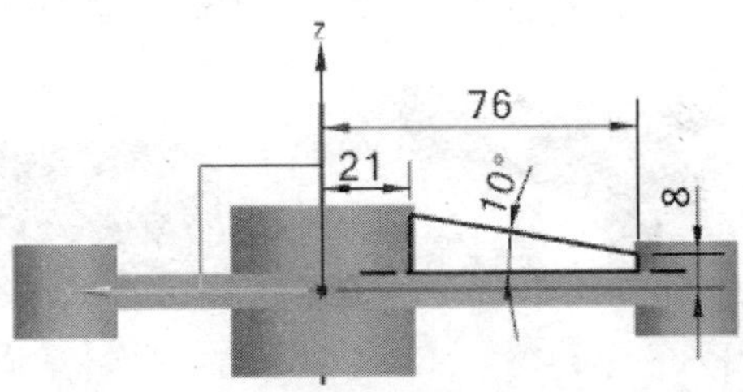

图 3.25.17 截面草图

Step11. 创建图 3.25.18 所示的拉伸特征 7。选择下拉菜单 插入(S) → 设计特征(E) → 拉伸(E)... 命令；选取基准平面 2 为草图平面，绘制图 3.25.19 所示的截面草图；在极限区域的开始下拉列表中选择 对称值 选项，并在距离文本框中输入值 2.0；在布尔区域的下拉列表框中选择 求和 选项，采用系统默认的求和对象；其他参数采用系统默认的设置值。

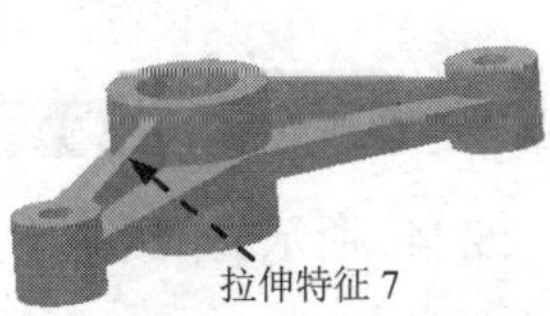

图 3.25.18 拉伸特征 7

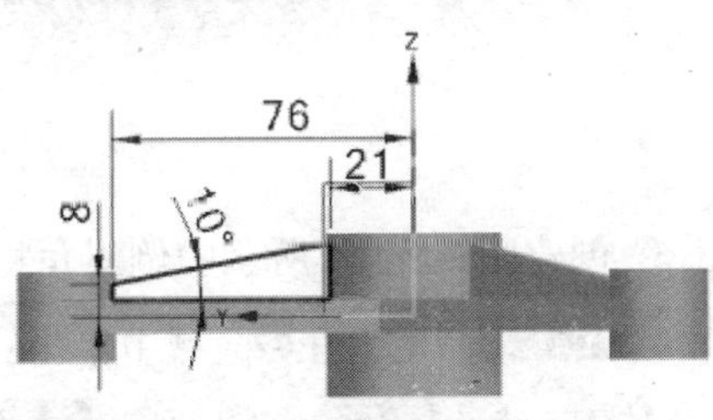

图 3.25.19 截面草图

说明：特征创建完成后已将基准平面隐藏。

Step12. 创建图 3.25.20 所示的镜像特征。选择下拉菜单 插入(S) → 关联复制(A) → 镜像特征(M)... 命令。在特征区域单击按钮，选择拉伸特征 6 和拉伸特征 7 为镜像源对象，单击中键确认。在镜像平面区域的下拉列表中选择现有的平面选项，单击按钮，选取 XY 平面为镜像平面。单击 确定 按钮，完成镜像特征的创建。

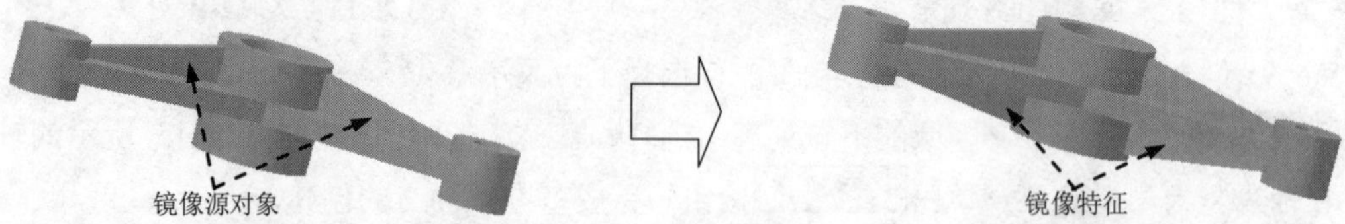

a）镜像前　b）镜像后

图 3.25.20　镜像特征

Step13. 创建图 3.25.21 所示的基准平面 3。选择下拉菜单 插入(S) → 基准/点(D) → 基准平面(D)... 命令。在“基准平面”对话框中类型区域的下拉列表中选择 按某一距离选项，选取基准平面 2 为参考对象，在偏置区域的距离文本框中输入值 14。单击“反向”按钮，单击 < 确定 > 按钮，完成基准平面 3 的创建。

Step14. 创建图 3.25.22 所示的孔特征。选择下拉菜单 插入(S) → 设计特征(E) → 孔(H)... 命令。在类型下拉列表中选择 常规孔选项，选取基准平面 3 为放置面，绘制图 3.25.23 所示的草图点；在孔方向下拉列表中选择 沿矢量选项，采用系统默认的矢量方向；在直径文本框输入值 3，在深度文本框中输入值 50；单击 < 确定 > 按钮，完成孔特征的创建。

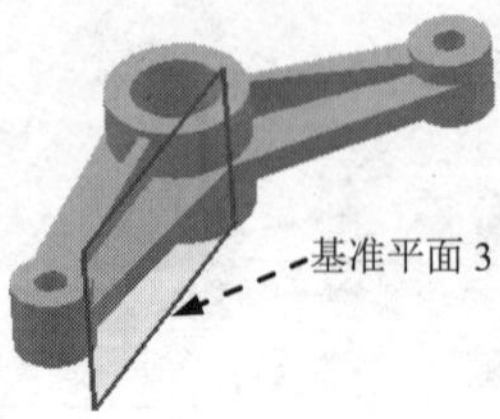

图 3.25.21　基准平面 3

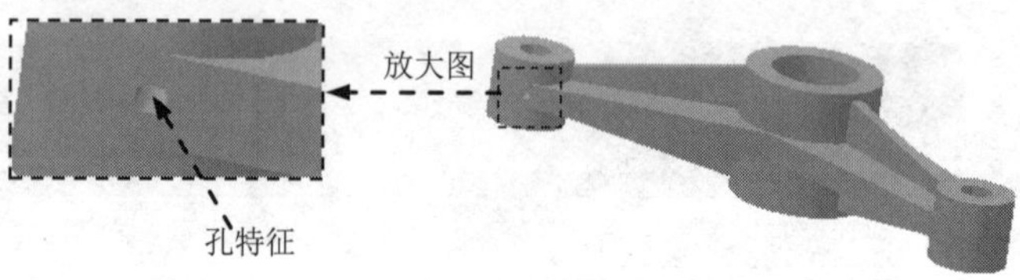

图 3.25.22　孔特征

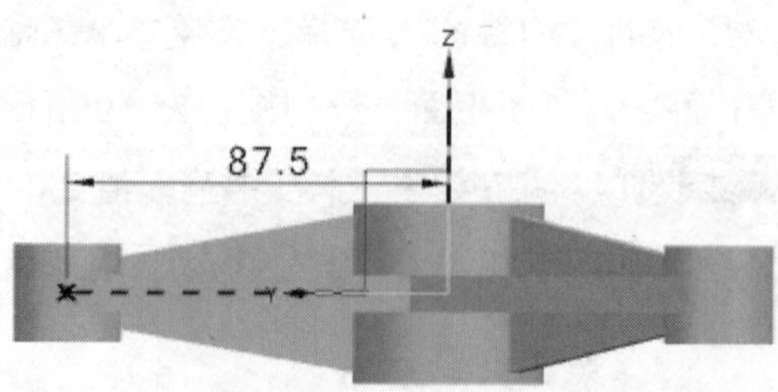

图 3.25.23　绘制草图点

Step15. 创建图 3.25.24 所示的倒斜角特征 1。选择下拉菜单 插入(S) → 细节特征(L) → 倒斜角(C)... 命令。在边区域中单击按钮，选择图 3.25.24a 所示的两条边线为倒斜角参照，在偏置区域的横截面文本框选择 对称选项，在距离文本框输入值 1.5；单击 < 确定 >

按钮，完成倒斜角特征1的创建。

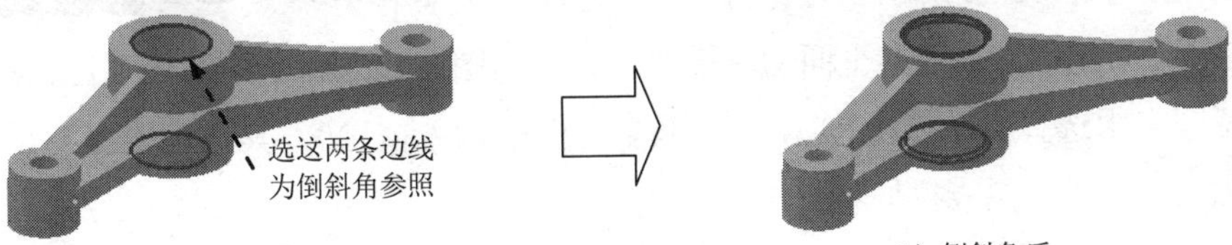

a）倒斜角前　　b）倒斜角后

图3.25.24　倒斜角特征1

Step16. 创建图3.24.25所示的倒斜角特征2。选择下拉菜单 插入(S) → 细节特征(L) ▸ → 倒斜角(C)... 命令。在 边 区域中单击按钮，选择图3.25.25a所示的4条边线为倒斜角参照，在 偏置 区域的 横截面 文本框选择 对称 选项，在 距离 文本框输入值1；单击 < 确定 > 按钮，完成倒斜角特征2的创建。

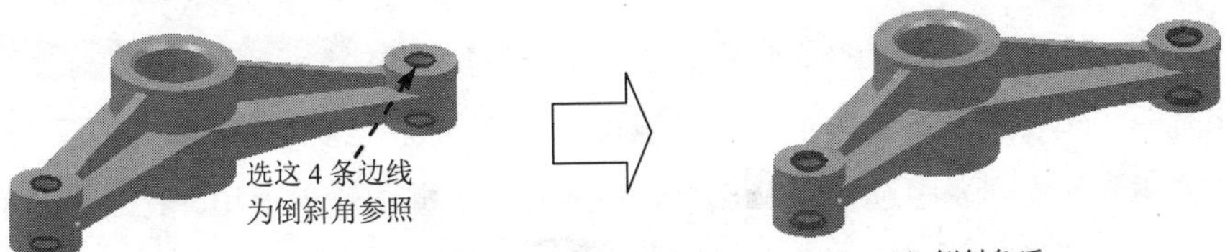

a）倒斜角前　　b）倒斜角后

图3.25.25　倒斜角特征2

Step17. 保存零件模型。选择下拉菜单 文件(F) → 保存(S) 命令，即可保存零件模型。

3.26 范例3——滑动轴承座

范例概述

本范例介绍了滑动轴承座的设计过程。通过学习本范例，读者可以掌握实体拉伸、镜像、孔、倒圆角等特征的应用。在创建特征的过程中，需要注意的是各特征的创建顺序及整个零件的设计思路。零件模型及模型树如图3.26.1所示。

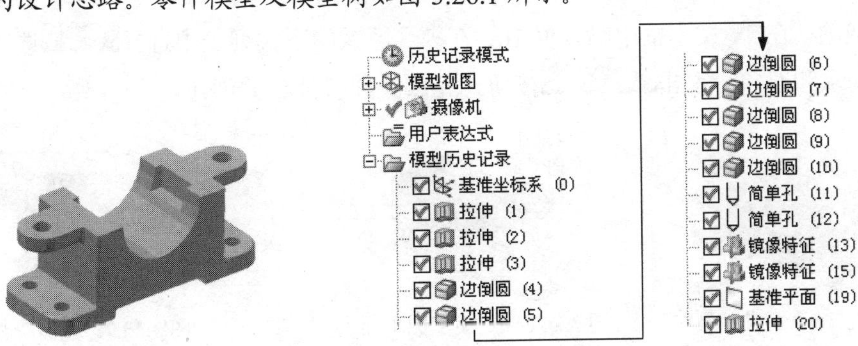

图3.26.1　零件模型及模型树

Step1. 新建文件。选择下拉菜单 文件(F) → 新建(N)... 命令，系统弹出“新建”对话框。在 模型 选项卡的 模板 区域中选取模板类型为 模型，在 名称 文本框中输入文件名称

down_base，单击 确定 按钮。

Step2. 创建图 3.26.2 所示的拉伸特征 1。选择下拉菜单 插入(S) → 设计特征(E) → 拉伸(E)... 命令。选取 YZ 基准平面为草图平面，绘制图 3.26.3 所示的截面草图；在 极限 区域的 开始 下拉列表中选择 对称值 选项，在 距离 文本框中输入值 30，其他设置保持系统默认；单击 < 确定 > 按钮，完成拉伸特征 1 的创建。

图 3.26.2 拉伸特征 1

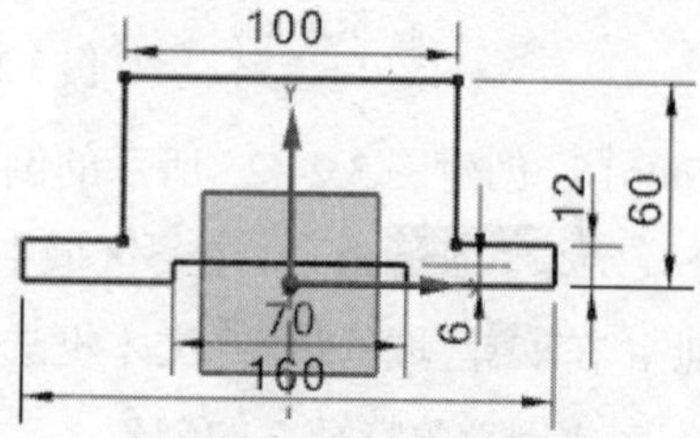

图 3.26.3 截面草图

Step3. 创建图 3.26.4 所示的拉伸特征 2。选择下拉菜单 插入(S) → 设计特征(E) → 拉伸(E)... 命令。选取图 3.26.5 所示的模型表面为草图平面，绘制图 3.26.6 所示的截面草图；在 极限 区域的 开始 下拉列表中选择 值 选项，在 距离 文本框中输入值 0，在 结束 下拉列表中选择 贯通 选项；在 布尔 区域的下拉列表中选择 求差 选项，采用系统默认的求差对象；单击 < 确定 > 按钮，完成拉伸特征 2 的创建。

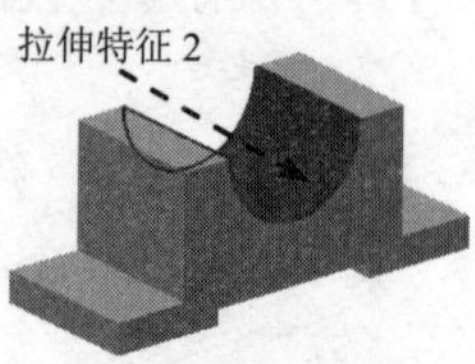

图 3.26.4 拉伸特征 2

图 3.26.5 定义草图平面

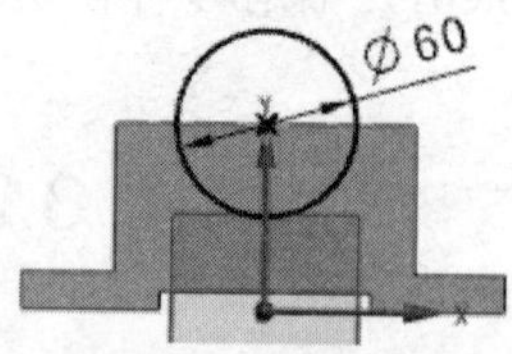

图 3.26.6 截面草图

Step4. 创建图 3.26.7 所示的拉伸特征 3。选择下拉菜单 插入(S) → 设计特征(E) → 拉伸(E)... 命令。选取图 3.26.8 所示的模型表面为草图平面，绘制图 3.26.9 所示的截面草图；在 极限 区域的 开始 下拉列表中选择 值 选项，在 距离 文本框中输入值 0，在 结束 下拉列表中选择 值 选项，在 距离 文本框中输入值 10；在 布尔 区域的下拉列表中选择 求和 选项，采用系统默认的求和对象；单击 < 确定 > 按钮，完成拉伸特征 3 的创建。

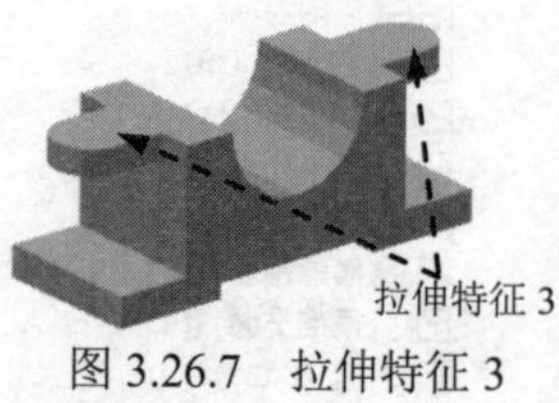

图 3.26.7 拉伸特征 3

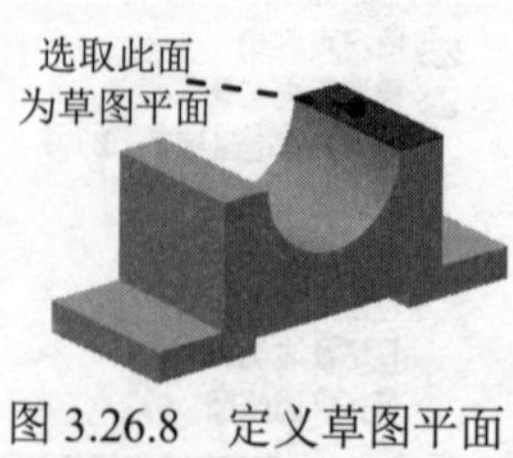

图 3.26.8 定义草图平面

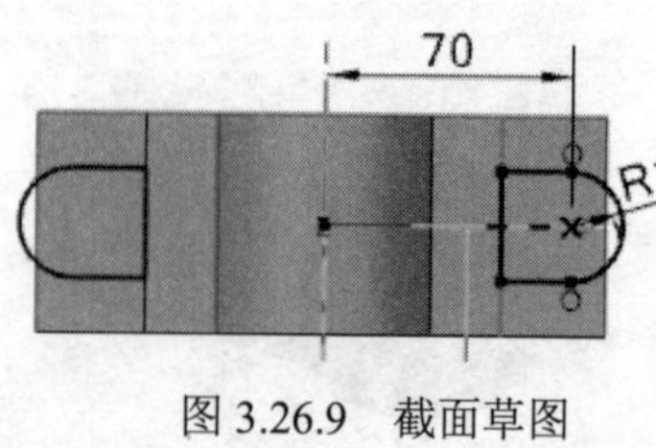

图 3.26.9 截面草图

Step5. 创建图 3.26.10 所示的边倒圆特征 1。选取图 3.26.10a 所示的 4 条边线为边倒圆参照，圆角半径值为 14。

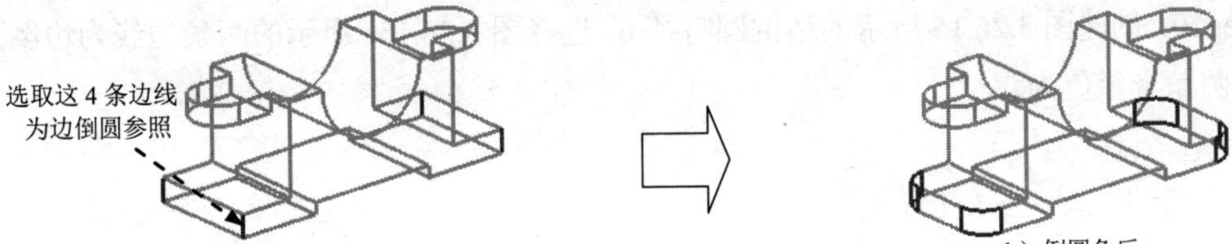

a）倒圆角前　　b）倒圆角后

图 3.26.10　边倒圆特征 1

Step6. 创建图 3.26.11 所示的边倒圆特征 2。选择图 3.26.11a 所示的两条边线为边倒圆参照，圆角半径值为 2。

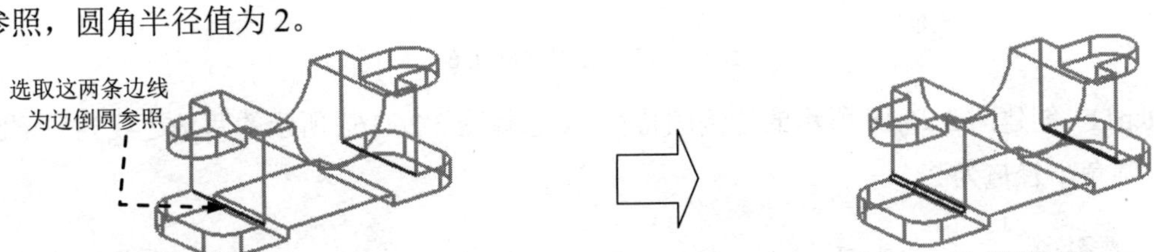

a）倒圆角前　　b）倒圆角后

图 3.26.11　边倒圆特征 2

Step7. 创建图 3.26.12 所示的边倒圆特征 3。选择图 3.26.12a 所示的 4 条边线为边倒圆参照，圆角半径值为 2。

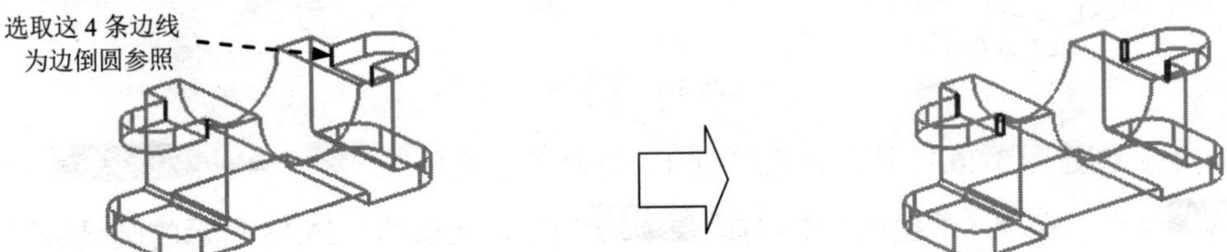

a）倒圆角前　　b）倒圆角后

图 3.26.12　边倒圆特征 3

Step8. 创建图 3.26.13 所示的边倒圆特征 4。选择图 3.26.13a 所示的两条边线为边倒圆参照，圆角半径值为 2。

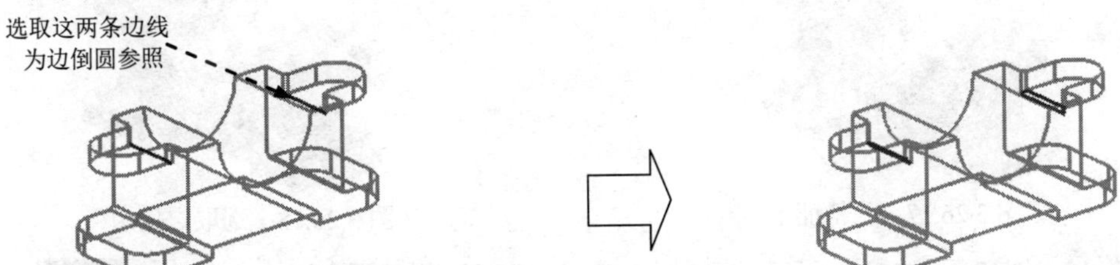

a）倒圆角前　　b）倒圆角后

图 3.26.13　边倒圆特征 4

Step9. 创建图 3.26.14 所示的边倒圆特征 5。选择图 3.26.14a 所示的两条边线为边倒圆参照，圆角半径值为 2。

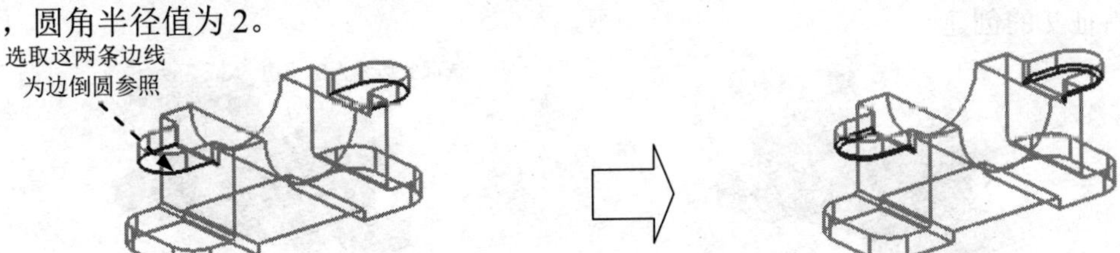

a）倒圆角前　　b）倒圆角后

图 3.26.14　边倒圆特征 5

Step10. 创建图 3.26.15 所示的边倒圆特征 6。选择图 3.26.15a 所示的两条边线为边倒圆参照，圆角半径值为 2。

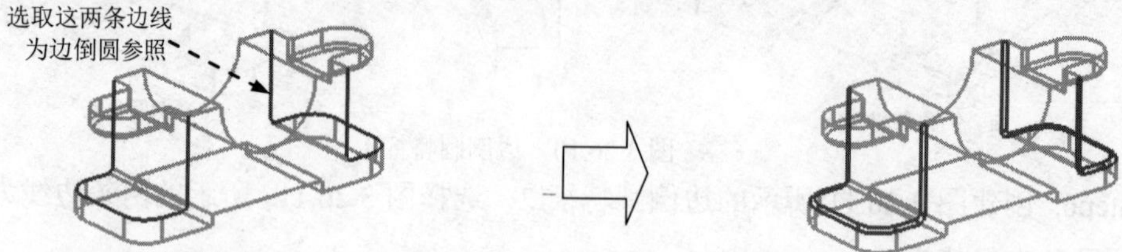

a）倒圆角前　　b）倒圆角后

图 3.26.15　边倒圆特征 6

Step11. 创建图 3.26.16 所示的边倒圆特征 7。选择图 3.26.16a 所示的两条边线为边倒圆参照，圆角半径值为 2。

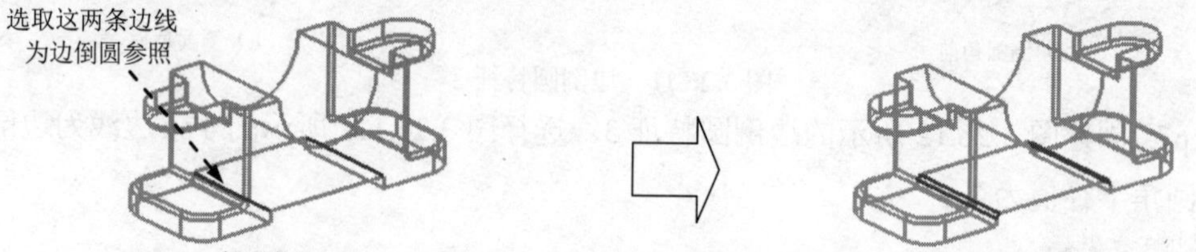

a）倒圆角前　　b）倒圆角后

图 3.26.16　边倒圆特征 7

Step12. 创建图 3.26.17 所示的孔特征 1。选择下拉菜单 插入(S) → 设计特征(E) → 孔(H)... 命令。在 类型 下拉列表中选择 常规孔 选项，选取图 3.26.18 所示的圆弧边线为孔的放置参照，在 直径 文本框输入值 12，在 深度 文本框中输入值 15；单击 < 确定 > 按钮，完成孔特征 1 的创建。

图 3.26.17　孔特征 1

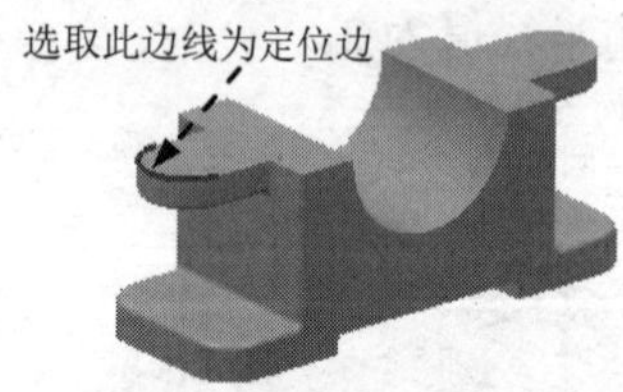

图 3.26.18　选取定位边

Step13. 创建图 3.26.19 所示的孔特征 2。选择下拉菜单 插入(S) → 设计特征(E) → 孔(H)... 命令。在 类型 下拉列表中选择 常规孔 选项，选取图 3.26.20 所示的圆弧边线为孔的放置参照，在 直径 文本框输入值 10，在 深度 文本框中输入值 15；单击 < 确定 > 按钮，完成孔特征 2 的创建。

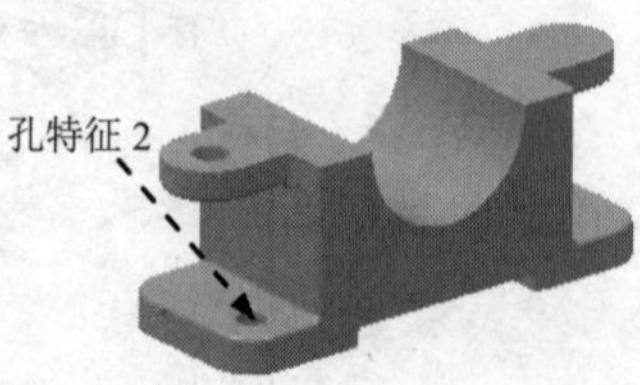

图 3.26.19　孔特征 2

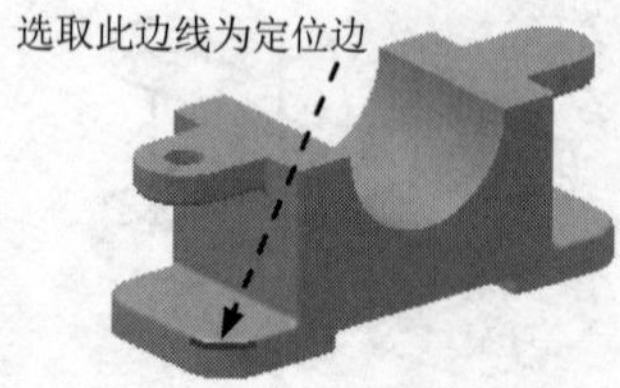

图 3.26.20　选取定位边

Step14. 创建图 3.26.21 所示的镜像特征 1。选择下拉菜单 插入(S) ➡ 关联复制(A)▸ ➡ 镜像特征(M)...命令。选择孔特征 2 为镜像源对象，在镜像平面区域的下拉列表中选择现有的平面选项，单击按钮，在图形区选取 YZ 基准平面为镜像平面。单击 确定 按钮，完成镜像特征 1 的创建。

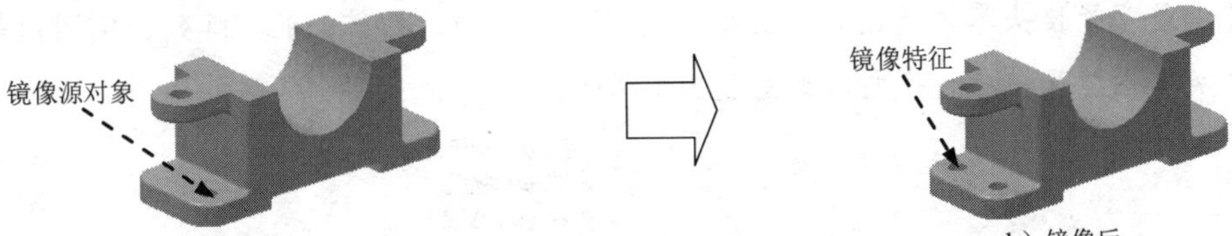

a）镜像前　　b）镜像后

图 3.26.21　镜像特征 1

Step15. 创建图 3.26.22 所示的镜像特征 2。选择下拉菜单 插入(S) ➡ 关联复制(A)▸ ➡ 镜像特征(M)...命令。选择孔特征 1、孔特征 2 和镜像特征 1 为镜像源对象，在镜像平面区域的下拉列表中选择现有的平面选项，单击按钮，在图形区选取 ZX 基准平面为镜像平面。单击 确定 按钮，完成镜像特征 2 的创建。

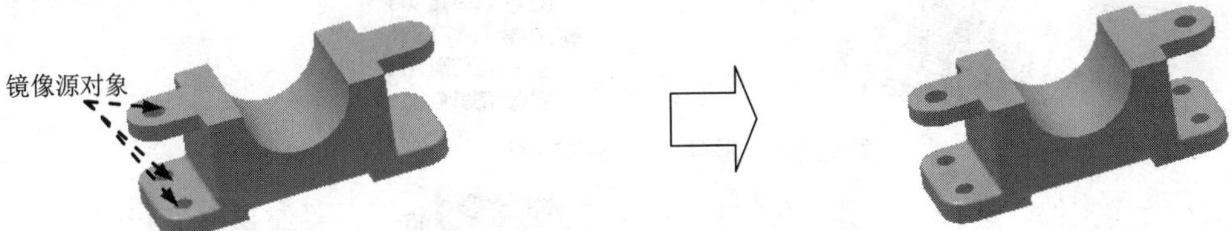

a）镜像前　　b）镜像后

图 3.26.22　镜像特征 2

Step16. 创建图 3.26.23 所示的基准平面 1。选择下拉菜单 插入(S) ➡ 基准/点(D)▸ ➡ 基准平面(D)...命令。在类型区域的下拉列表中选择按某一距离选项，选取 ZX 基准平面为参考对象，在偏置区域的距离文本框中输入值 35。单击 < 确定 > 按钮，完成基准平面 1 的创建，如图 3.26.23 所示。

Step17. 创建图 3.26.24 所示的拉伸特征 4。选择下拉菜单 插入(S) ➡ 设计特征(E)▸ ➡ 拉伸(E)...命令。选取基准平面 1 为草图平面，绘制图 3.26.25 所示的截面草图；在极限区域的开始下拉列表中选择值选项，在距离文本框中输入值 0，在结束下拉列表中选择值选项，在距离文本框中输入值 70；在布尔区域的下拉列表中选择求差选项，接受系统默认的求差对象；单击 < 确定 > 按钮，完成拉伸特征 4 的创建。

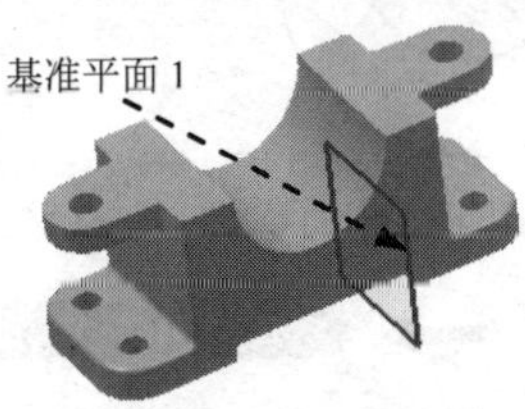

图 3.26.23　基准平面 1

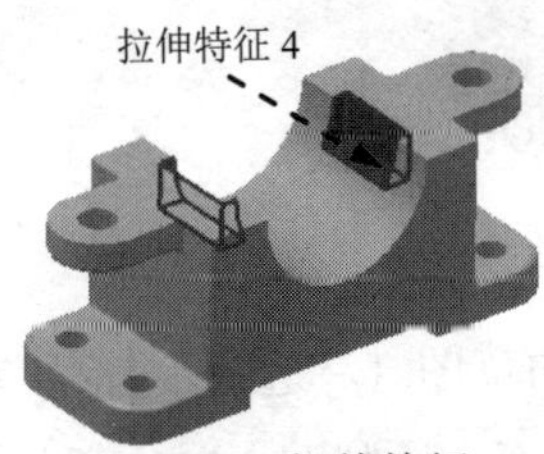

图 3.26.24 拉伸特征 4

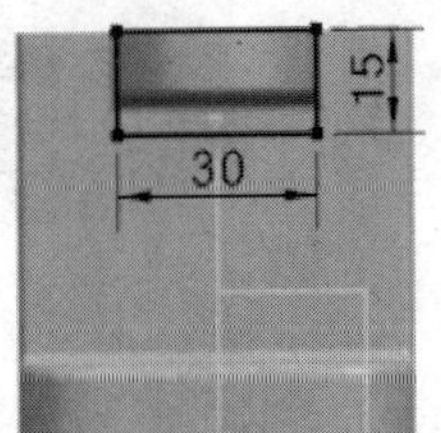

图 3.26.25　截面草图

Step18. 保存零件模型。选择下拉菜单 文件(F) ➡ 保存(S) 命令，即可保存零件模型。

3.27 范例 4——弯管接头

范例概述

本范例是弯管接头零件的设计，主要运用了实体拉伸、扫掠、孔、阵列、倒圆角等命令。零件实体模型及相应的模型树如图 3.27.1 所示。

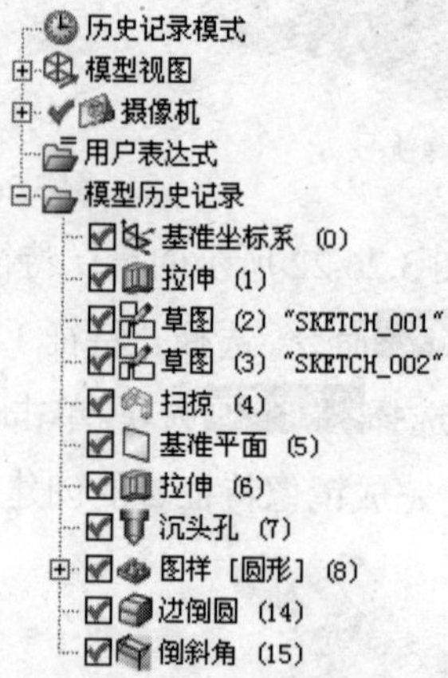

图 3.27.1 零件模型及模型树

Step1. 新建文件。选择下拉菜单 文件(F) → 新建(N)... 命令，系统弹出“新建”对话框。在 模型 选项卡的 模板 区域中选取模板类型为 模型，在 名称 文本框中输入文件名称 elbow_joint，单击 确定 按钮。

Step2. 创建图 3.27.2 所示的拉伸特征 1。选择下拉菜单 插入(S) → 设计特征(E) → 拉伸(E)... 命令。选取 XY 基准平面为草图平面，绘制图 3.27.3 所示的截面草图。在 极限 区域的 开始 下拉列表中选择 值 选项，在 距离 文本框中输入值 0，在 结束 下拉列表中选择 值 选项，在 距离 文本框中输入值 8，其他参数设置保持系统默认设置值；单击 < 确定 > 按钮，完成拉伸特征 1 的创建。

图 3.27.2 拉伸特征 1

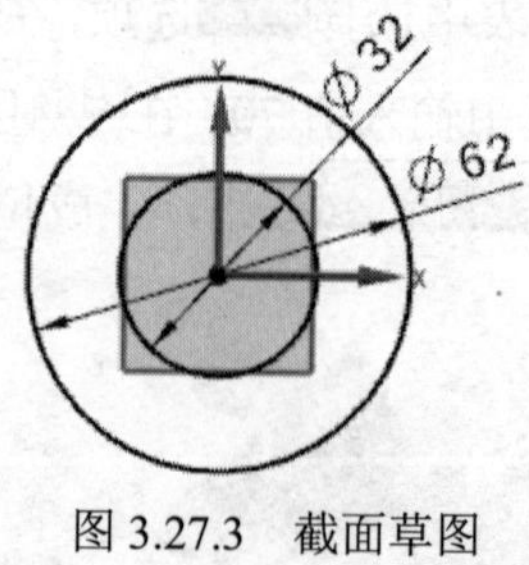

图 3.27.3 截面草图

Step3. 创建图 3.27.4 所示的草图 1。选择下拉菜单 插入(S) → 任务环境中的草图(S)... 命令，选取 XY 基准平面为草图平面，绘制图 3.27.5 所示的草图 1。

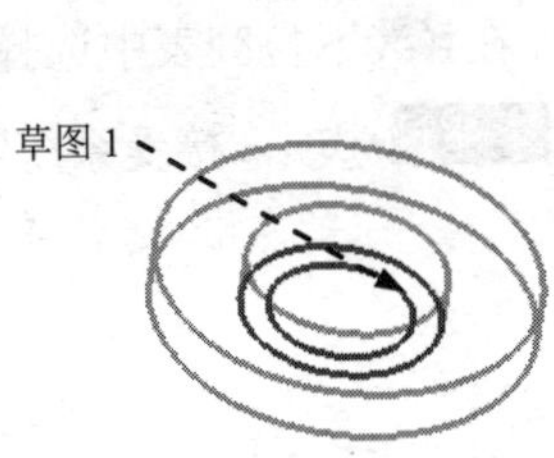

图 3.27.4　草图 1（建模环境）

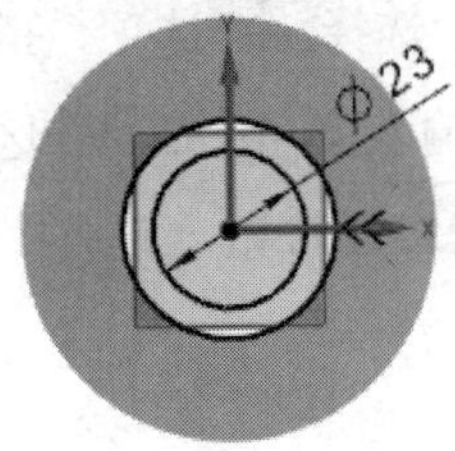

图 3.27.5　草图 1（草图环境）

Step4. 创建图 3.27.6 所示的草图 2。选择下拉菜单 插入(S) → 任务环境中的草图(S)... 命令选取 YZ 基准平面为草图平面，绘制图 3.27.7 所示的草图 2。

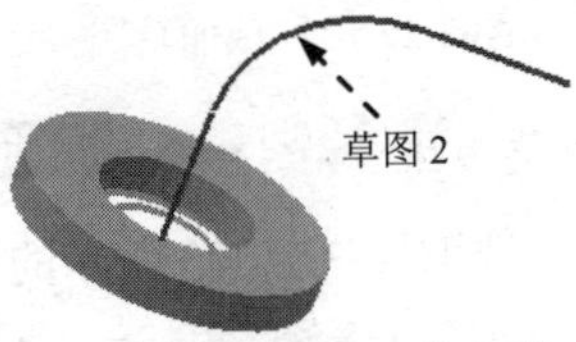

图 3.27.6　草图 2（建模环境）

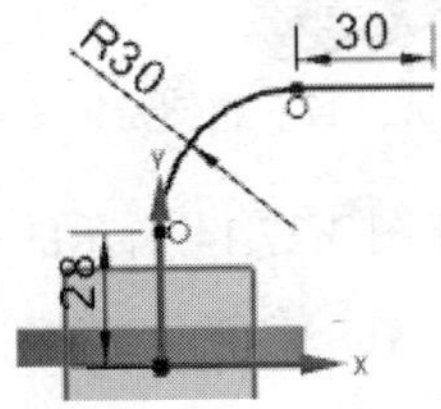

图 3.27.7　草图 2（草图环境）

Step5. 创建图 3.27.8 所示的扫掠特征。选择下拉菜单 插入(S) → 扫掠(W) → 沿引导线扫掠(G)... 命令。如图 3.27.9 所示，选取草图 1 为截面线串，选取草图 2 为引导线串，在 布尔 区域的下拉列表中选择 求和 选项，接受系统默认的求和对象；单击 <确定> 按钮，完成扫掠特征的创建。

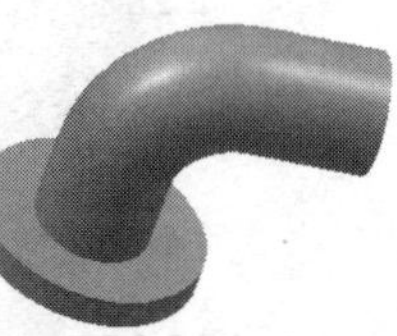

图 3.27.8　扫掠特征

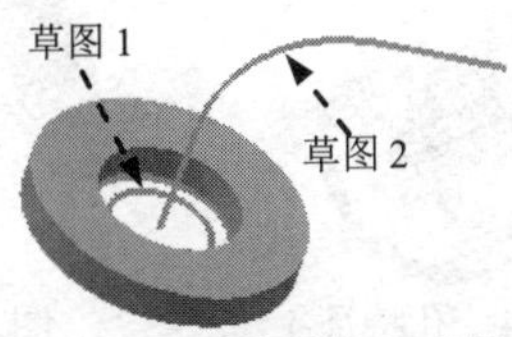

图 3.27.9　选取截面线和引导线

Step6. 创建图 3.27.10 所示的基准平面 1。选择下拉菜单 插入(S) → 基准/点(D) → 基准平面(D)... 命令。在 类型 下拉列表中选择 按某一距离 选项，选取图 3.27.11 所示的模型表面为参考平面，在 偏置 区域的 距离 文本框中输入值 5，单击“反向”按钮；单击 <确定> 按钮，完成基准平面 1 的创建，如图 3.27.10 所示。

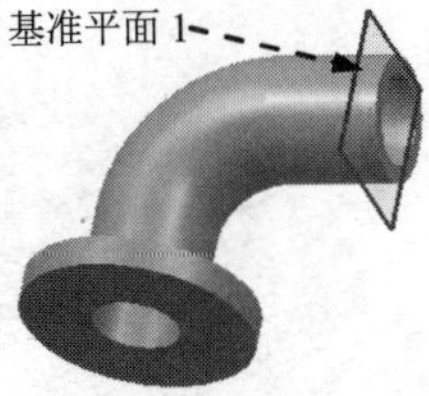

图 3.27.10　创建基准平面 1

图 3.27.11　选取参考平面

Step7. 创建图 3.27.12 所示的拉伸特征 2。选择下拉菜单 插入(S) → 设计特征(E) → 拉伸(E)... 命令。选取基准平面 1 为草图平面，绘制图 3.27.13 所示的截面草图。在 极限 区域的开始下拉列表中选择值选项，在距离文本框中输入值 0，在结束下拉列表中选择值选项，在距离文本框中输入值 6。在布尔区域的下拉列表中选择求和选项，接受系统默认的求和对象；单击< 确定 >按钮，完成拉伸特征 2 的创建。

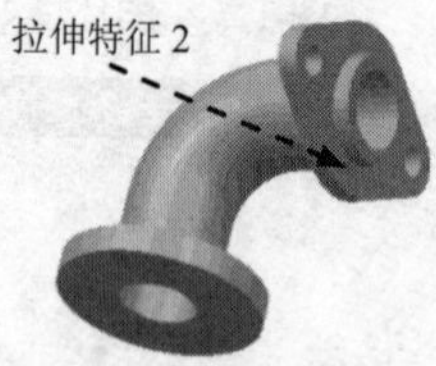

图 3.27.12 拉伸特征 2

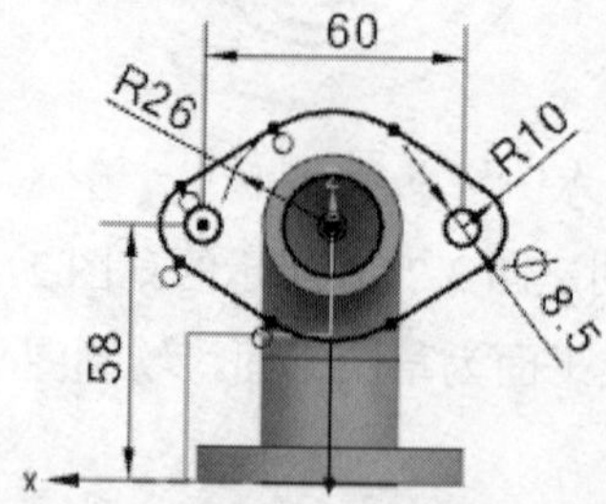

图 3.27.13 截面草图

Step8. 创建图 3.27.14 所示的孔特征 1。选择下拉菜单插入(S) → 设计特征(E) → 孔(H)...命令。在类型下拉列表中选择常规孔选项，选取图 3.27.15 所示的模型表面为放置面，绘制图 3.27.16 所示的草图点；在成形下拉列表中选择沉头选项，在沉头直径文本框输入值 10.8，在沉头深度文本框输入值 3，在直径文本框输入值 6，在深度限制下拉列表中选择贯通体选项；其他采用系统默认设置，单击< 确定 >按钮，完成孔特征 1 的创建。

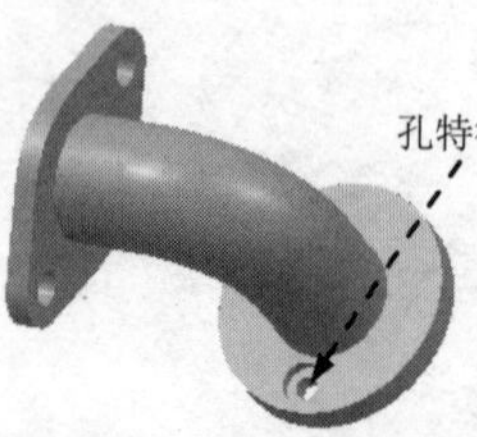

图 3.27.14 孔特征 1

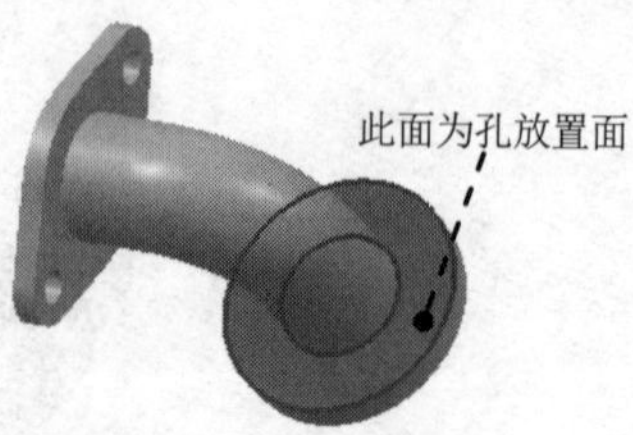

图 3.27.15 选取放置面

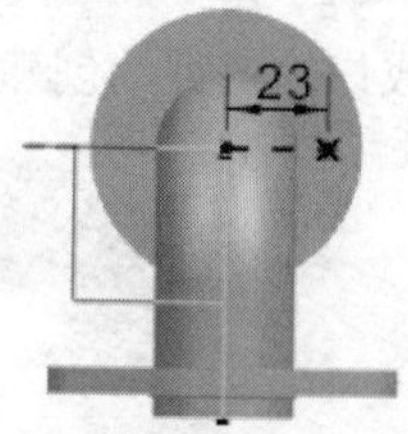

图 3.27.16 绘制草图

Step9. 创建图 3.27.17 所示的阵列特征。选择下拉菜单插入(S) → 关联复制(A) → 对特征形成图样(A)...命令。选取孔特征 1 为要阵列的特征，在布局下拉列表中选择圆形选项。选取 ZC 轴为旋转轴，选择坐标原点为阵列原点，在对话框的角度方向区域的间距下拉列表中选择数量和节距选项，然后在数量文本框中输入阵列数量为 3，在节距角文本框中输入阵列角度值为 120；单击确定按钮，完成圆形阵列的创建。

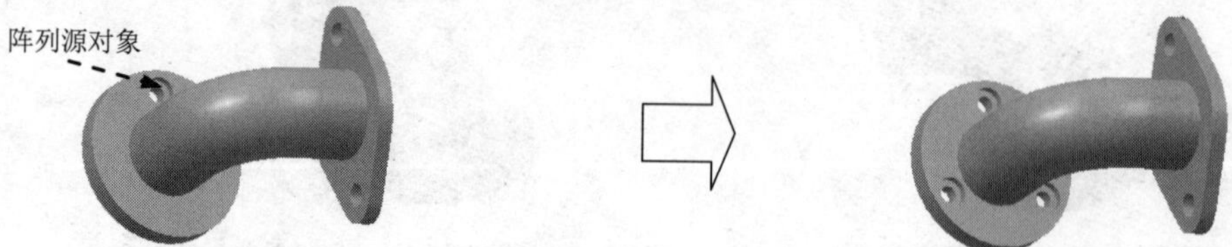

a）阵列前 b）阵列后

图 3.27.17 阵列特征

Step10. 创建图 3.27.18 所示的边倒圆特征。选择图 3.27.18a 所示的 3 条边线为边倒圆参照，输入圆角半径值 1.5。

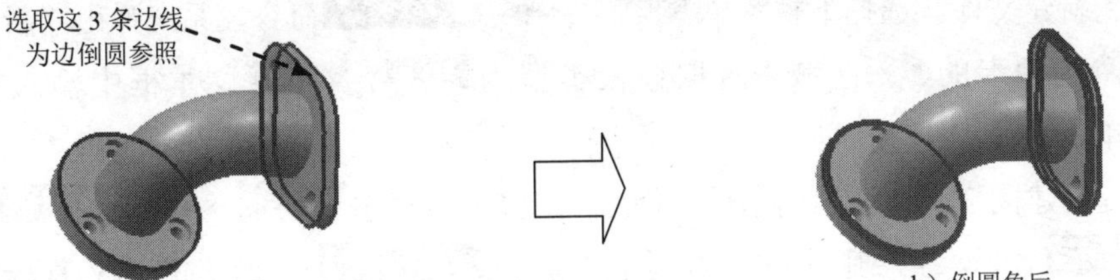

a）倒圆角前　　b）倒圆角后

图 3.27.18　边倒圆特征

Step11. 创建图 3.27.19 所示的倒斜角特征。选择图 3.27.19a 所示的边线为倒斜角参照，输入倒斜角距离值 1。

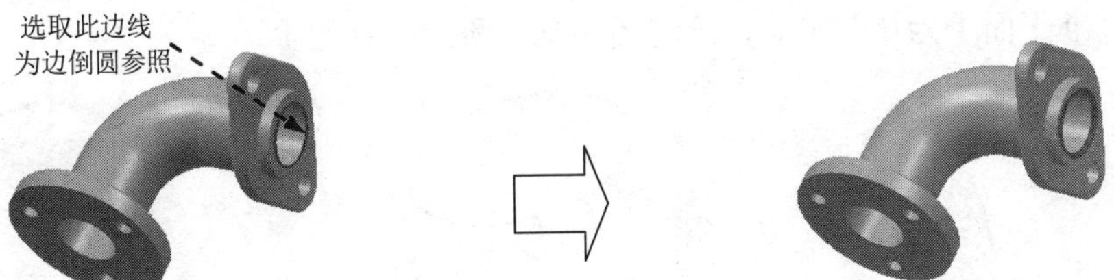

a）倒斜角前　　b）倒斜角后

图 3.27.19　倒斜角特征

Step12. 保存零件模型。选择下拉菜单 文件(F) ➡ 保存(S) 命令，即可保存零件模型。

3.28　范例 5——茶杯

范例概述

本范例是日常生活用品——茶杯的设计，主要运用了扫掠、倒圆角和抽壳等命令，其中茶杯手柄的创建是本例的难点，值得引起读者注意。零件实体模型及相应的模型树如图 3.28.1 所示。

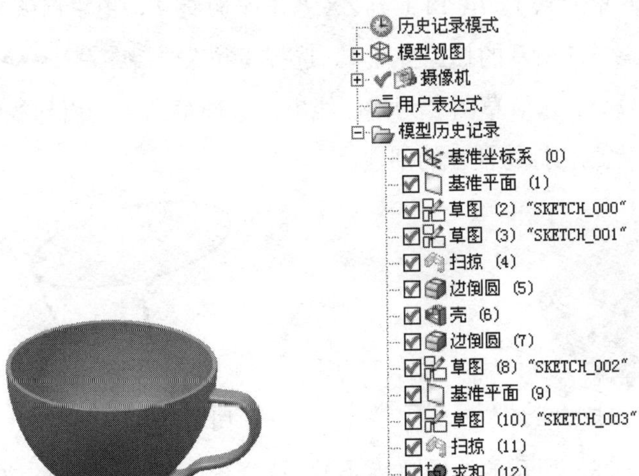

图 3.28.1　零件模型及模型树

Step1. 新建文件。选择下拉菜单 文件(F) → 新建(N)... 命令，系统弹出“新建”对话框。在 模型 选项卡的 模板 区域中选取模板类型为 模型，在 名称 文本框中输入文件名称 tea_cup，单击 确定 按钮。

Step2. 创建图 3.28.2 所示的基准平面 1。选择下拉菜单 插入(S) → 基准/点(D) → 基准平面(D)... 命令。在 类型 区域的下拉列表中选择 按某一距离 选项，选取 XY 基准平面为参考对象，在 偏置 区域的 距离 文本框中输入值 48，其他设置保持系统默认；单击 < 确定 > 按钮，完成基准平面 1 的创建，如图 3.28.2 所示。

Step3. 创建图 3.28.3 所示的草图 1。选择下拉菜单 插入(S) → 任务环境中的草图(S)... 命令。选取基准平面 1 为草图平面，绘制图 3.28.4 所示的草图 1。

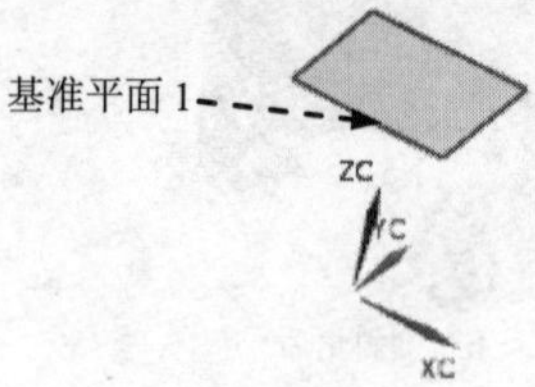

图 3.28.2　创建基准平面 1

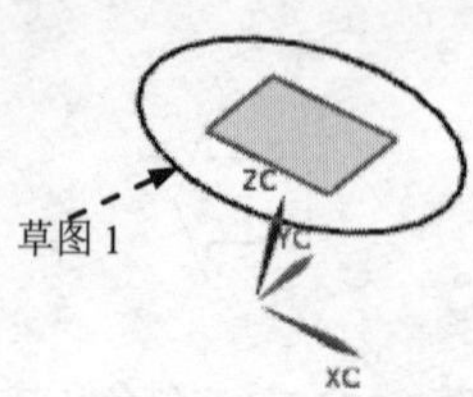

图 3.28.3　草图 1（建模环境）

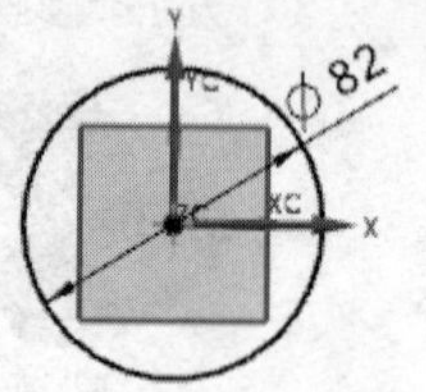

图 3.28.4　草图 1（草图环境）

Step4. 创建图 3.28.5 所示的草图 2。选择下拉菜单 插入(S) → 任务环境中的草图(S)... 命令。选取 ZX 基准平面为草图平面，绘制图 3.28.6 所示的草图 2（点 1 为 ZX 基准平面与草图 1 的交点）。

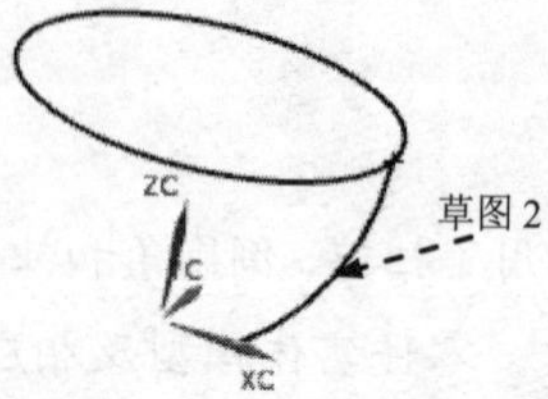

图 3.28.5　草图 2（建模环境）

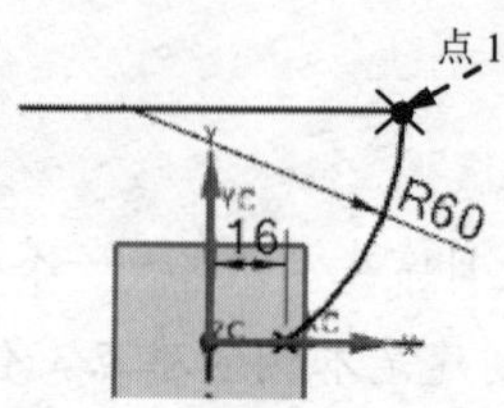

图 3.28.6　草图 2（草图环境）

说明：图 3.28.6 中的点 1 为草图 1 与 ZX 基准平面交点，图中圆弧线经过此点。

Step5. 创建图 3.28.7 所示的扫掠特征 1。选择下拉菜单 插入(S) → 扫掠(W) → 沿引导线扫掠(G)... 命令。选取草图 2 为截面线串，选取草图 1 为引导线串（图 3.28.8）。单击 < 确定 > 按钮，完成扫掠特征 1 的创建。

图 3.28.7　扫掠特征 1

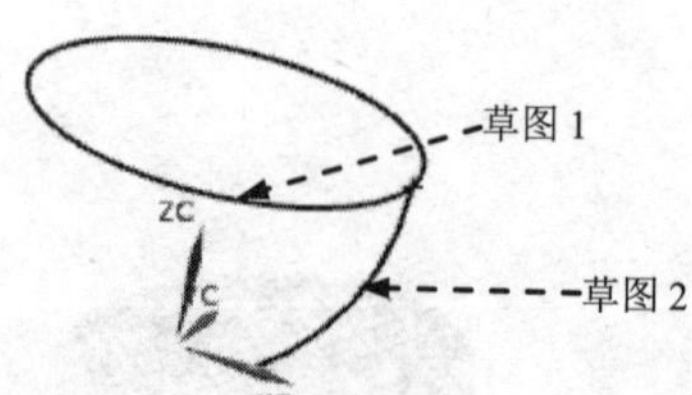

图 3.28.8　选取截面线和引导线

Step6. 创建图 3.28.9 所示的边倒圆特征 1。选择图 3.28.9a 所示的边线为边倒圆参照，输入圆角半径值 2。

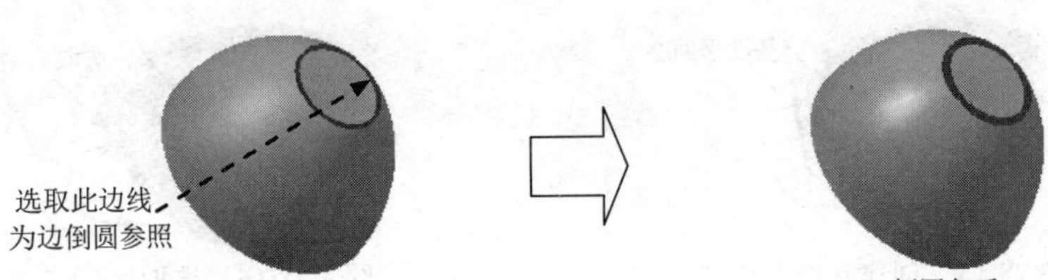

a）倒圆角前　　b）倒圆角后

图 3.28.9　边倒圆特征 1

Step7. 创建图 3.28.10 所示的抽壳特征。选择下拉菜单 插入(S) ➡ 偏置/缩放(O) ➡ 抽壳(H)... 命令。选取图 3.28.11 所示的模型表面为要移除的面，在 厚度 文本框中输入值 2；单击 < 确定 > 按钮，完成抽壳特征的创建。

图 3.28.10　抽壳特征

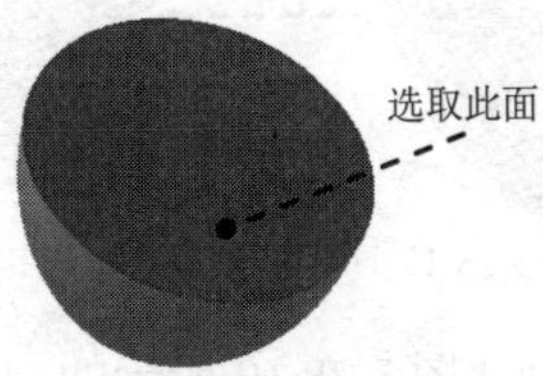

图 3.28.11　选取移除面

Step8. 创建图 3.28.12 所示的边倒圆特征 2。选取图 3.28.12a 所示的两条边线为边倒圆参照，输入圆角半径值 0.5。

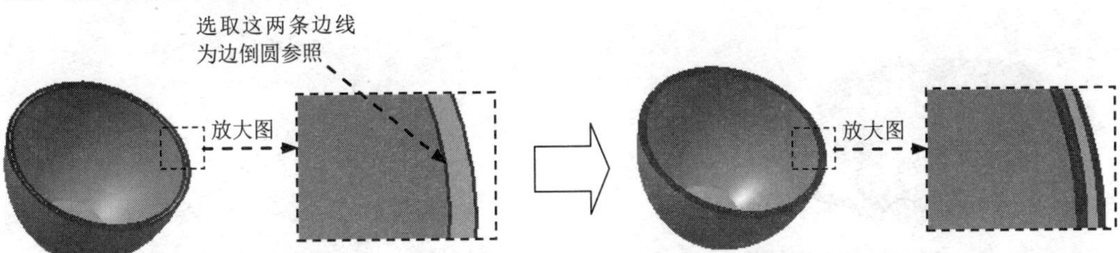

a）倒圆角前　　b）倒圆角后

图 3.28.12　边倒圆特征 2

Step9. 创建图 3.28.13 所示的草图 3。选择下拉菜单 插入(S) ➡ 任务环境中的草图(S)... 命令。选取 ZX 基准平面为草图平面，绘制图 3.28.14 所示的草图 3。

图 3.28.13　草图 3（建模环境）

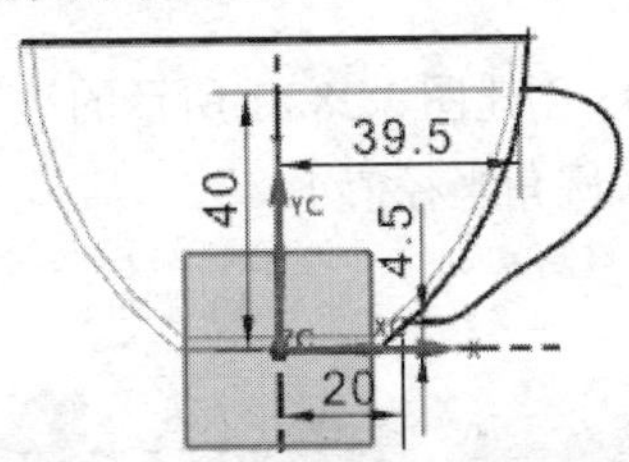

图 3.28.14　草图 3（草图环境）

Step10. 创建图 3.28.15 所示的基准平面 2。选择下拉菜单 插入(S) ➡ 基准/点(D) ➡ 基准平面(D)... 命令。在 类型 区域的下拉列表中选择 点和方向 选项，选取图 3.28.16 所示的草图 3 的端点，在 法向 区域 指定矢量 下拉列表中选择 XC 选项；其他参数设置保持系统默认值，单击 < 确定 > 按钮，完成基准平面 2 的创建。

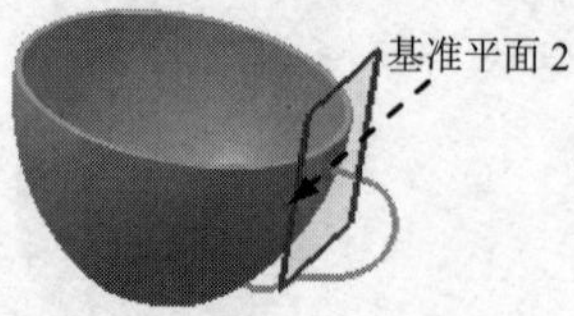

图 3.28.15　创建基准平面 2

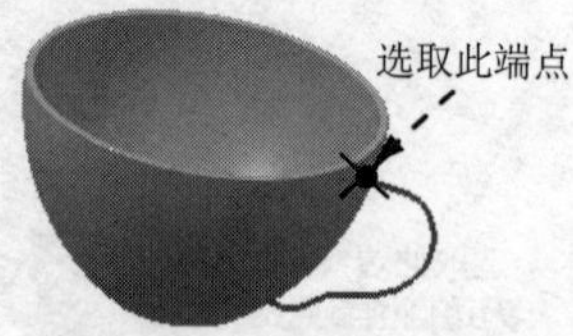

图 3.28.16　选取参考点

Step11. 创建图 3.28.17 所示的草图 4。选择下拉菜单 插入(S) → 任务环境中的草图(S)... 命令。选取基准平面 2 为草图平面，绘制图 3.28.18 所示的草图 4。

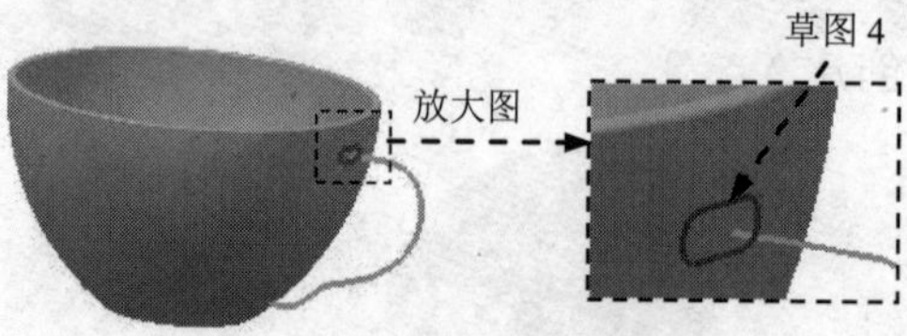

图 3.28.17　草图 4（建模环境）

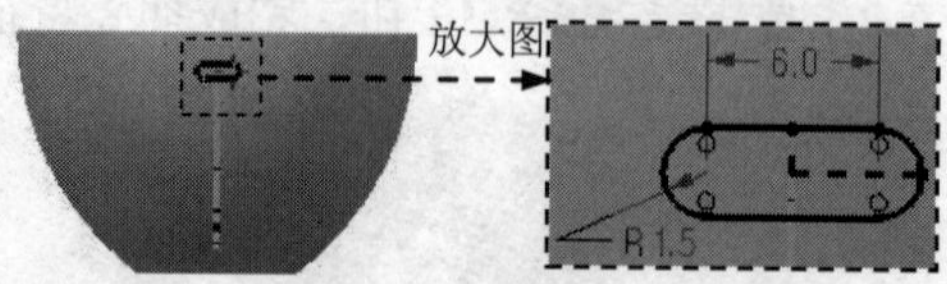

图 3.28.18　草图 4（草图环境）

Step12. 创建图 3.28.19 所示的扫掠特征 2。选择下拉菜单 插入(S) → 扫掠(W) → 沿引导线扫掠(G)... 命令。如图 3.28.20 所示，选取草图 4 为截面线串，选取草图 3 为引导线串，单击 < 确定 > 按钮，完成扫掠特征 2 的创建。

图 3.28.19　扫掠特征 2

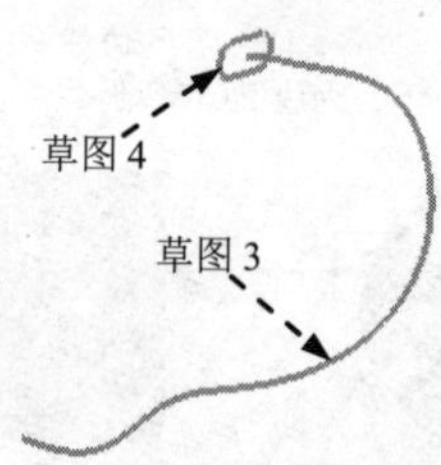

图 3.28.20　选取截面线和引导线

Step13. 创建求和特征。选择下拉菜单 插入(S) → 组合(B) → 求和(U)... 命令。选取扫掠特征 1 为目标体；选取扫掠特征 2 为刀具体，单击 < 确定 > 按钮，完成求和特征的创建。

Step14. 创建图 3.28.21 所示的边倒圆特征 3。选取图 3.28.21a 所示的两条边线为边倒圆参照，输入圆角半径值 1。

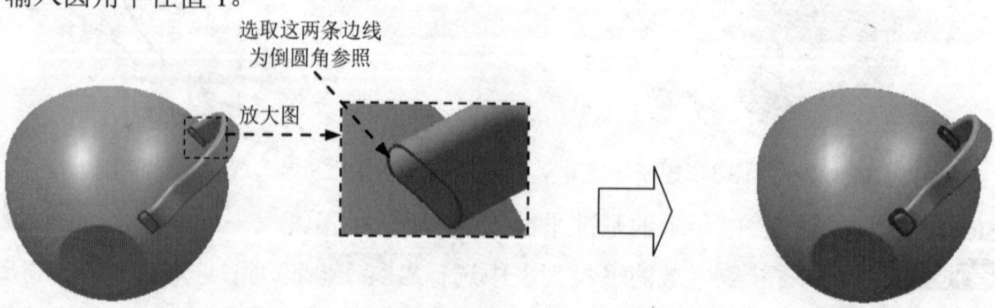

a）倒圆角前　　b）倒圆角后

图 3.28.21　边倒圆特征 3

Step15. 保存零件模型。选择下拉菜单 文件(F) → 保存(S) 命令，即可保存零件模型。

3.29 习 题

习题 1

创建图 3.29.1 所示的六角螺母模型，操作提示如下：

Step1. 新建一个零件的三维模型，将零件的模型命名为 fix_nut.prt。

Step2. 创建图 3.29.2 所示的实体拉伸特征，截面草图如图 3.29.3 所示，深度值为 5.0。

图 3.29.1 边倒圆

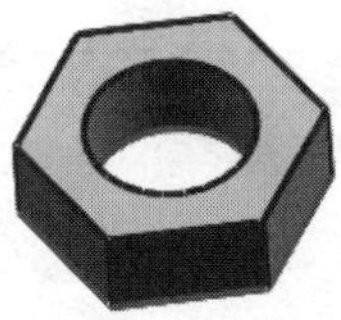

图 3.29.2 拉伸特征

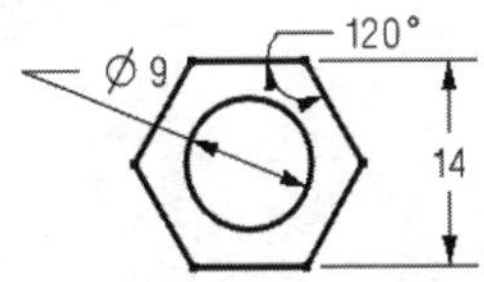

图 3.29.3 截面草图（一）

Step3. 添加图 3.29.4 所示的回转特征，进行“差”操作，截面草图如图 3.29.5 所示。

Step4. 添加图 3.29.6 所示的倒角特征，半径值为 0.5。

图 3.29.4 回转特征

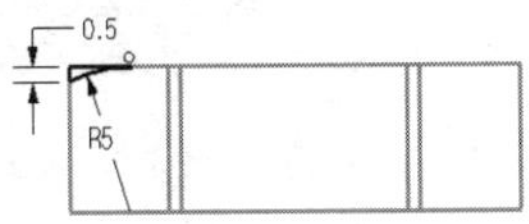

图 3.29.5 截面草图

图 3.29.6 倒角特征

习题 2

创建图 3.29.7 所示的转轴模型，操作提示如下（所缺尺寸可自行确定）：

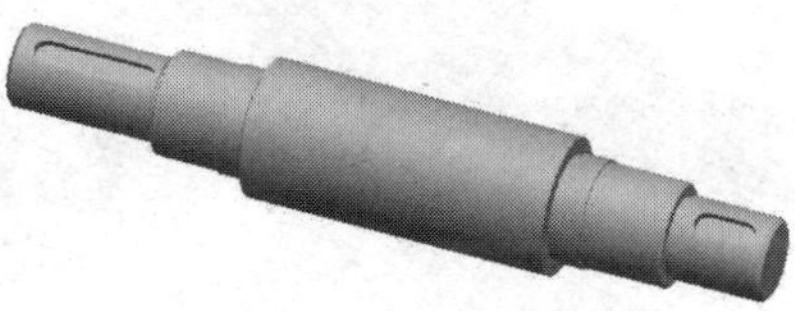

图 3.29.7 转轴模型

Step1. 新建一个零件的三维模型，将零件的模型命名为 shaft.prt。

Step2. 创建图 3.29.8 所示的实体旋转特征 1，截面草图如图 3.29.9 所示。

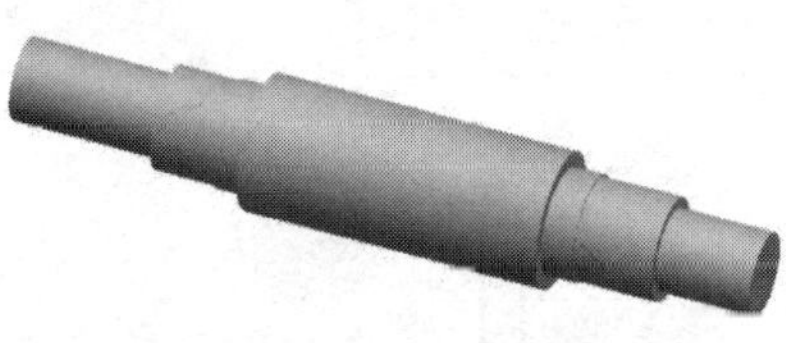

图 3.29.8 实体旋转特征 1

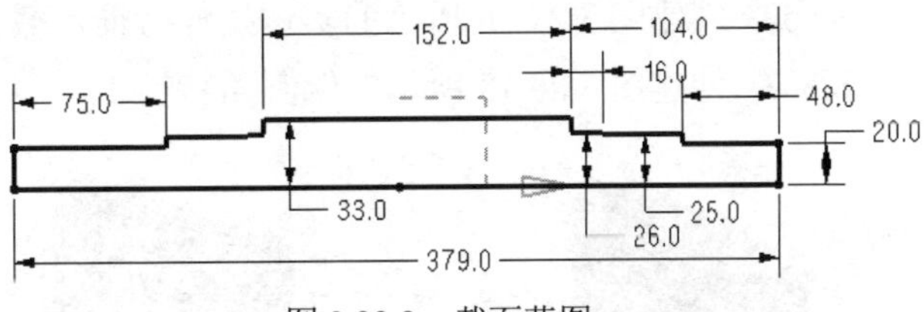

图 3.29.9 截面草图

Step3. 创建图 3.29.10 所示的旋转特征 1、2。

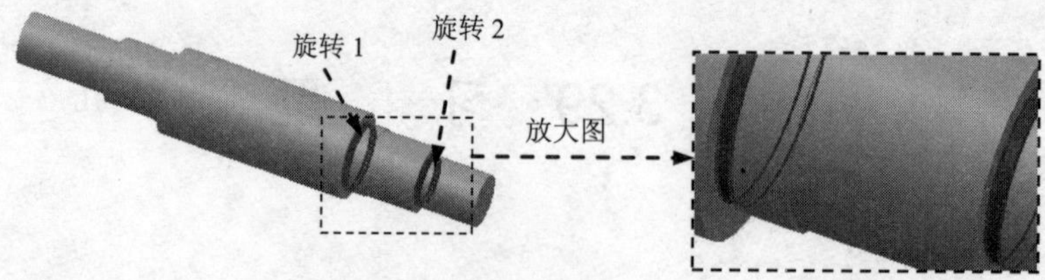

图 3.29.10　旋转特征 1、2

Step4. 创建图 3.29.11 所示的旋转特征 3、4。

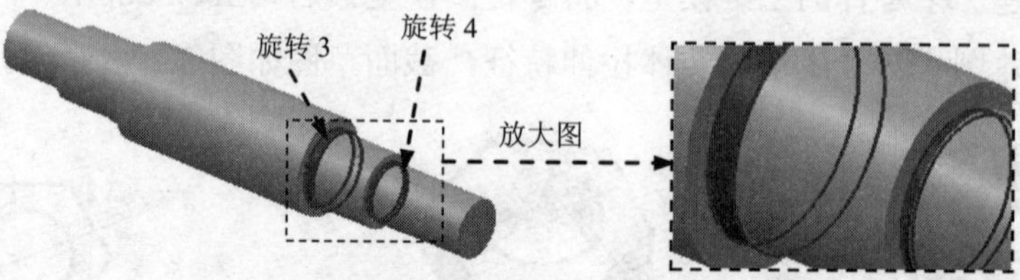

图 3.29.11　旋转特征 3、4

Step5. 创建图 3.29.12 所示的拉伸特征特征 1。

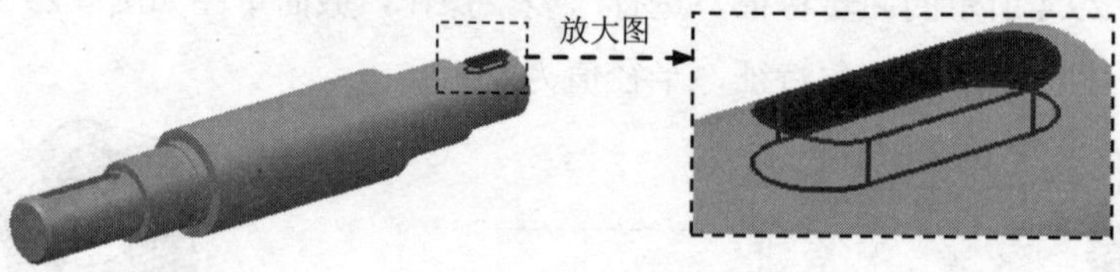

图 3.29.12　拉伸特征 1

Step6. 创建图 3.29.13 所示的拉伸特征 2。

Step7. 创建图 3.29.14 所示的倒角特征（可以分步进行，也可以一次创建完成）。

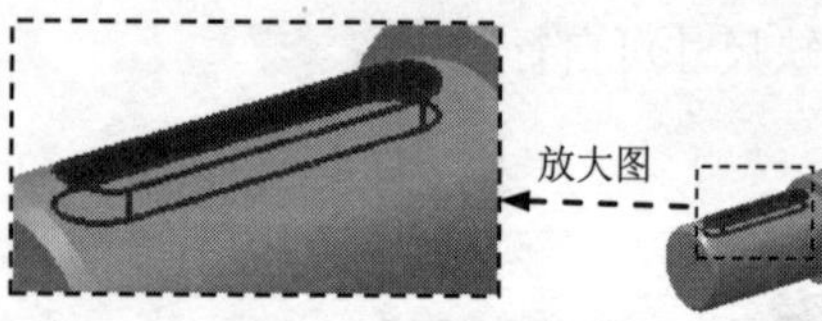

图 3.29.13　拉伸特征 2

图 3.29.14　倒角特征

习题 3

创建图 3.29.15 所示的连接板模型，操作提示如下（所缺尺寸可自行确定）：

Step1. 新建一个零件的三维模型，将零件的模型命名为 connection_board.prt。

Step2. 创建图 3.29.16 所示的实体拉伸特征，截面草图如图 3.29.17 所示。

Step3. 创建图 3.29.18 所示的倒圆角特征 1。

图 3.29.15　连接板模型

图 3.29.16　拉伸特征

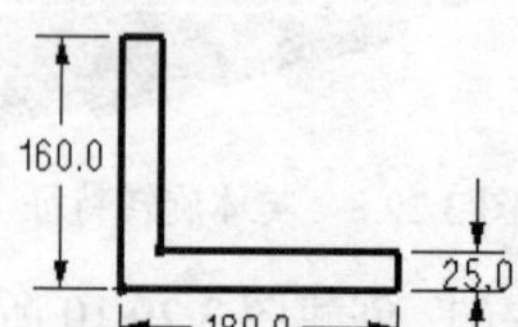

图 3.29.17　截面草图

Step4. 创建图 3.29.19 所示的孔特征 1、2。

Step5. 创建图 3.29.20 所示的镜像特征 1，镜像 Step4 中创建的孔特征 1、2。

图 3.29.18　倒圆角特征 1

图 3.29.19　孔特征 1、2

图 3.29.20　镜像特征 1

Step6. 创建图 3.29.21 所示的拉伸特征 2（加强筋）。

a）筋特征 1　b）截面草图

图 3.29.21　拉伸特征 2

Step7. 如图 3.29.22 所示，创建各边线的倒圆角特征（注意倒圆角的顺序，不同的顺序可能得出的结果不同，甚至导致特征生成失败）。

Step8. 创建图 3.29.23 所示的倒角特征。

图 3.29.22　各个倒圆角特征

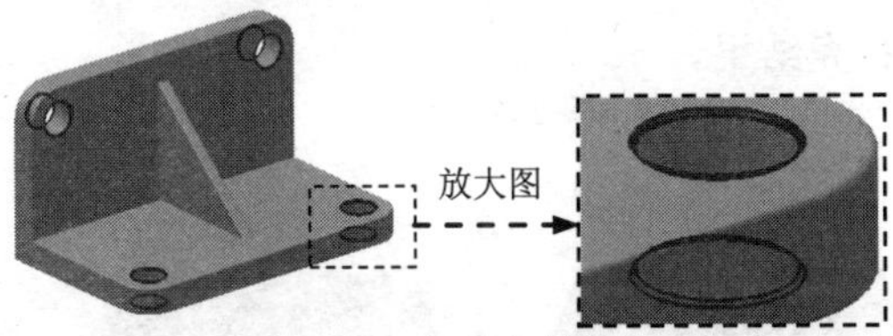

图 3.29.23　倒角特征

习题 4

创建图 3.29.24 所示的“热得快”模型（所缺尺寸可自行确定），操作提示如下：

Step1. 新建一个零件的三维模型，将零件的模型命名为 liquids_electric_heater.prt。

Step2. 创建图 3.29.25 所示的旋转特征。

Step3. 创建扫掠特征。扫掠特征引导线如图 3.29.26 所示；扫掠截面线串如图 3.29.27 所示。

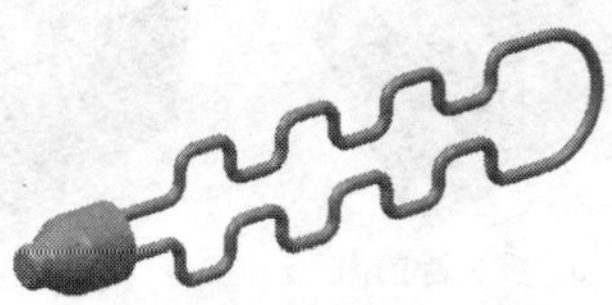
图 3.29.24　零件模型

图 3.29.25　旋转特征

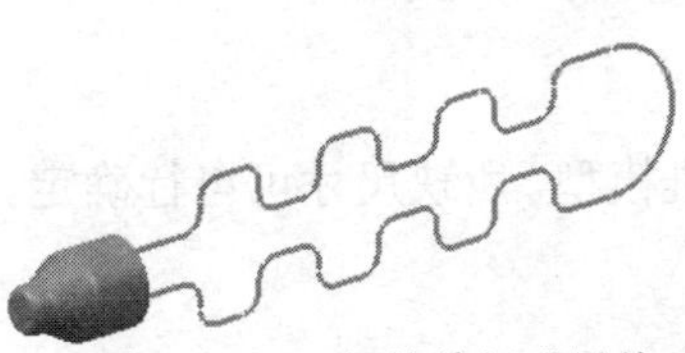
图 3.29.26　扫掠特征引导线

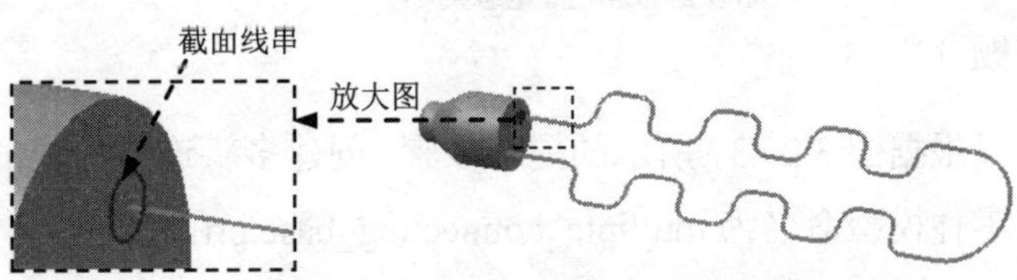

图 3.29.27　扫掠截面线串（从空间位置看）

习题 5

创建图 3.29.28 所示的 shell 零件模型，并进行抽壳练习。操作提示如下：

Step1. 新建一个零件的三维模型，将零件的模型命名为 shell.prt。

Step2. 创建图 3.29.29 所示的拉伸特征 1，截面草图如图 3.29.30 所示。

图 3.29.28 shell 零件模型

图 3.29.29 拉伸特征 1

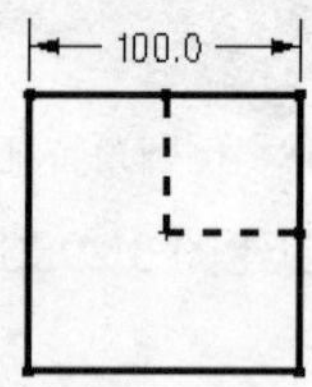

图 3.29.30 截面草图

Step3. 创建图 3.29.31 所示的回转特征 1，截面草图如图 3.29.32 所示。

图 3.29.31 回转特征 1

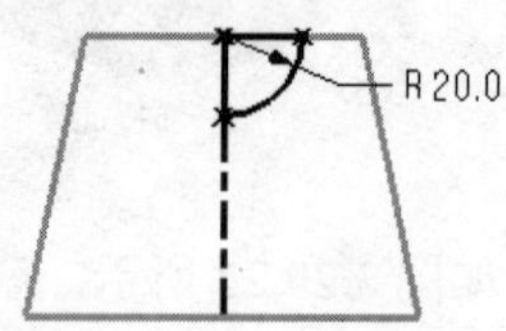

图 3.29.32 截面草图

Step4. 进行图 3.29.33～图 3.29.36 所示的抽壳练习，选取不同的要去除的面，会得到不同的抽壳结果。

a）要去除的面 b）抽壳后

图 3.29.33 抽壳练习 1

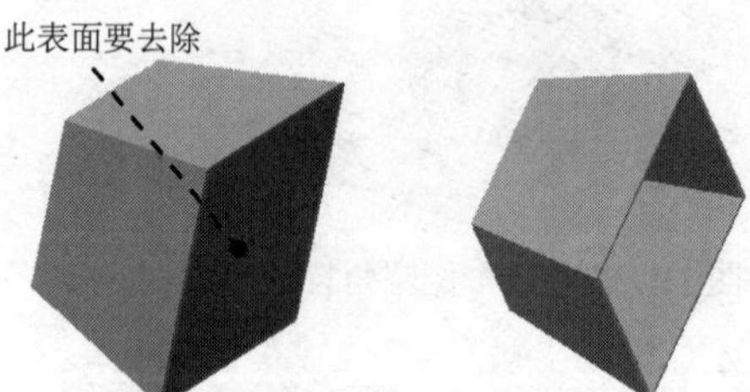

a）要去除的面 b）抽壳后

图 3.29.34 抽壳练习 2

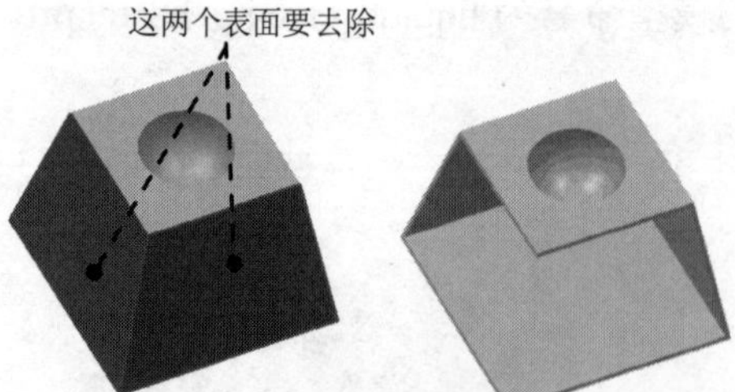

a）要去除的面 b）抽壳后

图 3.29.35 抽壳练习 3

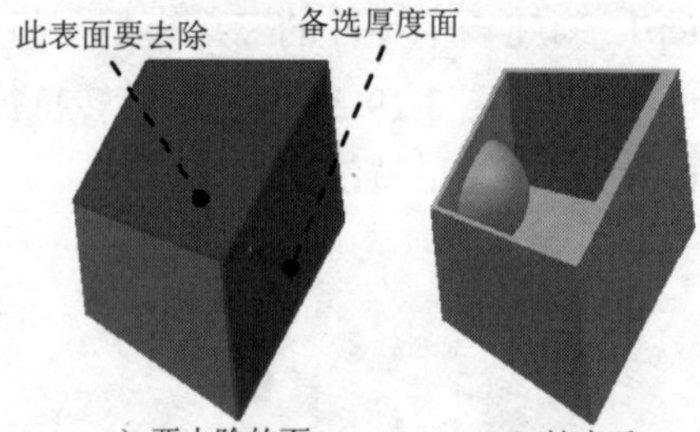

a）要去除的面 b）抽壳后

图 3.29.36 抽壳练习 4

习题 6

根据图 3.29.37 所示的提示步骤，创建多头连接机座的三维模型，所缺尺寸可自行确定。将零件模型命名为 multiple_connecting_base.prt。

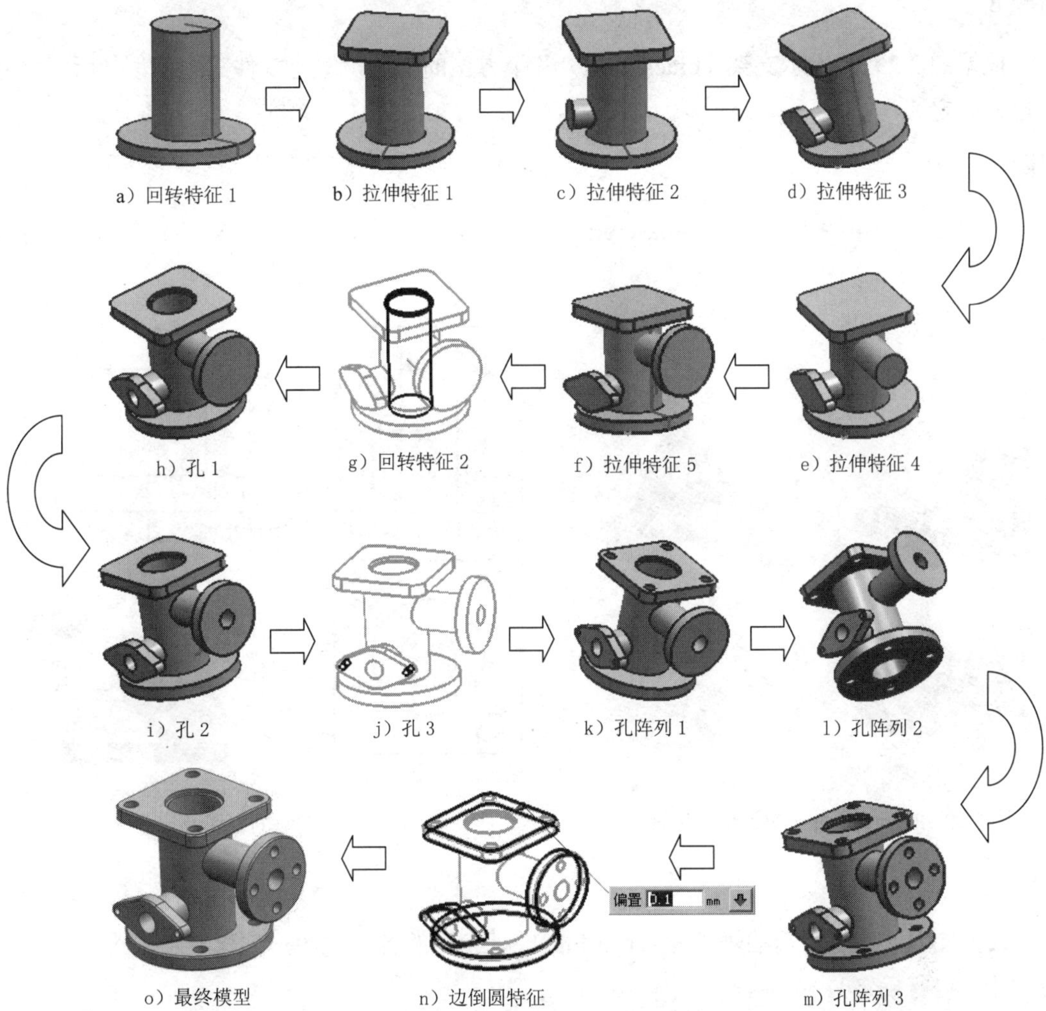

图 3.29.37　模型创建步骤

习题 7

根据图 3.29.38 所示的提示步骤创建带轮的三维模型，将零件的模型命名为 strap_wheel.prt。

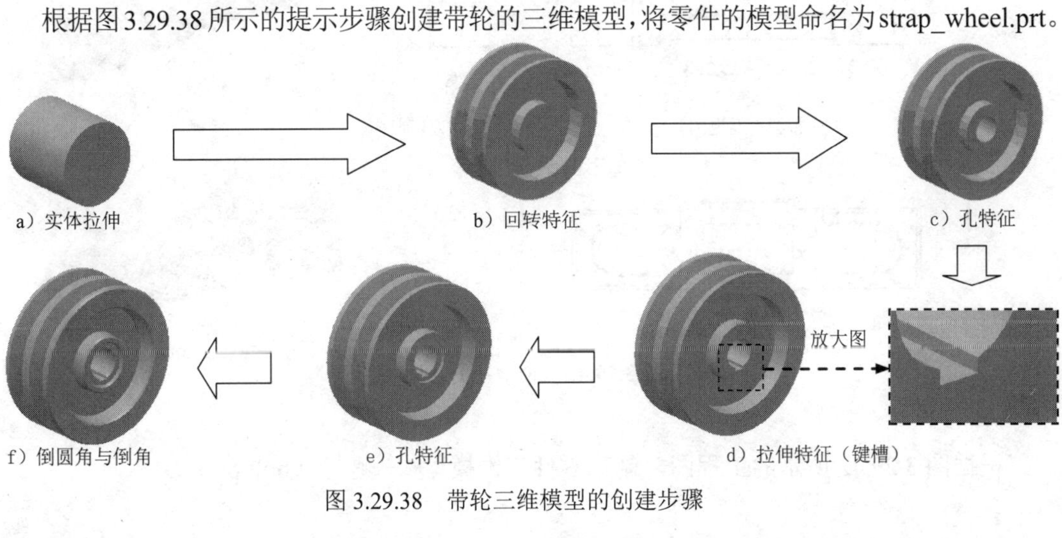

图 3.29.38　带轮三维模型的创建步骤

习题 8

根据图 3.29.39 所示支架（bracket.prt）各个方位的视图，创建零件三维模型（所缺尺寸可自行确定）。

习题 9

根据图 3.29.40 所示的基座（base.prt）的各个视图，创建零件三维模型（所缺尺寸可自行确定）。

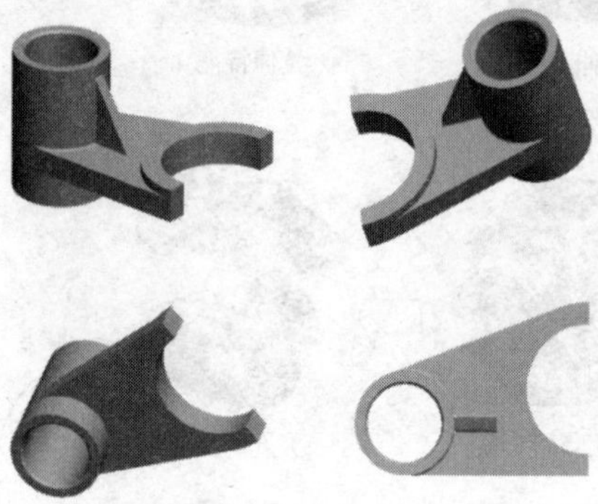

图 3.29.39 bracket.prt 的各个方位视图

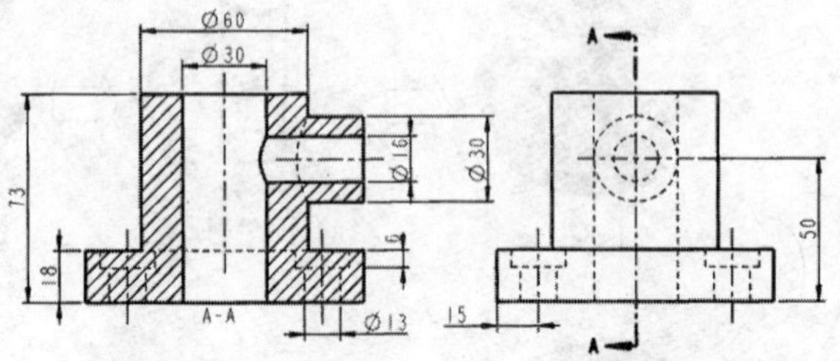

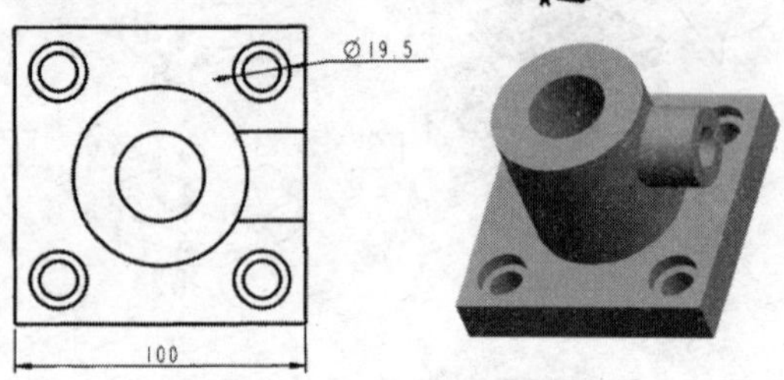

图 3.29.40 基座的视图及尺寸

习题 10

根据图 3.29.41 所示的轴承座（bearing_best.prt）的各个视图，创建零件三维模型（所缺尺寸可自行确定）。

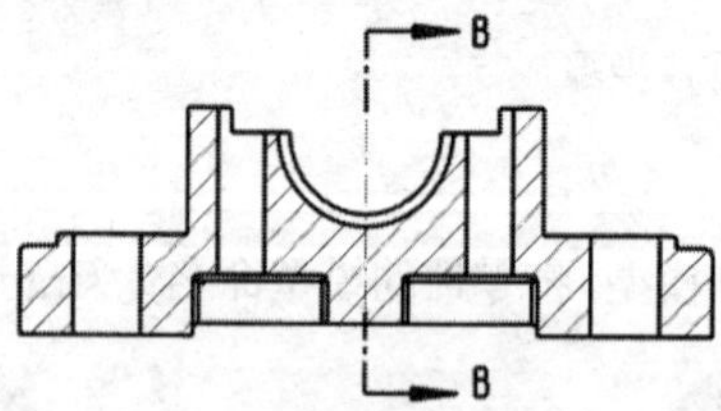

主视图（剖视图）

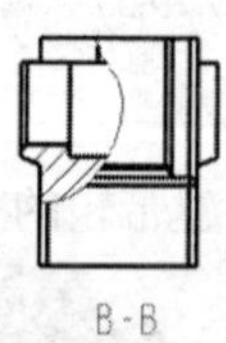

侧视图（局部剖视）

轴测图 1

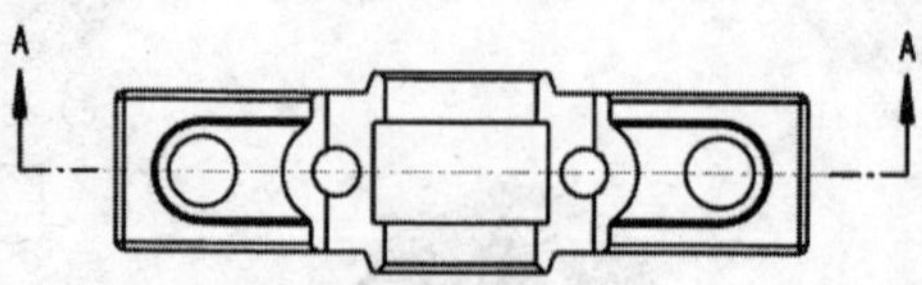

俯视图

轴测图 2

图 3.29.41 轴承座的各个视图

习题 11

根据图 3.29.42 所示的工程图，创建零件三维模型——螺钉（bolt.prt）。

习题 12

根据图 3.29.43 所示的工程图，创建零件三维模型——蝶形螺母（butterfly_nut.prt）。

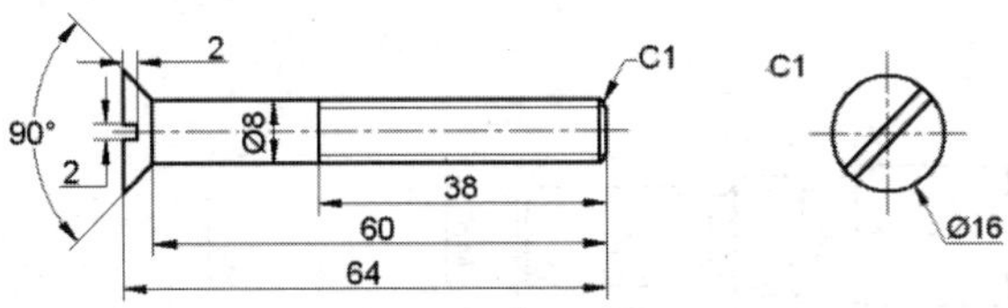

图 3.29.42　螺钉工程图

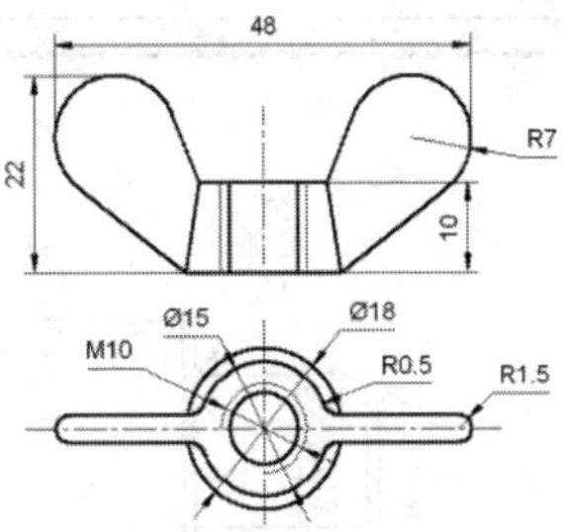

图 3.29.43　蝶形螺母工程图

习题 13

根据图 3.29.44 所示的工程图，创建零件三维模型——滑块（slipper.prt）。

习题 14

根据图 3.29.45 所示的工程图，创建零件三维模型——法兰盘（flange_plate.prt）。

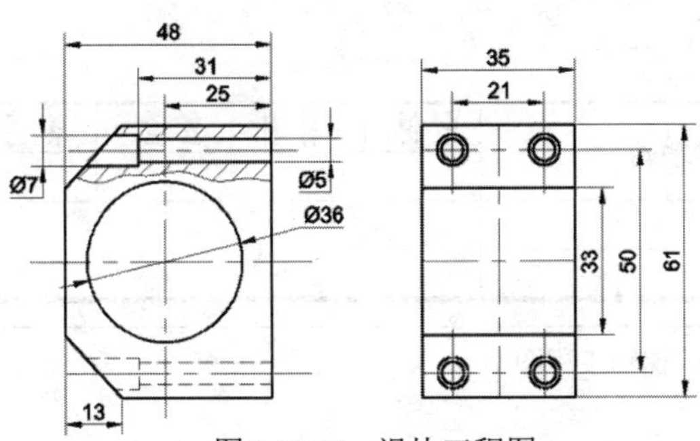

图 3.29.44　滑块工程图

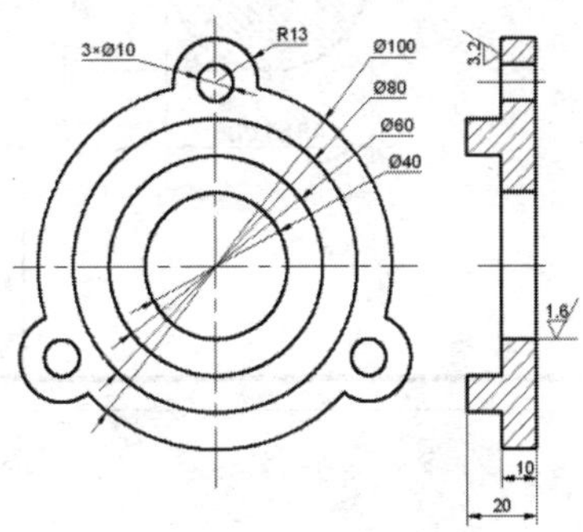

图 3.29.45　法兰盘工程图

习题 15

根据图 3.29.46 所示的工程图，创建零件三维模型——底座（base01.prt）。

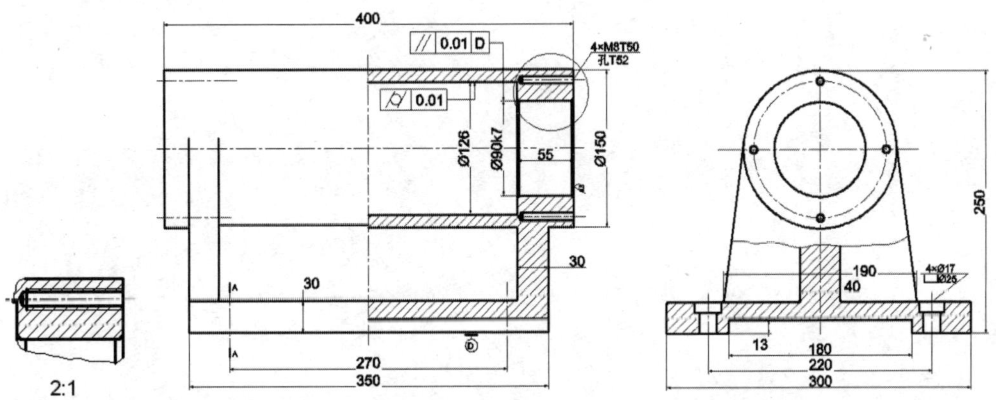

图 3.29.46　底座工程图

习题 16

根据图 3.29.47 所示的工程图，创建零件三维模型——阶梯轴（shaft01.prt）。

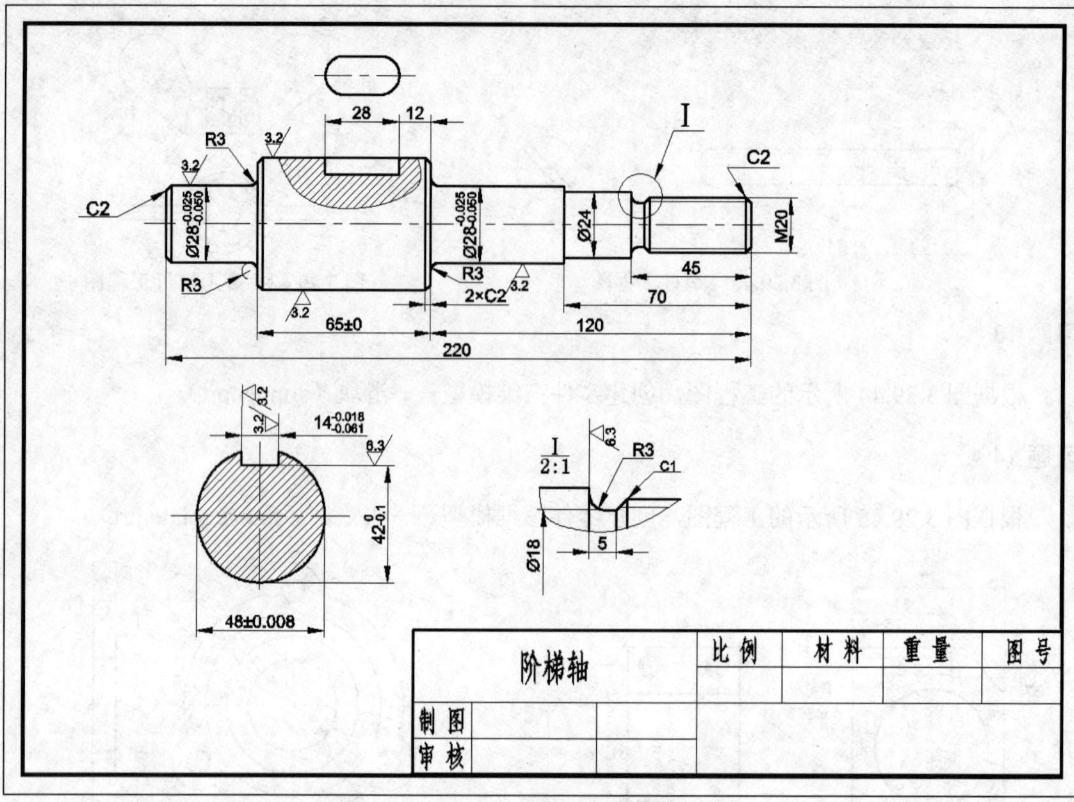

图 3.29.47　阶梯轴工程图

习题 17

根据图 3.29.48 所示的工程图，创建零件三维模型——齿轮箱（gear_housing.prt）。

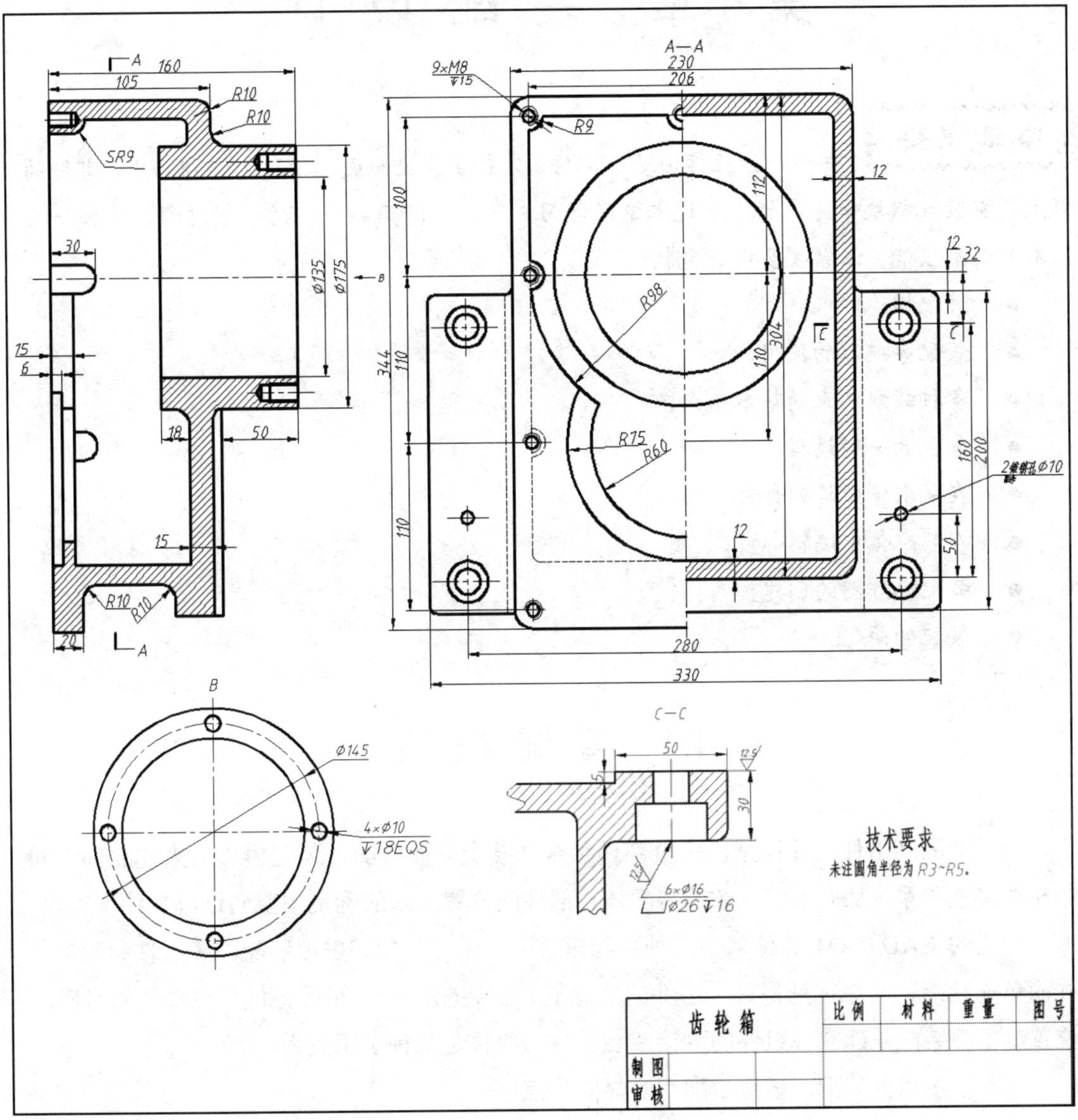

图 3.29.48 齿轮箱工程图

第 4 章　装配设计

本章提要　一个产品往往由多个部件（零件）装配而成，在 UG NX 8.0 中，部件的装配是在装配模块中完成的。通过本章的学习，可以了解产品装配的一般过程，掌握一些基本的装配技能。本章主要内容包括：

- 装配概述。
- 装配导航器的使用。
- 各种装配约束的基本概念。
- 装配的一般过程。
- 在装配体中阵列部件。
- 在装配体中编辑部件。
- 装配爆炸图的创建。
- 装配的简化。

4.1　装配概述

一个产品（组件）往往是由多个部件组合（装配）而成的，装配模块用来建立部件间的相对位置关系，从而形成复杂的装配体。部件间位置关系的确定主要通过添加约束实现。

一般的 CAD/CAM 软件包括两种装配模式：多组件装配和虚拟装配。多组件装配是一种简单的装配，其原理是将每个组件的信息复制到装配体中，然后将每个组件放到对应的位置。虚拟装配是建立各组件的链接，装配体与组件是一种引用关系。

相对于多组件装配，虚拟装配有明显的优点：

- 虚拟装配中的装配体是引用各组件的信息，而不是复制其本身，因此改动组件时，相应的装配体也自动更新；这样当对组件进行变动时，就不需要对与之相关的装配体进行修改，同时也避免了修改过程中可能出现的错误，提高了效率。
- 虚拟装配中，各组件通过链接应用到装配体中，比复制节省了存储空间。
- 控制部件可以通过引用集的引用，下层部件不需要在装配体中显示，简化了组件的引用，提高了显示速度。

UG NX 8.0 的装配模块具有下面一些特点：

- 利用装配导航器可以清晰地查询、修改和删除组件以及约束。

- 提供了强大的爆炸图工具，可以方便地生成装配体的爆炸图。
- 提供了很强的虚拟装配功能，有效地提高了工作效率。提供了方便的组件定位方法，可以快捷地设置组件间的位置关系。系统提供了八种约束方式，通过对组件添加多个约束，可以准确地把组件装配到位。

相关术语和概念

装配：是指在装配过程中建立部件之间的相对位置关系，由部件和子装配组成。

组件：在装配中按特定位置和方向使用的部件。组件可以是独立的部件，也可以是由其他较低级别的组件组成的子装配。装配中的每个组件仅包含一个指向其主几何体的指针，在修改组件的几何体时，装配体将随之发生变化。

部件：任何 prt 文件都可以作为部件添加到装配文件中。

工作部件：可以在装配模式下编辑的部件。在装配状态下，一般不能对组件直接进行修改，要修改组件，需要将该组件设为工作部件。部件被编辑后，所作修改的变化会反映到所有引用该部件的组件。

子装配：子装配是在高一级装配中被用作组件的装配，子装配也可以拥有自己的子装配。子装配是相对于引用它的高一级装配来说的，任何一个装配部件可在更高级装配中用作子装配。

引用集：定义在每个组件中的附加信息，其内容包括了该组件在装配时显示的信息。每个部件可以有多个引用集，供用户在装配时选用。

4.2　装配环境中的下拉菜单及工具条

装配环境中的下拉菜单中包含了进行装配操作的所有命令，而装配工具条包含了进行装配操作的常用按钮。工具条中的按钮都能在下拉菜单中找到与其对应的命令，这些按钮是进行装配的主要工具。

新建任意一个文件（如 work.prt）；选择 开始 下拉菜单中的 装配(L) 命令，进入装配环境，并显示图 4.2.1 所示的“装配”工具条，如果没有显示，用户可以通过在“定制”对话框中选中 ☑装配 复选框，调出“装配”工具条；选择 装配(A) 下拉菜单，如图 4.2.2 所示。

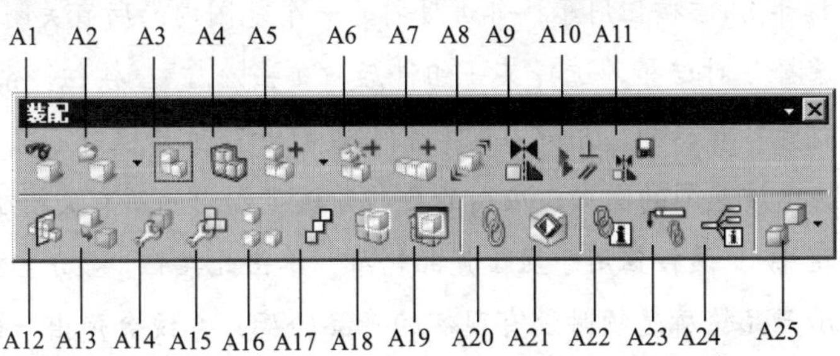

图 4.2.1　“装配”工具条

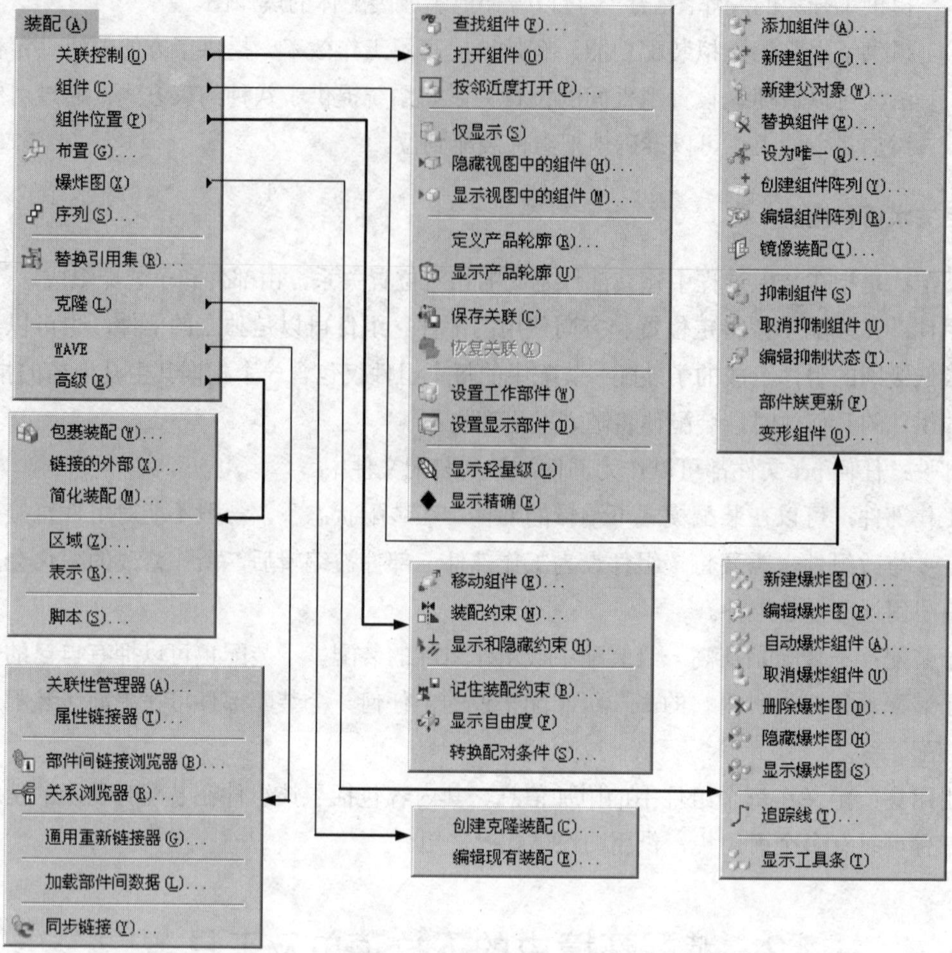

图 4.2.2 “装配”下拉菜单

图 4.2.1 所示的“装配”工具条中各按钮的说明如下：

A1（查找组件）：该按钮用于查找组件。单击该按钮，系统弹出图 4.2.3 所示的“查找组件”对话框，利用该对话框中的 根据属性 、从列表 、根据大小 、按名称 和 根据状态 五个选项卡可以查找组件。

A2（打开组件）：该按钮用于打开某一关闭的组件。例如在装配导航器中关闭某组件时，该组件在装配体中消失，此时在装配导航器中选中该组件，单击按钮，组件被打开。

A3（按邻近度打开）：该按钮用于按邻近度打开一个范围内的所有关闭组件。单击此按钮，系统弹出“类选择”对话框，选择某一组件后，单击 确定 按钮，系统弹出图 4.2.4 所示的“按邻近度打开”对话框。用户在“按相邻度打开”对话框中可以拖动滑块设定范围，主对话框中会显示该范围的图形，应用后会打开该范围内的所有关闭组件。

A4（显示产品轮廓）：该按钮用于显示产品轮廓。单击此按钮，显示当前定义的产品轮廓。如果在选择显示产品轮廓选项时没有现有的产品轮廓，系统会弹出一条消息，选择是否创建新的产品轮廓。

A5（添加组件）：该按钮用于加入现有的组件。在装配中经常会用到此按钮，其功能是向装配体中添加已存在的组件，添加的组件可以是未载入系统中的部件文件，也可以是已载入系统中的组件。用户可以选择在添加组件的同时定位组件，设定与其他组件的装配约束，也可以不设定装配约束。

A6（新建组件）：该按钮用于创建新的组件，并将其添加到装配中。

A7（创建组件阵列）：该按钮用于创建组件阵列。

A8（移动组件）：该按钮用于移动组件。

A9（装配约束）：该按钮用于在装配体中添加装配约束，使各零部件装配到合适的位置。

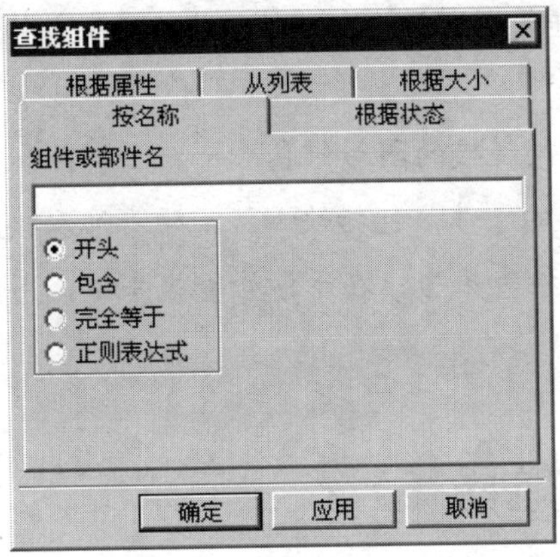

图 4.2.3　“查找组件”对话框

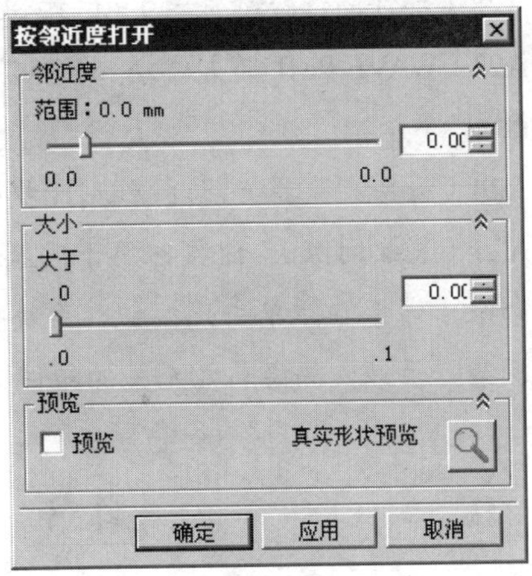

图 4.2.4　“按邻近度打开”对话框

A10（显示和隐藏约束）：该按钮用于显示和隐藏约束及使用其关系的组件。

A11（记住装配约束）：该按钮用于记住部件中的装配约束，以供其他组件重复使用。

A12（镜像装配）：该按钮用于镜像装配。对于含有很多组件的对称装配，此命令是很有用的，只需要装配一侧的组件，然后进行镜像即可。镜像功能可以对整个装配进行镜像，也可以选择个别组件进行镜像，还可指定要从镜像的装配中排除的组件。

A13（抑制组件）：该按钮用于抑制组件。抑制组件将组件及其子项从显示中移去，但不删除被抑制的组件，它们仍存在于数据库中。

A14（编辑抑制状态）：该按钮用于编辑抑制状态。选择一个或多个组件，单击此按钮，系统弹出“抑制”对话框，其中可以定义所选组件的抑制状态。对于装配有多个布置，或选定组件有多个控制父组件，则还可以对所选的不同布置或父组件定义不同的抑制状态。

A15（装配布置）：该按钮用于编辑排列。单击此按钮，系统弹出“编辑布置”对话框，可以定义装配布置来为部件中的一个或多个组件指定备选位置，并将这些备选位置和部件保存在一起。

A16（爆炸图）：该按钮用于调出“爆炸视图”工具条，然后可以进行创建爆炸图、编辑爆炸图以及删除爆炸图等操作。

A17（装配序列）：该按钮用于查看和更改创建装配的序列。单击此按钮，系统弹出“序列导航器”和“装配序列”工具条。

A18（设置工作部件）：该按钮用于将选定的组件设置为工作组件。

A19（设置显示部件）：该按钮用于将选定的组件设置为显示组件。

A20（WAVE 几何链接器）：该按钮用于 WAVE 几何链接器。允许在工作部件中创建关联的或非关联的几何体。

A21（产品接口）：该按钮用于定义其他部件可以引用的几何体和表达式、设置引用规则并列出引用工作部件的部件。

A22（部件间链接浏览器）：该按钮用于提供部件之间的链接信息，并修改这些链接。

A23（WAVE PMI 连接器）：将 PMI 从一个部件复制到另一个部件，或从一个部件复制到装配中。

A24（关系浏览器）：该按钮用于提供有关部件间链接的图形信息。

A25（装配间隙）：该按钮用于快速分析组件间的干涉，包括软干涉、硬干涉和接触干涉。如果干涉存在，单击此按钮，系统会弹出干涉检查报告。在干涉检查报告中，用户可以选择某一干涉，隔离与之无关的组件。

4.3 装配导航器

为了便于用户管理装配组件，UG NX 8.0 提供了装配导航器功能。装配导航器在一个单独的对话框中以图形的方式显示出部件的装配结构，并提供了在装配中操控组件的快捷方法。可以使用装配导航器选择组件进行各种操作，以及执行装配管理功能，如更改工作部件、更改显示部件、隐藏和不隐藏组件等。

装配导航器将装配结构显示为对象的树形图，每个组件都显示为装配树结构中的一个节点。

4.3.1 功能概述

打开文件 D:\dbugnx8.1\work\ch04\ch04.03\representative.prt；单击用户界面资源工具条区中的“装配导航器”按钮，显示“装配导航器”对话框（图 4.3.1）。在装配导航器的第一栏，可以方便地查看和编辑装配体和各组件的信息。

1. 装配导航器的按钮

装配导航器的模型树中各部件名称前后有很多图标，不同的图标表示不同的信息。

- ☑：选中此复选标记，表示组件至少已部分打开且未隐藏。
- ☑：取消此复选标记，表示组件至少已部分打开，但不可见。不可见的原因可能是由于被隐藏、在不可见的层上或在排除引用集中。单击该复选框，系统将完全显示该组件及其子项，图标变成☑。

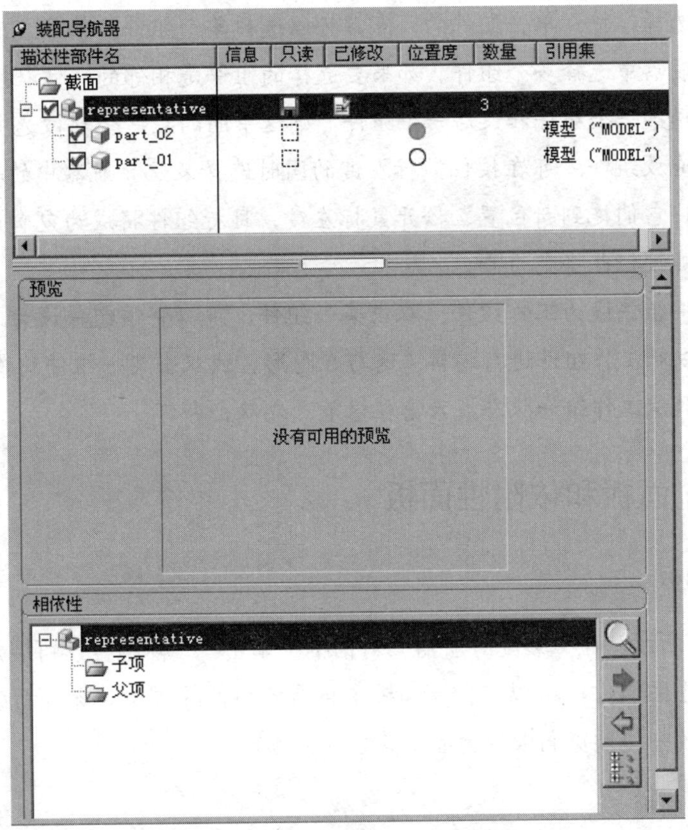

图 4.3.1　"装配导航器"对话框

- □：此复选标记表示组件关闭，在装配体中将看不到该组件，该组件的图标将变为（当该组件为非装配或子装配时）或（当该组件为子装配时）。单击该复选框，系统将完全或部分加载组件及其子项，组件在装配体中显示，该图标变成☑。
- ⬚：此标记表示组件被抑制。不能通过单击该图标编辑组件状态，如果要消除抑制状态，可右击，从弹出的快捷菜单中选择 抑制... 命令，然后进行相应操作。
- ：此标记表示该组件是装配体。
- ：此标记表示该组件不是装配体。

2．装配导航器的操作

- 装配导航器对话框的操作。

☑　显示模式控制：通过单击左上角的按钮，可以使装配导航器对话框在浮动和固定之间切换。

☑ 列设置：装配导航器默认的设置只显示几列信息，大多数都被隐藏了。在装配导航器空白区域右键单击，在快捷菜单中选择列 ▸，系统会展开所有列选项供用户选择。

- 组件操作。

☑ 选择组件：单击组件的节点，可以选择单个组件。按住 Ctrl 键可以在装配导航器中选择多个组件。如果要选择的组件是相邻的，可以按住 Shift 键单击选择第一个组件和最后一个组件，则这中间的组件全部被选中。

☑ 拖放组件：可在按住鼠标左键的同时选择装配导航器中的一个或多个组件，将它们拖到新位置。松开鼠标左键，目标组件将成为包含该组件的装配体，其按钮也将变为 。

☑ 将组件设为工作组件：双击某一组件，可以将该组件设为工作组件，此时可以对工作组件进行编辑（这与在图形区域双击某一组件的效果是一样的）。要取消工作组件状态，只需在根节点处双击即可。

4.3.2　预览面板和依附性面板

1．预览面板

如图 4.3.1 所示，在“装配导航器”对话框中单击**预览**标题栏，可展开或折叠面板。选择装配导航器中的组件，可以在预览面板中查看该组件的预览。添加新组件时，如果该组件已加载到系统中，预览面板也会显示该组件的预览。

2．相依性面板

如图 4.3.1 所示，在“装配导航器”对话框中单击**相依性**标题栏，可展开或折叠面板。选择装配导航器中的组件，可以在依附性面板中查看该组件的相关性关系。

在依附性面板中，每个装配组件下都有两个文件夹：子级和父级。以选中组件为基础组件，定位其他组件时所建立的约束和配对对象属于子级；以其他组件为基础组件，定位选中的组件时所建立的约束和配对对象属于父级。单击“局部放大图”按钮，系统详细列出了其中所有的约束条件和配对对象。

4.4　组件的装配约束说明

装配约束用于在装配中定位组件，可以指定一个部件相对于装配体中另一个部件（或特征）的放置方式和位置。例如，可以指定一个螺栓的圆柱面与一个螺母的内圆柱面共轴。UG NX 8.0 中装配约束的类型包括接触、对齐和中心等。每个组件都有惟一的装配约束，这个装配约束由一个或多个约束组成。每个约束都会限制组件在装配体中的一个或几个自由度，从而确定组件的位置。用户可以在添加组件的过程中添加装配约束，也可以在添加完成后添加约束。如果组件的自由度被全部限制，可称为完全约束；如果组件的自由度没有被全部限制，则称为欠约束。

4.4.1 “装配约束”对话框

在 UG NX 8.0 中，装配约束是通过“装配约束”对话框中的操作来实现的，下面对“装配约束”对话框进行介绍。

打开文件 D:\dbugnx8.1\work\ch04\ch04.04\paradigm.prt，选择下拉菜单 装配(A) → 组件位置(P) ▸ → 装配约束(N)... 命令，系统弹出图 4.4.1 所示的“装配约束”对话框。

“装配约束”对话框中主要包括三个区域：“类型”区域、“要约束的几何体”区域和“设置”区域。

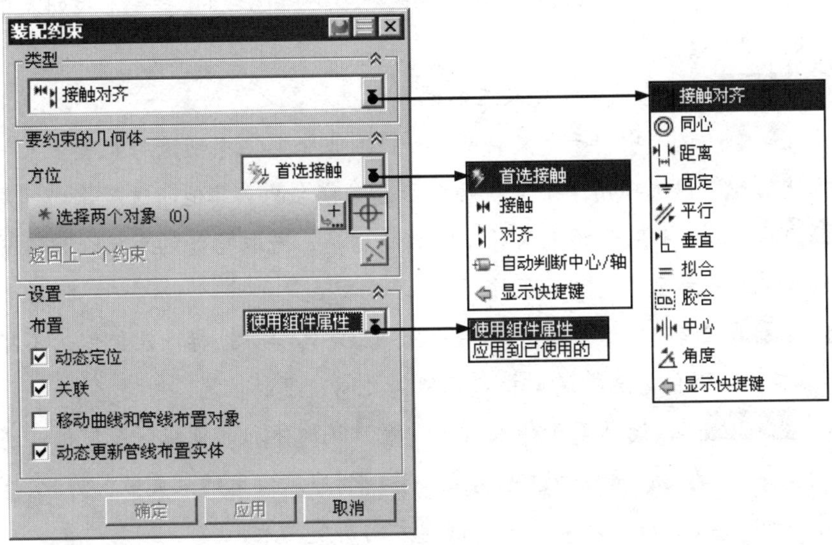

图 4.4.1　“装配约束”对话框

图 4.4.1 所示的“装配约束” 对话框的 类型 下拉列表中各选项的说明如下：

- 接触对齐：该约束用于两个组件，使其彼此接触或对齐。当选择该选项后，要约束的几何体 区域的 方位 下拉列表中出现四个选项：
  - ☑ 首选接触：若选择该选项，则当接触和对齐解都可能时显示接触约束（在大多数模型中，接触约束比对齐约束更常用）；当接触约束过度约束装配时，将显示对齐约束。
  - ☑ 接触：若选择该选项，则约束对象的曲面法向在相反方向上。
  - ☑ 对齐：若选择该选项，则约束对象的曲面法向在相同方向上。
  - ☑ 自动判断中心/轴：该选项主要用于定义两圆柱面、两圆锥面或圆柱面与圆锥面同轴约束。

- 同心：该约束用于定义两个组件的圆形边界或椭圆边界的中心重合，并使边界的面共面。
- 距离：该约束用于设定两个接触对象间的最小3D距离。选择该选项，并选定接触对象后，距离区域的距离文本框被激活，可以直接输入数值。
- 固定：该约束用于将组件固定在其当前位置，一般用在第一个装配元件上。
- 平行：该约束用于使两个目标对象的矢量方向平行。
- 垂直：该约束用于使两个目标对象的矢量方向垂直。
- 拟合：该约束用于定义将半径相等的两个圆柱面拟合在一起。此约束对确定孔中销或螺栓的位置很有用。如果以后半径变为不等，则该约束无效。
- 胶合：该约束用于组件“焊接”在一起。
- 中心：该约束用于使一对对象之间的一个或两个对象居中，或使一对对象沿另一个对象居中。当选取该选项时，要约束的几何体区域的子类型下拉列表中出现三个选项：

☑ 1 对 2：该选项用于定义在后两个所选对象之间使第一个所选对象居中。

☑ 2 对 1：该选项用于定义将两个所选对象沿第三个所选对象居中。

☑ 2 对 2：该选项用于定义将两个所选对象在两个其他所选对象之间居中。

- 角度：该约束用于约束两对象间的旋转角。选取角度约束后，要约束的几何体区域的子类型下拉列表中出现两个选项：

☑ 3D 角：该选项用于约束需要“源”几何体和“目标”几何体。不指定旋转轴；可以任意选择满足指定几何体之间角度的位置。

☑ 方向角度：该选项用于约束需要“源”几何体和“目标”几何体，还特别需要一个定义旋转轴的预先约束，否则创建定位角约束失败。为此，希望尽可能创建3D 角度约束，而不创建方向角度约束。

4.4.2 “接触对齐”约束

（1）“接触”约束可使两个装配部件中的两个平面重合并且朝向相反，如图 4.4.2b 所示。“接触约束”也可以使其他对象配对，如直线与直线接触，如图 4.4.3b 所示。

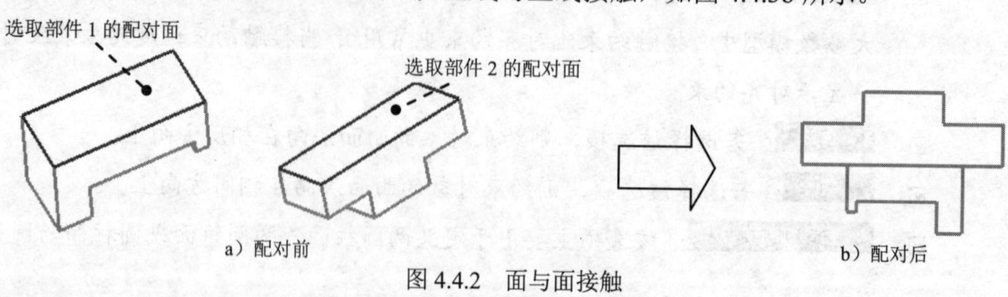

图 4.4.2 面与面接触

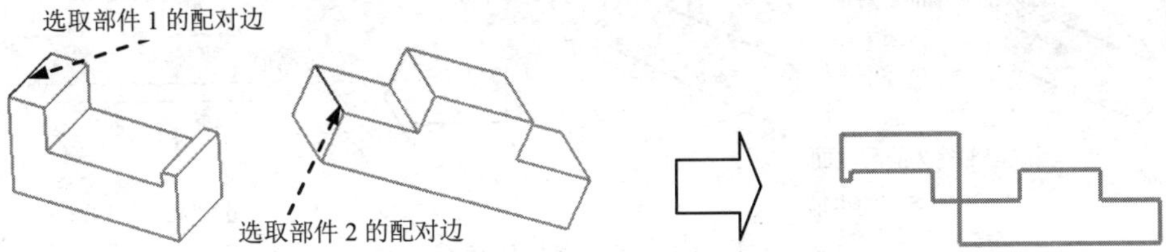

a）配对前　　b）配对后

图 4.4.3　直线与直线接触

说明：此节模型存放路径为 D:\dbugnx8.1\work\ch04\ch04.04.02。

（2）“对齐”约束可使两个装配部件中的两个平面（图 4.4.4a）重合并且朝向相同方向，如图 4.4.4b 所示；同样，“对齐”约束也可以使其他对象对齐。

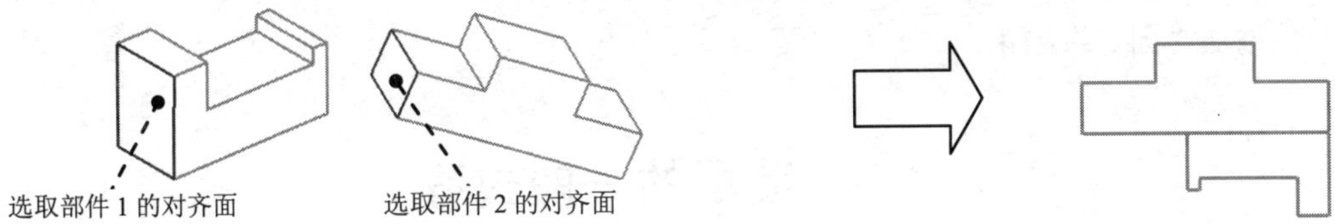

a）对齐前　　b）对齐后

图 4.4.4　“对齐”约束

注意：

- 使用“接触”和“对齐”时，两个参照必须为同一类型（例如平面对平面、点对点）。
- 当选择了圆的边用于“接触”或“对齐”约束时，系统会选中该圆的轴。如果不希望发生此行为，应当选择面而不是边。

说明：此节模型存放路径为 D:\dbugnx8.1\work\ch04\ch04.04.03。

（3）“自动判断中心/轴”约束可使两个装配部件中的两个旋转面的轴线重合。注意：两个旋转曲面的直径不要求相等。当轴线选取无效或不方便选取时，可以用这个约束，如图 4.4.5 所示。

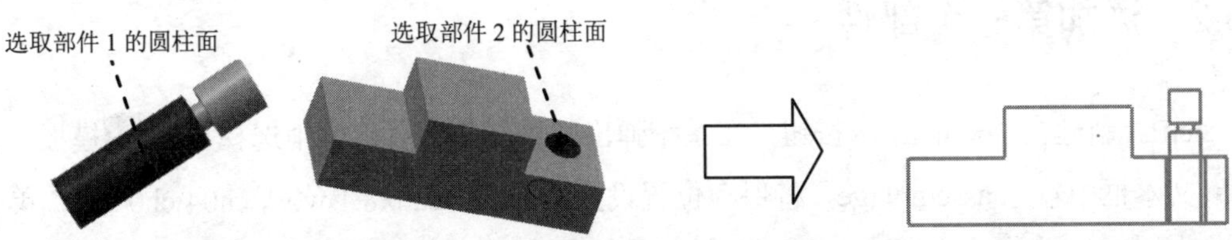

a）“中心”约束前　　b）“中心”约束后

图 4.4.5　“自动判断中心/轴”约束

说明：此节模型存放路径为 D:\dbugnx8.1\work\ch04\ch04.04.04。

4.4.3　“距离”约束

“距离”约束可使两个装配部件中的两个平面保持一定的距离，可以直接输入距离值，如图 4.4.6 所示。

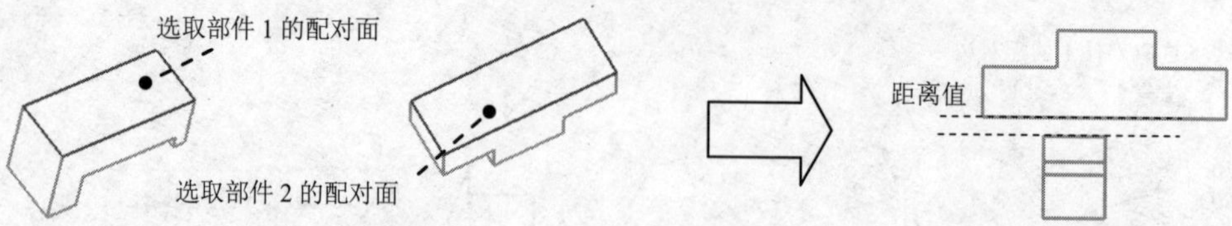

a）“距离”约束前　　b）“距离”约束后

图 4.4.6　“距离”约束

说明：此节模型存放路径为 D:\dbugnx8.1\work\ch04\ch04.04.05。

4.4.4　“固定”约束

约束是将部件固定在图形窗口的当前位置。向装配环境中引入第一个部件时，常常对该部件添加“固定”约束。

4.5　装配的一般过程

4.5.1　概述

部件的装配一般有两种基本方式：自底向上装配和自顶向下装配。如果首先设计好全部部件，然后将部件作为组件添加到装配体中，则称之为自底向上装配；如果首先设计好装配体模型，然后在装配体中创建组建模型，最后生成部件模型，则称之为自顶向下装配。

UG NX 8.0 提供了自底向上和自顶向下装配功能，并且两种方法可以混合使用。自底向上装配是一种常用的装配模式，本书主要介绍自底向上装配。

下面以两个轴类部件为例，说明自底向上创建装配体的一般过程。

4.5.2　添加第一个部件

Step1. 新建文件，单击按钮，在系统弹出的“新建”对话框中选择装配模板，在名称文本框中输入 assemblage，将保存位置设置为 D:\dbugnx8.1\work\ch04\ch04.05，单击确定按钮。系统弹出图 4.5.1 所示的“添加组件”对话框。

Step2. 添加第一个部件。在“添加组件”对话框中单击按钮，选择 D:\dbugnx8.1\work\ch4\ch4.05\part_01.prt，然后单击OK按钮。

Step3. 定义放置定位。在“添加组件”对话框的放置区域的定位下拉列表中选取绝对原点选项，单击应用按钮。

Step4. 阶梯轴模型 part_01 被添加到 assemblage 中。

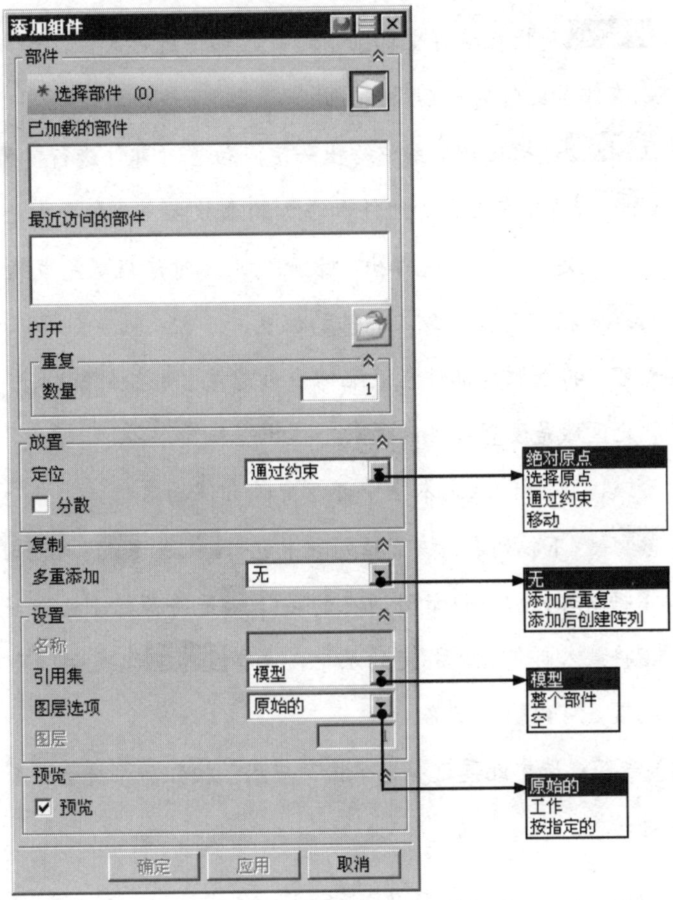

图 4.5.1　“添加组件”对话框

关于添加组件的说明如下：

- 在“添加组件”对话框中，系统提供了两种添加方式：一种是按照 Step3 中的方法，可以选择没有载入 UG NX 系统中的文件，由用户从硬盘中选择；另一种方式是选择载入的部件，在对话框中列出了所有已载入的部件，可以直接选取。下面将对“添加组件”对话框中的各选项进行说明。
- 部件区域：用于从硬盘中选取部件或选取已经加载的部件。
  - ☑ 已加载的部件：此文本框中的部件是已经加载到此软件中的部件。
  - ☑ 最近访问的部件：此文本框中的部件是在装配模式下最近打开过的部件。
  - ☑ 打开：单击“打开”按钮，可以从硬盘中选取要装配的部件。
  - ☑ 重复：是指把同一部件多次装配到装配体中。
  - ☑ 数量：在此文本框中输入重复装配部件的个数。
- 放置区域：该区域中包含一个定位下拉列表，通过此下拉列表可以指定部件在装配体中的位置。

☑ 绝对原点是指在绝对坐标系下对载入部件进行定位，如果需要添加约束，可以在添加组件完成后设定。

☑ 选择原点是指在坐标系中给出一定点位置对部件进行定位。

☑ 通过约束是指在把添加组件和添加约束放在一个命令中进行，选择该选项并单击“确定”后，系统弹出“装配约束”对话框，完成装配约束的定义。

☑ 移动是指重新指定载入部件的位置。

- 复制：可以将选取的部件在装配体中创建重复和组件阵列。
- 设置：此区域是设置部件的名称、引用集和图层选项。

☑ 名称文本框：在文本框中可以更改部件的名称。

☑ 图层选项下拉列表：该下拉列表中包含原始的、工作和按指定的三个选项。原始的是指将新部件放到设计时所在的层；工作是将新部件放到当前工作层；按指定的是指将载入部件放入指定的层中，选择按指定的选项后，其下方的图层文本框被激活，可以输入层名。

- 预览复选框：选中此复选框，单击“应用”按钮后系统会自动弹出选中部件的预览对话框。

4.5.3 添加第二个部件

Step1. 添加第二个部件。在“添加组件”对话框中单击按钮，选择 D:\dbugnx8.1\work\ch04\ch4.05\part_02.prt，然后单击OK按钮。

Step2. 定义放置定位。在“添加组件”对话框的放置区域的定位下拉列表中选取通过约束选项；选中预览区域的☑预览复选框；单击应用按钮。此时系统弹出图 4.5.2 所示的“装配约束”对话框和图 4.5.3 所示的“组件预览”窗口。

说明：在图 4.5.3 所示的“组件预览”窗口中可单独对要装入的部件进行缩放、旋转和平移，这样就可以将要装配的部件调整到方便选取装配约束参照的位置。

Step3. 添加“接触”约束。在“装配约束”对话框类型下拉列表中选择接触对齐选项，在要约束的几何体区域的方位下拉列表中选择首选接触选项；在预览区域中选中☑在主窗口中预览组件复选框；在“组件预览”窗口中选取图 4.5.4 所示的平面 1，然后在主对话框中选取图 4.5.4 所示的平面 2。单击应用按钮，结果如图 4.5.5 所示。

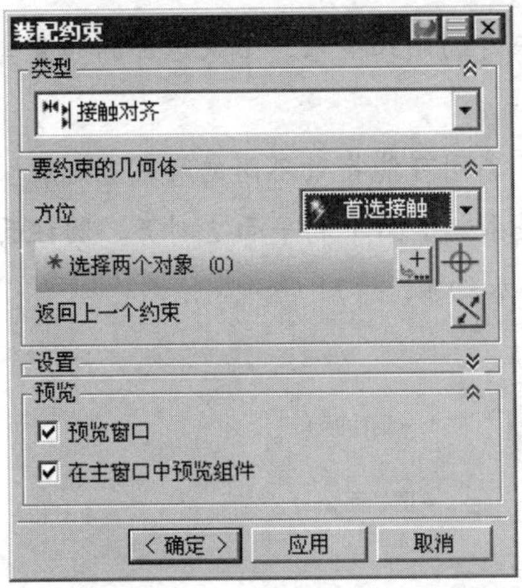

图 4.5.2 “装配约束”对话框

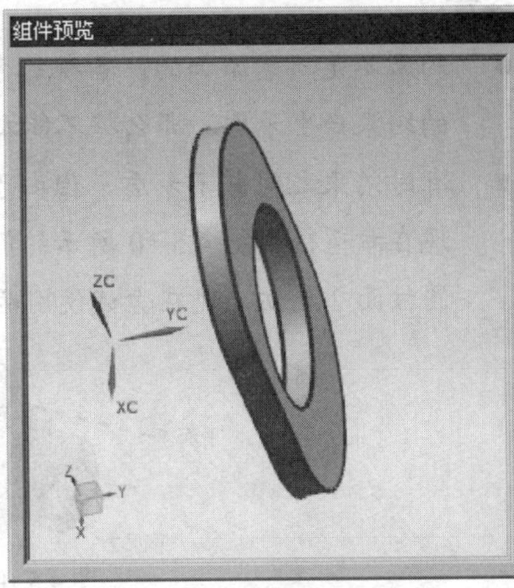

图 4.5.3 “组件预览”窗口

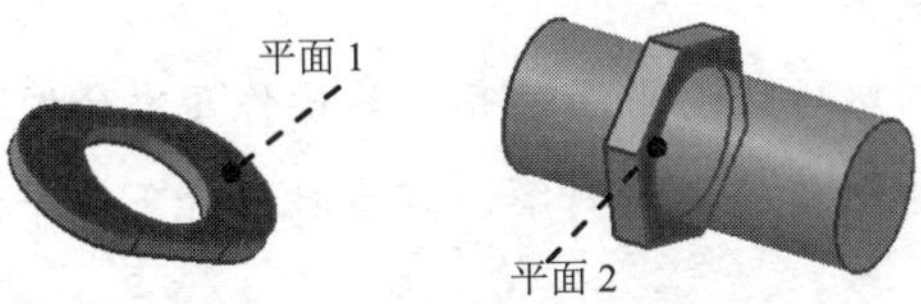

图 4.5.4　选取接触平面

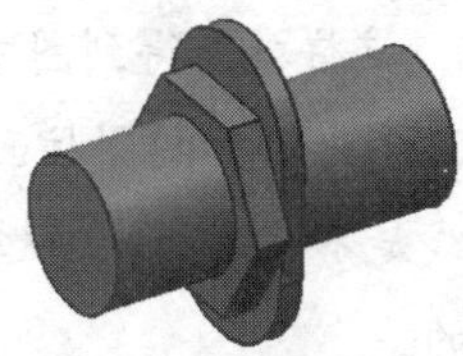

图 4.5.5　接触结果

Step4. 添加“对齐”约束。在“装配约束”对话框要约束的几何体区域的方位下拉列表中选择对齐选项，然后选取图 4.5.6 所示的对齐平面 1 和对齐平面 2，单击应用按钮，结果如图 4.5.7 所示。

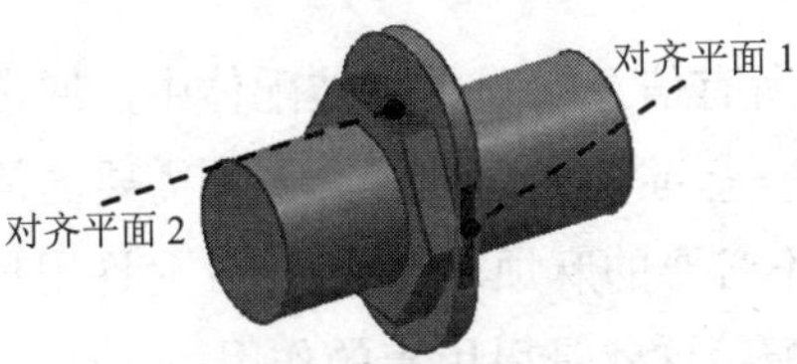

图 4.5.6　选择对齐平面

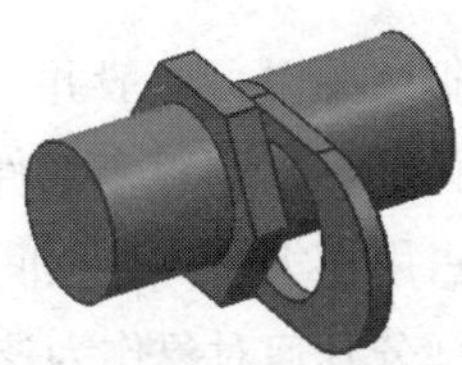

图 4.5.7　对齐结果

Step5. 添加“自动判断中心/轴”约束。在“装配约束”对话框要约束的几何体区域的方位下拉列表中选择自动判断中心/轴选项，然后选取图 4.5.8 所示的圆柱面 1 和圆柱面 2，单击< 确定 >按钮，则这两个圆柱面的中心线重合，结果如图 4.5.9 所示。

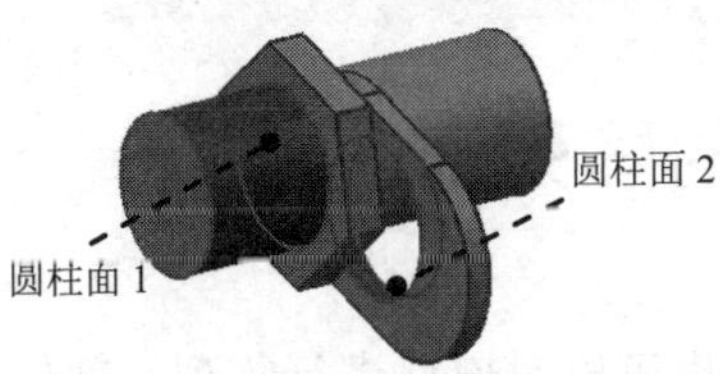

图 4.5.8　选择约束对象

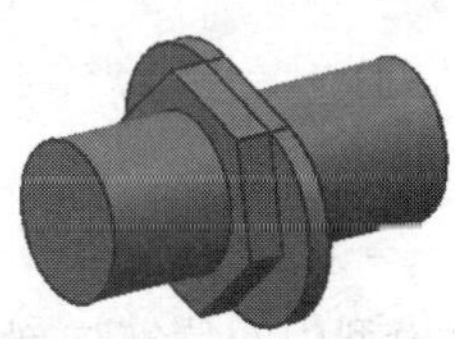

图 4.5.9　同轴结果

注意：

- 约束不是随意添加的，各种约束之间有一定的制约关系。如果后加的约束与先加的约束产生矛盾，那么将不能添加成功。
- 有时约束之间并不矛盾，但由于添加顺序不同可能导致不同的解或者无解。例如现在希望得到图 4.5.10 所示的假设装配关系：平面 1 和平面 2 对齐，圆柱面 1 和圆柱面 2 相切，现在尝试使用两种方法添加约束。

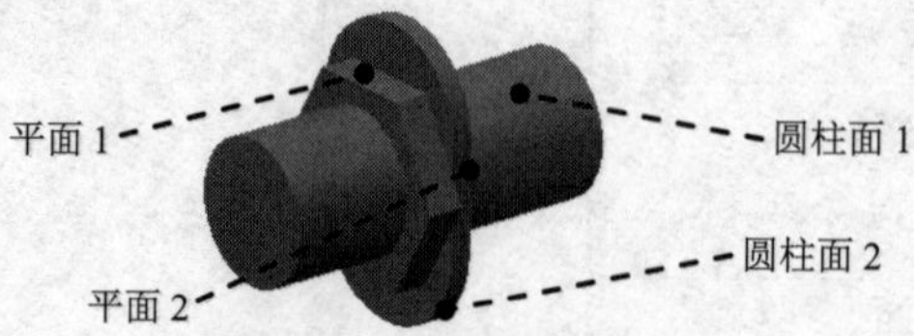

图 4.5.10　假设装配关系

方法一：先让两平面对齐，然后添加两圆柱面相切，如果得不到图中的位置，可以单击按钮，这样就能得到图中所示的装配关系。

方法二：先添加两圆柱面相切的约束，然后让两平面对齐。多操作几次会发现，两圆柱面的切线是不确定的，通过单击按钮也只能得到两种解。在多数情况下，平面对齐是不能进行的。

由上面例子看出，组件装配条件的添加并不是随意的，不仅要求约束之间没有矛盾，而且选择合适的添加顺序也很重要。

4.5.4　引用集

在虚拟装配时，一般并不希望将每个组件的所有信息都引用到装配体中，通常只需要部件的实体图形，而很多部件还包含了基准平面、基准轴和草图等其他不需要的信息，这些信息会占用很大的内存空间，也会给装配带来不必要的麻烦。因此，UG 允许用户根据需要选取一部分几何对象作为该组件的代表参加装配，这就是引用集的作用。

在 4.5.2 节中，用户创建的每个组件都包含了默认的引用集，默认的引用集有三种：模型、空和整个部件。此外，用户可以修改和创建引用集，选择下拉菜单格式(R)中的引用集(R)...命令，弹出图 4.5.11 所示的“引用集”对话框，其中提供了对引用集进行创建、删除和编辑的功能。

4.6　部件的阵列

与零件模型中的特征阵列一样，在装配体中也可以对部件进行阵列。部件阵列的类型主要包括“从实例特征”参照阵列、“线性”阵列和“圆周”阵列。

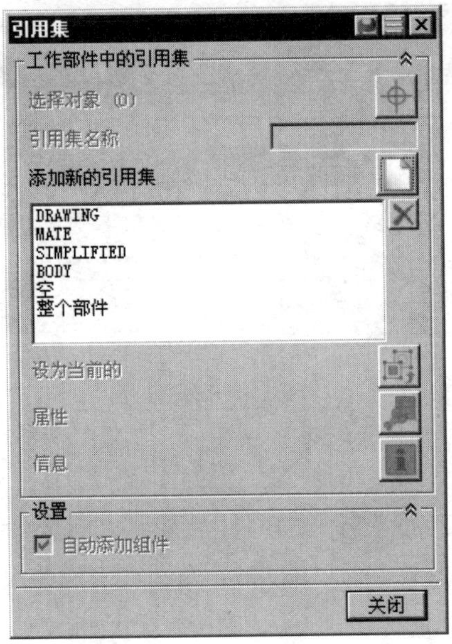

图 4.5.11　“引用集”对话框

4.6.1　部件的“从实例特征”参照阵列

如图 4.6.1 所示，部件的“从实例特征”阵列是以装配体中某一零件中的特征阵列为参照进行部件的阵列。图 4.6.1c 中的八个螺钉阵列，是参照装配体中部件 1 上的八个阵列孔来进行创建的。所以在创建“从实例特征”阵列之前，应提前在装配体的某个零件中创建某一特征的阵列，该特征阵列将作为部件阵列的参照。

a）装配前　　b）装配后　　c）从实例特征阵列

图 4.6.1　部件装配及阵列

下面以图 4.6.1a 中的部件 2 为例，说明“从实例特征”阵列的一般操作过程。

Step1. 打开文件 D:\dbugnx8.1\work\ch04\ch04.06\01\mount。

Step2. 选择命令。选择下拉菜单 装配(A) → 组件(C) ▸ → 创建组件阵列(Y)... 命令，系统弹出图 4.6.2 所示的“类选择”对话框。

Step3. 选择要进行阵列的部件。在“类选择”对话框中激活 * 选择对象 (0) 按钮，选取部件 1，单击 确定 按钮，系统弹出图 4.6.3 所示的“创建组件阵列”对话框。

Step4. 阵列部件。在“创建组件阵列”对话框的 阵列定义 区域中选中 ⊙ 从实例特征 单选项，单击 确定 按钮，系统自动创建图 4.6.1c 所示的部件阵列。

说明： 如果修改阵列中的某一个部件，系统会自动修改阵列中的每一个部件。

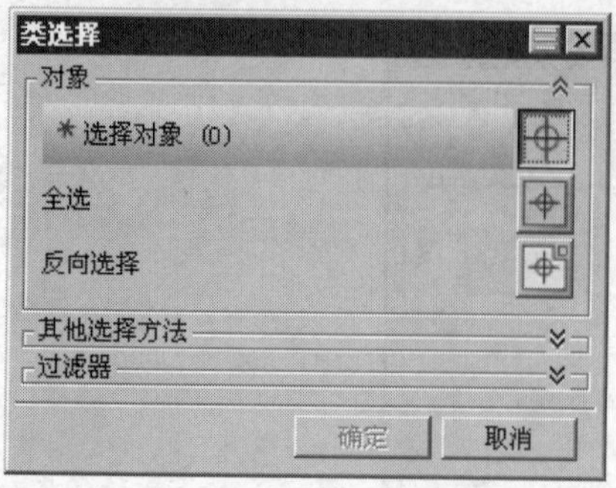

图 4.6.2 “类选择”对话框

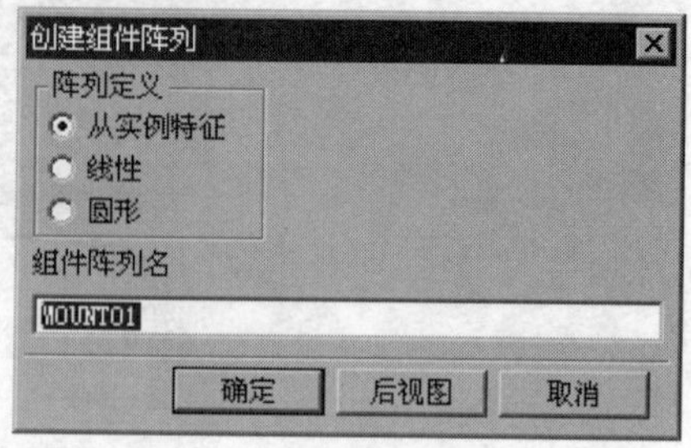

图 4.6.3 “创建组件阵列”对话框

4.6.2 部件的“线性”阵列

部件的“线性”阵列是将要阵列的部件沿某一方向进行线性排列，也可以将部件沿两个方向进行矩形或棱形排列。下面以图 4.6.4 为例，来说明尺寸阵列的一般操作过程。

Step1. 打开文件 D:\dbugnx8.1\ch04\ch04.06\02\linearity。

Step2. 选择命令。选择下拉菜单 装配(A) → 组件(C) → 创建组件阵列(Y)... 命令，系统弹出“类选择”对话框。

Step3. 选取阵列对象。选取部件 1，单击 确定 按钮，系统弹出“创建组件阵列”对话框。

Step4. 阵列部件。在“创建组件阵列”对话框的 阵列定义 区域选中 ⊙ 线性 单选项，单击 确定 按钮，系统弹出图 4.6.5 所示“创建线性阵列”对话框。

a）装配前　　b）装配后　　c）部件线性阵列

图 4.6.4 部件装配及阵列

Step5. 定义阵列方向。在“创建线性阵列”对话框的 方向定义 区域中选中 ⊙ 边 复选框；然后选取图 4.6.6 所示的部件 2 的端面圆边为方向参考，系统自动激活 总数 - XC 文本框和 偏置 - XC 文本框。

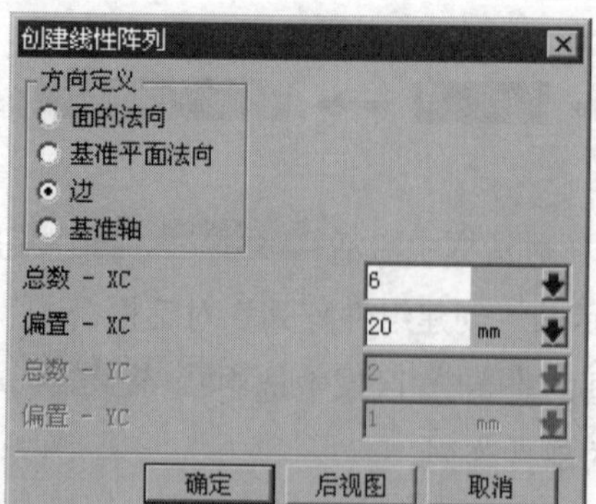

图 4.6.5 “创建线性阵列”对话框

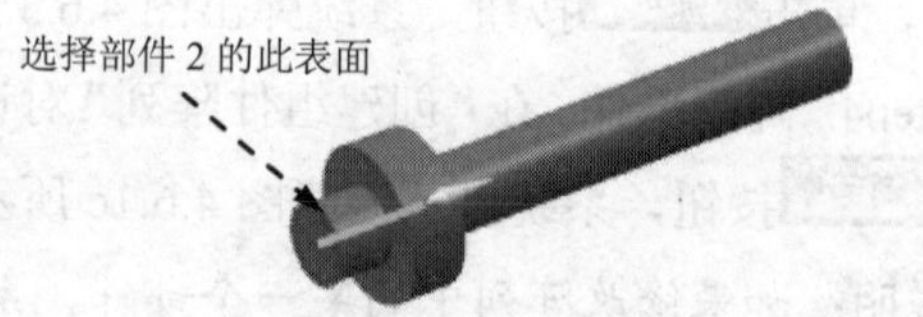

图 4.6.6 定义阵列方向

Step6. 设置阵列参数。在 总数 - XC 文本框中输入值 6，在 偏置 - XC 文本框中输入值 20。

Step7. 单击 确定 按钮，完成部件的线性阵列。

4.6.3　部件的“圆形”阵列

部件的“圆形”阵列是将要阵列的部件沿参考轴线进行圆周排列。下面以图 4.6.7b 为例，来说明“圆形”阵列的一般操作过程。

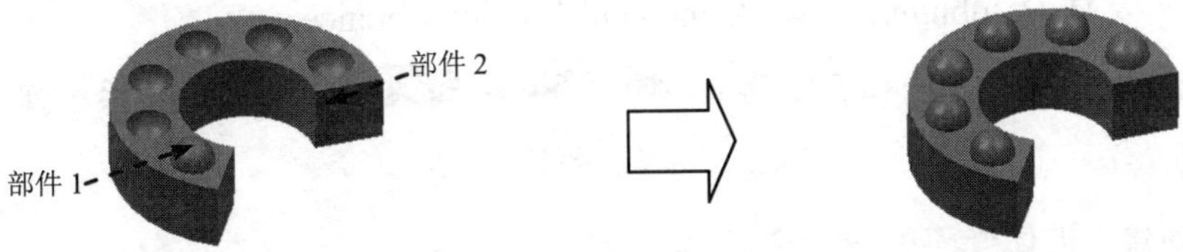

a）装配后　　b）部件圆周阵列

图 4.6.7　部件装配及阵列

Step1. 打开文件 D:\dbugnx8.1\work\ch04\ch04.06\03\component_round.prt。

Step2. 选择命令。选择下拉菜单 装配(A) ➡ 组件(C) ➡ 创建组件阵列(Y)... 命令，系统弹出“类选择”对话框。

Step3. 选取阵列对象。选取部件 1，单击 确定 按钮，系统弹出“创建组件阵列”对话框。

Step4. 阵列部件。在“创建组件阵列”对话框的 阵列定义 区域选中 ⊙ 圆形 单选项，单击 确定 按钮，系统弹出图 4.6.8 所示的“创建圆形阵列”对话框。

Step5. 定义阵列方向。在“创建圆形阵列”对话框的 轴定义 区域选中 ⊙ 边 单选项；然后选择图 4.6.9 所示的部件 2 的边。

Step6. 设置阵列参数。在“创建圆形阵列”对话框的 总数 文本框中输入值 8，在 角度 文本框中输入值-40。

Step7. 单击 确定 按钮，完成部件“圆形”阵列的创建。

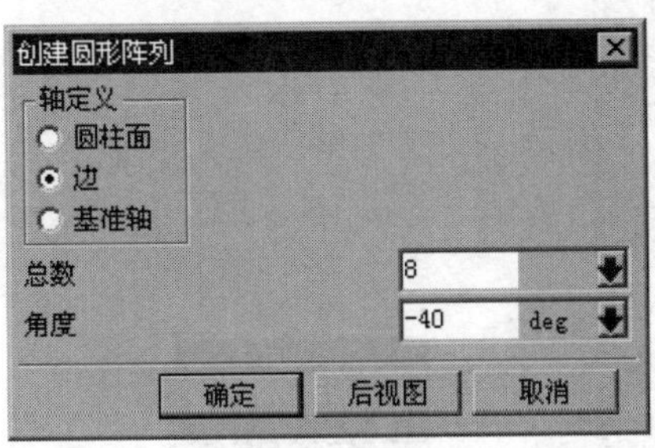

图 4.6.8　“创建圆形阵列”对话框

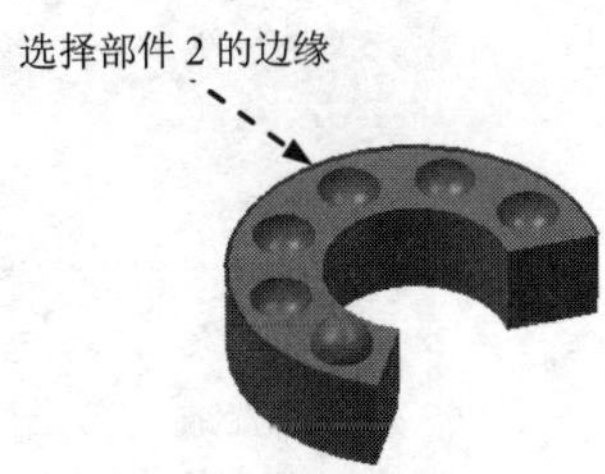

图 4.6.9　定义阵列方向

4.7 装配干涉检查

在实际的产品设计中，当产品中的各个零部件组装完成后，设计人员往往比较关心产品中各个零部件间的干涉情况：有无干涉？哪些零件间有干涉？干涉量是多大？下面通过一个简单的装配体模型为例，说明干涉分析的一般操作过程。

Step1. 打开文件 D:\dbugnx8.1\work\ch04\ch04.07\interference.prt。

Step2. 在装配模块中，选择下拉菜单 分析(L) → 简单干涉(I)... 命令，系统弹出“简单干涉”对话框。

Step3.“创建干涉体”简单干涉检查。

（1）在“简单干涉”对话框 干涉检查结果 区域的 结果对象 下拉列表中选择 干涉体 选项。

（2）依次选取图 4.7.1 所示的对象 1、对象 2，单击“简单干涉”对话框中的 应用 按钮，系统弹出图 4.7.2 所示的“简单干涉”对话框。

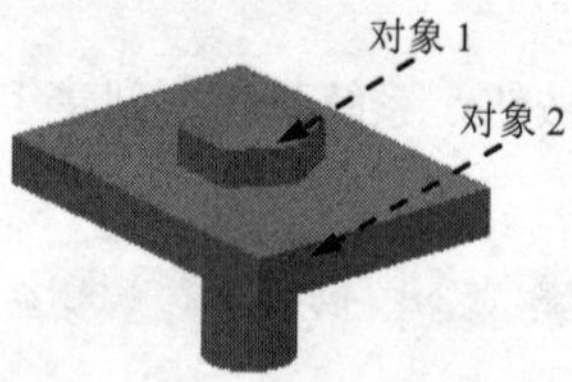

图 4.7.1 选取检查对象

图 4.7.2 “简单干涉”对话框

（3）单击“简单干涉”对话框的 确定(O) 按钮，完成“创建干涉体”简单干涉检查。

Step4.“高亮显示面”简单干涉检查。

（1）在“简单干涉”对话框 干涉检查结果 区域的 结果对象 下拉列表中选择 高亮显示的面对 选项，系统弹出图 4.7.3 所示的“简单干涉”对话框。

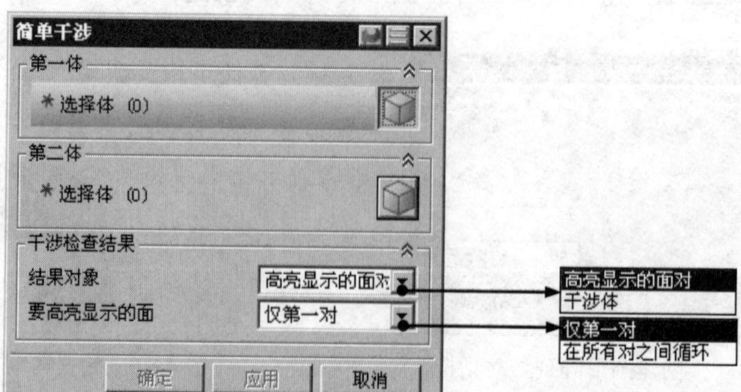

图 4.7.3 “简单干涉”对话框

（2）在“简单干涉”对话框干涉检查结果区域的要高亮显示的面下拉列表中选择仅第一对选项，依次选取图 4.7.4a 所示的对象 1、对象 2。模型中将显示图 4.7.4b 所示的干涉平面。

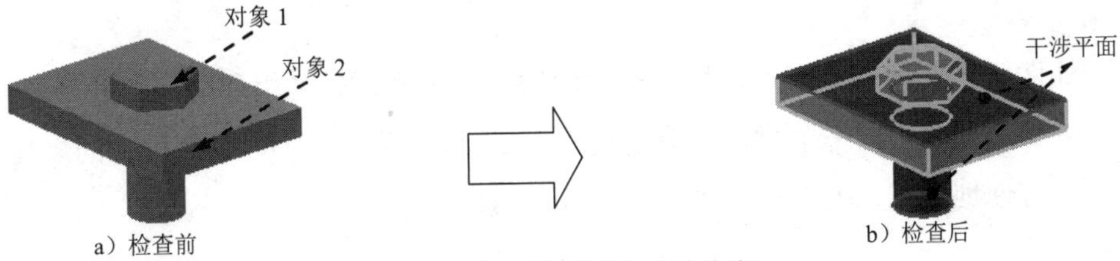

图 4.7.4　“高亮显示面”干涉检查

（3）在“简单干涉”对话框干涉检查结果区域的要高亮显示的面下拉列表中选择在所有对之间循环选项，单击显示下一对按钮，模型中将依次显示所有干涉平面。

（4）单击“简单干涉”对话框中的取消按钮，完成“高亮显示面”简单干涉检查操作。

4.8　编辑装配体中的部件

装配体完成后，可以对该装配体中的任何部件（包括零件和子装配件）进行特征建模、修改尺寸等编辑操作。下面介绍编辑装配体中部件的一般操作过程。

Step1. 打开文件 D:\dbugnx8.1\work\ch04\ch04.08\compile。

Step2. 定义工作部件。双击图 4.8.1 所示的组件 1，将该组件设为工作部件，装配体中的非工作部件将变为浅白色，此时可以对工作部件 compile01 进行编辑。

Step3. 选择命令。选择开始 → 建模(M)... 命令，进入建模环境。选择下拉菜单插入(S) → 设计特征(E) → 孔(H)... 命令。

Step4. 定义编辑参数。在“孔”对话框的类型下拉列表中选择常规孔选项，在方向区域的孔方向下拉列表中选择沿矢量选项，再选择ZC选项，直径值 10.0，深度值 50.0，顶锥角值 118.0，位置为部件中心，创建结果如图 4.8.2 所示。

Step5. 双击装配导航器中装配体 compile，激活装配体。

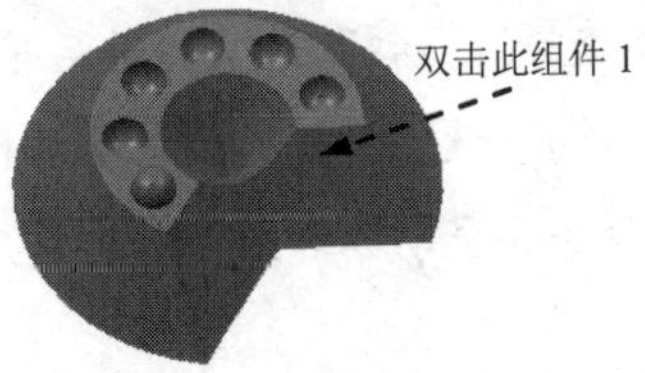

图 4.8.1　设置工作部件

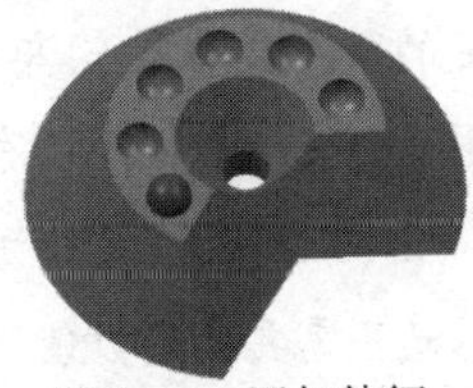

图 4.8.2　添加特征

4.9 爆 炸 图

爆炸图是指在同一幅图里，把装配体的组件拆分开，使各组件之间分开一定的距离，以便于观察装配体中的每个组件，清楚地反映装配体的结构。UG 具有强大的爆炸图功能，用户可以方便地建立、编辑和删除一个或多个爆炸图。

4.9.1 “爆炸图”工具条

打开文件 D:\dbugnx8.1\work\ch04\ch04.09\01\explosion.prt。

选择下拉菜单 装配(A) → 爆炸图(X) → 显示工具条(T) 命令，系统显示“爆炸图”工具条，如图 4.9.1 所示；工具条中没有显示的按钮，可以通过以下方法调出：单击右上角的 ▾ 按钮，在其下方弹出 添加或移除按钮 按钮，将鼠标放到该按钮上，会显示 爆炸图 添加项，其中包含了所有供用户选择的按钮。

利用该工具条，用户可以方便地创建、编辑爆炸图，便于在爆炸图与无爆炸图之间切换。

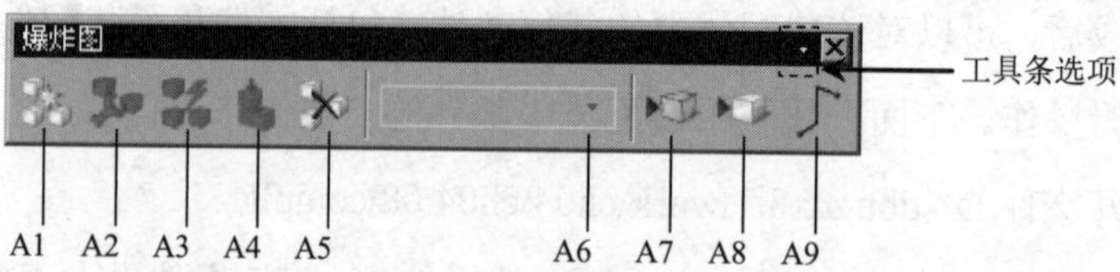

图 4.9.1 “爆炸图”工具条

图 4.9.1 所示的“爆炸图”工具条中的按钮功能：

A1（新建爆炸图）：该按钮用于创建爆炸图。如果当前显示的不是一个爆炸图，单击此按钮，系统弹出“创建爆炸图”对话框，输入爆炸图名称后单击 确定 按钮，系统创建一个爆炸图；如果当前显示的是一个爆炸图，单击此按钮，弹出的“创建爆炸图”对话框会询问是否将当前爆炸图复制到新的爆炸图里。

A2（编辑爆炸图）：该按钮用于编辑爆炸图中组件的位置。单击此按钮，系统弹出“编辑爆炸图”对话框，用户可以指定组件，然后自由移动该组件，或者设定移动的方式和距离。

A3（自动爆炸组件）：该按钮用于自动爆炸组件。利用此按钮可以指定一个或多个组件，使其按照设定的距离自动爆炸。单击此按钮，系统弹出“类选择”对话框，选择组件后单击 确定 按钮，提示用户指定组件间距，自动爆炸将按照默认的方向和设定的距离生成爆炸图。

A4（取消爆炸组件）：该按钮用于不爆炸组件。此命令和自动爆炸组件刚好相反，操作也基本相同，只是不需要指定数值。

A5（删除爆炸图）：该按钮用于删除爆炸图。单击该按钮，系统会列出当前装配体的所有爆炸图，选择需要删除的爆炸图后单击 确定 按钮，即可删除。

A6（工作视图爆炸）：该下拉列表显示了爆炸图名称，可以在其中选择某个名称。用户利用此下拉列表，可以方便地在各爆炸图以及无爆炸图状态之间切换。

A7（隐藏视图中的组件）：该按钮用于隐藏组件。单击此按钮，系统弹出“类选择”对话框，选择需要隐藏的组件并执行后，该组件被隐藏。

A8（显示视图中的组件）：该按钮用于显示组件，此命令与隐藏组件刚好相反。如果图中有被隐藏的组件，单击此按钮后，系统会列出所有隐藏的组件，用户选择后，单击 确定 按钮即可恢复组件显示。

A9（追踪线）：该按钮用于创建跟踪线，该命令可以使组件沿着设定的引导线爆炸。

以上按钮与下拉菜单 装配(A) ➡ 爆炸图(X) 中的命令分别对应。

4.9.2　爆炸图的新建和删除

Step1. 打开文件 D:\dbugnx8.1\work\ch04\ch04.09\02\explosion.prt。

Step2. 选择命令。选择下拉菜单 装配(A) ➡ 爆炸图(X) ➡ 新建爆炸图(N)... 命令，系统弹出图 4.9.2 所示的“新建爆炸图”对话框（一）。

Step3. 新建爆炸图。在 名称 文本框处可以输入爆炸名称，接受系统默认的名称 Explosion1，然后单击 确定 按钮，完成爆炸图的创建。

创建爆炸图后，视图切换到刚刚建立的爆炸图，“爆炸图”工具条中的以下项目被激活：“编辑爆炸图”按钮、“自动爆炸组件”按钮、“取消爆炸组件”按钮和“工作视图爆炸”下拉列表 Explosion 1。

关于创建爆炸图的说明：

- 如果用户在一个已存在的爆炸视图下创建新的爆炸视图，系统会弹出图 4.9.3 所示的提示消息，提示用户是否将已存在的爆炸图复制到新建的爆炸图，单击 确定(O) 按钮后，新建立的爆炸图和原爆炸图完全一样；如果希望建立新的爆炸图，可以切换到无爆炸视图，然后进行创建即可。
- 可以按照以上方法建立多个爆炸图。

图 4.9.2　“新建爆炸图”对话框（一）

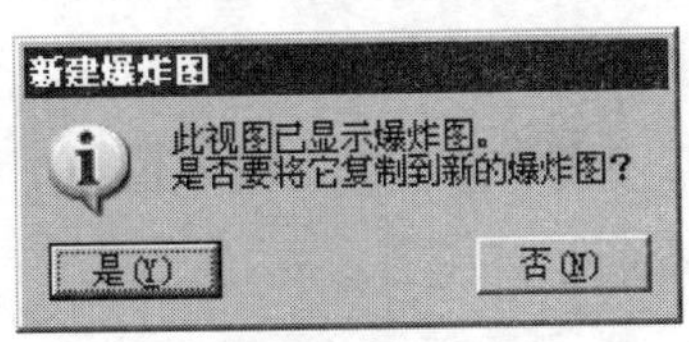

图 4.9.3　“新建爆炸图”对话框（二）

- 要删除爆炸图，可以选择下拉菜单 装配(A) ➡ 爆炸图(X) ➡ 删除爆炸图(D)... 命令，系统会弹出图 4.9.4 所示的“爆炸图”对话框。选择要删除的爆炸图，单击 确定 按钮即可。如果所要删除的爆炸图正在当前视图中显示，系统会弹出图 4.9.5 所示的“删除爆炸图”对话框，提示爆炸图不能删除。

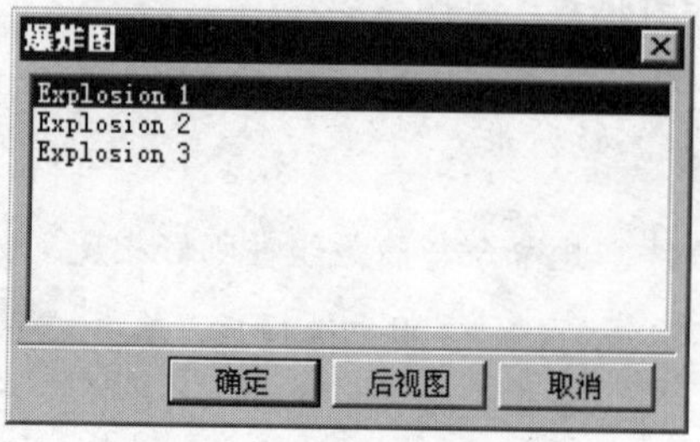

图 4.9.4　“爆炸图”对话框

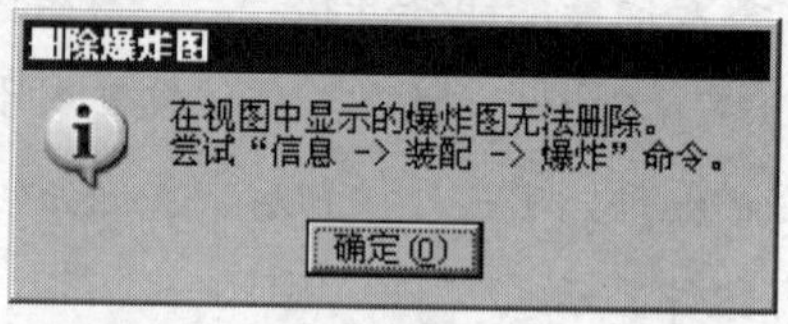

图 4.9.5　“删除爆炸图”对话框

4.9.3　编辑爆炸图

爆炸图创建完成，创建的结果是产生了一个待编辑的爆炸图，在主对话框中的图形并没有发生变化，爆炸图编辑工具被激活，进行编辑爆炸图。

1. 自动爆炸

自动爆炸只需要用户输入很少的内容，就能快速生成爆炸图（图 4.9.6）。

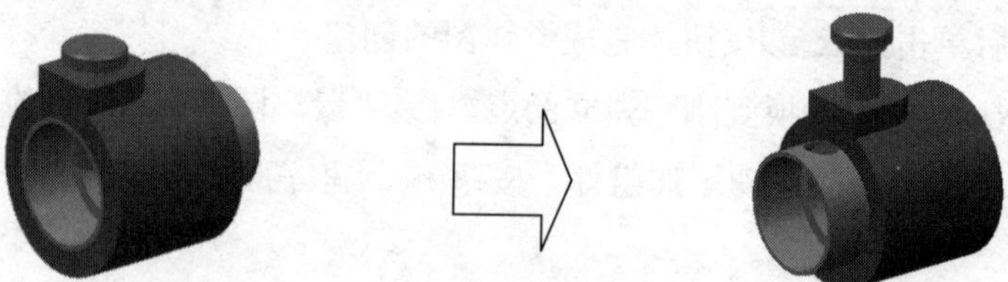

a）自动爆炸前　　b）自动爆炸后

图 4.9.6　自动爆炸

Step1. 打开文件 D:\dbugnx8.1\work\ch04\ch04.09\03\explosion_01.prt，按照上一节的步骤创建爆炸视图。

Step2. 选择命令。选择下拉菜单 装配(A) → 爆炸图(X) → 自动爆炸组件(A)... 命令，弹出“类选择”对话框。

Step3. 选择爆炸组件。选择图中所有组件，单击 确定 按钮，系统弹出图 4.9.7 所示的“自动爆炸组件”对话框。

Step4. 在 距离 文本框中输入值 20，单击 确定 按钮，系统会立即生成该组件的爆炸图，如图 4.9.6b 所示。

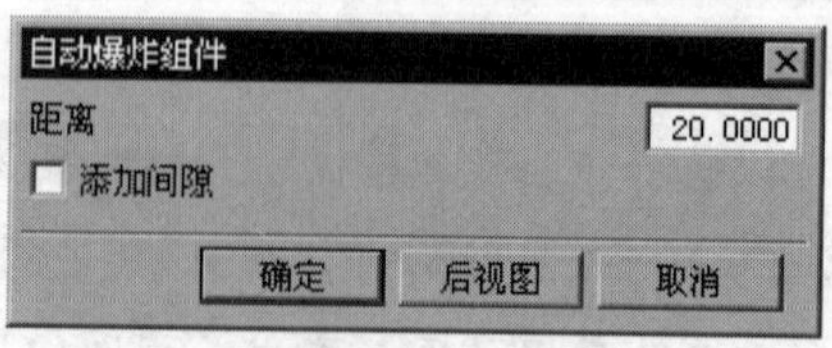

图 4.9.7　“自动爆炸组件”对话框

关于自动爆炸组件的说明：

- 自动爆炸组件可以同时选择多个对象，如果将整个装配体选中，可以直接获得整个装配体的爆炸图。
- “取消爆炸组件”的功能刚好与“自动爆炸组件”相反，因此可以将两个功能放在一起学习。选择下拉菜单 装配(A) ➡ 爆炸图(X) ➡ 取消爆炸组件(U) 命令，系统弹出“类选择”对话框。选择要爆炸的组件后单击 确定 按钮，选中的组件自动回到爆炸前的位置。

2．手动编辑爆炸图

自动爆炸并不能总是得到满意的效果，因此系统提供了编辑爆炸功能，下面对系统自动创建的爆炸图（图 4.9.8a）进行编辑。

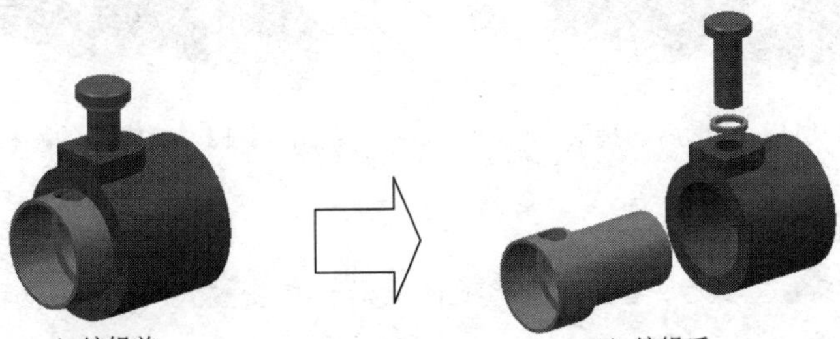

a）编辑前　　b）编辑后

图 4.9.8　编辑爆炸图

Step1．打开文件 D:\dbugnx8.1\work\ch04\ch04.09\03\explosion_02.prt。

Step2．选择下拉菜单 装配(A) ➡ 爆炸图(X) ➡ 编辑爆炸图(E)... 命令，系统弹出图 4.9.9 所示的“编辑爆炸图”对话框。

Step3．选择要移动的组件。选中 ⊙选择对象 单选项，选择图 4.9.10 所示的轴套组件。

Step4．移动组件。选中 ⊙移动对象 单选项，系统显示移动手柄，如图 4.9.10 所示；单击手柄上的箭头（图 4.9.10），对话框中的 距离 文本框被激活，在文本框中输入距离值 100；单击 确定 按钮，结果如图 4.9.11 所示。

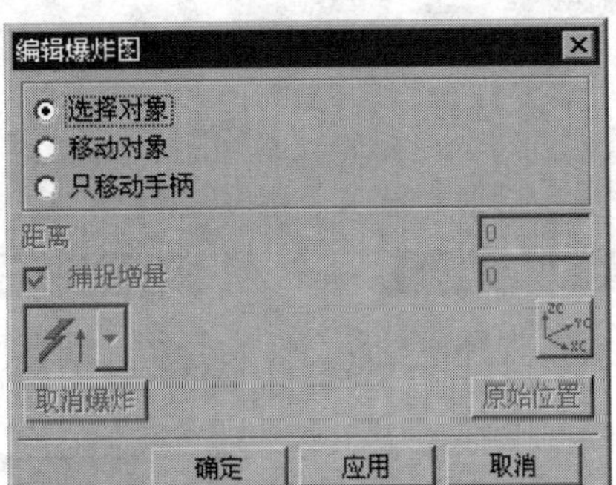

图 4.9.9　“编辑爆炸图”对话框

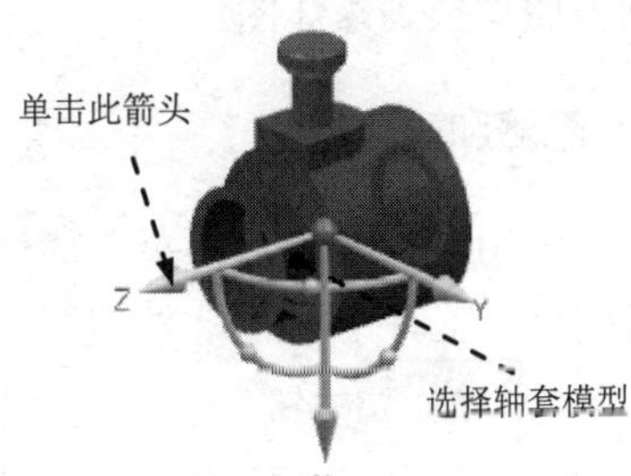

图 4.9.10　编辑轴套

说明：单击图 4.9.10 所示两箭头间的圆点时，对话框中的角度文本框被激活，供用户输入角度值，旋转的方向沿第三个手柄，符合右手定则，也可以直接用左键按住箭头或圆点，移动鼠标实现手工拖动。

Step5. 编辑螺栓位置。参照 Step4，将螺栓组件沿 X 轴负方向移动 40，结果如图 4.9.12 所示。

Step6. 编辑垫片位置。参照 Step4，将垫片组件沿 X 轴正方向移动 10，结果如图 4.9.8b 所示。

图 4.9.11 编辑后的轴套

图 4.9.12 编辑后的螺栓

关于编辑爆炸图的说明：

- 选中 移动对象 选项后，按钮选项被激活。单击按钮，手柄被移动到 WCS 位置。
- 单击手柄箭头或圆点后，捕捉增量选项被激活，该选项用于设置手工拖动的最小距离，可以在文本框中输入数值。例如设置为 10mm，则拖动时会跳跃式移动，每次跳跃的距离为 10mm，单击取消爆炸按钮，选中的组件移动到没有爆炸的位置。
- 单击手柄箭头后，选项被激活，可以直接将选中手柄方向指定为某矢量方向。

3．隐藏和显示爆炸图

如果当前视图为爆炸图，选择下拉菜单装配(A) → 爆炸图(X) → 隐藏爆炸图(H)命令，则视图切换到无爆炸图。

要显示隐藏的爆炸图，可以选择下拉菜单装配(A) → 爆炸图(X) → 显示爆炸图(S)命令，则视图切换到爆炸图。

4．隐藏和显示组件

要隐藏组件，选择下拉菜单装配(A) → 关联控制(O) → 隐藏视图中的组件(O)...命令（或单击工具条中的按钮），系统弹出“隐藏视图中的组件”对话框，选择要隐藏的组件后单击确定按钮，选中组件被隐藏。

要显示被隐藏的组件，选择下拉菜单装配(A) → 关联控制(O) → 显示视图中的组件(M)...命令（或单击工具条中的按钮），系统会列出所有隐藏的组件供用户选择。

5．删除爆炸图

选择下拉菜单 装配(A) → 爆炸图(X) → 删除爆炸图(D)... 命令（或单击工具条按钮），系统会列出所有爆炸图，选择要删除的视图，单击 确定 按钮。

如果当前视图是所选的爆炸图，操作不能完成；如果当前视图不是所选视图，所选中的爆炸图可以被删除。

4.10 简 化 装 配

4.10.1 简化装配概述

对于比较复杂的装配体，可以使用“简化装配”功能将其简化。被简化后，实体的内部细节被删除，但保留复杂的外部特征。当装配体只需要精确的外部表示时，可以将装配体进行简化，简化后可以减少所需的数据，从而缩短加载和刷新装配体的时间。

内部细节是指对该装配体的内部组件有意义，而对装配体与其他实体关联时没有意义的对象；外部细节则相反。简化装配主要就是区分内部细节和外部细节，然后省略掉内部细节的过程，在这个过程中，装配体被合并成一个实体。

4.10.2 简化装配操作

本节以轴和垫片装配体为例（图 4.10.1），说明简化装配的操作过程。

a）简化前　　b）简化后

图 4.10.1　简化装配

Step1. 打开文件 D:\dbugnx8.1\work\ch04\ch04.10\simple.prt。

说明：*为了清楚地表示内部细节被删除，首先在轴上创建一个图 4.10.1a 所示的孔特征（打开的文件中已完成该操作），作为要删除的内部细节。*

Step2. 选择命令。选择下拉菜单 装配(A) → 高级(E) ▸ → 简化装配(M)... 命令，系统弹出“简化装配”对话框；单击 下一步 > 按钮，系统弹出图 4.10.2 所示的“简化装配”对话框（一），对话框的左侧显示操作步骤，右侧有三个单选项和两个复选框，供用户设置简化项。

Step3. 选取装配体中的所有组件，单击 下一步 > 按钮，系统弹出图 4.10.3 所示的“简化装配”对话框（二）。

图 4.10.2 “简化装配”对话框（一）

Step4. 合并组件。单击“简化装配”对话框中的“全部合并”按钮；选择所有组件；单击 下一步 > 按钮，轴和垫片合并在一起，可以看到两平面的交线消失，如图 4.10.4 所示。

图 4.10.3 “简化装配”对话框（二）

图 4.10.3 所示的“简化装配”对话框（二）中的相关选项说明如下：

- 覆盖体 区域包含五个按钮，用于填充要简化的特征。有些孔在“修复边界”步骤（向导的后面步骤）中可以被自动填充，但并不是所有几何体都能被自动填充，因此有时需要用这些按钮进行手工填充。这里由于形状简单，可以自动填充。
- “全部合并”按钮可以用来合并（或除去）模型上的实体，执行此命令时，系统会重复显示该步骤，供用户继续填充或合并。

Step5. 单击 下一步 > 按钮，选择图 4.10.5 所示的外部面（用户也可以选择除要填充的内部细节之外的任何一个面）。

说明： 在执行“修复边界”步骤时，应该先将所有部件合并成一个实体，如果仍有部件未被合并，则该步骤会将其隐藏。

图 4.10.4 轴和垫片合并后

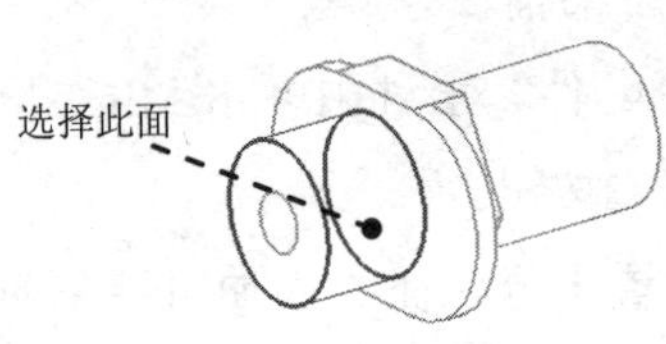

图 4.10.5 选择外部面

Step6. 单击下一步 >按钮，选择图 4.10.6 所示的边缘（通过选择一边缘将内部细节与外部细节隔离开）。

Step7. 选择裂纹检查选项。单击下一步 >按钮，选中⊙裂隙检查单选项。

Step8.单击下一步 >按钮；选择图 4.10.7 所示的圆柱体内部面。选择要删除的内部细节。

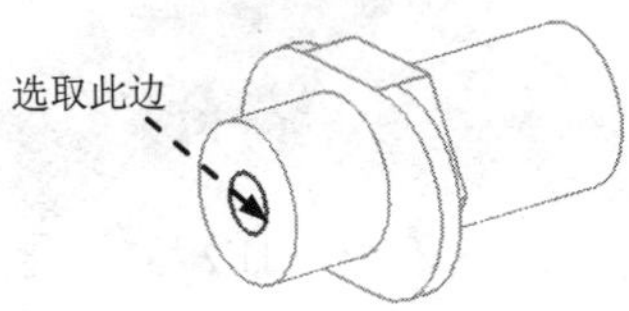

图 4.10.6 选择隔离边缘

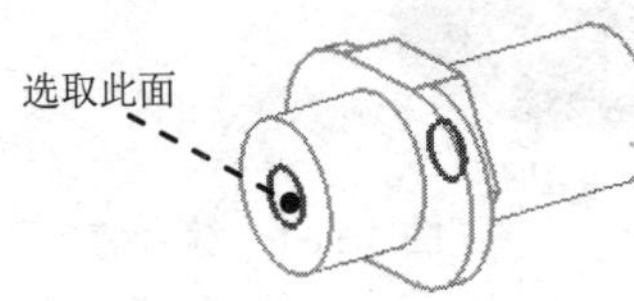

图 4.10.7 选择内部面

Step9. 查看裂纹检查结果。单击下一步 >按钮；可以通过选择高亮显示选项组中的⊙内部面单选项，查看在主对话框中的隔离情况。

Step10. 单击下一步 >按钮，查看外部面。再单击下一步 >按钮，孔特征被移除。

Step11. 单击完成按钮，完成操作。

关于内部细节与外部细节的说明：内部细节与外部细节是用户根据需要确定的，不是由对象在集合体中的位置确定的。读者在本例中可以尝试将孔设为外部面，将轴的外表面设为内部面，结果会将轴和轴套移除，留下孔特征形成的圆柱体。

4.11 综合范例

下面以图 4.11.1 所示为例，讲述一个多部件装配范例的一般过程，使读者进一步熟悉 UG 的装配操作。

Task 1. 创建装配体

Stage1. 装配组件 1

Step1. 新建文件。选择下拉菜单文件(F) → 新建(N)...命令，系统弹出“新建”对话框。在模型选项卡的模板区域中选取模板类型为装配，在名称后面的文本框中输入 assembly01.prt，在文件夹后面的文本框中输入 D:\dbugnx8.1\work\ch04\ch04.11，单击确定按钮。系统进入装配环境，系统弹出“添加组件”对话框。

Step2. 添加阶梯轴。

（1）在“添加组件”对话框中单击按钮，选择D:\dbugnx8.1\work\ch04\ch04.11\shaft.prt，然后单击 OK 按钮。

（2）定义放置定位。在“添加组件”对话框 放置 区域的 定位 选项栏中选取 绝对原点 选项，单击 应用 按钮。

（3）阶梯轴模型 shaft.prt 被添加到 assembly01 中。

Step3. 添加键并定位，如图 4.11.2 所示。

a）装配图　　b）爆炸图

图 4.11.1　综合装配范例

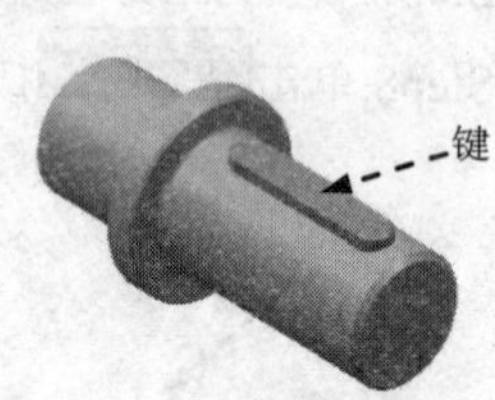

图 4.11.2　添加键

（1）在“添加组件”对话框中单击按钮，选择 D:\dbugnx8.1\work\ch04\ch04.11\key.prt，然后单击 OK 按钮，系统弹出“添加组件”对话框。

（2）定义放置定位。在“添加组件”对话框 放置 区域的 定位 选项栏中选取 通过约束 选项，选中预览区域的 ☑ 预览 复选框，单击 应用 按钮，此时系统弹出“装配约束”和“组件预览”窗口。

（3）添加约束。在“装配约束”对话框 预览 区域中选中 ☑ 在主窗口中预览组件 复选框；在 类型 下拉列表中选择 接触对齐 选项，在 要约束的几何体 区域的 方位 下拉列表中选择 对齐 选项；在“组件预览”窗口中选择图 4.11.3 所示的面 1，然后在主对话框中选择图 4.11.4 所示的面 2，单击 应用 按钮，完成平面的对齐操作；在 要约束的几何体 区域的 方位 下拉列表中选择 首选接触 选项，选择图 4.11.5 所示的面 3、面 4，单击 应用 按钮，完成平面的接触操作；在 要约束的几何体 区域的 方位 下拉列表中选择 自动判断中心/轴 选项，选择图 4.11.6 所示的面 5、面 6，单击 < 确定 > 按钮，完成同轴的接触操作。

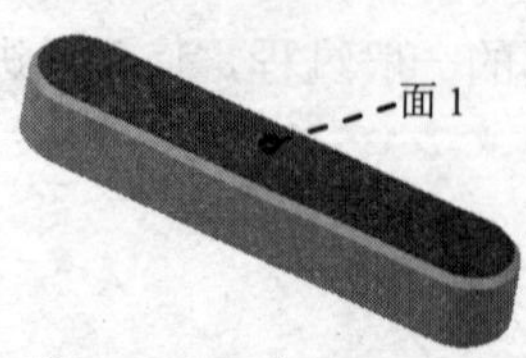

图 4.11.3　选择配对面 1

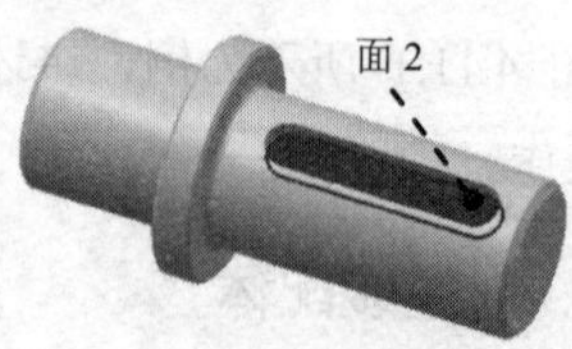

图 4.11.4　选择配对面 2

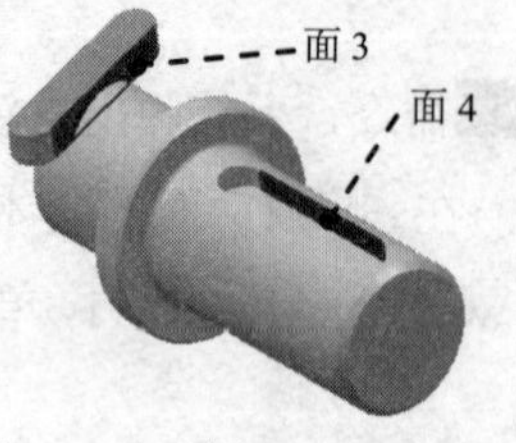

图 4.11.5　选择配对面 3、4

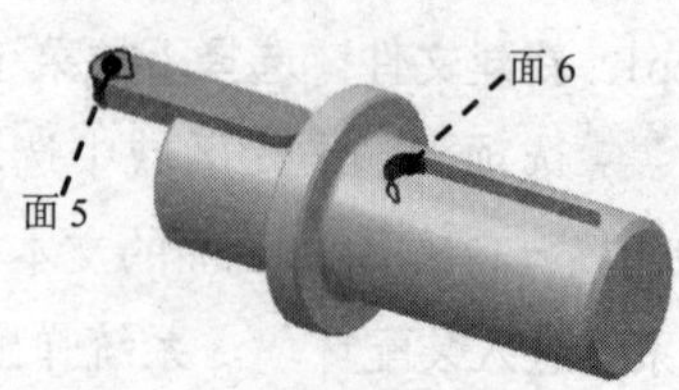

图 4.11.6　选择配对面 5、6

Step4. 保存装配模型。选择下拉菜单 文件(F) → 保存(S) 命令，即可保存装配模型。

Stage2．装配组件 2

Step1. 新建文件。选择下拉菜单 文件(F) → 新建(N)... 命令，系统弹出“新建”对话框。在 模型 选项卡的 模板 区域中选取模板类型为 装配，在 名称 后面的文本框中输入 assembly02.prt，在 文件夹 后面的文本框中输入 D:\dbugnx8.1\work\ch04\ ch04.11，单击 确定 按钮。系统进入装配环境。

Step2. 添加圆盘零件。

（1）在“添加组件”对话框中单击按钮，选择D:\dbugnx8.1\work\ch04\ch04.11\disc.prt，然后单击 OK 按钮。

（2）定义放置定位。在“添加组件”对话框 放置 区域的 定位 选项栏中选取 绝对原点 选项，单击 应用 按钮。

（3）圆盘零件模型 disc.prt 被添加到 assembly02 中，如图 4.11.7 所示。

Step3. 添加垫圈并定位，如图 4.11.8 所示。

图 4.11.7　添加圆盘零件

图 4.11.8　添加垫圈

（1）在“添加组件”对话框中单击按钮，选择 D:\dbugnx8.1\work\ch04\ch04.11\operating.prt，然后单击 OK 按钮，系统弹出“添加组件”对话框。

（2）定义放置定位。在“添加组件”对话框 放置 区域的 定位 选项栏中选取 通过约束 选项，单击 应用 按钮，此时系统弹出“装配约束”对话框。

（3）添加约束。在“装配约束”对话框 类型 下拉列表中选择 接触对齐 选项，在 要约束的几何体 区域的 方位 下拉列表中选择 首选接触 选项，选择图 4.11.9 所示的面 1，然后在主对话框中选择图 4.11.10 所示的面 2，单击 应用 按钮，完成平面的接触；在 要约束的几何体 区域的 方位 下拉列表中选择 自动判断中心/轴 选项，选择图 4.11.11 所示的面 3、面 4，单击 应用 按钮，完成平面的中心操作；在 要约束的几何体 区域的 方位 下拉列表中选择 对齐 选项，选择图 4.11.12 所示的面 5、面 6，单击 < 确定 > 按钮，完成“对齐”约束。

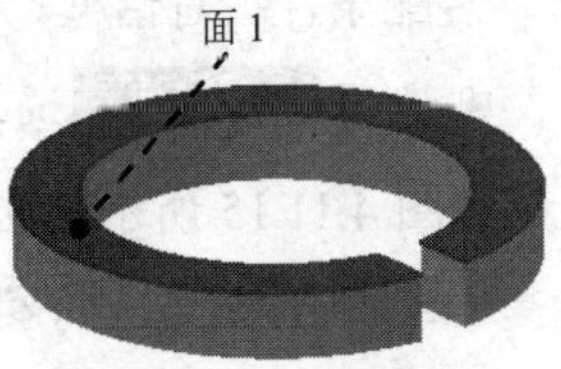

图 4.11.9　选择配对面 1

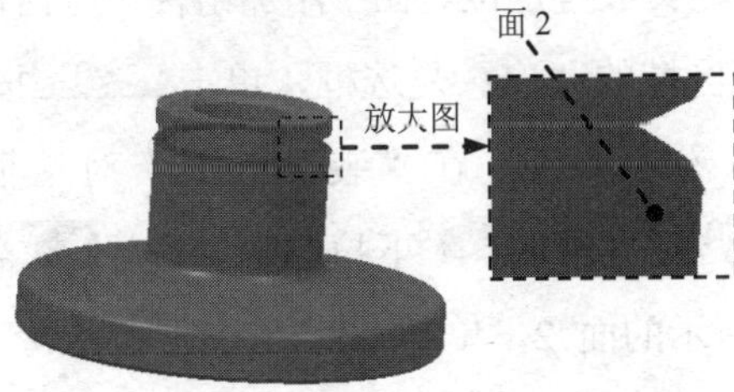

图 4.11.10　选择配对面 2

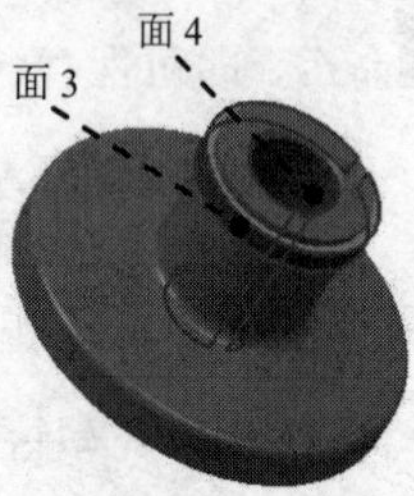

图 4.11.11　选择中心约束面

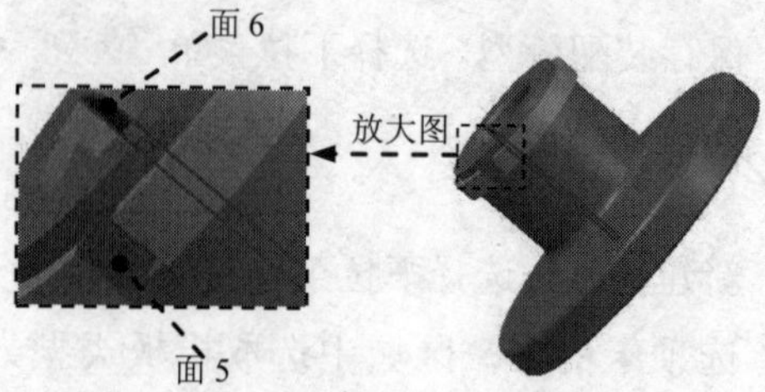

图 4.11.12　选择对齐面

Step4. 保存装配模型。选择下拉菜单 文件(F) → 保存(S) 命令，即可保存装配模型。

Stage3. 总组件的装配

Step1. 新建文件。选择下拉菜单 文件(F) → 新建(N)... 命令，系统弹出“新建”对话框。在 模型 选项卡的 模板 区域中选取模板类型为 装配，在 名称 后面的文本框中输入 assembly03.prt，在 文件夹 后面的文本框中输入 D:\dbugnx8.1\work\ch04\ ch04.11，单击 确定 按钮。系统进入装配环境，并弹出“添加组件”对话框。

Step2. 添加组件 1。

（1）在“添加组件”对话框中单击 按钮，选择 D:\dbugnx8.1\work\ch04\ch04.11\assembly02.prt，然后单击 OK 按钮。

（2）定义放置定位。在“添加组件”对话框 放置 区域的 定位 选项栏中选取 绝对原点 选项，单击 应用 按钮。

（3）组件 2 模型 assembly02.prt 被添加到 assembly03 中，如图 4.11.13 所示。

Step3. 添加组件 2 并定位，如图 4.11.14 所示。

图 4.11.13　添加组件 1

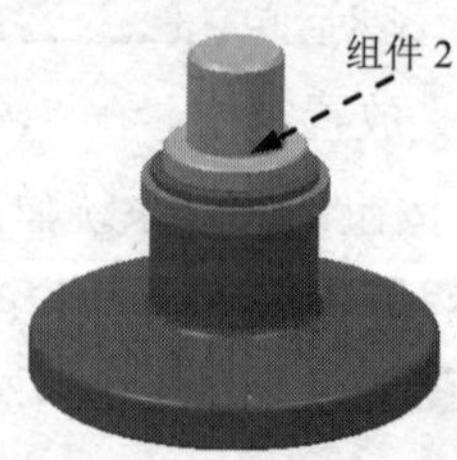

图 4.11.14　添加组件 2

（1）在“添加组件”对话框中单击 按钮，选择 D:\dbugnx8.1\work\ch04\ch04.11\operating.prt，然后单击 OK 按钮，系统弹出“添加组件”对话框。

（2）定义放置定位。在“添加组件”对话框 放置 区域的 定位 选项栏中选取 通过约束 选项，选中预览区域的 ☑ 预览 复选框，单击 应用 按钮，系统弹出“装配条件”对话框。

（3）添加约束。在“装配约束”对话框 类型 下拉列表中选择 接触对齐 选项，在 要约束的几何体 区域的 方位 下拉列表中选择 首选接触 选项，选择图 4.11.15 所示的面 1，图 4.11.16 所示的面 2，单击 应用 按钮，完成平面的接触；在 要约束的几何体 区域的 方位 下拉

列表中选择 首选接触 选项，选择图 4.11.17 所示的面 3 和图 4.11.18 所示的面 4，单击 应用 按钮，完成接触约束的操作；在 要约束的几何体 区域的 方位 下拉列表中选择 自动判断中心/轴 选项，选择图 4.11.19 所示的面 5、面 6，单击 < 确定 > 按钮，完成同轴约束的操作，完成装配组件 assembly01 的操作，单击 取消 按钮，关闭“添加组件”对话框。

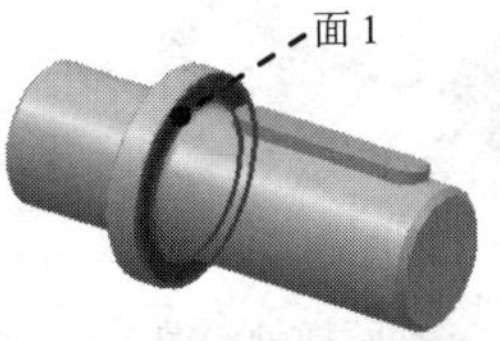

图 4.11.15　选择配对面 1

图 4.11.16　选择配对面 2

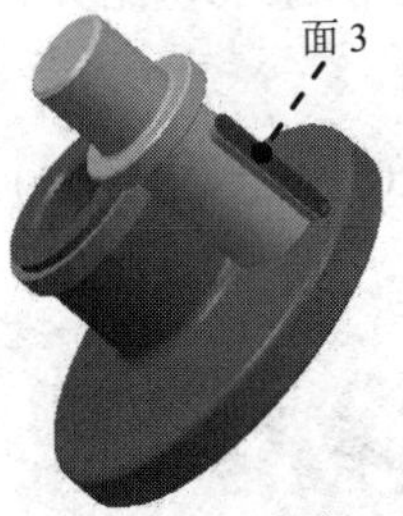

图 4.11.17　选择接触面 3

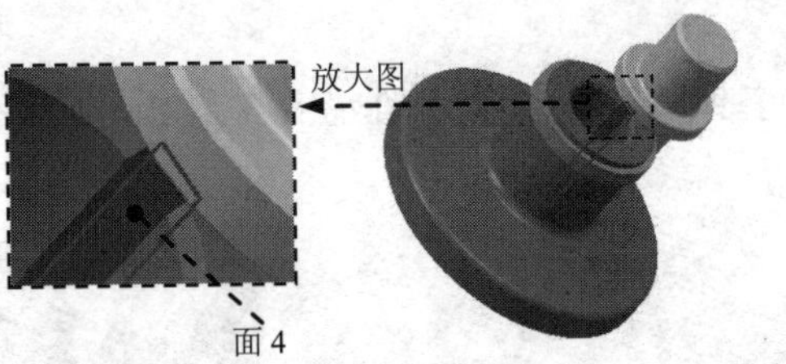

图 4.11.18　选择接触面 4

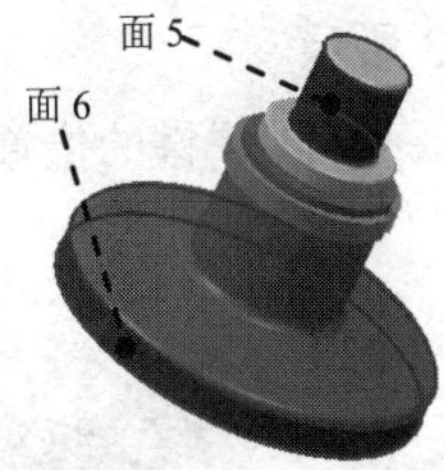

图 4.11.19　选择同轴约束面 5、6

Step4. 保存装配模型。选择下拉菜单 文件(F) → 保存(S) 命令，即可保存装配模型。

Task 2. 创建爆炸图

装配体完成后，可以创建爆炸图，以便清楚查看部件间的装配关系。

Step1. 创建爆炸图。

（1）选择下拉菜单 装配(A) → 爆炸图(X) → 新建爆炸图(N)... 命令，系统弹出图 4.11.20 所示的“新建爆炸图”对话框。

（2）输入爆炸图名。接受系统默认的爆炸图名 Explosion1，单击 确定 按钮，完成爆炸图的创建。

图 4.11.20　“新建爆炸图”对话框

Step2. 编辑阶梯轴和键的位置。

（1）选择命令。选择下拉菜单 装配(A) → 爆炸图(X) → 编辑爆炸图(E)... 命令，系统弹出“编辑爆炸图”对话框。

（2）选择要移动的组件。选中 选择对象 复选框，选取图 4.11.21 所示的阶梯轴和键。

（3）移动组件。单击 Z 轴方向的手柄箭头，在距离文本框中输入值 60；单击确定按钮，阶梯轴和键被移动到图 4.11.22 所示的位置。

图 4.11.21 选择移动对象

图 4.11.22 移动阶梯轴和键

Step3. 编辑垫圈的位置。参照 Step2，将垫圈组件沿着 Z 轴正方向移动 20，结果如图 4.11.23 所示。

Step4. 编辑键的位置。参照 Step2，将键组件沿着 Y 轴正方向移动 20，结果如图 4.11.24 所示。

图 4.11.23 移动垫圈

图 4.11.24 移动键

关于创建爆炸图中可能出现问题的说明：

在创建爆炸图时，读者可根据模型的大小选择合适的爆炸距离；编辑爆炸图时，手柄箭头的方向应根据最终爆炸图中组件的位置确定，可以调整箭头方向，也可以输入负数数值使组件移至相反方向，还可以直接按住鼠标左键拖动箭头来改变组件的位置。如果所选组件的手柄箭头难以选取，可以在“编辑爆炸图”对话框中选择 ⊙ 只移动手柄单选项，拖动手柄到合适位置，以便选取手柄箭头；放在绝对原点（装配的第一个组件）的组件不能进行编辑。

4.12　习　　题

根据提示步骤创建图 4.12.1 所示的装配图和爆炸图。

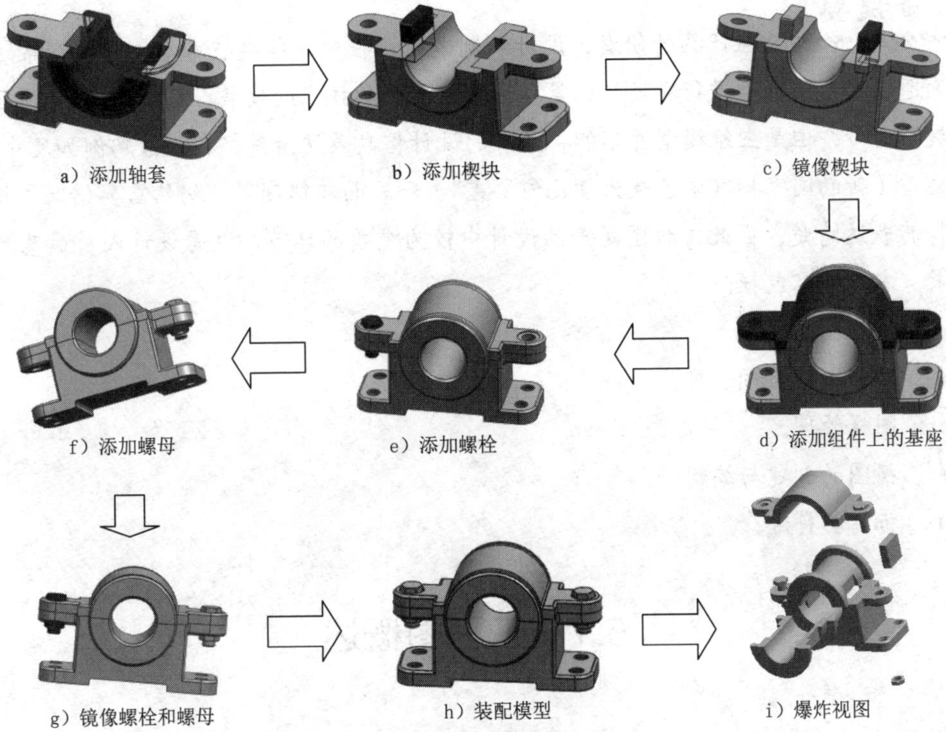

图 4.12.1　装配模型及爆炸图的创建步骤

第 5 章　工程图设计

本章提要

在产品的研发、设计和制造等过程中，各类技术人员需要经常进行交流和沟通，工程图则是进行交流的工具。尽管随着科学技术的发展，3D 设计技术有了很大的发展与进步，但是三维模型并不能将所有的设计信息表达清楚，有些信息例如尺寸公差、形位公差（新的国家标准中已改为“几何公差”）和表面粗糙度等，仍然需要借助二维的工程图将其表达清楚。因此工程图是产品设计中较为重要的环节，也是设计人员最基本的能力要求。本章内容包括：

- 工程图概述。
- 工程图参数预设置。
- 图样管理。
- 视图的创建与编辑。
- 标注与符号。

5.1　工程图概述

使用 UG NX 8.0 的制图环境可以创建三维模型的工程图，且图样与模型相关联。因此，图样能够反映模型在设计阶段中的更改，可以使图样与装配模型或单个零部件保持同步。其主要特点如下：

- 用户界面直观、易用、简洁，可以快速方便地创建图样。
- “在图纸上工作”的画图板模式。此方法类似于制图人员在画图板上绘图。应用此方法可以极大地提高工作效率。
- 支持新的装配体系结构和并行工程。制图人员可以在设计人员对模型进行处理的同时，制作图样。
- 可以快速地将视图放置到图纸上，系统会自动正交对齐视图。
- 具有创建与自动隐藏线和剖面线完全关联的横剖面视图的功能。
- 具有从图形窗口编辑大多数制图对象（如尺寸、符号等）的功能。用户可以创建制图对象，并立即对其进行修改。
- 图样视图的自动隐藏线渲染。

- 在制图过程中，系统的反馈信息可减少许多返工和编辑工作。
- 使用对图样进行更新的用户控件，能有效地提高工作效率。

5.1.1 工程图的组成

在学习本节前，请依次打开 D:\dbugnx8.1\work\ch05\ch05.01 中的 A4-297X210_mm.prt 和 down_base .prt 文件（图 5.1.1），UG NX 8.0 的工程图主要由以下三个部分组成：

- 视图：包括六个基本视图（主视图、俯视图、左视图、右视图、仰视图和后视图）、放大图、各种剖视图、断面图、辅助视图等。在制作工程图时，根据实际零件的特点，选择不同的视图组合，以便简单清楚地表达各个设计参数。
- 尺寸、公差、注释说明及表面粗糙度：包括形状尺寸、位置尺寸、形状公差、位置公差、注释说明、技术要求以及零件的表面粗糙度要求。
- 图框和标题栏等。

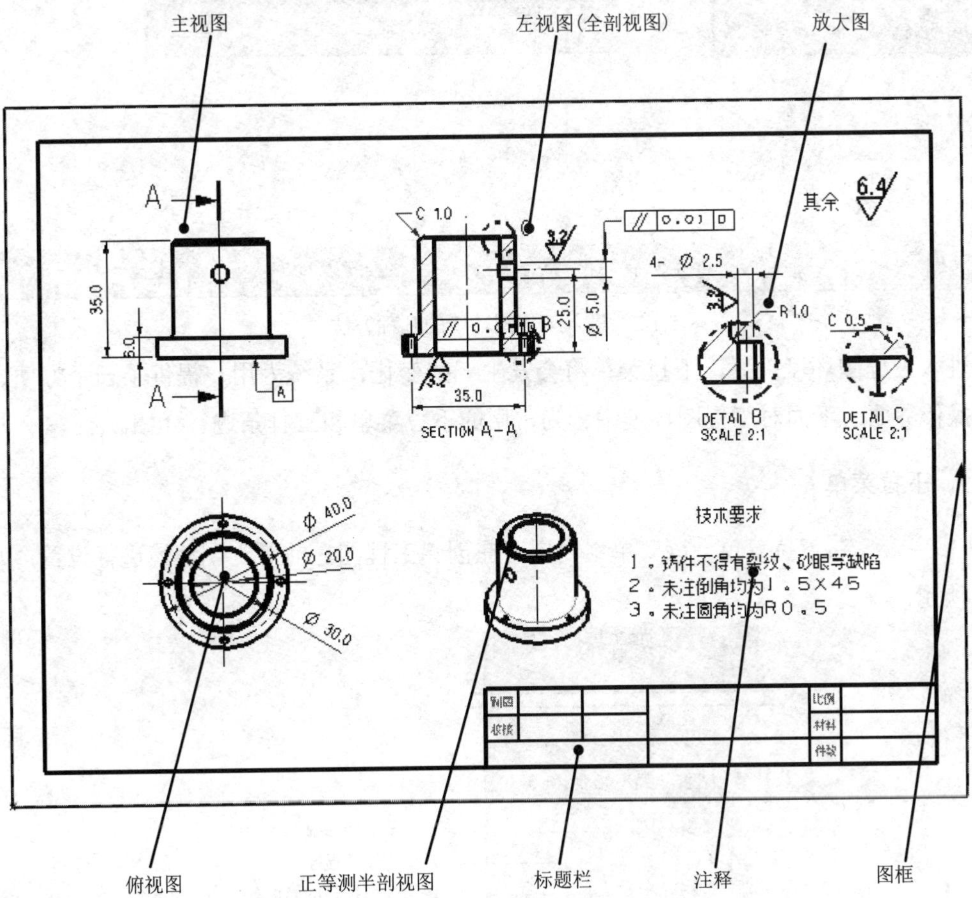

图 5.1.1 工程图的组成

5.1.2 工程图环境中的下拉菜单与工具条

新建一个文件后，有三种方法进入工程图环境，分别介绍如下：

方法一：选择图 5.1.2 所示的下拉菜单 开始 → 制图(D)... 命令。

方法二：在“应用模块”工具条中单击“制图”按钮（图 5.1.2）。

方法三：利用组合键 Ctrl+Shift+ D。

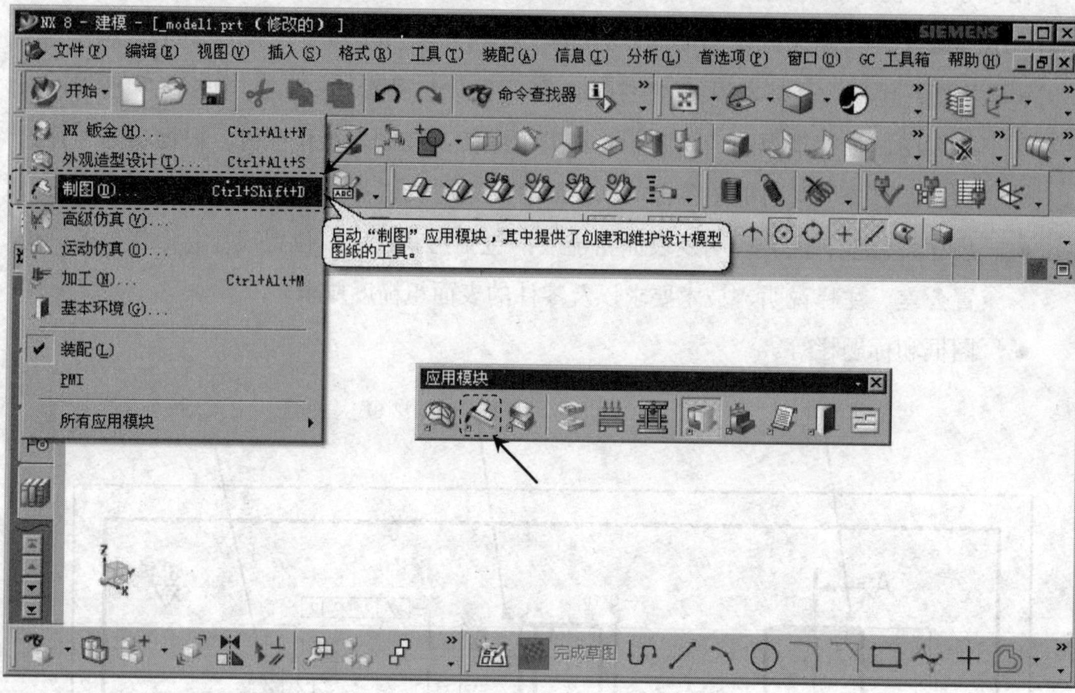

图 5.1.2 进入工程图环境的几种方法

进入工程图环境以后，下拉菜单将会发生一些变化，系统为用户提供了一个方便、快捷的操作界面。下面对工程图环境中较为常用的下拉菜单和工具条进行介绍。

1. 下拉菜单

（1）首选项(P) 下拉菜单。该菜单主要用于在创建工程图之前对制图环境进行设置，如图 5.1.3 所示。

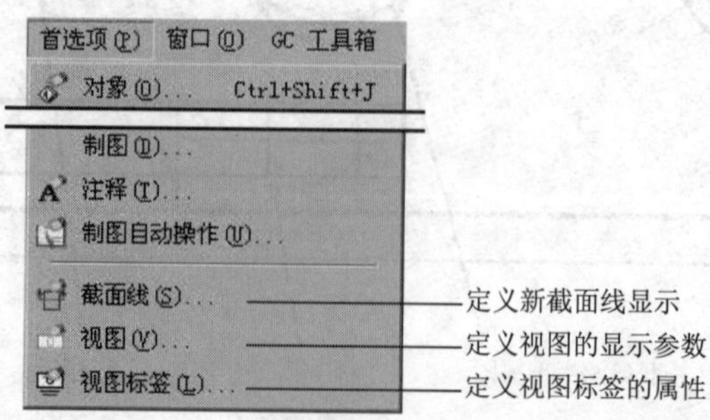

图 5.1.3 “首选项”下拉菜单

（2）插入(S)下拉菜单，如图5.1.4所示。

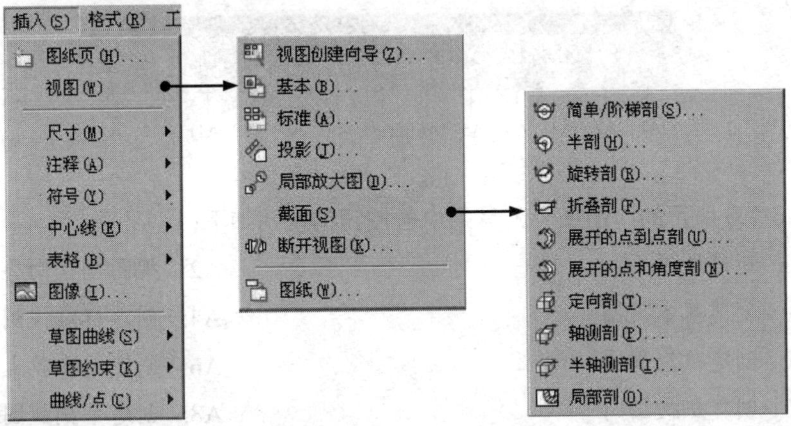

图5.1.4 “插入”下拉菜单

（3）编辑(E)下拉菜单，如图5.1.5所示。

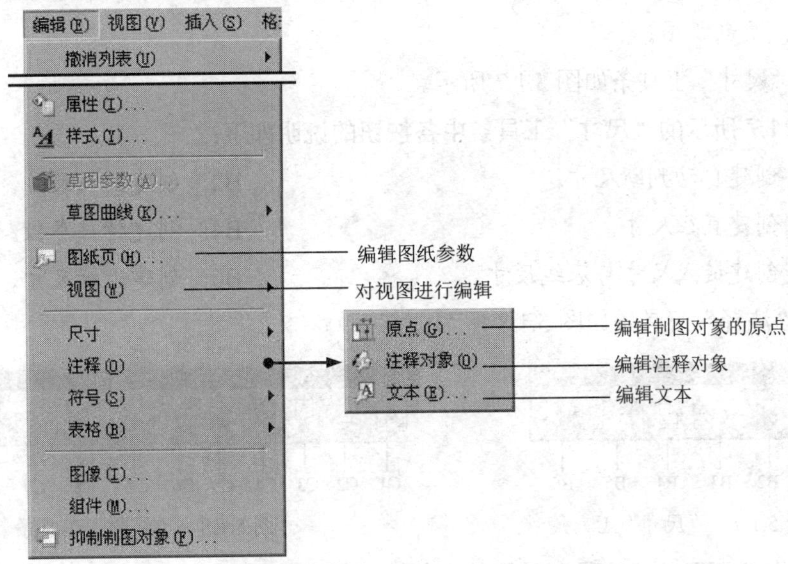

图5.1.5 “编辑”下拉菜单

2. 工具条

进入工程图环境以后，系统会自动增加许多与工程图操作有关的工具条。下面对工程图环境中较为常用的工具条分别进行介绍。

说明：

- 选择下拉菜单 工具(T) ➡ 定制(Z)... 命令，在弹出的“定制”对话框的 工具条 选项卡中进行设置，可以显示或隐藏相关的工具条。
- 工具条中没有显示的按钮，可以通过下面的方法将它们显示出来：单击右上角的 ▪ 按钮，在其下方弹出 添加或移除按钮 ▾ 按钮，将鼠标放到该按钮上，在弹出的“添加选项”中包含了所有供用户选择的按钮。

（1）“图纸”工具条如图 5.1.6 所示。

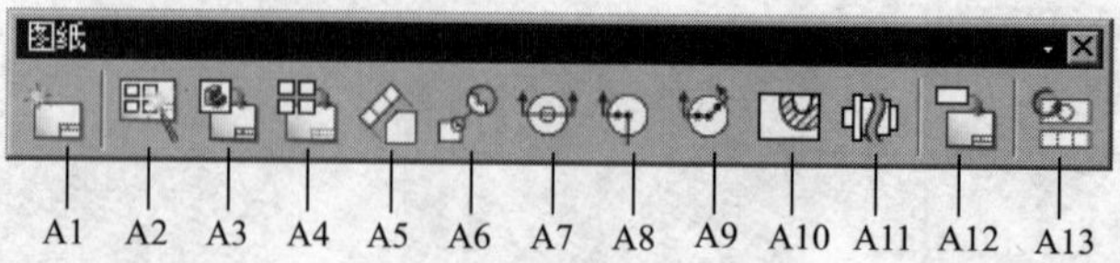

图 5.1.6 “图纸”工具条

图 5.1.6 所示的“图纸”工具条中各按钮的说明如下：

A1：新建图纸页。

A2：视图创建向导。

A3：创建基本视图。

A4：创建标准视图。

A5：创建投影视图。

A6：创建局部放大图。

A7：创建剖视图。

A8：创建半剖视图。

A9：创建旋转剖视图。

A10：创建局部剖视图。

A11：创建断开视图。

A12：创建图纸视图。

A13：更新视图。

（2）“尺寸”工具条如图 5.1.7 所示。

图 5.1.7 所示的“尺寸”工具条中各按钮的说明如下：

B1：创建自动判断尺寸。

B2：创建圆柱尺寸。

B3：创建直径尺寸。

B4：创建特征参数。

B5：创建链式尺寸与基线尺寸。

B6：创建坐标尺寸。

（3）“注释”工具条如图 5.1.8 所示。

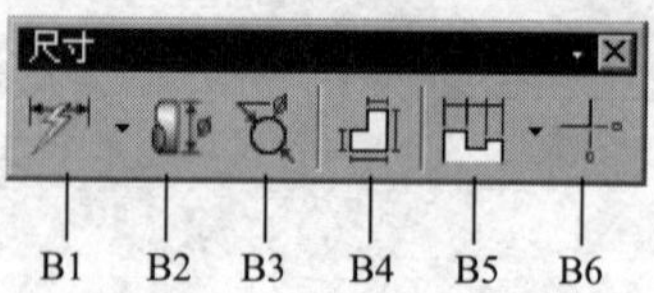

图 5.1.7 “尺寸”工具条

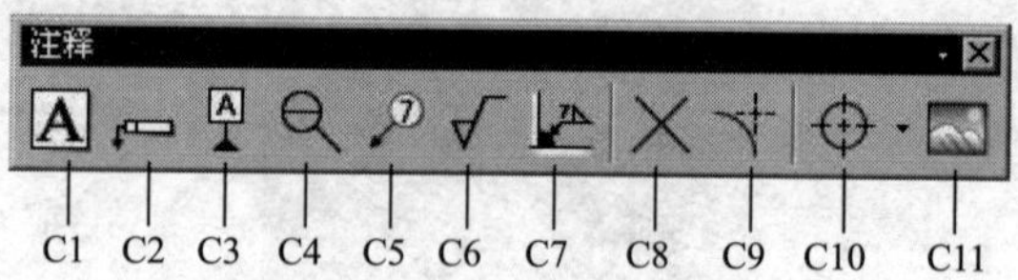

图 5.1.8 “注释”工具条

图 5.1. 8 所示的“注释”工具条中各按钮的说明如下：

C1：创建注释。

C2：创建特征控制框。

C3：创建基准。

C4：创建基准目标。

C5：标识符号。

C6：表面粗糙度符号。

C7：焊接符号。

C8：目标点符号。

C9：相交符号。

C10：中心标记。

C11：图像。

（4）“表”工具条如图 5.1.9 所示。

图 5.1.9 所示的“表”工具条中各按钮的说明如下：

D1：表格注释。

D2：零件明细表。

D3：自动符号标注。

（5）“制图编辑”工具条如图 5.1.10 所示。

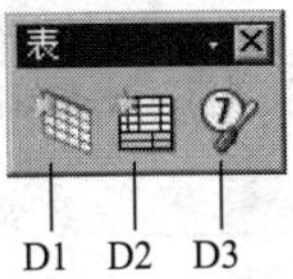

图 5.1.9　“表”工具条

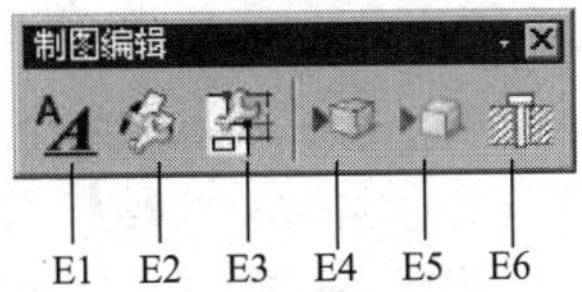

图 5.1.10　“制图编辑”工具条

图 5.1.10 所示的“制图编辑”工具条中各按钮的说明如下：

E1：编辑样式。

E2：编辑注释。

E3：编辑尺寸关联。

E4：隐藏视图中的组件。

E5：显示视图中的组件。

E6：视图中剖切。

5.1.3　部件导航器

在学习本节前，请先打开文件 D:\dbugnx8.1\work\ch05\ch05.01\down_base.prt。

在 UG NX 8.0 中，部件导航器（也可以称为图样导航器）如图 5.1.11 所示，可用于编辑、查询和删除图样（包括在当前部件中的成员视图），模型树包括零件的图纸页、成员视图、剖面线和表格。在工程图环境中，有以下几种方式可以编辑图样或者图样上的视图：

- 修改视图的显示样式。在模型树中双击某个视图，在系统弹出的“视图样式”对话框中进行编辑。
- 修改视图所在的图纸页。在模型树中选择视图，并拖至另一张图纸页。
- 打开某一图纸页。在模型树中双击该图纸页即可。

在部件导航器的模型树结构中，提供了图、图片和视图节点，下面针对不同对象分别进行介绍。

（1）在部件导航器中的图纸节点上右击，系统弹出图 5.1.12 所示的快捷菜单。

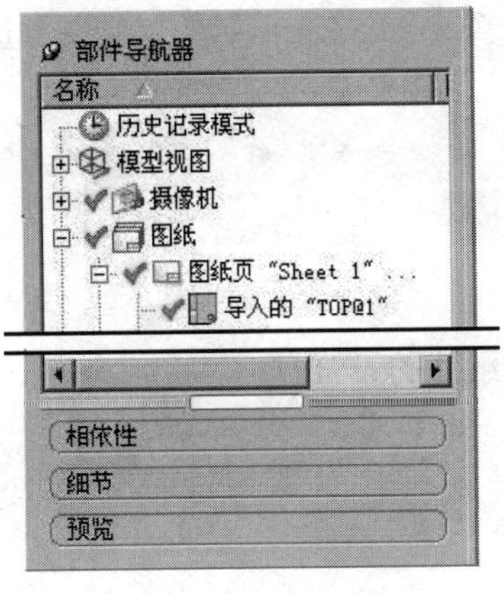

图 5.1.11　部件导航器

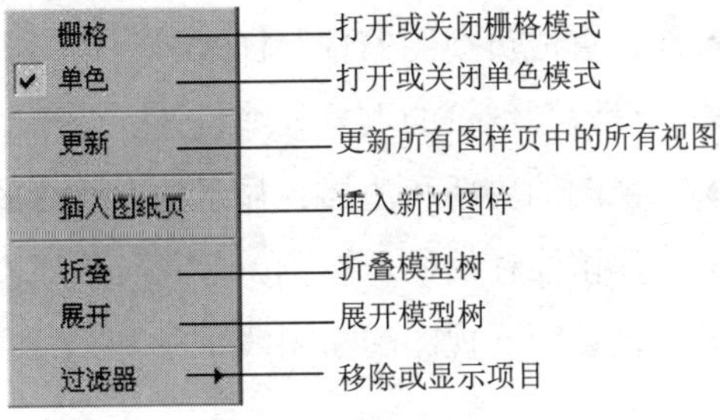

图 5.1.12　快捷菜单

（2）在部件导航器中的 图纸页 节点上右击，系统弹出图 5.1.13 所示的快捷菜单。

（3）在部件导航器中的 导入的 节点上右击，系统弹出图 5.1.14 所示的快捷菜单。

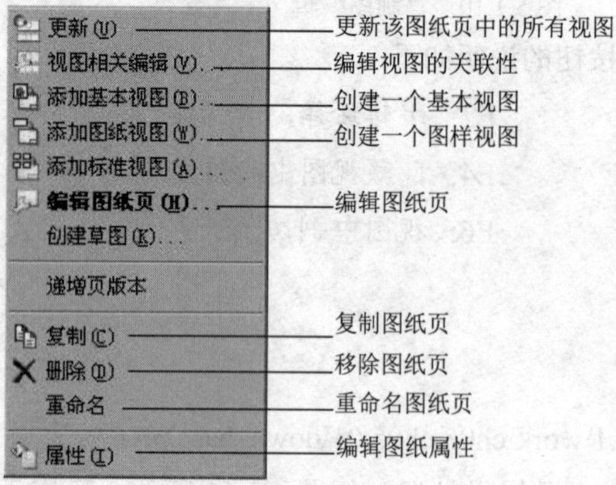

图 5.1.13 快捷菜单

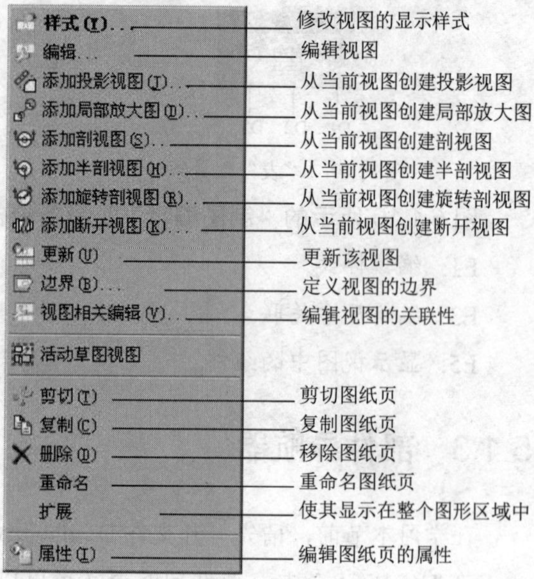

图 5.1.14 快捷菜单

5.2 工程图参数预设置

UG NX 8.0 的默认设置是国际通用的制图标准，其中很多选项不符合我国国家标准，所以在创建工程图之前，一般先要对工程图参数进行预设置。通过工程图参数的预设置可以控制箭头的大小、线条的粗细、隐藏线的显示与否、标注的字体和大小等。用户可以通过预设置工程图的参数来改变制图环境，使所创建的工程图符合我国国标。

5.2.1 工程图参数设置

选择下拉菜单 首选项(P) → 制图(D)... 命令，系统弹出图 5.2.1 所示的“制图首选项”对话框，该对话框的功能是：

- 设置视图和注释的版本。
- 设置成员视图的预览样式。
- 设置图纸页的页号及编号。
- 视图的更新和边界、显示抽取边缘的面及加载组件的设置。
- 保留注释的显示设置。
- 设置断开视图的断裂线。

5.2.2　原点参数设置

选择下拉菜单 编辑(E) → 注释(O) ▸ → 原点(G)... 命令，系统弹出图 5.2.2 所示的“原点工具”对话框。

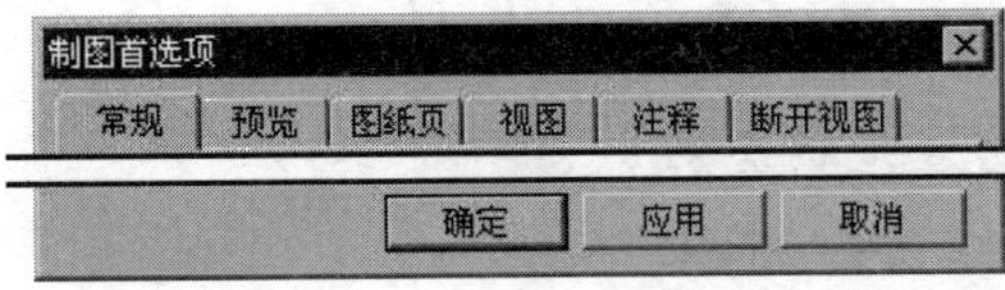

图 5.2.1　“制图首选项”对话框

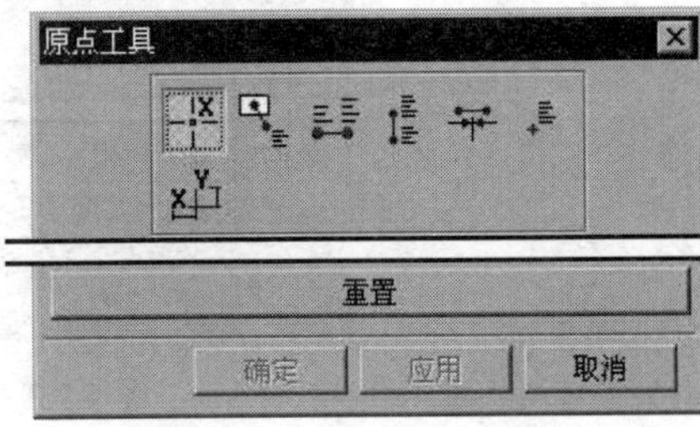

图 5.2.2　“原点工具”对话框

图 5.2.2 所示的“原点工具”对话框中的各选项说明如下：

- （拖动）：通过光标来指示屏幕上的位置，从而定义制图对象的原点。如果选择“关联”选项，可以激活“点构造器”选项，以便用户可以将注释与某个参考点相关联。
- （相对于视图）：定义制图对象相对于图样成员视图的原点移动、复制或旋转视图时，注释也随着成员视图移动。只有独立的制图对象（如注释、符号等）可以与视图相关联。
- （水平文本对齐）：该选项用于设置在水平方向与现有的某个基本制图对象对齐。此选项允许用户将源注释与目标注释上的某个文本定位位置相关联。打开时，让尺寸与选择的文本水平对齐。
- （竖直文本对齐）：该选项用于设置在竖直方向与现有的某个基本制图对象的对齐。此选项允许用户将源注释与目标注释上的某个文本定位位置相关联。打开时，会让尺寸与选择的文本竖直对齐。
- （对齐箭头）：该选项用来创建制图对象的箭头与现有制图对象的箭头对齐，来指定制图对象的原点。打开时，会让尺寸与选择的箭头对齐。
- （点构造器）：通过“原点位置”下拉菜单来启用所有的点位置选项，以使注释与某个参考点相关联。打开时，可以选择控制点、端点、交点和中心点作为尺寸和符号的放置位置。
- （偏置字符）：该选项可设置当前字符大小（高度）的倍数，使尺寸与对象偏移指定的字符数后对齐。

5.2.3　注释参数设置

选择下拉菜单 首选项(P) → A 注释(T)... 命令，系统弹出图 5.2.3 所示的“注释首选项”

对话框。

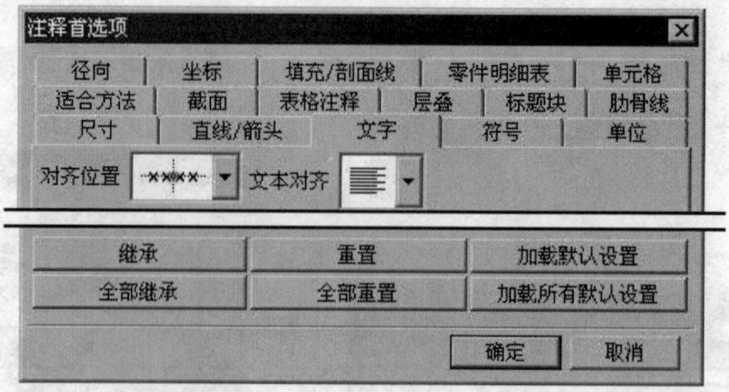

图 5.2.3 “注释首选项”对话框

图 5.2.3 所示的“注释首选项”对话框中各选项卡的功能说明如下：

- 尺寸：用于设置箭头和直线格式、放置类型、公差和精度格式、尺寸文本角度和延伸线部分的尺寸关系等参数。
- 直线/箭头：用于设置应用于指引线、箭头以及尺寸的延伸线和其他注释的相关参数。
- 文字：用于设置应用于尺寸、文本和公差等文字的相关参数。
- 符号：用于设置“标识”、“用户定义”、“中心线”和“形位公差”等符号的参数。
- 单位：用于设置各种尺寸显示的参数。
- 径向：用于设置直径和半径尺寸值显示的参数。
- 坐标：用于设置坐标集和折线的参数。
- 填充/剖面线：用于设置剖面线和区域填充的相关参数。
- 零件明细表：用于设置零件明细表的参数，以便为现有的零件明细表对象设置形式。
- 单元格：用于设置所选单元的各种参数。
- 适合方法：用于设置单元适合方法的样式。
- 截面：用于设置表格格式。
- 表格注释：用于设置表格中的注释参数。
- 层叠：用于设置注释对齐方式。
- 标题块：用于设置标题栏对齐位置。
- 肋骨线：用于设置造船制图中的肋骨线参数。

5.2.4 剖切线参数设置

选择下拉菜单首选项(P) → 截面线(S)...命令，系统弹出图 5.2.4 所示的“截面线首选项”对话框。通过设置“截面线首选项”对话框中的参数，既可以控制以后添加到图样中的剖切线显示，也可以修改现有的剖切线。

图 5.2.4 所示的“截面线首选项”对话框中各选项的说明如下：

- 标签：用于设置剖视图的标签号。
- 样式：可以进行选择剖切线箭头的样式。
- 箭头显示：通过在(A)、(B)和(C)文本框中输入值以控制箭头的大小。
- 箭头通过部分：通过在(D)文本框中输入值以控制剖切线箭头线段和视图线框之间的距离。
- 短划线长度：用于在(E)文本框中输入短划线长度。
- 标准：用于控制剖切线符号的标准。
- 颜色：用于控制剖切线的颜色。
- 宽度：用于选择剖切线宽度。

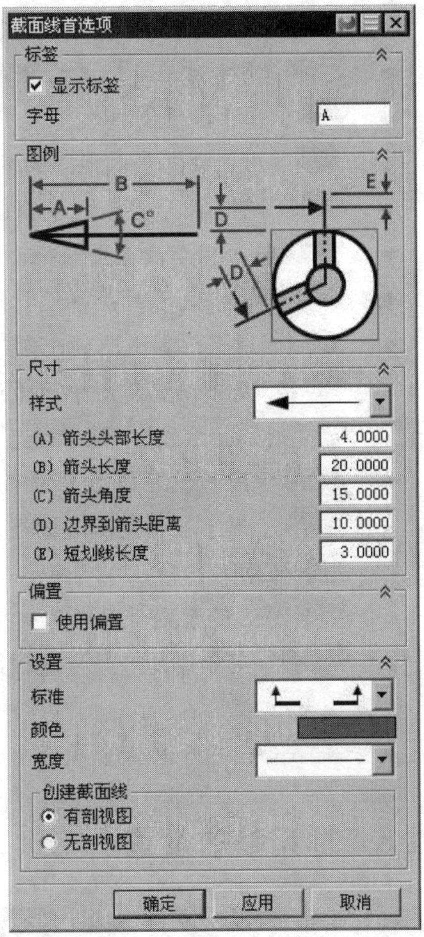

图 5.2.4　“截面线首选项”对话框

5.2.5　视图参数设置

选择下拉菜单 首选项(P) → 视图(V)... 命令，系统弹出图 5.2.5 所示的“视图首选项”对话框。通过对“视图首选项”对话框中参数的设置可以控制图样上的视图显示，包括隐藏线、剖视图背景线、轮廓线和光顺边等。这些设置只对当前文件和设置以后添加的视图有效，而对于在设置之前添加的视图则可通过编辑视图样式修改，因此在创建工程图之前，最好先进行预设置，这样可以减少很多的编辑工作，提高工作效率。

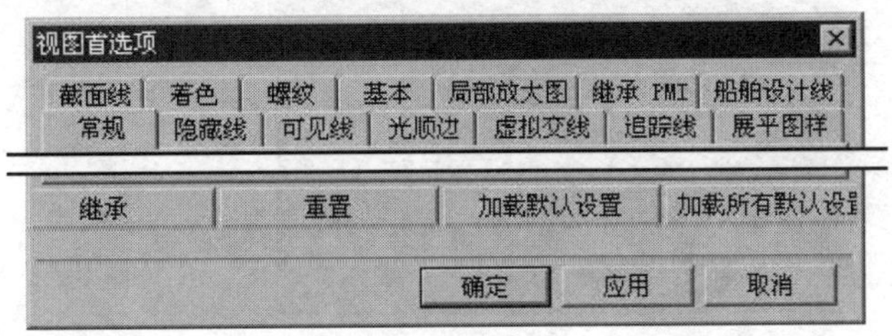

图 5.2.5　“视图首选项”对话框

图 5.2.5 所示的“视图首选项”对话框中各选项卡的功能说明如下：

- 截面线：控制剖视图的剖面线。
- 着色：用于对渲染样式的设置。
- 螺纹：用于设置图样成员视图中内、外螺纹的最小螺距。
- 基本：用于设置基本视图的装配布置、小平面表示、剪切边界和注释的传递。
- 局部放大图：用于显示控制视图边界的颜色、线型和线宽。
- 继承 PMI：用于设置图样平面中形位公差的继承。
- 船舶设计线：用于对船舶设计线的设置。
- 常规：用于设置视图的比例、角度、UV 网格、视图标记和比例标记等细节选项。
- 隐藏线：用于设置视图中隐藏线的显示方法。其中的相关选项可以控制隐藏线的显示类别、显示线型和粗细等。
- 可见线：用于设置视图中的可见线的颜色、线型和粗细。
- 光顺边：用于控制光顺边的显示，可以设置光顺边缘是否显示以及设置其颜色、线型和粗细。
- 虚拟交线：用于显示假想的相交曲线。
- 追踪线：用于修改可见和隐藏跟踪线的颜色、线型和深度，或修改可见跟踪线的缝隙大小。
- 展平图样：用于对钣金展开图的设置。

5.2.6　标记参数设置

选择下拉菜单 首选项(P) → 视图标签(L)... 命令，系统弹出图 5.2.6 所示的“视图标签首选项”对话框。利用该对话框可以实现以下功能：

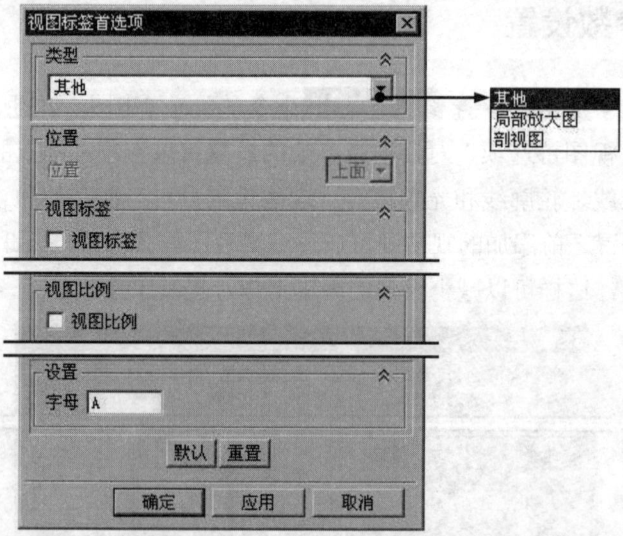

图 5.2.6　“视图标签首选项”对话框

- 控制视图标签的显示，并查看图样上成员视图的视图比例标签。

- 控制视图标签的前缀名、字母、字母格式和字母比例因子的显示。
- 控制视图比例的文本位置、前缀名、前缀文本比例因子、数值格式和数值比例因子的显示。
- 使用“视图标签首选项”对话框设置添加到图样的后续视图的首选项，或者使用该对话框编辑现有视图标签的设置。

图 5.2.6 所示的“视图标签首选项”对话框中各选项卡的功能说明如下：

- 其他：该选项用于设置除局部放大图和剖视图之外的其他视图标签的相关参数。
- 局部放大图：该选项用于设置局部放大图视图标签的相关参数。
- 剖视图：该选项用于设置剖视图视图标签的相关参数。

5.3　图 样 管 理

UG NX 8.0 工程图环境中的图样管理包括工程图样的创建、打开、删除和编辑。下面主要对新建和编辑工程图进行简要介绍。

5.3.1　新建工程图

Step1. 打开零件模型。打开文件 D:\dbugnx8.1\work\ch05\ch05.03\down_base.prt。

Step2. 选择命令。选择下拉菜单 开始 → 制图(D)... 命令，系统进入工程图环境。

Step3. 选择图样类型。选择下拉菜单 插入(S) → 图纸页(H)... 命令，系统弹出“图纸页”对话框，在对话框中选择图 5.3.1 所示的选项。

Step4. 在“图纸页”对话框中单击 确定 按钮，系统弹出图 5.3.2 所示的“视图创建向导”对话框。

说明：在 Step3 中，单击 确定 按钮之前每单击一次 应用 按钮都会多新建一张图样。

图 5.3.1 所示的“图纸页”对话框中的选项和按钮说明如下：

- 图纸页名称文本框：指定新图样的名称，可以在该文本框中输入图样名；图样名最多可以包含 30 个字符；默认的图样名是 SHT1。
- A4 - 210 x 297 下拉列表：用于选择图纸大小，系统提供了 A4、A3、A2、A1、A0、A0+和 A0++七种型号的图纸。
- 比例：为添加到图样中的所有视图设定比例。
- 度量单位：指定 英寸 或 毫米 为单位。
- 投影角度：指定第一象限角投影或第三象限角投影；按照国标，应选择 毫米 和第一象限角投影。

Step5. 在“视图创建向导”对话框中单击 完成 按钮，完成工程图的新建。

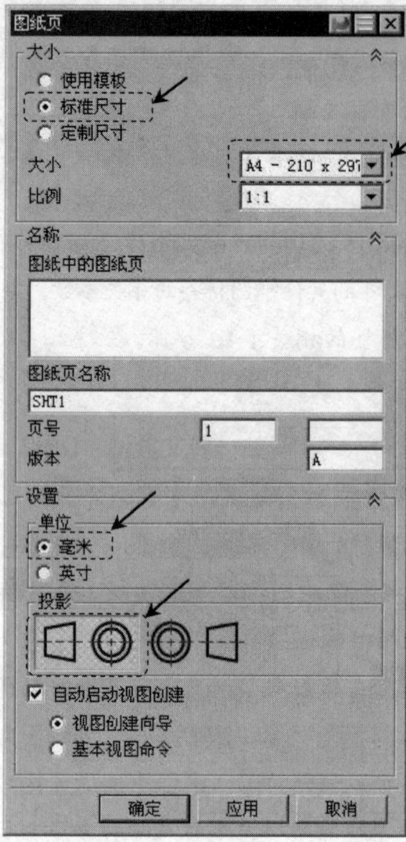

图 5.3.1 “图纸页”对话框

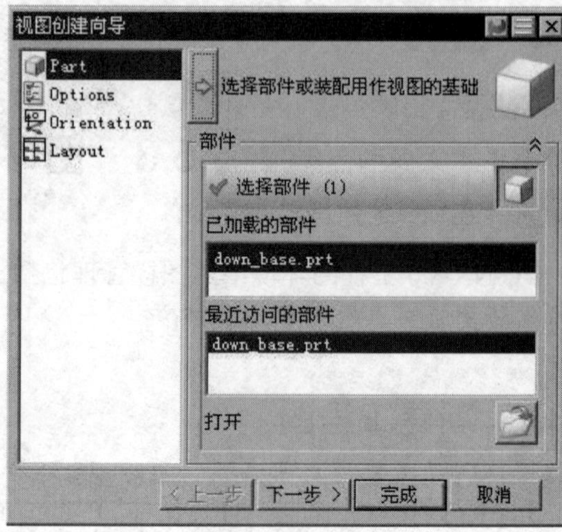

图 5.3.2 “视图创建向导”对话框

5.3.2 编辑已存图样

新建一张图样，在图 5.3.3 所示的部件导航器中选择图样并右击，在弹出的图 5.3.4 所示的快捷菜单中选择 编辑图纸页(H)... 命令，系统弹出“图纸页”对话框，利用该对话框可以编辑已存图样的参数。

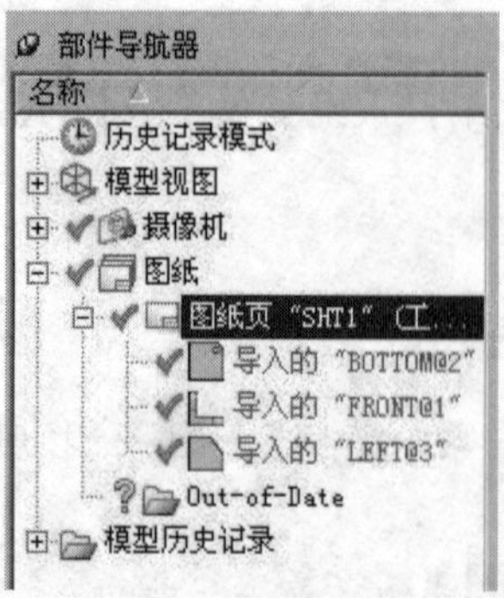

图 5.3.3 部件导航器

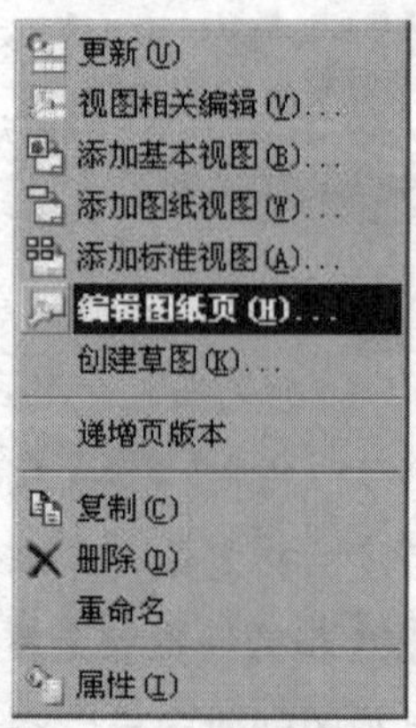

图 5.3.4 快捷菜单

5.4　视图的创建与编辑

视图是按照三维模型的投影关系生成的，主要用来表达部件模型的外部结构及形状。在 UG NX 8.0 中，视图分为基本视图、局部放大图、剖视图、半剖视图、旋转剖视图、其他剖视图和局部剖视图。下面分别以具体的范例来说明各种视图的创建方法。

5.4.1　基本视图

下面创建图 5.4.1 所示的基本视图，操作过程如下：

Step1. 打开零件模型。打开文件 D:\dbugnx8.1\work\ch05\ch05.04\base.prt，进入建模环境，零件模型如图 5.4.2 所示。

Step2. 插入图纸页。选择下拉菜单 开始 → 制图(D)... 命令，系统进入制图环境；设置图纸页面，“图纸页”对话框中的参数设置如图 5.4.3 所示；单击 确定 按钮，完成图样的创建。

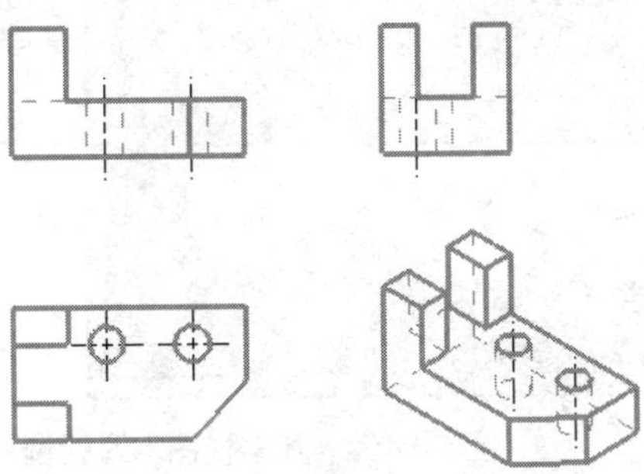

图 5.4.1　零件的基本视图

图 5.4.2　零件模型

Step3. 新建工程图。选择下拉菜单 插入(S) → 图纸页(H)... 命令（或单击“图纸”工具条中的按钮），系统弹出“图纸页”对话框，在对话框中选择图 5.4.3 所示的选项，然后单击 确定 按钮，系统弹出图 5.4.4 所示的“基本视图”对话框。

Step4. 定义基本视图参数。在“基本视图”对话框 模型视图 区域的 要使用的模型视图 下拉列表中选择 前视图 选项，在 缩放 区域的 比例 下拉列表中选择 1:1 选项。

Step5. 放置视图。在图 5.4.5 所示的三个位置单击以生成主视图、左视图和俯视图。

图 5.4.4 所示的“基本视图”对话框中的按钮说明如下：

- 部件 区域：该区域用于加载部件、显示已加载部件和最近访问的部件。
- 视图原点 区域：该区域主要用于定义视图在图形区的摆放位置，例如水平、垂直、鼠标在图形区的点击位置或系统的自动判断等。
- 模型视图 区域：该区域用于定义视图的方向，例如仰视图、前视图和右视图等；单击该区域的“定向视图工具”按钮，系统弹出“定向视图工具”对话框，通过该对话框，可以创建自定义的视图方向。

- 比例区域：用于在添加视图之前，为基本视图指定一个特定的比例。默认的视图比例值等于图样比例。
- 设置区域：该区域主要用于完成视图样式的设置，单击该区域的按钮，系统弹出“视图样式”对话框。

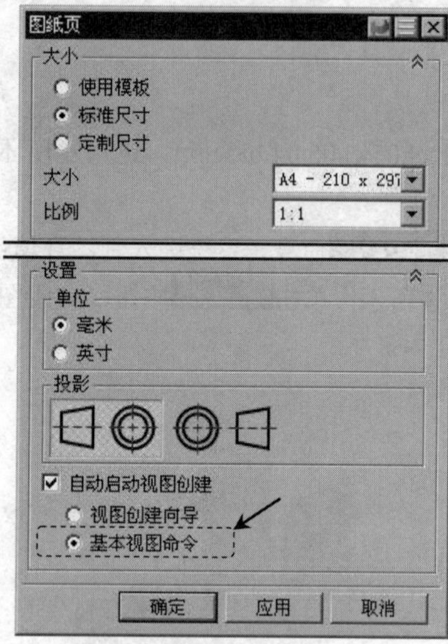

图 5.4.3　“图纸页”对话框

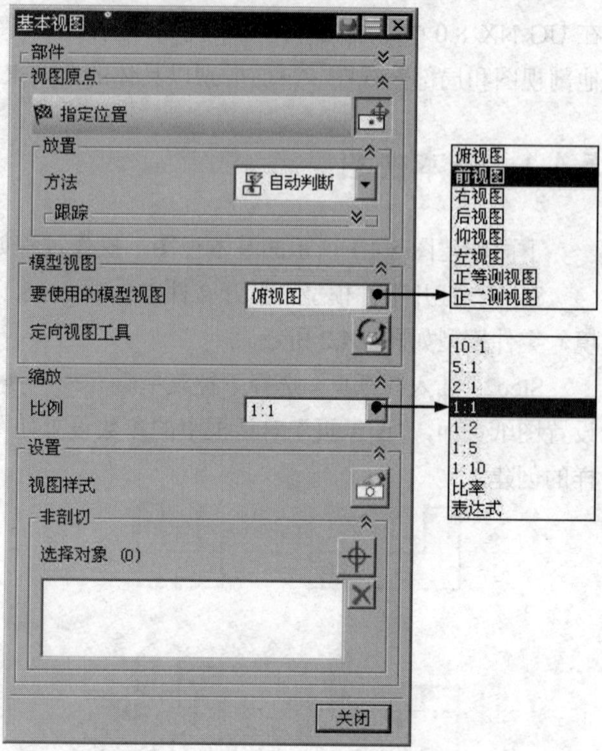

图 5.4.4　“基本视图”对话框

Step6. 创建正等测视图。

（1）选择命令。选择下拉菜单 插入(S) → 视图(W) → 基本(B)... 命令（或单击“图纸”工具条中的按钮），系统弹出“基本视图”对话框。

（2）选择视图类型。在“基本视图”对话框模型视图区域的要使用的模型视图下拉列表中选择正等测视图选项。

（3）定义视图比例。在缩放区域的比例下拉列表中选择1:1选项。

（4）放置视图。选择合适的放置位置并单击，结果如图 5.4.5 所示。

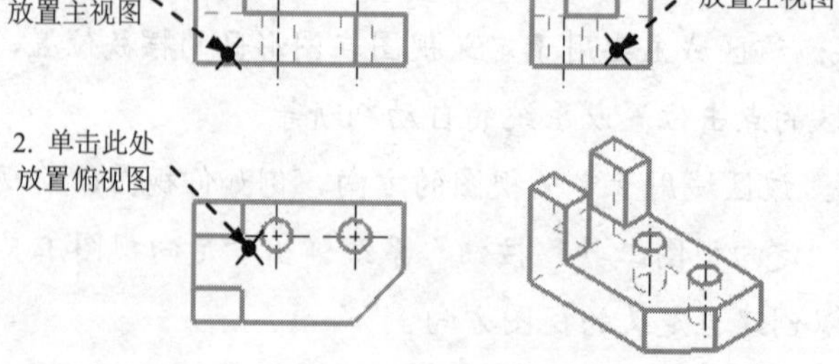

图 5.4.5　视图的放置

5.4.2　局部放大图

下面创建图 5.4.6 所示的局部放大图，操作过程如下：

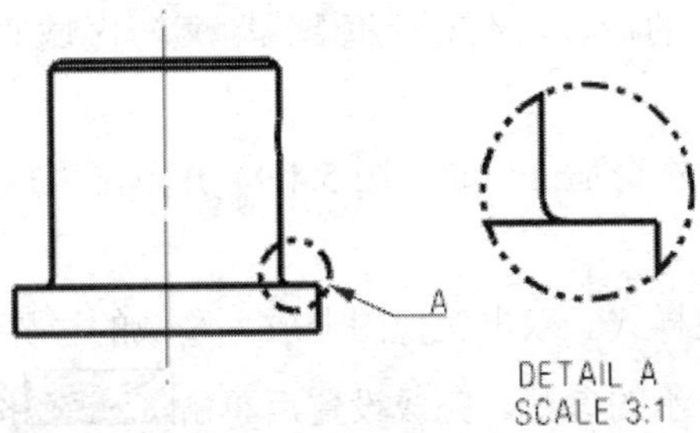

图 5.4.6　局部放大图

Step1. 打开文件 D:\dbugnx8.1\work\ch05\ch05.04\magnify_view.prt。

Step2. 选择命令。选择下拉菜单 插入(S) → 视图(W) → 局部放大图(D)... 命令（或单击“图纸”工具条中的按钮），系统弹出图 5.4.7 所示“局部放大图”对话框。

Step3. 选择边界类型。在“局部放大图”对话框的 类型 下拉列表中选择 圆形 选项。

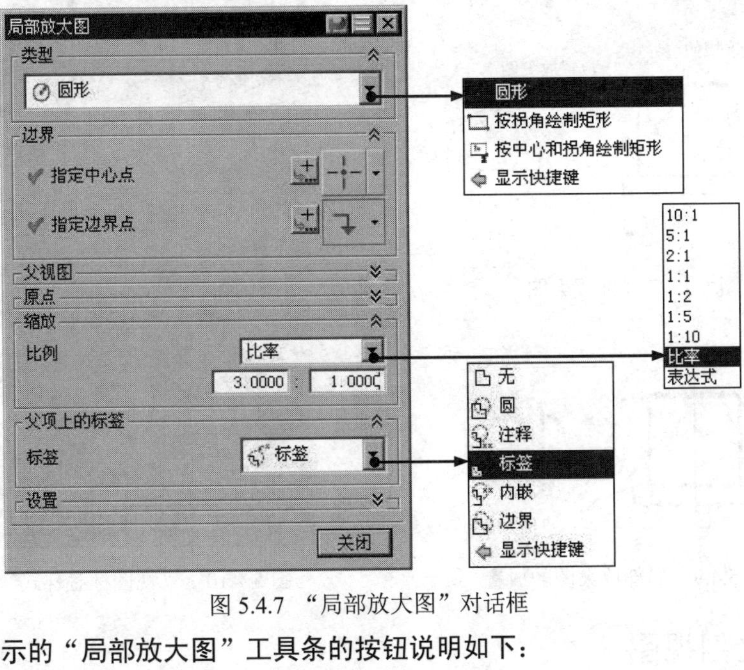

图 5.4.7　“局部放大图”对话框

图 5.4.7 所示的“局部放大图”工具条的按钮说明如下：

- 类型 区域：该区域用于定义绘制局部放大图边界的类型，包括：“圆形”、“按拐角绘制矩形”和“按中心和拐角绘制矩形”。
- 边界 区域：该区域用于定义创建局部放大图的边界位置。
- 父项上的标签 区域：该区域用于定义父视图边界上的标签类型，包括：“无”、“圆”、“注释”、“标签”、“内嵌”和“边界”。

Step4. 绘制放大区域的边界（图 5.4.8）。

Step5. 指定放大图比例。在“局部放大图”对话框 缩放 区域的 比例 下拉列表中选择 比率 选项，输入 3:1。

Step6. 定义父视图上的标签。在对话框 父项上的标签 区域的 标签 下拉列表中选择 标签 选项。

Step7. 放置视图。选择合适的位置（图 5.4.9）并单击以放置放大图，然后单击 关闭 按钮。

Step8. 设置视图标签样式。双击父视图上放大区域的边界，系统弹出“视图标签样式”对话框，设置图 5.4.10 所示的参数，完成设置后单击 确定 按钮。

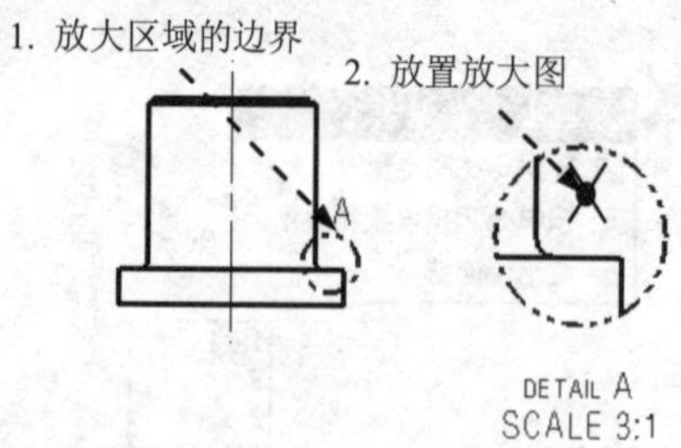

图 5.4.8　局部放大图

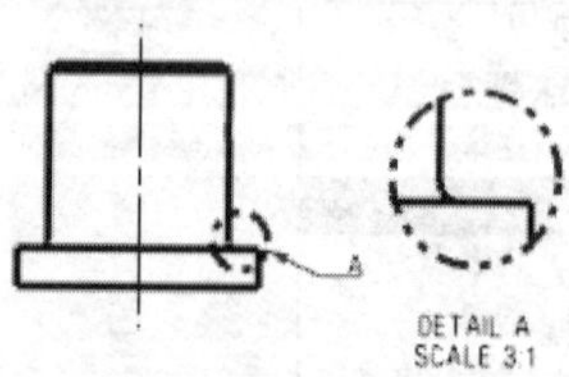

图 5.4.9　局部放大图的放置

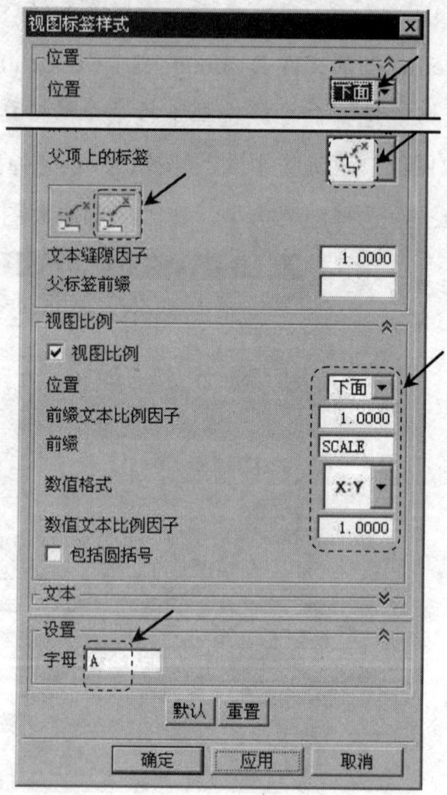

图 5.4.10　“视图标签样式”对话框

5.4.3　全剖视图

下面创建图 5.4.11 所示的全剖视图，操作过程如下：

Step1. 打开文件 D:\ dbugnx8.1\work\ch05\ch05.04\section_cut.prt。

Step2. 选择命令。选择下拉菜单 插入(S) → 视图(W) → 截面(S) → 简单/阶梯剖(S)... 命令（或单击“图纸”工具条中的 按钮），系统弹出“剖视图”对话框。

Step3. 在系统选择父视图的提示下，选择主视图作为创建全剖视图的父视图（图 5.4.12）。

Step4. 选择剖切位置。确认“捕捉方式”工具条中的按钮被按下，选取图 5.4.12 所示的边线（圆弧边线），系统自动捕捉圆心位置。

Step5. 放置剖视图。在系统指示图纸页上剖视图的中心的提示下，在图 5.4.12 所示的位置单击放置剖视图，然后按 Esc 键结束，完成全剖视图的创建。

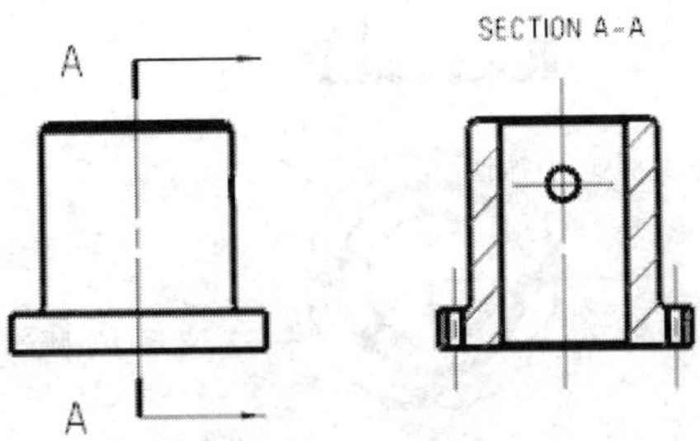

图 5.4.11　全剖视图

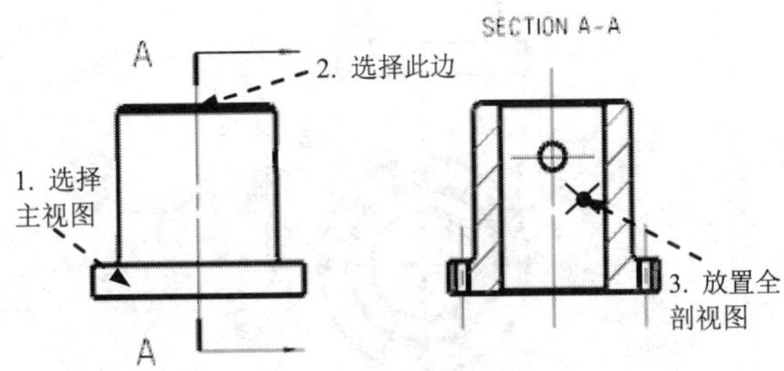

图 5.4.12　放置剖面视图

5.4.4　半剖视图

下面创建图 5.4.13 所示的半剖视图，操作过程如下：

Step1. 打开文件 D:\dbugnx8.1\work\ch05\ch05.04\half-section_cut.prt。

Step2. 选择命令。选择下拉菜单 插入(S) → 视图(W) → 截面(S) → 半剖(H)... 命令（或单击“图纸”工具条中的按钮），系统弹出“半剖视图”对话框。

Step3. 选择俯视图作为创建半剖视图的父视图（图 5.4.13）。

Step4. 选择剖切位置。确认“捕捉方式”工具条中的按钮被按下，依次选取图 5.4.13 中的 2 和 3 所指示的圆弧，系统自动捕捉圆心位置。

Step5. 放置半剖视图。移动鼠标到位置 4 单击，完成视图的放置。

5.4.5　旋转剖视图

下面创建图 5.4.14 所示的旋转剖视图，操作过程如下：

Step1. 打开文件 D:\dbugnx8.1\work\ch05\ch05.04\revolved-section_cut.prt。

Step2. 选择命令。选择下拉菜单 插入(S) → 视图(W) → 截面(S) → 旋转剖(R)... 命令（或单击“图纸”工具条中的按钮），系统弹出“旋转剖视图”对话框。

Step3. 在系统选择父视图的提示下，选择俯视图作为创建旋转剖视图的父视图（图 5.4.14）。

Step4. 选择剖切位置。单击选中“捕捉方式”工具条中的按钮，依次选取图 5.4.14 中的 2、3 和 4 所指示的圆弧。

Step5. 放置剖视图。在系统**指示图纸页上剖视图的中心**的提示下，单击图 5.4.14 所示的位置 5，完成视图的放置。

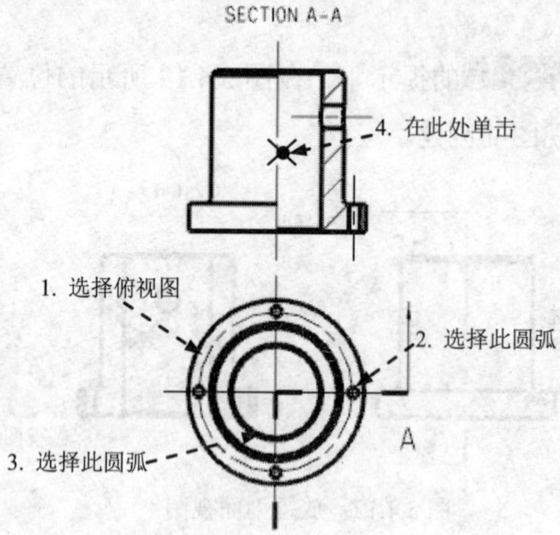

图 5.4.13 半剖视图

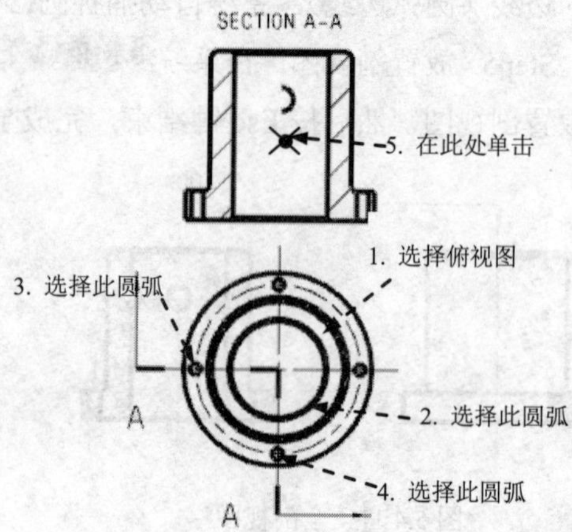

图 5.4.14 旋转剖视图

5.4.6 阶梯剖视图

下面创建图 5.4.15 所示的阶梯视图，操作过程如下：

Step1. 打开文件 D:\dbugnx8.1\work\ch05\ch05.04\stepped-section_cut.prt。

Step2. 选择命令。选择下拉菜单 插入(S) → 视图(W) → 截面(S) → 轴测剖(P)... 命令，系统弹出“轴测图中的全剖/阶梯剖”对话框（图 5.4.16）。

Step3. 在系统**选择父视图**的提示下，选择图形区中的视图作为阶梯剖的父视图。

Step4. 定义剖切线。

（1）定义箭头方向矢量。在系统**定义箭头方向矢量 - 选择对象以自动判断矢量**的提示下，选择“剖视图方向”下拉列表中的 YC，单击对话框中的 应用 按钮。

（2）定义剖切方向矢量。在系统**定义剖切方向矢量 - 选择对象以自动判断矢量**的提示下，选择“剖视图方向”下拉列表中的 ZC，单击对话框中的 应用 按钮，系统弹出“截面线创建”对话框。

（3）定义剖切位置。在系统**选择对象以自动判断点**的提示下，选中“截面线创建”对话框中的 ⊙ 剖切位置 单选项；然后在 选择点 后的下拉列表中选择 ⊙ 选项；依次选择图 5.4.17 所示的四个圆；单击“截面线创建”对话框中的 确定 按钮。

Step5. 放置阶梯剖视图。选择合适的位置并单击以放置阶梯剖视图。

Step6. 单击“轴测图中的全剖/阶梯剖”对话框中的 取消 按钮，完成阶梯剖视图的创建。

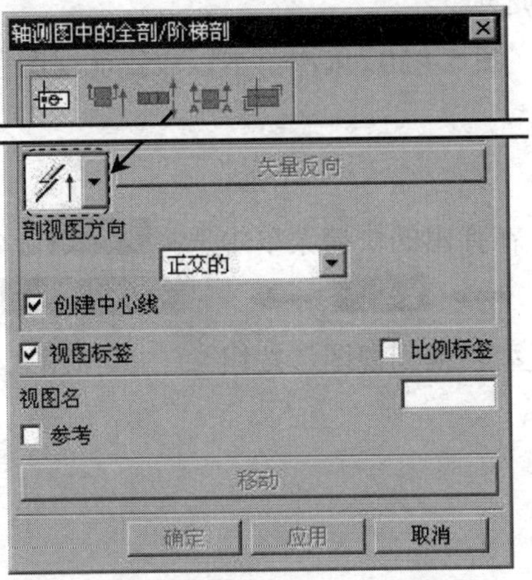

图 5.4.16 “轴测图中的全剖/阶梯剖”对话框

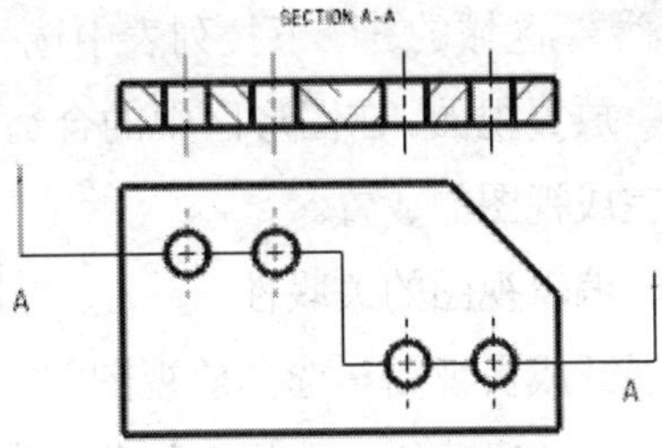

图 5.4.15 阶梯剖视图

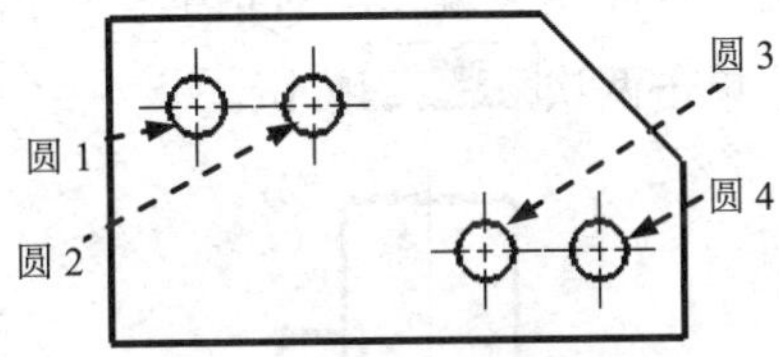

图 5.4.17 选取的四个圆

5.4.7 局部剖视图

下面创建图 5.4.18 所示的局部剖视图：

Step1. 打开文件 D:\dbugnx8.1\work\ch05\ch05.04\breakout-section.prt。

Step2. 调整视图显示状态。

（1）在图形区右击，在弹出的快捷菜单中选择 定向视图(R) → 前视图(F) 命令。

（2）在图形区右击，在弹出的快捷菜单中选择 渲染样式(D) → 带有淡化边的线框(D) 命令，将视图调整到线框状态。

Step3. 绘制剖切区域。选择下拉菜单 插入(S) → 曲线(C) → 艺术样条(D)... 命令，系统弹出“艺术样条”对话框，选中 ☑ 封闭的 复选框，取消选中 设置 区域中的 □ 关联 复选框，绘制图 5.4.19 所示的曲线（此例中曲线所在平面为 ZX 平面），单击 < 确定 > 按钮。

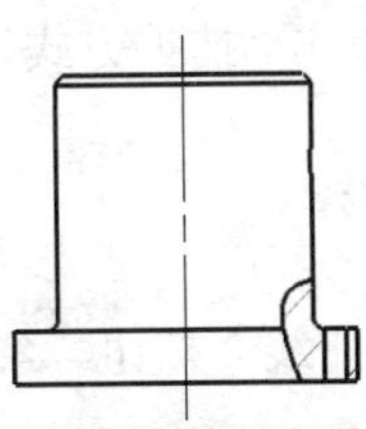

图 5.4.18 局部剖视图

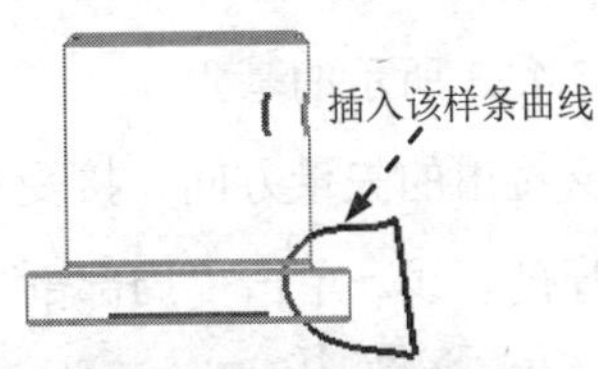

图 5.4.19 插入艺术样条曲线

Step4. 进入制图环境。选择下拉菜单 开始 → 制图(D)... 命令，进入制图环境。

Step5. 设置视图显示。选择下拉菜单 首选项(P) → 视图(V)... 命令，系统弹出“视图首选项”对话框，在 隐藏线 选项卡中设置隐藏线为不可见，单击 确定 按钮。

Step6.新建工程图。选择下拉菜单 插入(S) → 图纸页(H)... 命令（或单击“图纸”工具条中的按钮），系统弹出“图纸页”对话框，然后单击 确定 按钮，系统弹出“基本视图”对话框。在“基本视图”对话框 模型视图 区域的 要使用的模型视图 下拉列表中选择 前视图选项，在 缩放 区域的 比例 下拉列表中选择 1:1 选项。

Step7. 放置视图。在图形区中的合适位置（图 5.4.20）依次单击以放置前视图和俯视图，单击中键完成视图的放置。

Step8. 编辑视图的关联性。

（1）展开成员视图。选择前视图并右击，在弹出的快捷菜单中选择 扩展(X) 命令。

（2）添加关联曲线。选择下拉菜单 编辑(E) ➡ 视图(W) ➡ 视图相关编辑(E)... 命令，系统弹出“视图相关编辑”对话框；单击“模型转换到视图”按钮；选择图 5.4.21 所示的曲线，单击两次 确定 按钮。

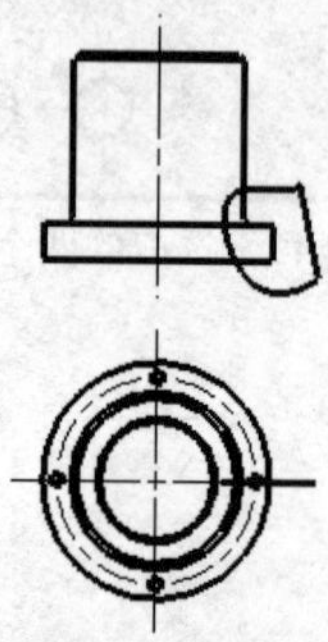

图 5.4.20 创建基本视图

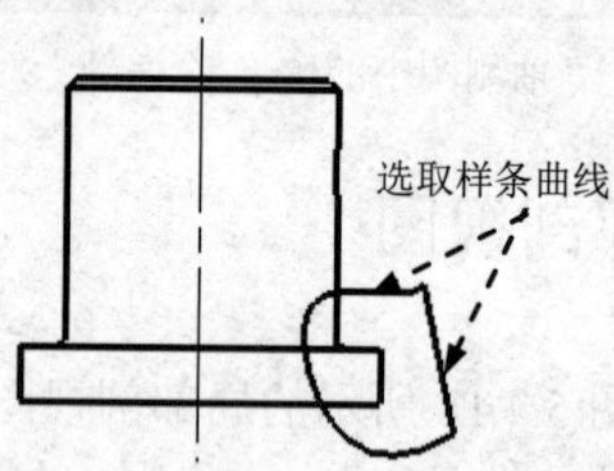

图 5.4.21 选取曲线

（3）退出扩展模式。在图形区右击，从系统弹出的快捷菜单中选择 ✔ 扩展(X) 命令。

Step9. 选择命令。选择下拉菜单 插入(S) ➡ 视图(W) ➡ 截面(S) ➡ 局部剖(O)... 命令（或单击“图纸”工具条中的按钮），系统弹出“局部剖”对话框。

Step10. 创建局部剖视图。

（1）选择生成局部剖的视图。在系统**选择一个生成局部剖的视图**的提示下，在图形区选择前视图，此时对话框如图 5.4.22 所示。

（2）定义基点。在系统**选择对象以自动判断点**的提示下，单击“捕捉方式”工具条中的按钮；选取图 5.4.23 所示的基点。

（3）定义拉出的矢量方向。接受系统的默认方向。

（4）选择剖切线。单击“局部剖”对话框中的“选择曲线”按钮；选择样条曲线作为剖切线；单击 应用 按钮；再单击 取消 按钮，完成局部剖视图的创建。

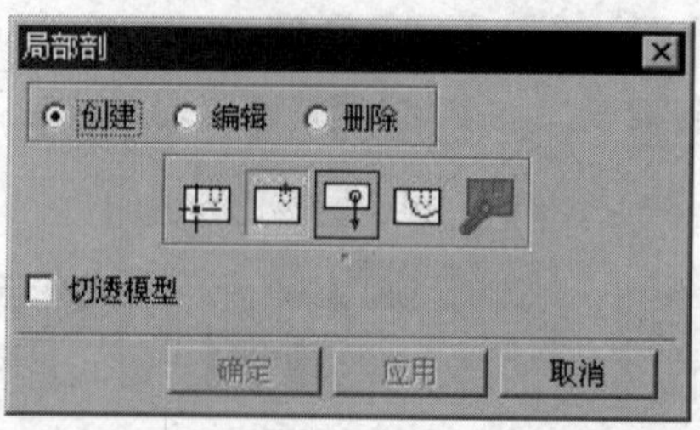

图 5.4.22 “局部剖”对话框

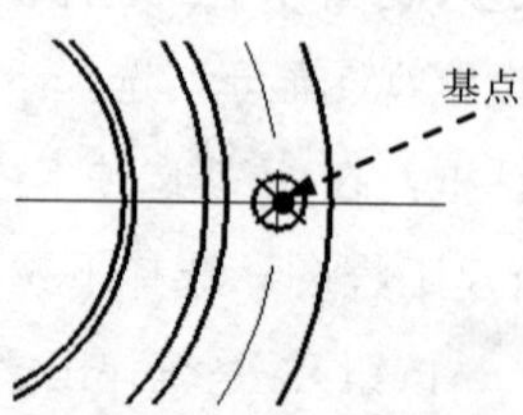

图 5.4.23 选取基点

5.4.8　显示与更新视图

1. 视图的显示

选择下拉菜单 视图(V) → 显示图纸页(D) 命令（或在“图纸布局”工具栏中单击按钮），系统会在模型的三维图形和二维工程图之间进行切换。

2. 视图的更新

选择下拉菜单 编辑(E) → 视图(W) → 更新(U)... 命令（或在“图纸”工具栏单击按钮），可更新图形区中的视图。选择该命令后，系统弹出图 5.4.24 所示的“更新视图”对话框。

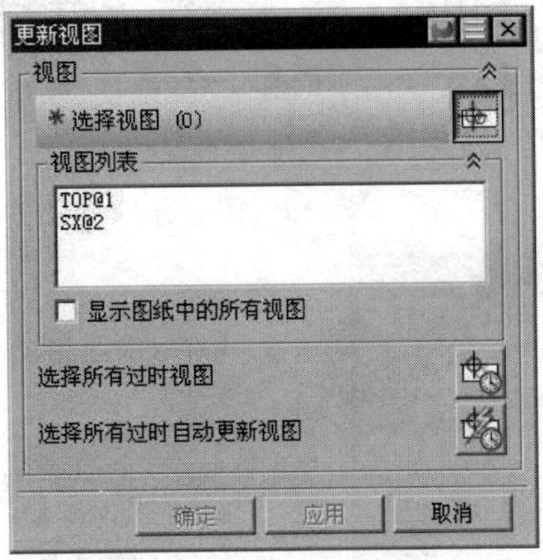

图 5.4.24　“更新视图”对话框

图 5.4.24 所示的“更新视图”对话框的按钮及选项说明如下：

- □ 显示图纸中的所有视图：列出当前存在于部件文件中所有图样页面上的所有视图，当该复选框被选中时，部件文件中的所有视图都在该对话框中可见并可供选择。如果取消选中该复选框，则只能选择当前显示的图样上的视图。
- 选择所有过时视图：用于选择工程图中的过期视图。单击 应用 按钮之后，这些视图将进行更新。
- 选择所有过时自动更新视图：用于选择工程图中的所有过期视图并自动更新。

5.4.9　对齐视图

UG NX 8.0 提供了比较方便的视图对齐功能。将鼠标移至视图的视图边界上并按住左键，然后移动，系统会自动判断用户的意图，显示可能的对齐方式，当移动到适合的位置时，松开鼠标左键即可。但是如果这种方法不能满足要求的话，用户还可以利用 对齐视图(A)... 命令来对齐视图。下面以图 5.4.25 为例，来说明利用该命令来对齐视图的一般过程。

图 5.4.25　对齐视图

Step1. 打开文件 D:\dbugnx8.1\work\ch05\ch05.04\level1.prt。

Step2. 选择命令。选择下拉菜单 编辑(E) → 视图(W) → 对齐(A)... 命令，系统弹出图 5.4.26 所示的“对齐视图”对话框。

Step3. 定义对齐方式。在“对齐视图”对话框中单击 按钮，选择水平对齐的方式。

Step4. 定义静止点。选择 模型点 下拉列表中的 模型点，确认“捕捉方式”工具条中的 按钮已被按下，选择图 5.4.27 所示的静止点。

Step5. 选取图 5.4.27 所示的视图为要对齐的视图。

Step6. 单击鼠标中键，再单击 取消 按钮，完成视图的对齐。

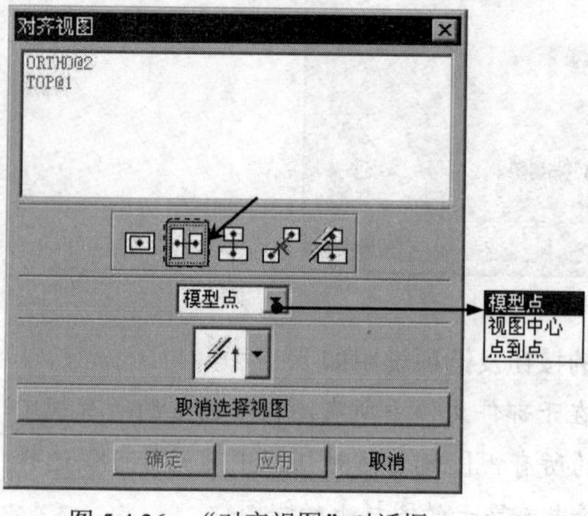

图 5.4.26　“对齐视图”对话框

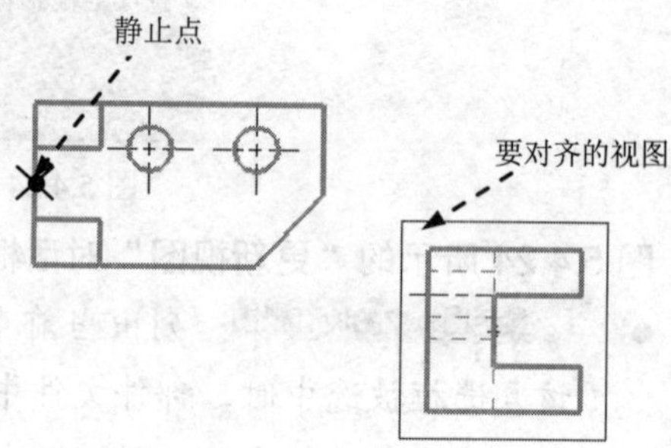

图 5.4.27　选择要对齐的视图

图 5.4.26 所示的“对齐视图”对话框中的选项及按钮说明如下：

- （叠加）：同时水平和垂直对齐视图，以便使它们重叠在一起。
- （水平）：将选定的视图水平对齐。
- （竖直）：将选定的视图垂直对齐。
- （垂直于直线）：将选定视图与指定的参考线垂直对齐。
- （自动判断）：自动判断两个视图可能的对齐方式。
- 模型点：用来设置视图的对齐位置。
    - ☑ 模型点：通过选择一个静止点和一个需要对齐的视图来对齐视图。
    - ☑ 视图中心：通过选择两个视图的中心来对齐视图。
    - ☑ 点到点：通过选择两个视图中的点来对齐视图。

5.4.10　编辑视图

1．编辑整个视图

打开文件 D:\dbugnx8.1\work\ch05\ch05.04\base01.prt；在视图的边框上右击，从弹出的快捷菜单中选择 样式(Y)... 命令（图 5.4.28），系统弹出图 5.4.29 所示的“视图样式”对话框，使用该对话框可以改变视图的显示。

“视图样式”对话框和“视图首选项”对话框基本一致，在此不作具体介绍。

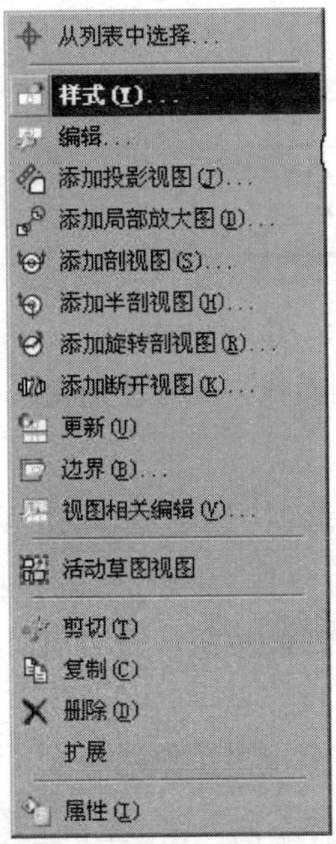

图 5.4.28　选择“样式”命令

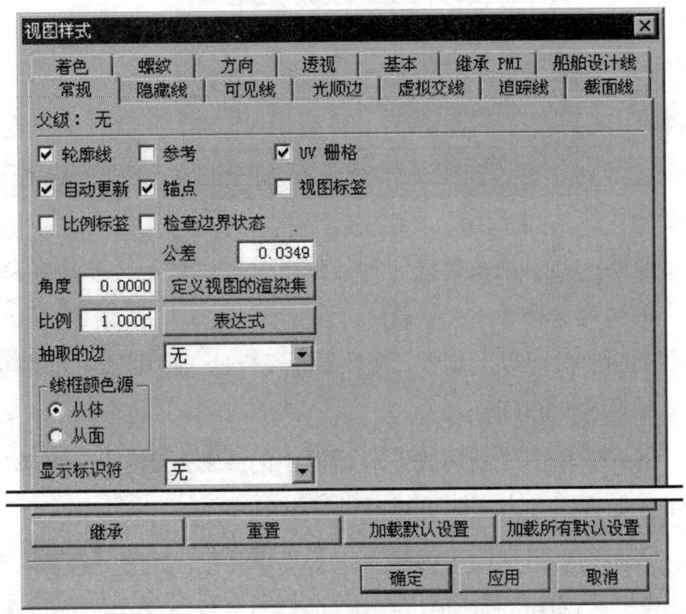

图 5.4.29　“视图样式”对话框

2．视图细节的编辑

（1）编辑剖切线（截面体）。

下面以图 5.4.30 为例，来说明编辑剖切线的一般过程。

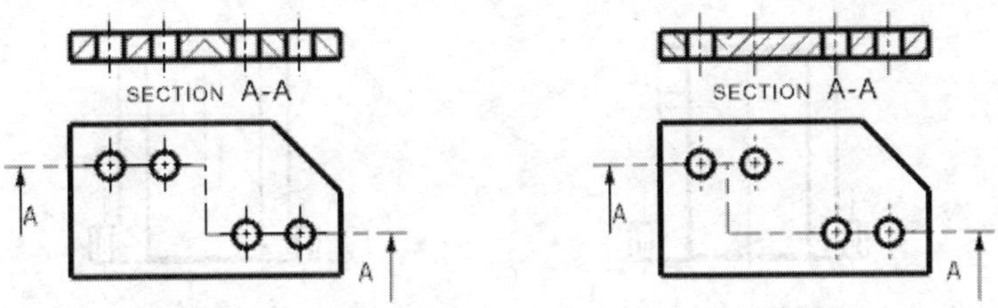

a）编辑前　　b）编辑后

图 5.4.30　编辑剖切线

Step1. 打开文件 D:\dbugnx8.1\work\ch05\ch05.04\edit_section.prt。

Step2. 选择命令。选择下拉菜单 编辑(E) → 视图(W) → 截面线(L)... 命令（或在

“制图编辑”工具栏中单击“编辑剖切线”按钮），系统弹出图 5.4.31 所示的“截面线”对话框。

Step3. 单击对话框中的 选择剖视图 按钮，选取图 5.4.32 所示的剖视图，在对话框中选中 ⊙ 移动段 单选项。

Step4. 选取图 5.4.32 所示的一段剖切线为要移动的段。

Step5. 选择放置位置（图 5.4.32）。

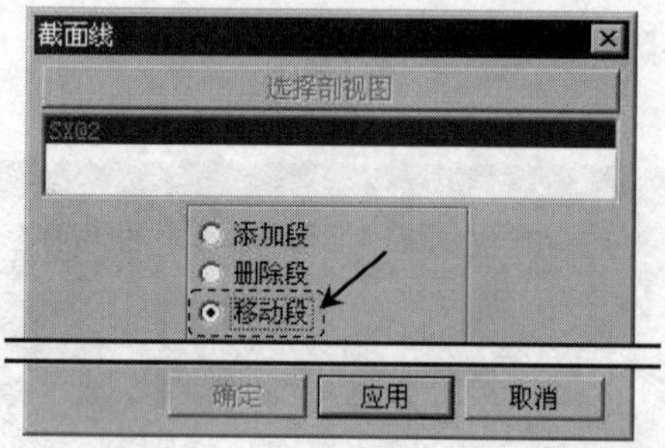

图 5.4.31　“截面线”对话框

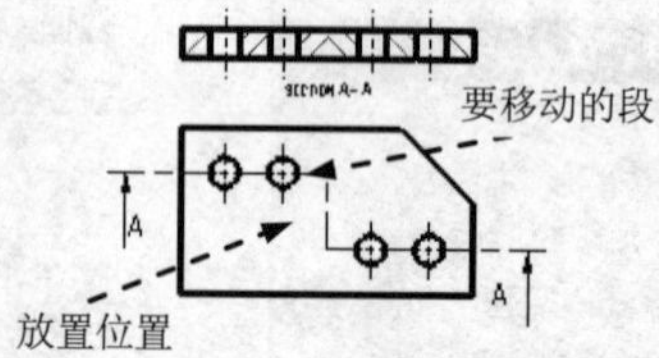

图 5.4.32　移动剖切线

说明：利用“截面线”对话框不仅可以增加、删除和移动剖面线，还可重新定义铰链线、剖切矢量和箭头矢量等。

Step6. 参照以上步骤，在“截面线”对话框中选中 ⊙ 删除段 单选项，删除多余的剖切线，结果如图 5.4.30b 所示。

Step7. 单击“剖切线”对话框中的 应用 按钮，再单击 取消 按钮，完成剖切线的编辑（如视图并未立即更新可进行如下操作）。

Step8. 更新视图。选择下拉菜单 编辑(E) ➡ 视图(W) ➡ 更新(U)... 命令，系统弹出“更新视图”对话框；单击“选择所有过时视图”按钮，选择全部视图；单击 确定 按钮，完成剖切线的编辑。

（2）定义剖面线。

在工程图环境中，用户可以选择现有剖切线或自定义的剖切线作为剖切阴影线来填充剖面。与产生剖视图的结果不同，填充剖面不会产生新的视图。下面以图 5.4.33 为例，来说明定义剖切阴影线的一般操作过程。

a）定义前　　b）定义后

图 5.4.33　定义剖面线

Step1. 打开文件 D:\dbugnx8.1\work\ch05\ch05.04\edit_section2.prt。

Step2. 选择命令。选择下拉菜单 插入(S) ➡ 注释(A) ➡ 剖面线(O)... 命令，系统弹出图 5.4.34 所示的“剖面线”对话框，在该对话框 边界 区域的 选择模式 下拉列表中选择 边界曲线 选项。

Step3. 定义剖面线边界。依次选择图 5.4.35 所示的曲线为剖面线边界。

Step4. 定义剖面线样式。剖面线样式设置如图 5.4.34 所示。

Step5. 单击 确定 按钮，完成剖面线的定义。

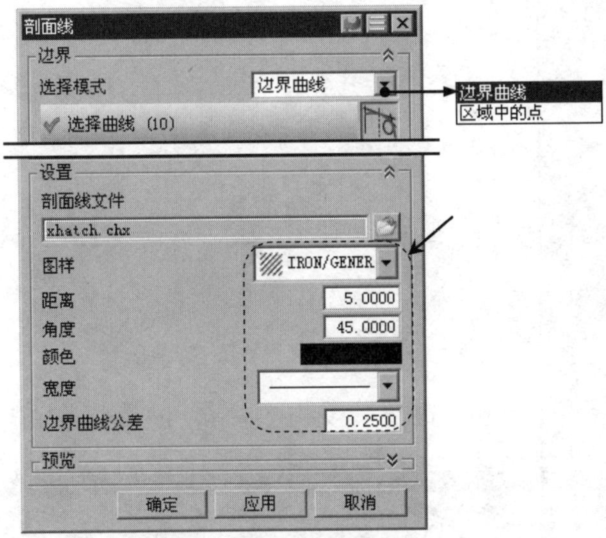

图 5.4.34 “剖面线”对话框

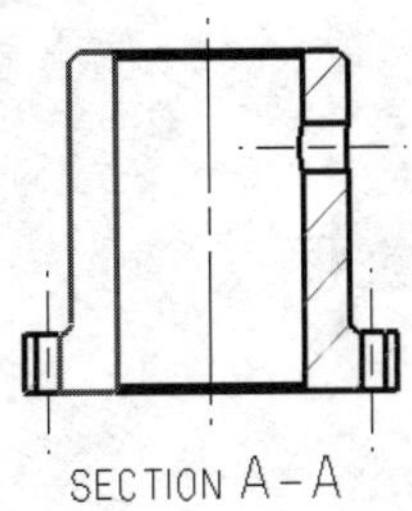

图 5.4.35 选择边界曲线

图 5.4.34 所示的“剖面线”对话框的按钮及选项说明如下：

- 边界曲线 选项：若选择该选项，则在创建剖面线时是通过在图形上选取一个封闭的边界曲线来得到。
- 区域中的点 选项：若选择该选项，则在创建剖面线时，只需要在一个封闭的边界曲线内部点击一下，系统自动选取此封闭边界作为创建剖面线边界。

5.5 标注与符号

5.5.1 尺寸标注

尺寸标注是工程图中一个重要的环节，本节将介绍尺寸标注的方法以及注意事项。选择下拉菜单 插入(S) → 尺寸(M) ▸ 命令，系统弹出图 5.5.1 所示的“尺寸”菜单，或者通过图 5.5.2 所示的“尺寸”工具条进行尺寸标注（工具条中没有的按钮可以定制）。在尺寸菜单或工具条中选择任一标注尺寸类型后，系统弹出尺寸标注的工具条，下面以图 5.5.3 所示的“水平尺寸”工具条为例进行说明。

图 5.5.2 所示的“尺寸”工具条的说明如下：

H1：允许用户使用系统功能创建尺寸，以便根据用户选取的对象以及光标位置智能地判断尺寸类型，其下拉列表中包括了下面的所有标注方式。

H2：允许用户使用系统功能创建尺寸，以便根据用户选取的对象以及光标位置智能地判断尺寸类型。

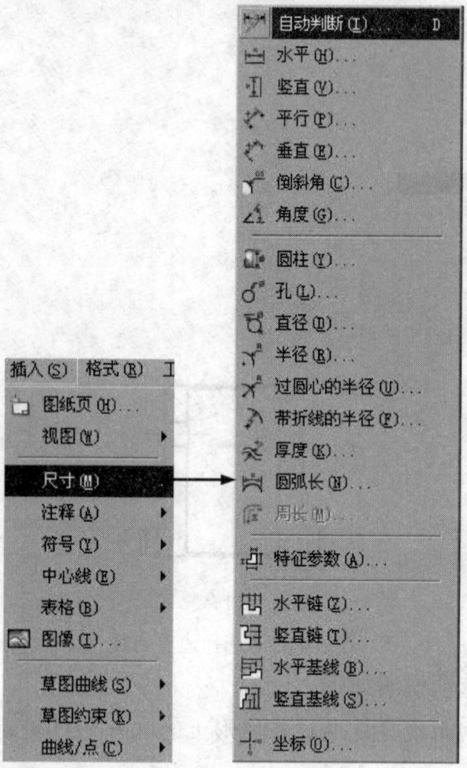

图 5.5.1　“尺寸”菜单

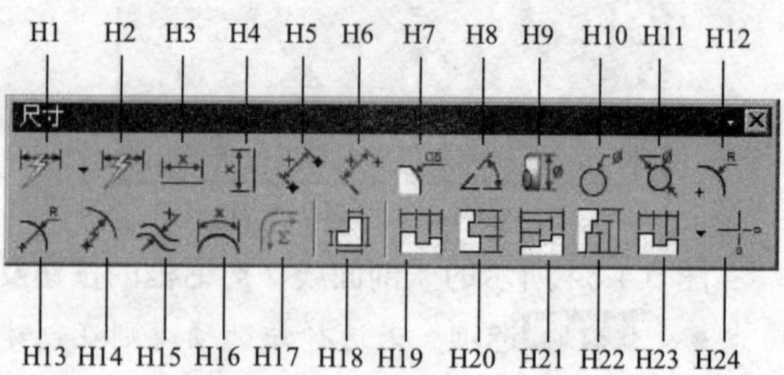

图 5.5.2　“尺寸”工具条

H3：在两个选定对象之间创建一个水平尺寸。

H4：在两个选定对象之间创建一个竖直尺寸。

H5：在两个选定对象之间创建一个平行尺寸。

H6：在一条直线或中心线与一个定义的点之间创建一个垂直尺寸。

H7：创建倒斜角尺寸。

H8：在两条不平行的直线之间创建一个角度尺寸。

H9：创建一个等于两个对象或点位置之间的线性距离的圆柱尺寸。

H10：创建孔特征的直径尺寸。

H11：标注圆或弧的直径的尺寸。

H12：创建半径尺寸，此半径尺寸使用一个从尺寸值到弧的短箭头。

H13：创建一个半径尺寸，此半径尺寸从弧的中心绘制一条延伸线。

H14：对极其大的半径圆弧创建一条折叠的指引线半径尺寸，其中心可以在绘图区之外。

H15：创建厚度尺寸，该尺寸测量两个圆弧或两个样条之间的距离。

H16：创建一个测量圆弧周长的圆弧长尺寸。

H17：创建周长约束以控制选定直线和圆弧的集体长度。

H18：将孔和螺纹的参数（以标注的形式）或草图尺寸继承到图纸页。

H19：允许用户创建一组水平尺寸，其中每个尺寸都与相邻尺寸共享其端点。

H20：允许用户创建一组竖直尺寸，其中每个尺寸都与相邻尺寸共享其端点。

H21：允许用户创建一组水平尺寸，其中每个尺寸都共享一条公共基准线。

H22：允许用户创建一组竖直尺寸，其中每个尺寸都共享一条公共基准线。

H23：允许用户创建一组水平尺寸，其中每个尺寸都与相邻尺寸共享其端点。

H24：包含允许用户创建坐标尺寸的选项。

图 5.5.3 所示的“水平尺寸”工具条的按钮及选项说明如下：

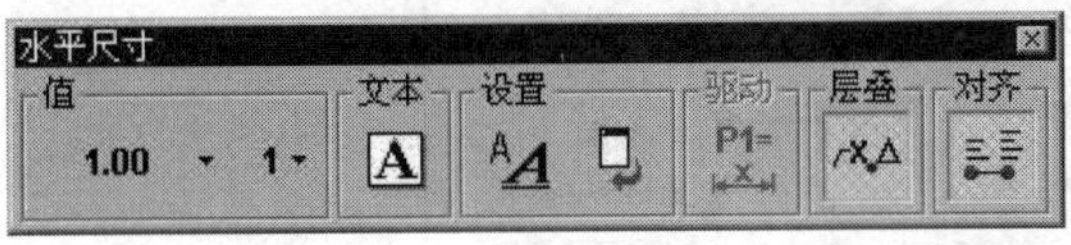

图 5.5.3 “水平尺寸”工具条

- ：单击该按钮，系统弹出“尺寸样式”对话框，用于设置尺寸显示和放置等参数。
- 1：用于设置尺寸精度。
- 1.00：用于设置尺寸公差。
- A：单击该按钮，系统弹出“文本编辑器”对话框，用于添加注释文本。
- ：用于重置所有设置，即恢复默认状态。

5.5.2 注释编辑器

制图环境中的形位公差和文本注释都是通过注释编辑器来标注的，因此，在这里先介绍一下注释编辑器的用法。

选择下拉菜单 插入(S) → 注释(A) → A 注释(N)... 命令（或单击“注释”工具条中的A按钮），系统弹出图 5.5.4 所示的“注释”对话框（一）。

图 5.5.4 所示的“注释”对话框（一）的部分按钮及选项说明如下：

- 编辑文本 区域：该区域（“编辑文本”工具栏）用于编辑注释，其主要功能和 Word 等软件的功能相似。
- 格式化 区域：该区域包括“文本字体设置下拉列表 alien ”、“文本大小设置下拉列表 0.25 ”、“编辑文本按钮”和“多行文本输入区”。
- 符号 区域：该区域的 类别 下拉列表中主要包括“制图”、“形位公差”、“分数”、“定制符号”、“用户定义”和“关系”几个选项。

☑ 制图选项：使用图 5.5.4 所示的制图选项可以将制图符号的控制字符输入到编辑窗口。

☑ 形位公差选项：图 5.5.5 所示的形位公差选项可以将形位公差符号的控制字符输入到编辑窗口和检查形位公差符号的语法。形位公差窗格的上面有四个按钮，它们位于一排。这些按钮用于输入下列形位公差符号的控制字符："插入单特征控制框"、"插入复合特征控制框"、"开始下一个框"和"插入框分隔线"。这些按钮的下面是各种公差特征符号按钮、材料条件按钮和其他形位公差符号按钮。

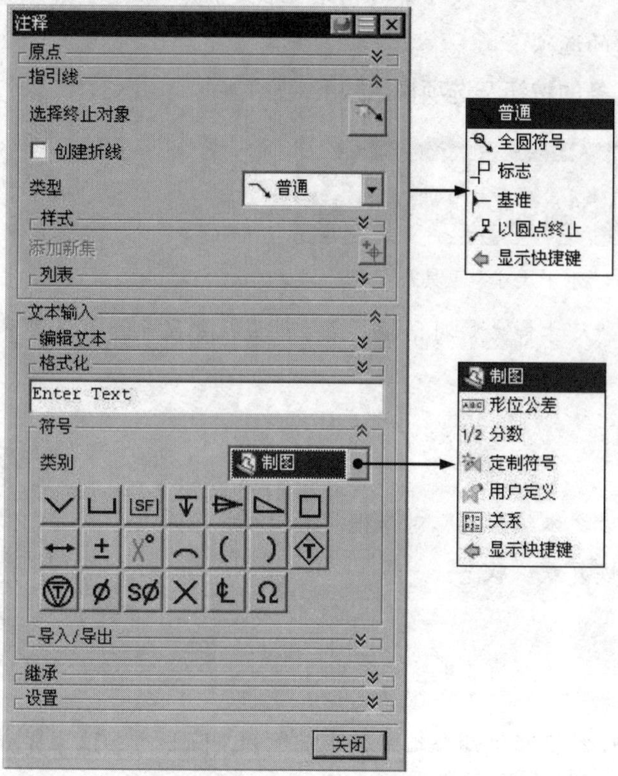

图 5.5.4　"注释"对话框（一）

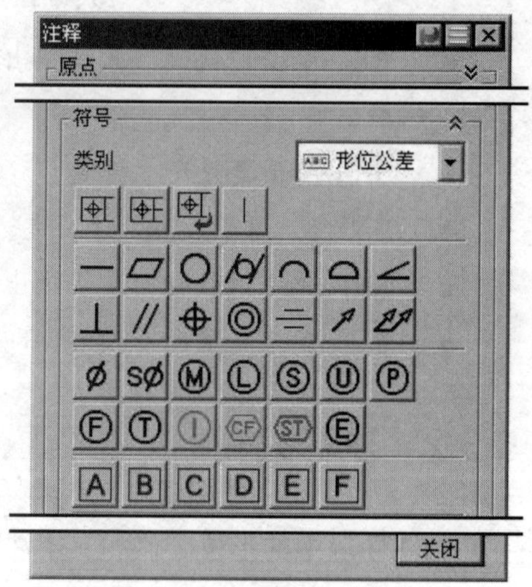

图 5.5.5　"注释"对话框（二）

☑ 分数选项：图 5.5.6 所示的分数选项分为上部文本和下部文本，通过更改分数类型，可以分别在上部文本和下部文本中插入不同的分数类型。

☑ 定制符号选项：选择此选项后，可以在符号库中选取用户自定义的符号。

☑ 用户定义选项：图 5.5.7 所示为用户定义选项。该选项的符号库下拉列表中提供了"显示部件"、"当前目录"和"实用工具目录"选项。单击"插入符号"按钮后，在文本窗口中显示相应的符号代码，符号文本将显示在预览区域中。

☑ 关系选项：图 5.5.8 所示的关系选项包括四种，：插入控制字符，以在文本中显示表达式的值；：插入控制字符，以显示对象的字符串属性值；：插入控制字符，以在文本中显示部件属性值。：插入控制字符，以显示图纸页的属性值。

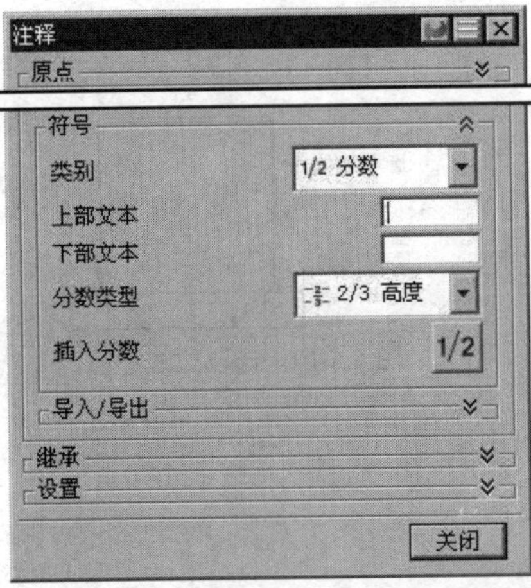

图 5.5.6　“注释”对话框（三）

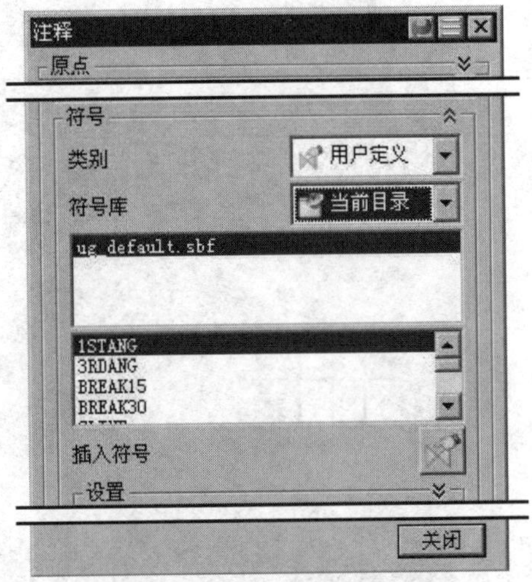

图 5.5.7　“注释”对话框（四）

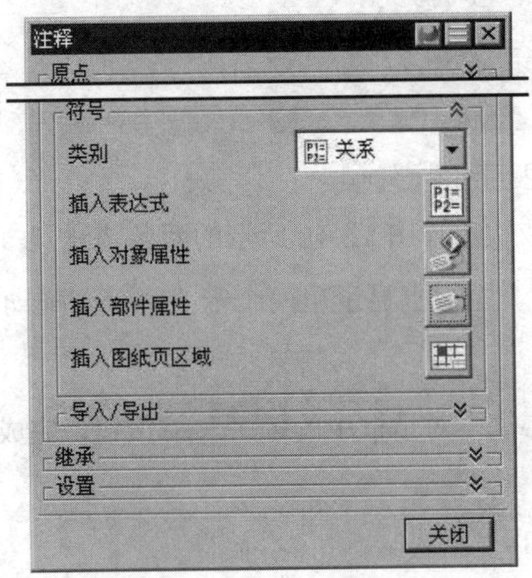

图 5.5.8　“注释”对话框（五）

5.5.3　中心线

UG NX 8.0 提供了很多的中心线，例如中心标记、螺栓圆、对称、2D 中心线和 3D 中心线，从而可以对工程图进行进一步的丰富和完善。下面将介绍 2D 中心线的一般操作过程。

Step1. 打开文件 D:\dbugnx8.1\work\ch05\ch05.05\utility symbol.prt。

Step2. 选择命令。选择下拉菜单 插入(S) → 中心线(E) → 2D 中心线... 命令（或在“中心线”工具条中单击按钮），系统弹出“2D 中心线”对话框，如图 5.5.9 所示。

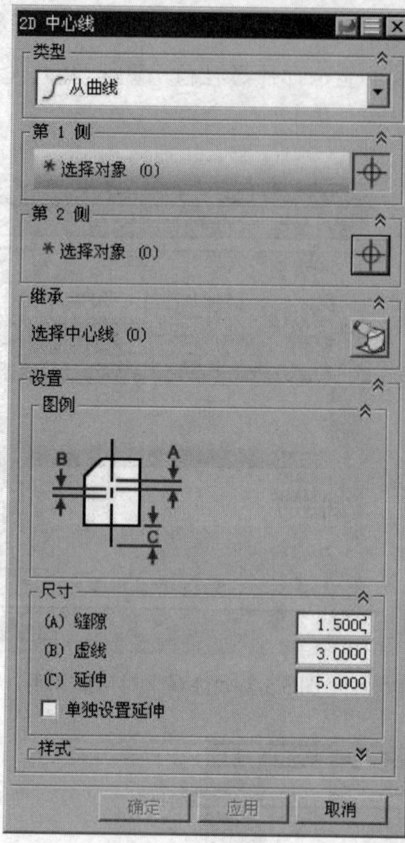

图 5.5.9 “2D 中心线”对话框

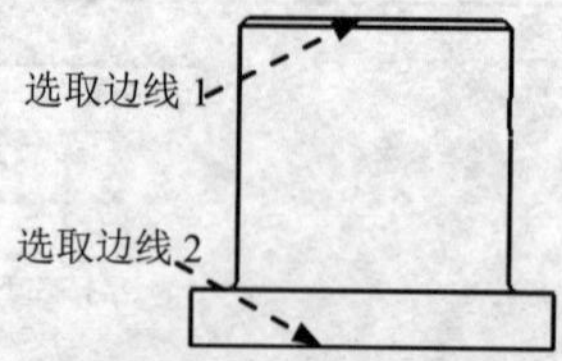

图 5.5.10 选取边线参照

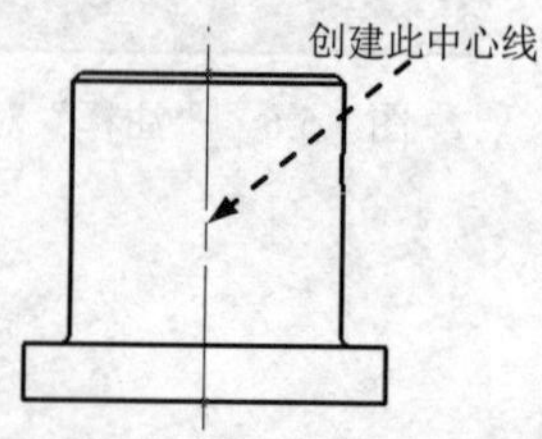

图 5.5.11 创建中心线

Step3. 定义中心线。依次选择图 5.5.10 所示的两条边线，在 尺寸 区域中选中 ☑ 单独设置延伸 复选框，此时中心线的两个端点上显示出两个箭头，分别拖动两个箭头，结果如图 5.5.11 所示。

Step4. 单击“2D 中心线”对话框中的 < 确定 > 按钮，完成中心线的创建。

5.5.4 表面粗糙度符号

UG NX 8.0 安装后默认的设置中，表面粗糙度符号选项命令是没有被激活的，因此首先要激活表面粗糙度符号选项命令。在 UG NX 8.0 的安装目录“C:\Program Files\Siemens\ NX 8.0\UGII”中找到 ugii_env.dat 文件；用记事本程序将其打开；将其中的环境变量 UGII_SURFACE_FINISH 的值改为 ON；然后保存文件；再启动 UG NX 8.0 后，表面粗糙度符号命令已激活。下面将介绍标注表面粗糙度的一般操作过程。

Step1. 打开文件 D:\dbugnx8.1\work\ch05\ch05.05\surface finish symbol.prt。

Step2. 选择命令。选择下拉菜单 插入(S) → 注释(A) → 表面粗糙度符号(S)... 命令，系统弹出图 5.5.12 所示的“表面粗糙度”对话框。

Step3. 设置图 5.5.12 所示的表面粗糙度参数，然后选取图 5.5.13 所示的边线放置符号。

Step4. 标注其他表面粗糙度符号。完成后的效果如图 5.5.14 所示。

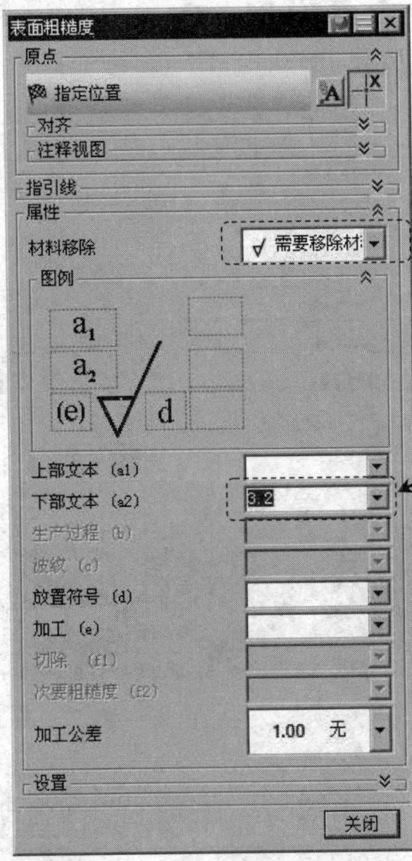

图 5.5.12　“表面粗糙度”对话框

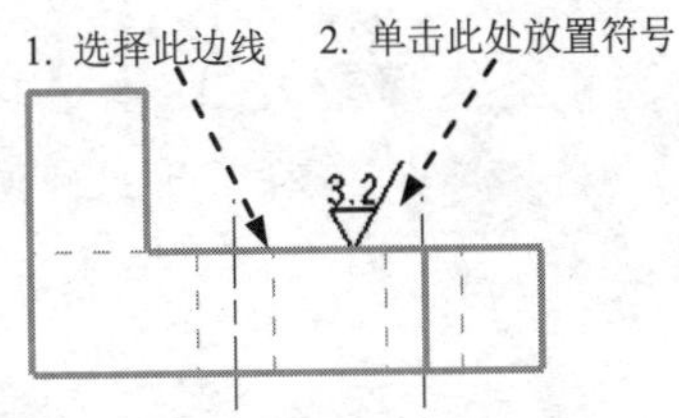

图 5.5.13　表面粗糙度的创建步骤

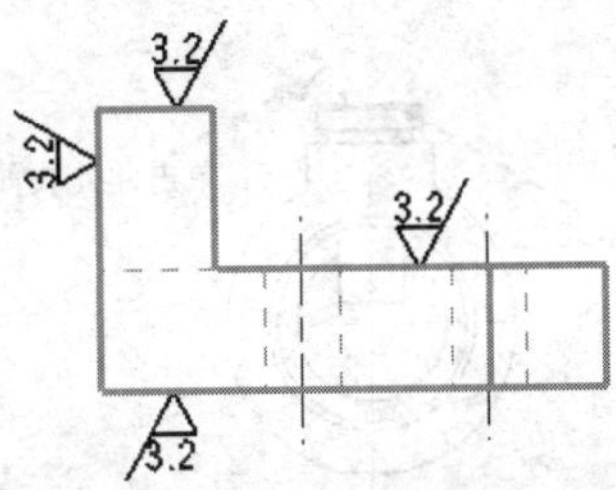

图 5.5.14　表面粗糙度标注

图 5.5.12 所示的“表面粗糙度”对话框中的按钮及选项说明如下：

- 原点 区域：用于设置原点位置和表面粗糙度符号的对齐方式。
- 指引线 区域：用于创建带指引线的表面粗糙度符号，单击该区域中的 选择终止对象 按钮，可以选择指示位置。
- 属性 区域：用于设置表面粗糙度符号的类型和值属性。UG NX 8.0 提供了九种类型的表面粗糙度符号。要创建表面粗糙度，首先要选择相应的类型，选择的符号类型将显示在“图例”区域中。
- 设置 区域：用于设置表面粗糙度符号的文本样式、旋转角度、圆括号及文本反转。

5.5.5　标识符号

标识符号是一种由规则图形和文本组成的符号，在创建工程图中也是必要的。下面以

图 5.5.15 为例，来介绍创建标识符号的一般操作过程。

Step1. 打开文件 D:\dbugnx8.1\work\ch05\ch05.05\id symbol\id symbol.prt。

Step2. 选择命令。选择下拉菜单 插入(S) → 注释(A) → 标识符号(I)... 命令，系统弹出“标识符号”对话框，如图 5.5.16 所示。

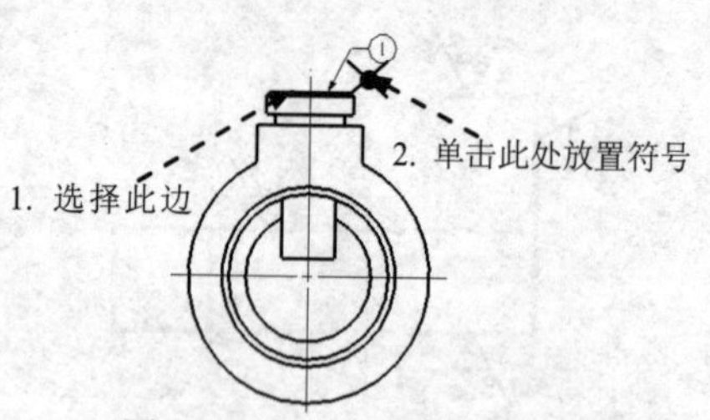

图 5.5.15 标识符号的创建

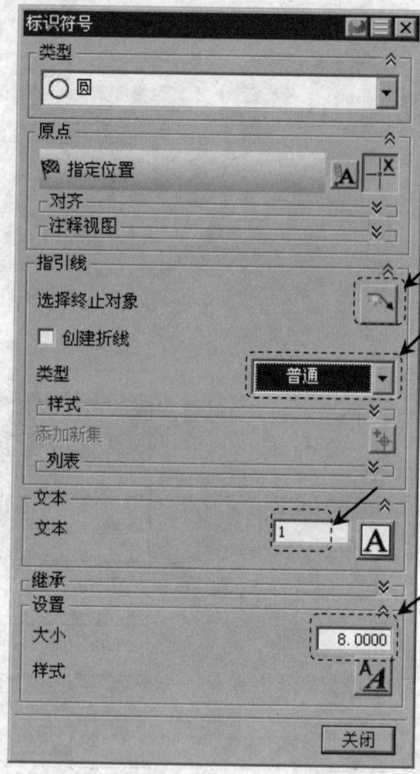

图 5.5.16 “标识符号”对话框

Step3. 设置标识符号的参数（图 5.5.16）。

Step4. 指定指引线。单击选择杆中的按钮，选择图 5.5.15 所示的边线为引线的放置点。

Step5. 放置标识符号。选择图 5.5.15 所示的位置为标识符号的放置位置，单击 关闭 按钮。

5.5.6 自定义符号

利用自定义符号命令可以创建用户所需的各种符号，且可将其加入到自定义符号库中。下面将介绍创建自定义符号的一般操作过程。

Step1. 打开文件 D:\dbugnx8.1\work\ch05\ch05.05\user-defined symbol.prt。

Step2. 选择命令。选择下拉菜单 插入(S) → 符号(Y) → 用户定义(U)... 命令，系统弹出“用户定义符号”对话框，如图 5.5.17 所示。

Step3. 设置符号的参数，如图 5.5.17 所示。

Step4. 放置符号。单击“用户定义符号”对话框中的按钮，选择图 5.5.18 所示的尺寸和放置位置。

Step5. 单击 取消 按钮，结果如图 5.5.19 所示。

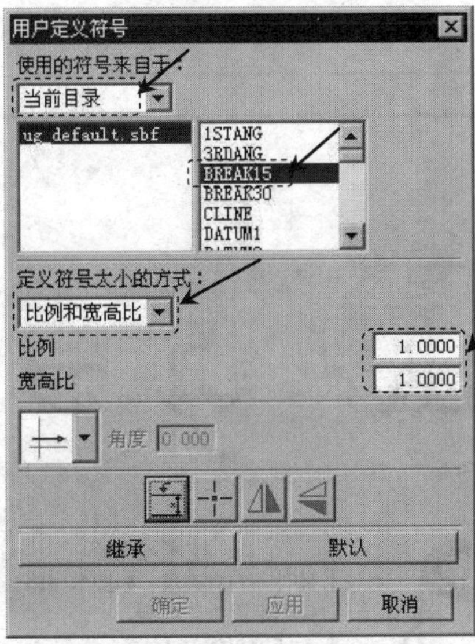

图 5.5.17　“用户定义符号”对话框

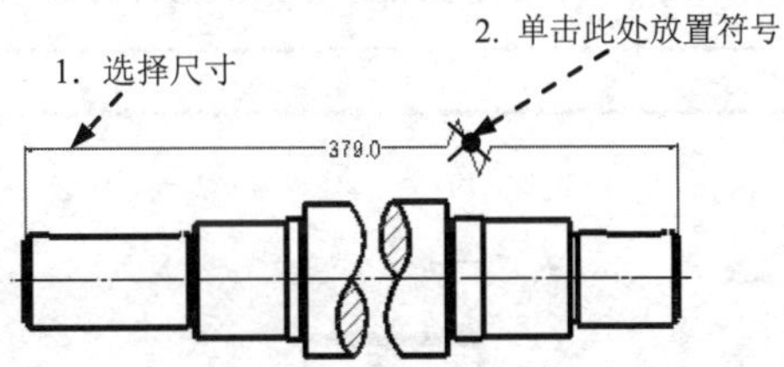

图 5.5.18　用户定义符号的创建

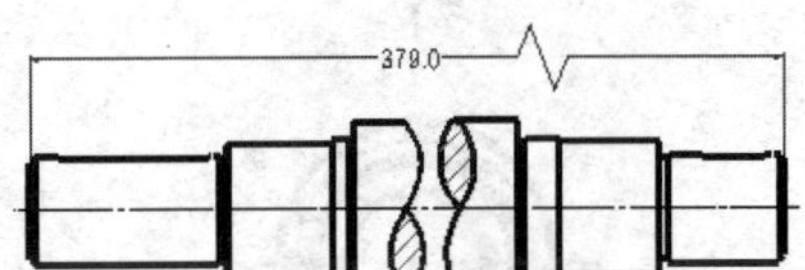

图 5.5.19　创建完的用户定义符号

图 5.5.17 所示的“用户定义符号”对话框常用的按钮及选项说明如下：

- 使用的符号来自于：：该下拉列表用于从当前部件或指定目录中调用“用户定义符号”。
  - ☑ 部件：使用该项将显示当前部件文件中所使用的符号列表。
  - ☑ 当前目录：使用该项将显示当前目录的文件。
  - ☑ 实用工具目录：使用该项可以从“实用工具目录”中的文件选择符号。
- 定义符号大小的方式：：在该项中可以使用长度、高度或比例和宽高比来定义符号的大小。
- 符号方向：使用该项可以对图样上的独立符号进行定位。
  - ☑ ：用来定义与 XC 轴方向平行的矢量方向的角度。
  - ☑ ：用来定义与 YC 轴方向平行的矢量方向的角度。
  - ☑ ：用来定义与所选直线平行的矢量方向。
  - ☑ ：用来定义从一点到另外一点所形成的直线来定义矢量方向。
  - ☑ ；用来在显示符号的位置输入一个角度。
- ：用来将符号添加到制图对象中去。
- ：用来指明符号在图样中的位置。

5.6 综合范例

通过对前面的学习，读者应该对 UG NX 8.0 的工程图环境有了总体的了解，在本节中将介绍创建 down_base.prt 零件模型工程图的完整过程。学习完本节后，读者将会对创建 UG NX 8.0 工程图的具体过程有更加详细的了解，完成后的工程图如图 5.6.1 所示。

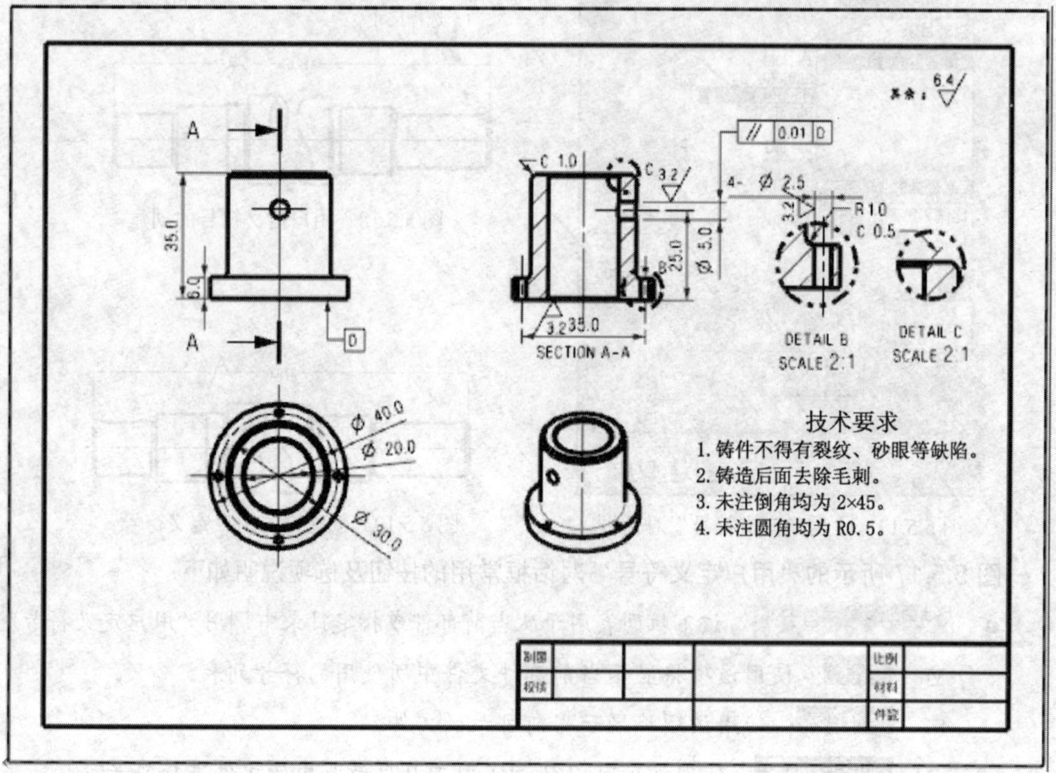

图 5.6.1　套筒工程图

Task1．创建视图前的准备

Step1．打开文件 D:\dbugnx8.1\work\ch05\ch05.06\down_base.prt。

Step2．插入图纸页。选择下拉菜单 开始 → 制图(D)... 命令，进入制图环境；选择下拉菜单 插入(S) → 图纸页(H)... 命令，系统弹出“图纸页”对话框，该对话框中各参数的设置如图 5.6.2 所示，单击 确定 按钮。

Step3．调用图样。选择下拉菜单 文件(F) → 导入(M) → 部件(P)... 命令，系统弹出图 5.6.3 所示的“导入部件”对话框（一），单击 确定 按钮；系统弹出图 5.6.4 所示的“导入部件”对话框（二）。在“导入部件”对话框中选择 A4.prt 文件，单击 OK 按钮，系统弹出“点”对话框，单击 确定 按钮，完成图框文件的调用。

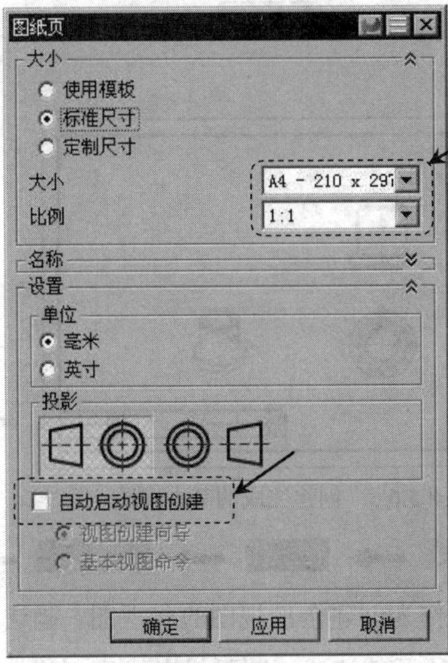

图 5.6.2　“图纸页”对话框

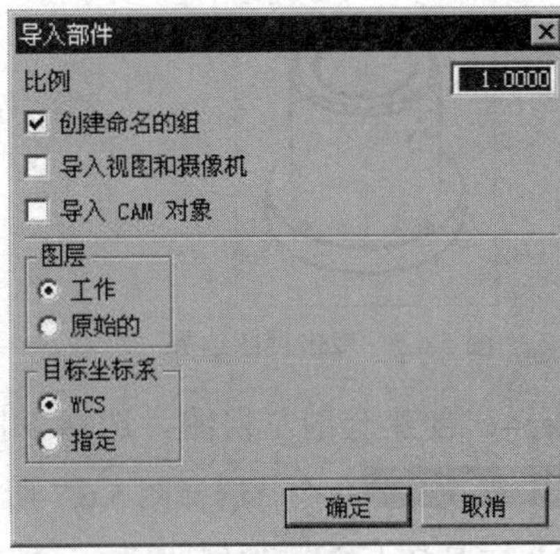

图 5.6.3　“导入部件”对话框（一）

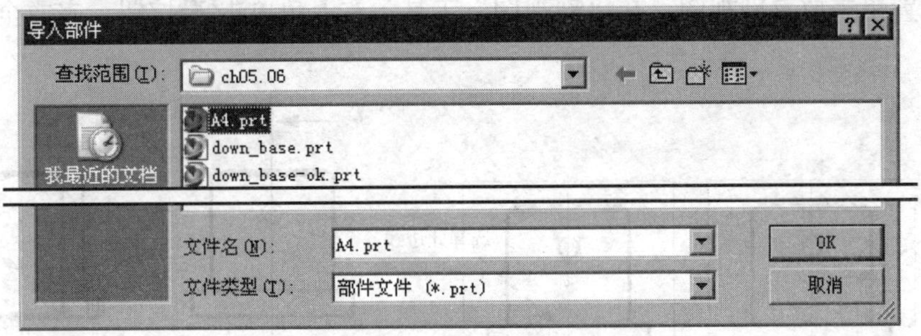

图 5.6.4　“导入部件”对话框（二）

Task2．创建视图

Step1．设置视图显示。选择下拉菜单 首选项(P) → 视图(V)... 命令，系统弹出“视图首选项”对话框，选择 隐藏线 选项卡设置隐藏线为不可见，单击 确定 按钮。

Step2．创建基本视图。

（1）创建主视图。选择下拉菜单 插入(S) → 视图(W) → 基本(B)... 命令。在“基本视图”对话框 模型视图 区域的 要使用的模型视图 下拉列表中选择 前视图 选项，在 缩放 区域的 比例 下拉列表中选择比例为 1:1；在图形区的合适位置单击以放置主视图。

（2）创建俯视图。选择合适的位置单击以放置俯视图；单击中键完成。

（3）创建正等测视图。选择下拉菜单 插入(S) → 视图(W) → 基本(B)... 命令。在“基本视图”对话框 模型视图 区域的 要使用的模型视图 下拉列表中选择 正等测视图 选项，并选择比例为 1:1，在图形区合适位置单击以放置正等测视图，单击中键完成。

Step3．调整视图比例。在图 5.6.5 所示的视图边界处双击，系统弹出“视图样式”对话框，选择常规选项卡；设置正等测视图的比例为 0.8；单击确定按钮，结果如图 5.6.6 所示。

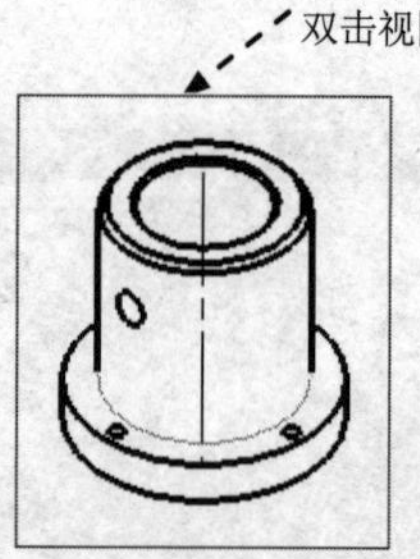

图 5.6.5　双击视图边界

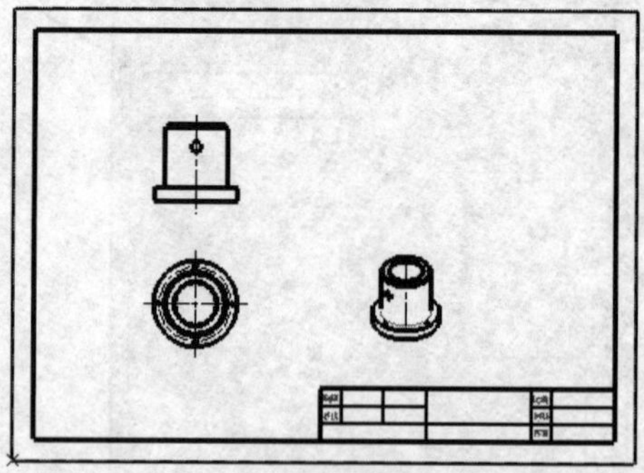

图 5.6.6　创建完成的基本视图

Step4．创建全剖左视图。选择下拉菜单插入(S) → 视图(W) → 截面(S) → 简单/阶梯剖(S)...命令。选择图 5.6.7 所示的前视图作为创建全剖视图的父视图。确认“捕捉方式”工具条中的按钮被按下，选取图 5.6.8 所示的边线（圆弧投影线），在图 5.6.9 所示的位置单击放置剖视图，在“剖视图”工具条右上角单击按钮，完成全剖视图的创建。

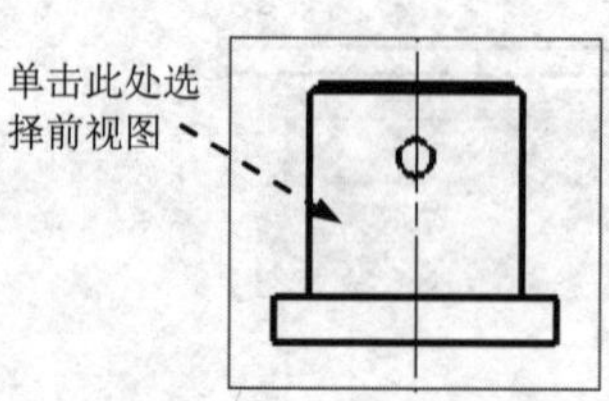

图 5.6.7　选择父视图

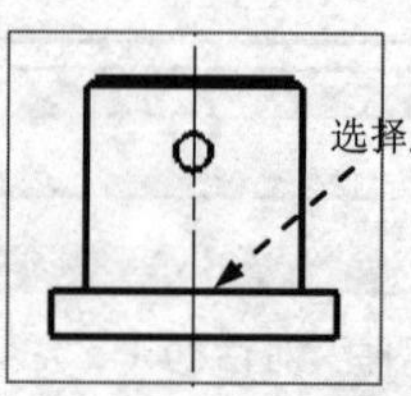

图 5.6.8　选取剖切位置

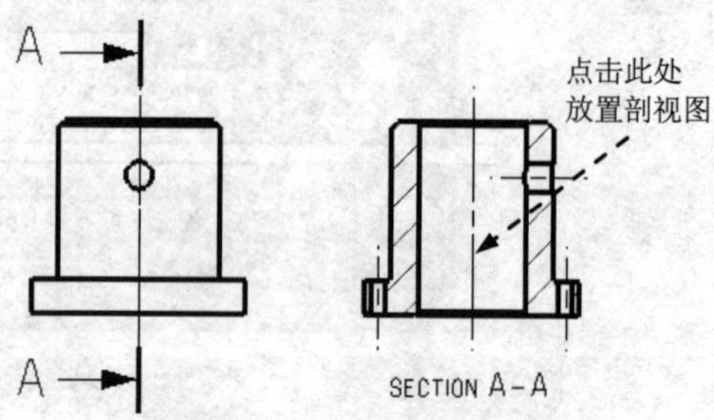

图 5.6.9　放置剖面视图

Step5. 创建局部放大图 1。选择下拉菜单插入(S) → 视图(W) → 局部放大图(D)...命令。绘制图 5.6.10 所示的放大视图的区域，在图形区选择合适的位置单击放置放大图，在对话框中单击关闭按钮；双击放大图的边框，系统弹出“视图样式”对话框，在常规选项卡的比例文本框中输入比例值 2，单击确定按钮；双击放大图的标签（B），系统弹出“视图标签样式”对话框，该对话框中的参数设置如图 5.6.12 所示，结果如图 5.6.11 所示。

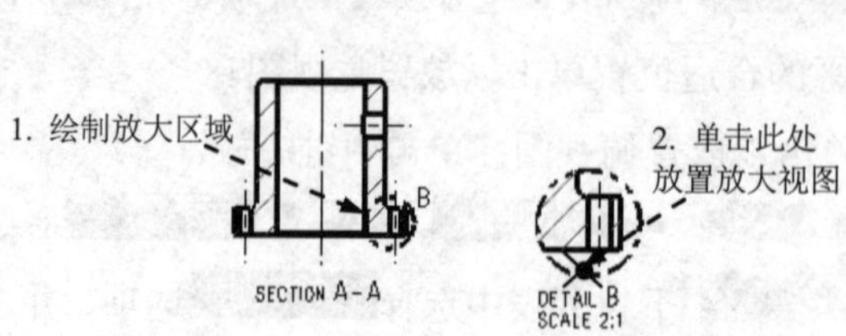

图 5.6.10　局部放大视图 1 的放置步骤

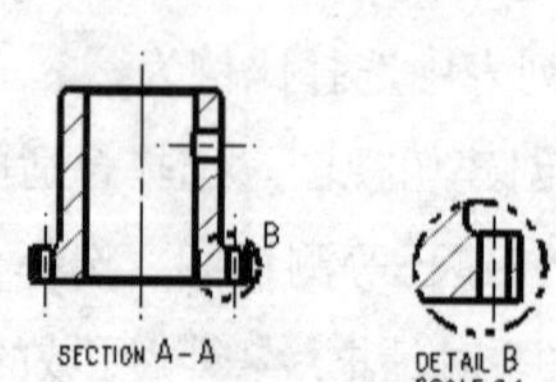

图 5.6.11　创建局部放大图 1

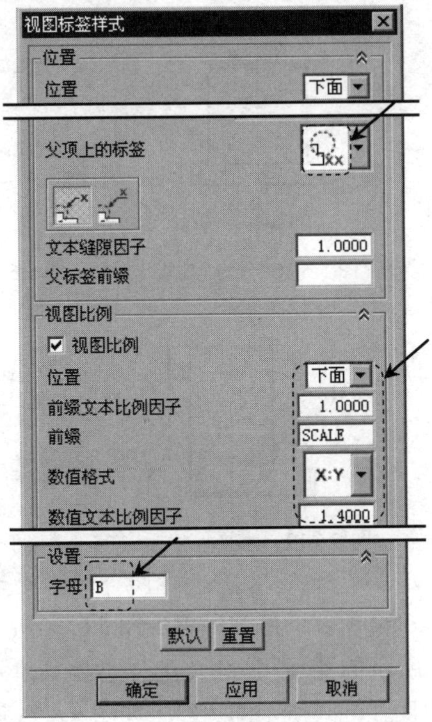

图 5.6.12 “视图标签样式”对话框

Step6．添加添加局部放大图 2。参照 Step5 创建图 5.6.13 所示的放大图 2（图 5.6.14 是放大图 2 的创建步骤提示）。

说明：视图创建完成后可以使用对齐视图工具对视图进行对齐，将各视图移动到合适的位置。

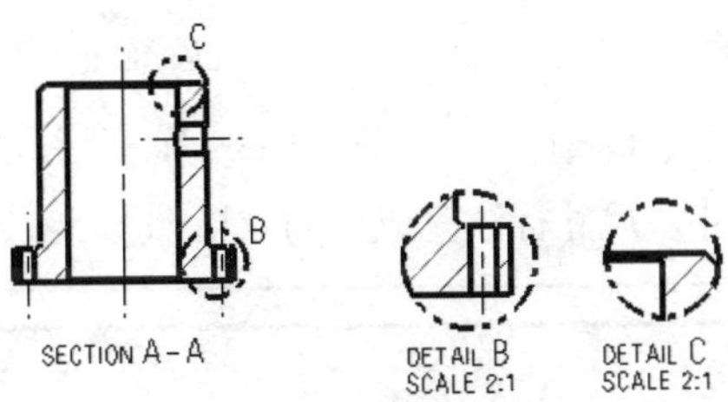

图 5.6.13 创建局部放大图 2

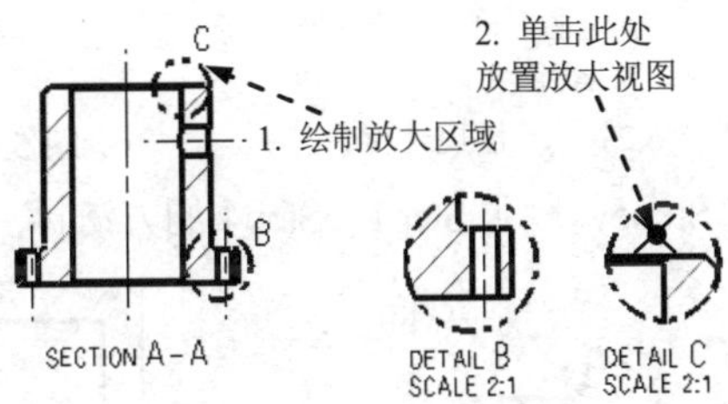

图 5.6.14 局部放大视图 2 的放置步骤

Task3. 标注尺寸

Step1. 标注图 5.6.15 所示的竖直尺寸。选择下拉菜单 插入(S) → 尺寸(M) ▸ → 竖直(V)... 命令。依次选取图 5.6.16 所示的边线 1 和图 5.6.17 所示的边线 2，单击图 5.6.17 所示的位置放置竖直尺寸。

Stcp2. 标注图 5.6.18 所示的水平尺寸。选择下拉菜单 插入(S) → 尺寸(M) ▸ → 水平(H)... 命令。选取图 5.6.19 所示的边线 1，然后选取图 5.6.20 所示的边线 2，单击图 5.6.20 所示的位置放置水平尺寸。

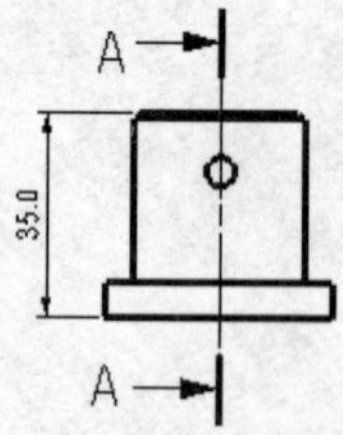

图 5.6.15　标注竖直尺寸

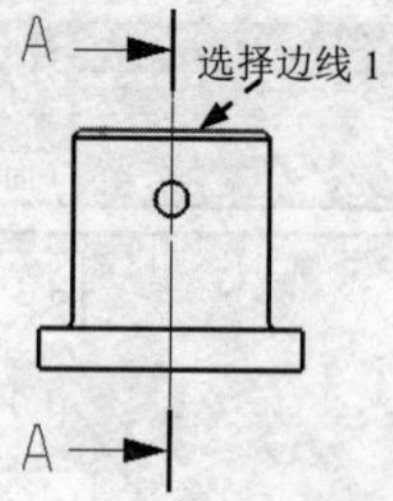

图 5.6.16　选择边线 1

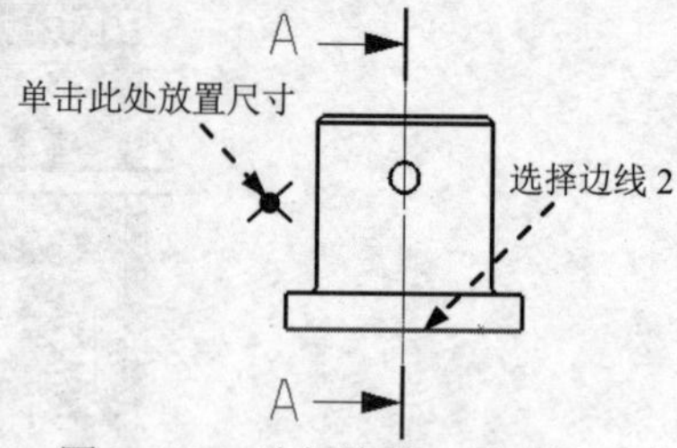

图 5.6.17　选择边线 2 及放置尺寸

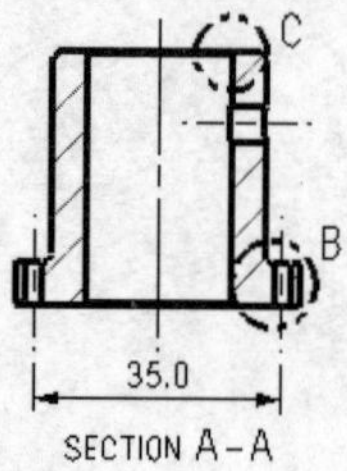

图 5.6.18　标注水平尺寸

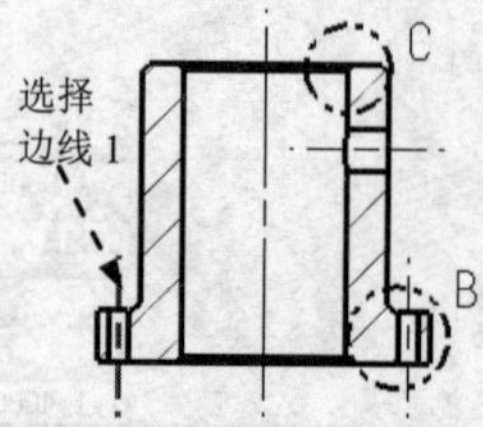

图 5.6.19　水平尺寸标注

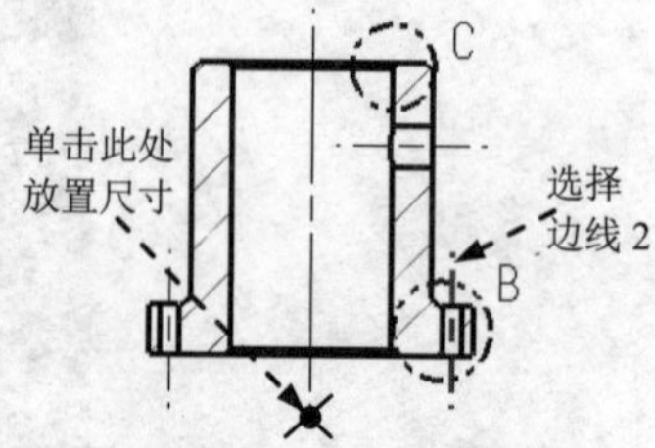

图 5.6.20　水平尺寸标注

Step3. 标注图 5.6.21 所示的半径尺寸。选择下拉菜单 插入(S) → 尺寸(M) → 半径(R)... 命令。选取图 5.6.22 所示的圆弧；单击图 5.6.22 所示的位置放置圆弧半径尺寸。

Step4. 标注图 5.6.23 所示的孔径尺寸。选择下拉菜单 插入(S) → 尺寸(M) → 圆柱(Y)... 命令。依次选取图 5.6.24 所示的边线 1 和图 5.6.25 所示的边线 2；在图形区选择图 5.6.25 所示的位置放置孔径尺寸。

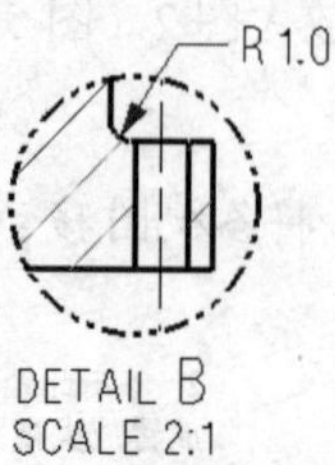

图 5.6.21　半径尺寸标注

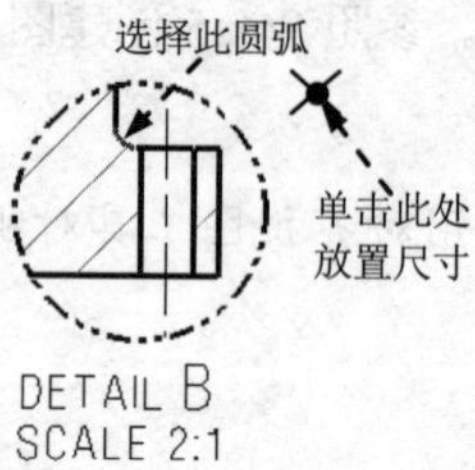

图 5.6.22　半径尺寸标注

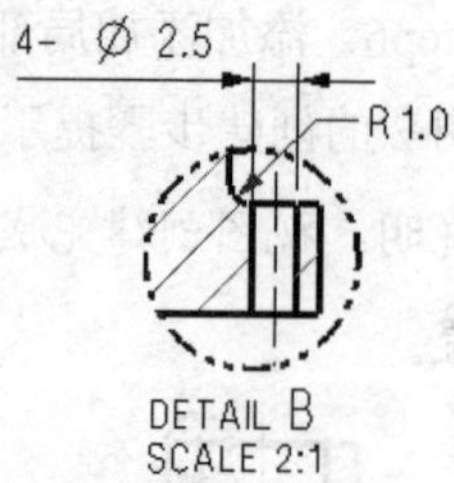

图 5.6.23　标注孔径尺寸

Step5. 参照 Step1～Step4 的方法标注其他尺寸，尺寸标注完成后的效果如图 5.6.26 所示。

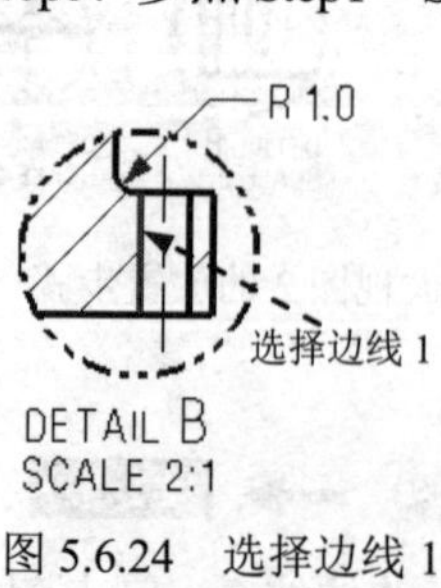

图 5.6.24　选择边线 1

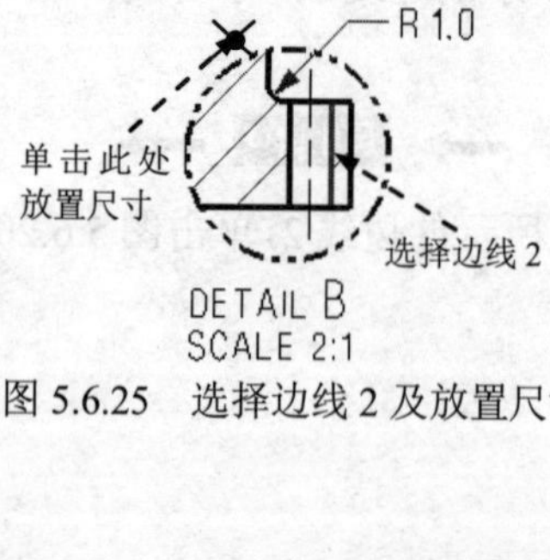

图 5.6.25　选择边线 2 及放置尺寸

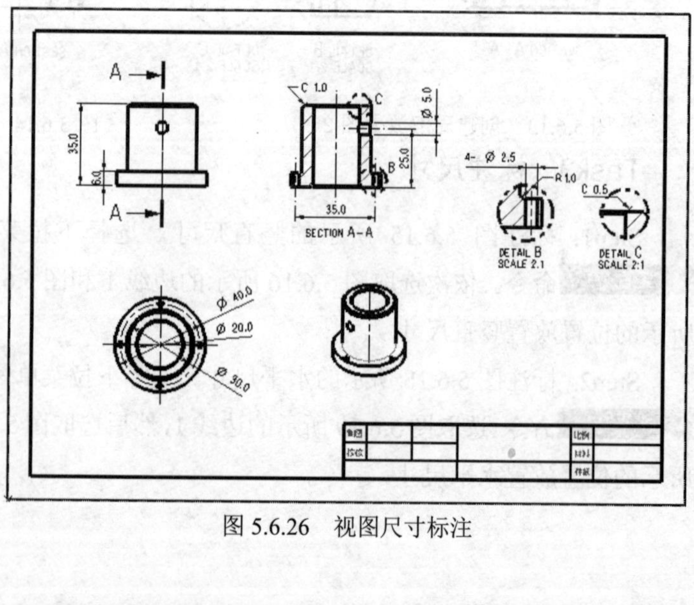

图 5.6.26　视图尺寸标注

Task4. 表面粗糙度标注

Step1. 选择命令。选择下拉菜单 插入(S) → 注释(A) → 表面粗糙度符号(S)... 命令，系统弹出“表面粗糙度”对话框。

Step2. 选择表面粗糙度的样式。在“表面粗糙度”对话框中设置图 5.6.27 所示的参数。

Step3. 放置表面粗糙度符号（图 5.6.28）。

Step4. 创建其他的表面粗糙度标注，结果如图 5.6.29 所示。

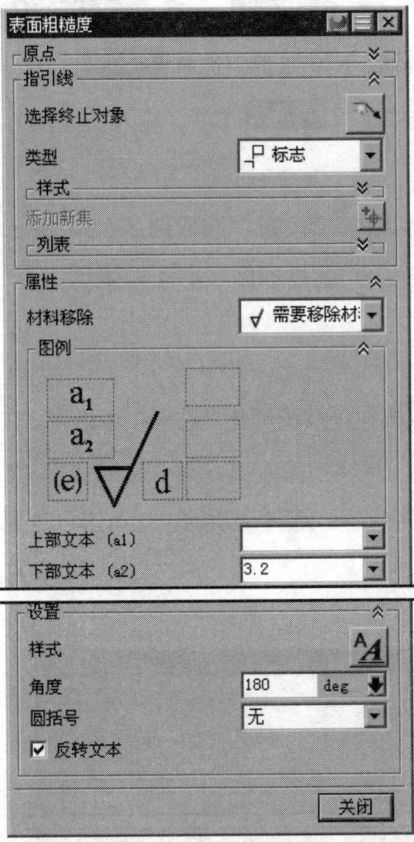

图 5.6.27　“表面粗糙度”对话框

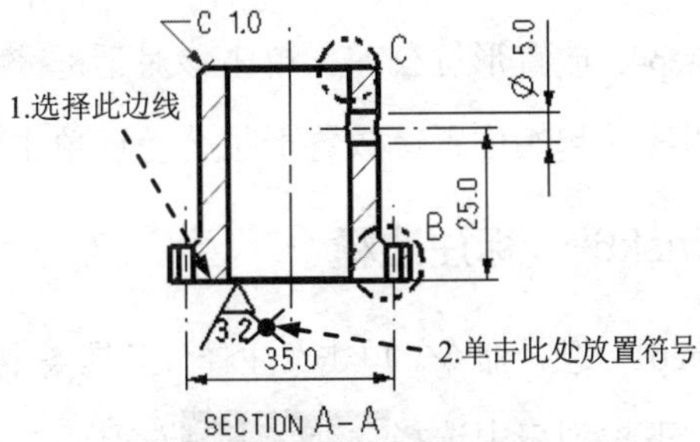

图 5.6.28　表面粗糙度标注

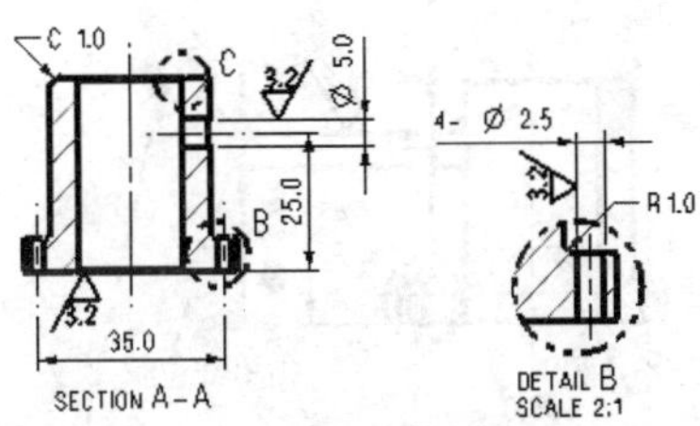

图 5.6.29　创建其他的表面粗糙度标注

Task5. 标注形位公差

Step1. 选择命令。单击“制图注释”对话框中的 按钮，系统弹出“基准特征符号”对话框。

Step2. 创建基准。在 基准标识符 区域的 字母 文本框中输入 D，在 指引线 区域的 类型 下拉列表中选择 普通 选项，单击 选择终止对象 按钮，选择图 5.6.30 所示的位置放置边线，放置基准后，单击中键确认，然后按住左键并将图框拖动到合适位置，结果如图 5.6.31 所示。

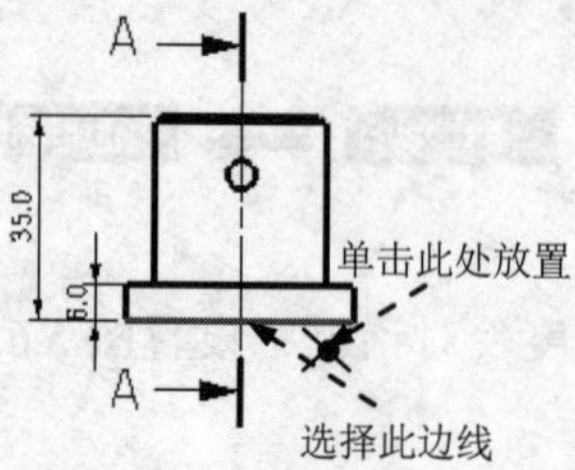

图 5.6.30 基准的创建

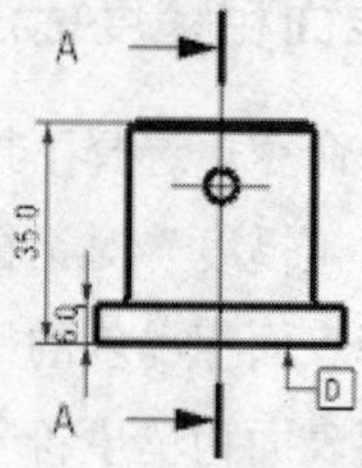

图 5.6.31 创建的基准

Step3. 编辑形位公差。选择下拉菜单 插入(S) → 注释(A) → 特征控制框(E)... 命令，系统弹出“特征控制框”对话框。在 指引线 区域的 类型 下拉列表中选择 普通 选项，在 特性 下拉列表中选择 平行度 选项，在 框样式 下拉列表中选择 单框 选项，输入公差值 0.01，在 第一基准参考 下拉列表中输入字母 D。

Step4. 放置形位公差。单击该对话框 指引线 区域的 按钮，选取图 5.6.32 所示的位置为指引线的起始位置，放置形位公差后单击中键确认，结果如图 5.6.33 所示。

Task6. 标注注释

Step1. 选择命令。单击“注释”工具条中的 A 按钮，系统弹出“注释”对话框。在 格式化 区域的下拉列表中选择 chinesef_fs 选项。

Step2. 添加技术要求。输入图 5.6.34 所示的文字内容；选择合适的位置单击以放置注释；然后单击中键完成操作，结果如图 5.6.35 所示。

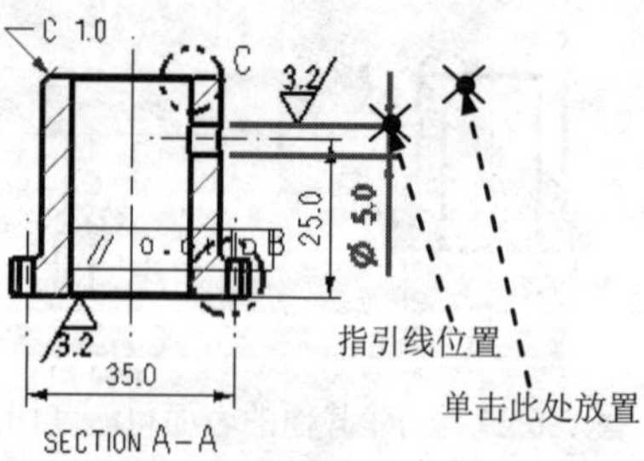

图 5.6.32 放置形位公差

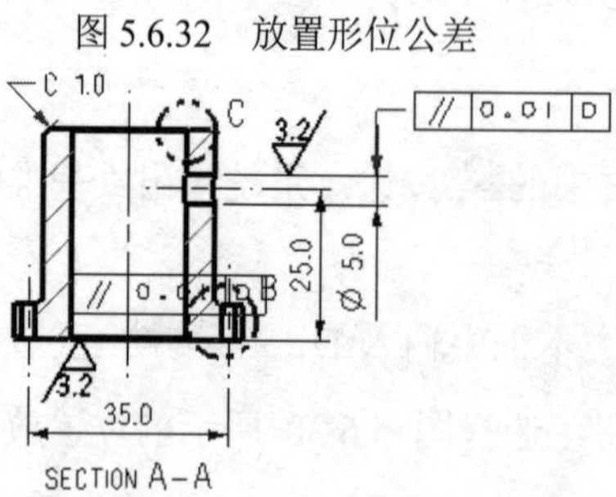

图 5.6.33 标注完成的形位公差

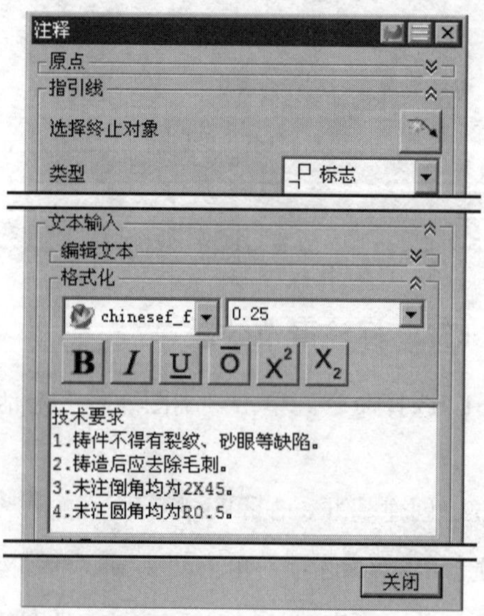

图 5.6.34 “注释”对话框

Step3. 参照 Step5 的方法添加其他注释。

图 5.6.35　添加的注释

5.7　习　　题

习题 1

打开文件 D:\dbugnx8.1\work\ch05\ch05.07\exercises 01.prt，然后创建该模型的工程图，如图 5.7.1 所示。

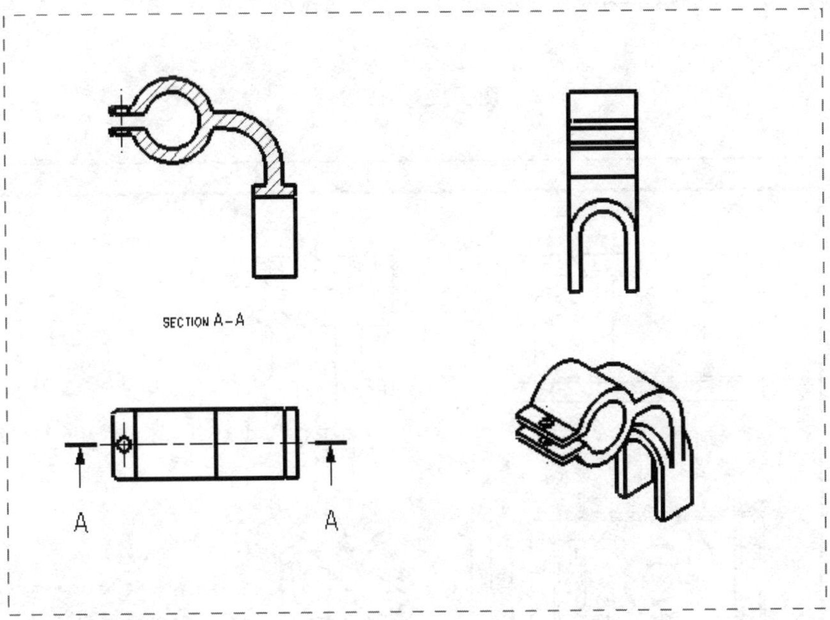

图 5.7.1　习题 1

习题 2

打开文件 D:\dbugnx8.1\work\ch05\ch05.07\exercises 02.prt，然后创建该模型的工程图，如图 5.7.2 所示。

习题 3

打开文件 D:\dbugnx8.1\work\ch05\ch05.07\exercises 03.prt，然后创建该模型的工程图，如图 5.7.3 所示。

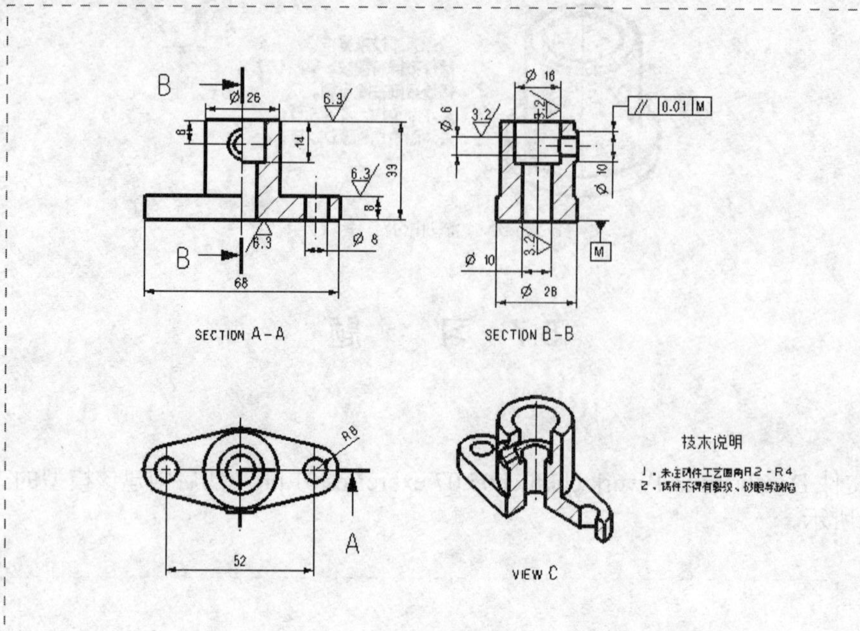

图 5.7.2　习题 2

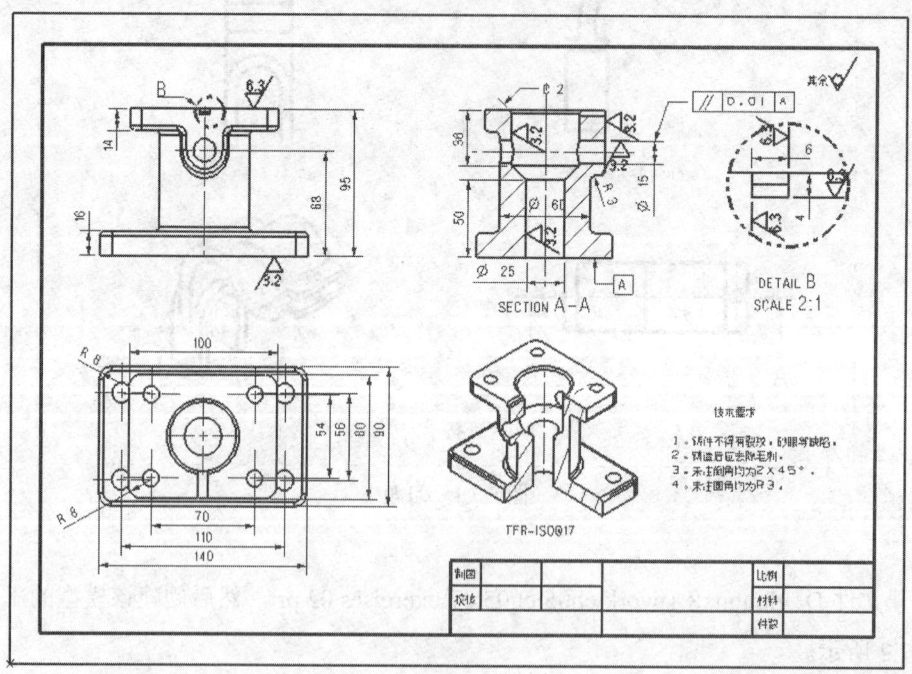

图 5.7.3　习题 3

第6章 曲 面 设 计

本章提要 UG NX 8.0 中的曲面设计模块主要用于设计形状复杂的零件。在所有的三维建模中，曲线是构建模型的基础。曲线构造质量的好坏直接关系到生成曲面和实体的质量好坏。UG NX 8.0 中提供了强大的曲面特征建模及相应的编辑和操作功能。本章的主要内容包括:

- 空间曲线的创建和编辑。
- 曲面的创建和编辑。

6.1 曲面设计概述

UG NX 8.0 不仅提供了基本的建模功能，同时提供了强大的自由曲面建模及相应的编辑和操作功能，并提供 20 多种创建曲面的方法。与一般实体零件的创建相比，曲面零件的创建过程和方法比较特殊，技巧性也很强，掌握起来不太容易。UG 软件中常常将曲面称为“片体”。本章将介绍 UG NX 8.0 提供的曲面造型的方法。

6.2 一般曲面创建

6.2.1 创建拉伸和回转曲面

拉伸曲面和回转曲面的创建方法与相应的实体特征基本相同。下面对这两种方法进行简单介绍。

1. 创建拉伸曲面

拉伸曲面是将截面草图沿着草图平面的垂直方向拉伸而成的曲面。下面介绍创建图 6.2.1 所示的拉伸曲面特征的过程。

Step1. 打开文件 D:\dbugnx8.1\work\ch06\ch06.02\extrude_surf.prt。

Step2. 选择下拉菜单 插入(S) → 设计特征(E) ▸ → 拉伸(E)... 命令，系统弹出图 6.2.2 所示的“拉伸”对话框。

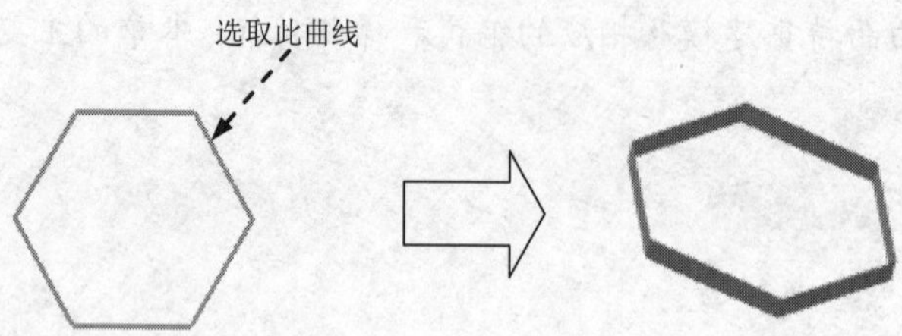

a）特征截面　　b）拉伸曲面

图 6.2.1　拉伸曲面

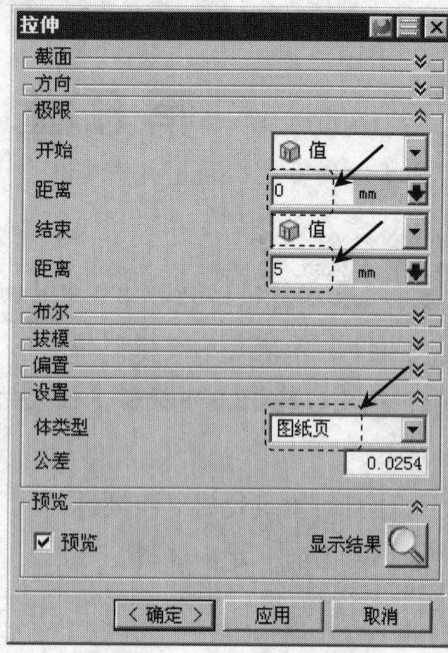

图 6.2.2　“拉伸”对话框

Step3. 定义拉伸截面。在图形区选取图 6.2.1a 所示的曲线串为拉伸截面。

Step4. 确定拉伸起始值和结束值。在极限区域的开始下拉列表中选择值选项，在距离文本框中输入值 0，在结束下拉列表中选择值选项，在距离文本框中输入值 5.0。

Step5. 定义拉伸特征的体类型。在设置区域的体类型下拉列表中选择图纸页选项，其他采用默认设置。

Step6. 单击“拉伸”对话框中的< 确定 >按钮，完成拉伸曲面的创建。

2. 创建回转曲面

回转曲面是将截面草图绕着一条中心轴线旋转而形成的曲面。下面介绍创建图 6.2.3 所示的回转曲面特征的过程。

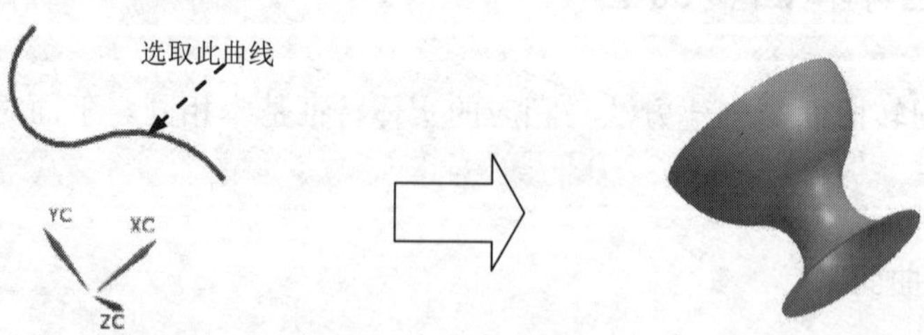

a）特征截面　　b）回转曲面

图 6.2.3　回转曲面

Step1. 打开文件 D:\dbugnx8.1\work\ch06\ch06.02\ rotate_surf.prt。

Step2. 选择插入(S) → 设计特征(E) → 回转(R)...命令，系统弹出“回转”对话框。

Step3. 定义回转截面。在图形区选取图 6.2.3a 所示的曲线为回转截面，单击中键确认。

Step4. 定义回转轴。选择 YC 作为回转轴的矢量方向，然后定义坐标原点为回转点。

Step5. 定义拉伸特征的体类型。在设置区域的体类型下拉列表中选择图纸页选项，其他采用默认设置。

Step6. 单击对话框中的< 确定 >按钮，完成回转曲面的创建。

6.2.2　有界平面

有界平面(P)...命令可以用于创建平整的曲面。利用拉伸也可以创建曲面，但拉伸创建的是有深度参数的二维或三维曲面，而有界平面创建的是没有深度参数的二维曲面。下面介绍创建图 6.2.4 所示的有界平面的一般操作步骤。

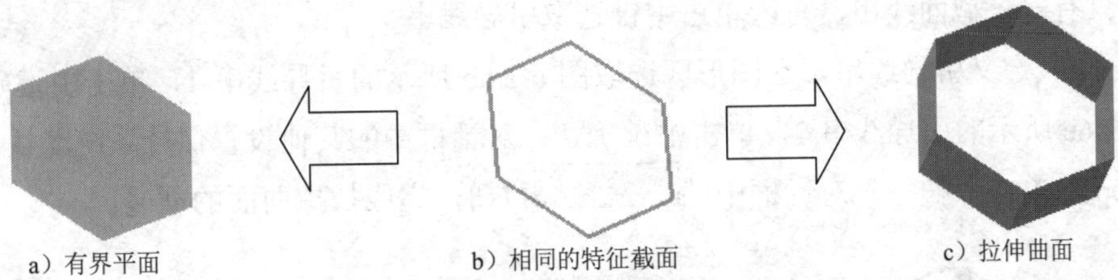

图 6.2.4　有界平面与拉伸曲面的比较

Step1. 打开文件 D:\dbugnx8.1\work\ch06\ch06.03\ambit_surf.prt。

Step2. 选择下拉菜单插入(S) → 曲面(R) → 有界平面(B)...命令，系统弹出“有界平面”对话框。

Step3. 定义边界线串。在图形区选取图 6.2.4b 所示的曲线串。

Step4. 在“有界曲面”对话框中单击< 确定 >按钮，完成有界平面的创建。

6.2.3　创建扫掠曲面

扫掠曲面就是用规定的方式沿一条空间路径（引导线串）移动一条曲线轮廓线（截面线串）而生成的轨迹（图 6.2.5）。

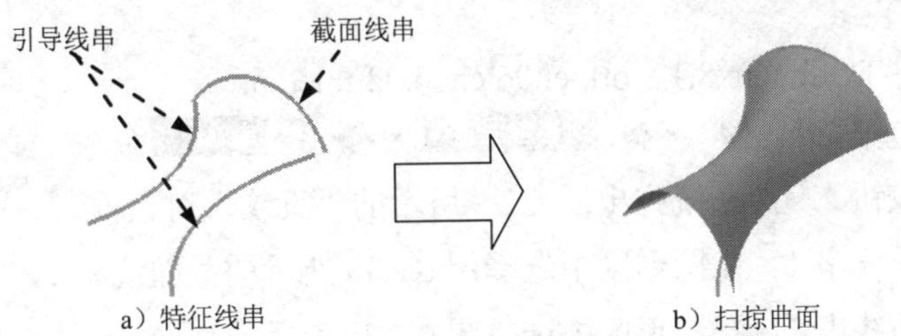

图 6.2.5　创建扫掠曲面

截面线串可以由单个或多个对象组成，每个对象可以是曲线、边缘或实体面，每组截面线串内的对象的数量可以不同。截面线串的数量可以是 1～150 的任意数值。

引导线串在扫掠过程中控制着扫掠体的方向和比例。在创建扫掠体时，必须提供一条、两条或三条引导线串。提供一条引导线不能完全控制截面大小和方向变化的趋势，需要进一步指定截面变化的方法；提供两条引导线时，可以确定截面线沿引导线扫掠的方向趋势，但是尺寸可以改变，还需要设置截面比例变化；提供三条引导线时，完全确定了截面线被扫掠时的方位和尺寸变化，无需另外指定方向和比例就可以直接生成曲面。

下面介绍创建图 6.2.6 所示的扫掠曲面特征的过程。

Step1. 打开文件 D:\dbugnx8.1\work\ch06\ch06.02\swept.prt。

Step2. 选择下拉菜单 插入(S) ➡ 扫掠(W) ➡ 扫掠(S)… 命令（或在“曲面”工具栏中单击“扫掠”按钮），系统弹出“扫掠”对话框。

Step3. 定义截面线串。在图形区选取图 6.2.6a 所示的截面线串，单击中键确认；因为本例中只有一条截面线串，再次单击中键选取引导线串。

Step4. 定义引导线串。在图形区选取图 6.2.6b 所示的引导线串 1，单击中键确认；选取图 6.2.6c 所示的引导线串 2，单击中键确认；对话框中的其他设置保持系统默认。

Step5. 单击“扫掠”对话框中的 < 确定 > 按钮，完成扫掠曲面的创建。

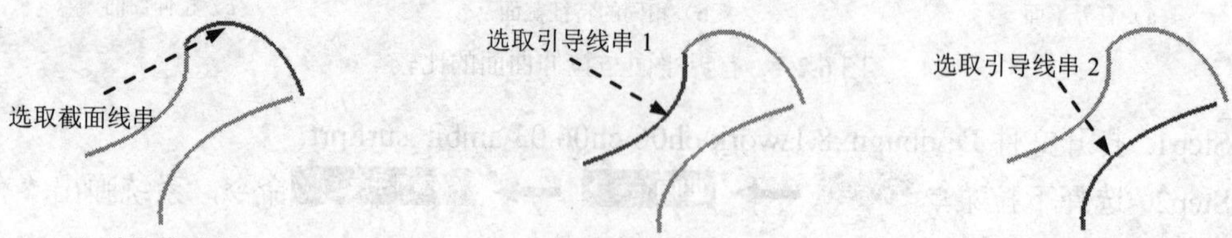

a）选取截面线串　　b）选取引导线串 1　　c）选取引导线串 2

图 6.2.6　选取线串

6.2.4　创建网格曲面

1. 直纹面

直纹面可以理解为通过一系列直线连接两组线串而形成的一张曲面。在创建直纹面时只能使用两组线串，这两组线串可以封闭，也可以不封闭。下面介绍创建图 6.2.7 所示的直纹面的过程。

Step1. 打开文件 D:\dbugnx8.1\work\ch06\ch06.02\ruled.prt。

Step2. 选择下拉菜单 插入(S) ➡ 网格曲面(M) ➡ 直纹(R)... 命令（或在“曲面”工具栏中单击“直纹”按钮），系统弹出图 6.2.8 所示的“直纹”对话框。

Step3. 定义截面线串 1。在图形区中选择图 6.2.7a 所示的截面线串 1，单击中键确认。

Step4. 定义截面线串 2。在图形区中选择图 6.2.7a 所示的截面线串 2，单击中键确认。

Step5. 设置对话框的选项。在“直纹”对话框的 设置 区域中取消选中 □ 保留形状 复选框。

Step6. 在“直纹”对话框中单击 < 确定 > 按钮，完成直纹面的创建。

说明： 若选中 设置 区域中的 ☑ 保留形状 复选框，则 对齐 下拉列表中的部分选项将不可用。

图 6.2.8 所示的“直纹”对话框中调整选项组下拉列表中各选项的说明如下：

- 参数：沿定义曲线将等参数曲线要通过的点以相等的参数间隔隔开。
- 弧长：两组截面线串和等参数曲线根据等弧长方式建立连接点。
- 根据点：将不同形状截面线串间的点对齐。
- 距离：在指定矢量上将点沿每条曲线以等距离隔开。
- 角度：在每个截面线上，绕着一规定的轴等角度间隔生成。这样，所有等参数曲线都位于含有该轴线的平面中。
- 脊线：把点放在选择的曲线和正交于输入曲线的平面的交点上。

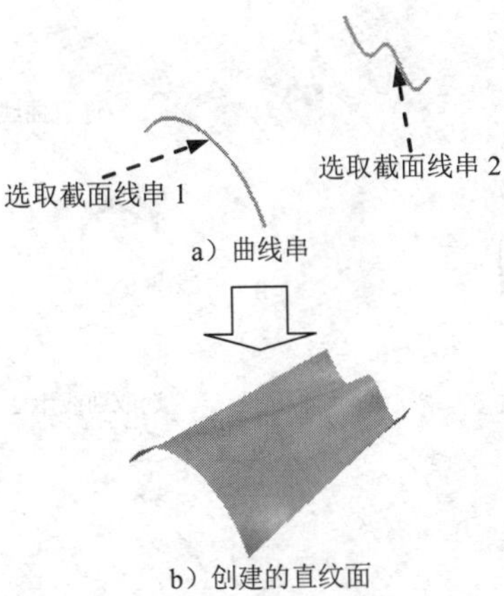

图 6.2.7　直纹面的创建

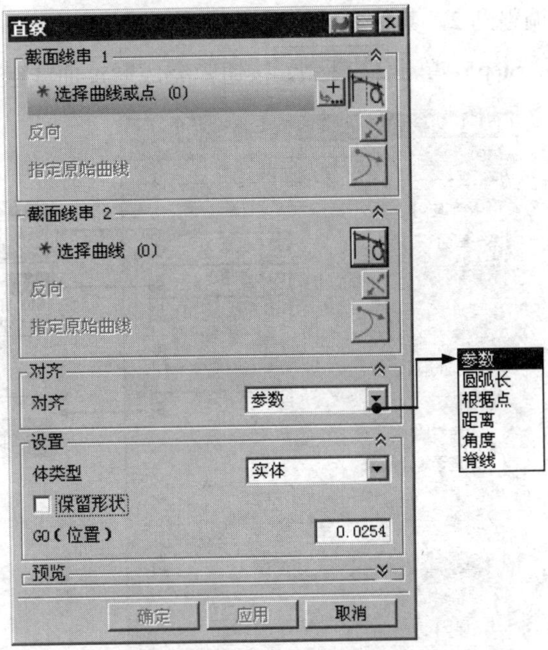

图 6.2.8　“直纹”对话框

2．通过曲线组

通过曲线组选项用于通过同一方向上的一组曲线轮廓线创建曲面。曲线轮廓线称为截面线串，截面线串可由单个对象或多个对象组成，每个对象都可以是曲线、实体边等。下面介绍创建图 6.2.9 所示的“通过曲线组创建曲面”的过程。

图 6.2.9　通过曲线组创建曲面

Step1．打开文件 D:\dbugnx8.1\work\ch06\ch06.02\through_curves.prt。

Step2. 选择下拉菜单 插入(S) → 网格曲面(M) → 通过曲线组(T)... 命令（或在“曲面”工具栏中单击“通过曲线组”按钮），系统弹出图 6.2.10 所示的“通过曲线组”对话框（一）。

Step3. 定义截面线串。在工作区中依次选择图 6.2.11 所示的曲线串 1、曲线串 2 和曲线串 3，并分别单击中键确认。

注意：选取截面线串后，图形区显示的箭头矢量应该处于截面线串的同侧（图 6.2.11c），否则生成的片体将被扭曲。后面介绍的通过曲线网格创建曲面也有类似问题。

Step4. 设置对话框的选项。在“通过曲线组”对话框中设置区域的阶次文本框中将阶次值调整到 2，其他参数均采用默认设置值。

Step5. 单击 < 确定 > 按钮，完成通过曲线组曲面的创建。

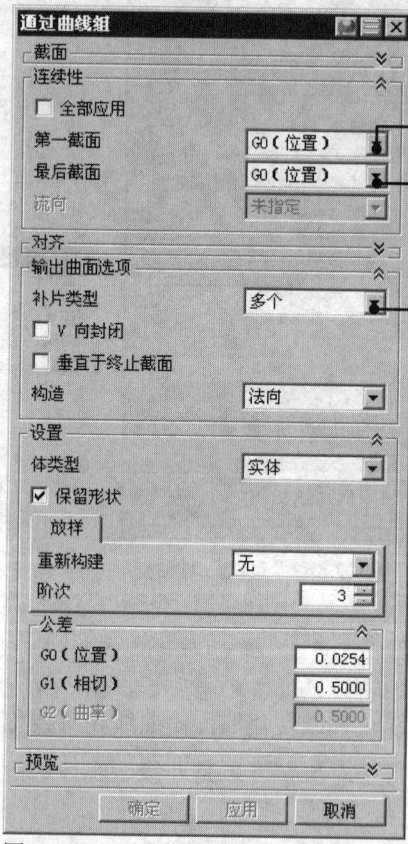

图 6.2.10　“通过曲线组”对话框（一）

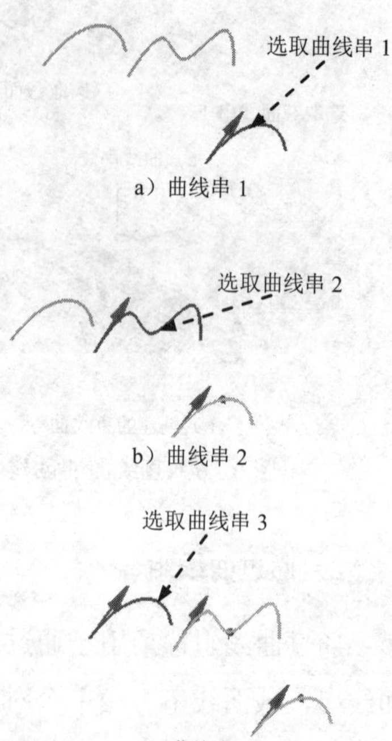

图 6.2.11　选取的曲线串

图 6.2.10 所示的“通过曲线组”对话框（一）中的部分选项说明如下：

- 连续性区域：该区域的下拉列表用于对通过曲线生成的曲面的起始端和终止端定义约束条件。
  - ☑ G0（位置）：生成的曲面与指定面点连续，无约束。
  - ☑ G1（相切）：生成的曲面与指定面相切连续。

☑ G2(曲率): 生成的曲面与指定面曲率连续。

- 阶次文本框: 该文本框用于设置生成曲面的 v 向阶次。当选取了截面线串后，在列表区域中选择一组截面线串，系统弹出图 6.2.12 所示的“通过曲线组”对话框(二)。

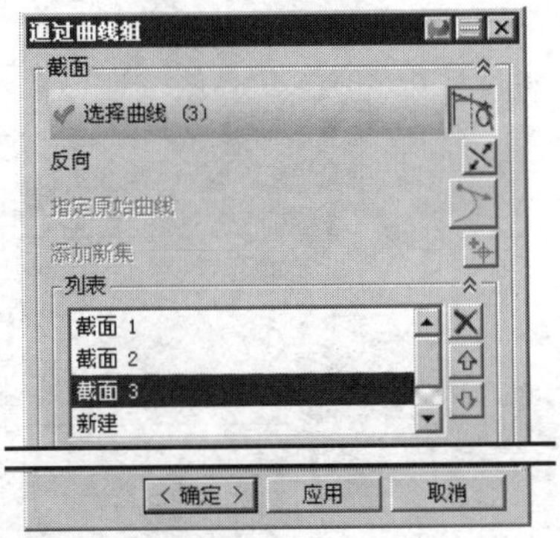

图 6.2.12　“通过曲线组”对话框（二）

图 6.2.12 所示的“通过曲线组”对话框（二）中的部分按钮说明如下：

- (移除): 单击该按钮，选中的截面线串被删除。
- (向上移动): 单击该按钮，选中的截面线串移至上一个截面线串的上级。
- (向下移动): 单击该按钮，选中的截面线串移至下一个截面线串的下级。

3．通过曲线网格

用“通过曲线网格”命令创建曲面就是沿着不同方向的两组线串轮廓生成片体。一组同方向的线串定义为主曲线，另外一组和主线串不在同一平面的线串定义为交叉线串，定义的主曲线与交叉线串必须在设定的公差范围内相交。这种创建曲面的方法定义了两个方向的控制曲线，可以很好地控制曲面的形状，因此它也是最常用的创建曲面的方法之一。

下面将以图 6.2.13 为例说明利用“通过曲线网格”功能创建曲面的一般过程。

Step1．打开文件 D:\dbugnx8.1\work\ch06\ch06.02\through curves_mesh.prt。

Step2．选择下拉菜单 插入(S) → 网格曲面(M) → 通过曲线网格(M)... 命令（或在“曲面”工具栏中单击“通过曲线网格”按钮），系统弹出图 6.2.14 所示的“通过曲线网格”对话框。

Step3．定义主线串。在工作区中依次选择图 6.2.13a 所示的曲线串 1 和曲线串 2 为主线串，并分别单击中键确认。

Step4．定义交叉线串。单击中键完成主线串的选取，在图形区选取图 6.2.13a 所示的曲线串 3 和曲线串 4 为交叉线串，分别单击中键确认。

Step5．单击 < 确定 > 按钮，完成“通过曲线网格”曲面的创建。

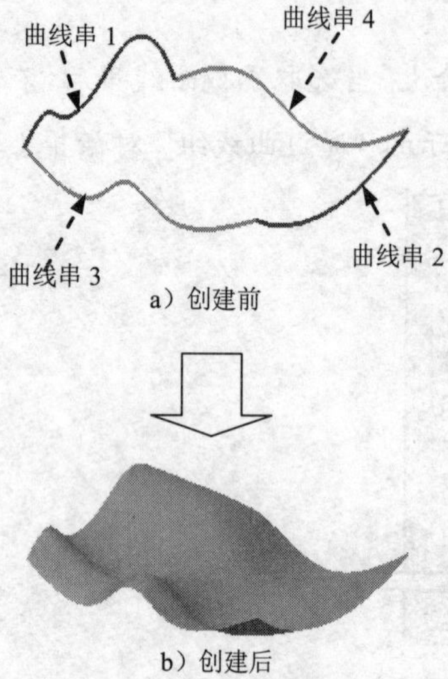

图 6.2.13 通过曲线网格创建曲面

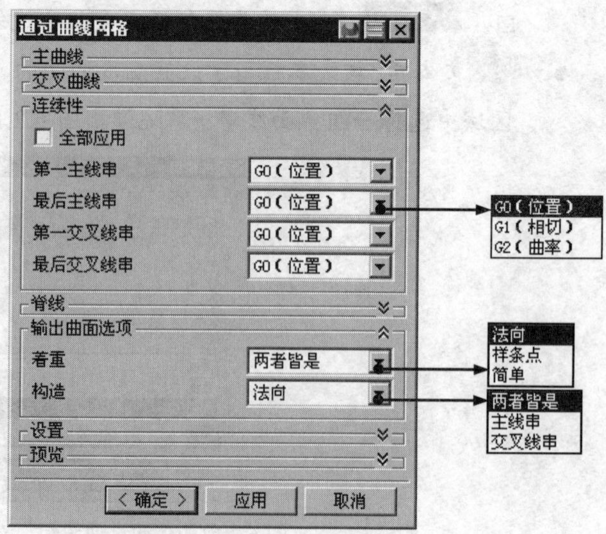

图 6.2.14 “通过曲线网格”对话框

图 6.2.14 所示的“通过曲线网格”对话框的部分选项说明如下：

- 着重下拉列表：该下拉列表用于控制系统在生成曲面的时候更强调主线串还是交叉线串，或者在两者有同样效果。
  - ☑ 两者皆是：系统在生成曲面的时候，主线串和交叉线串有同样效果。
  - ☑ 主线串：系统在生成曲面的时候，更强调主线串。
  - ☑ 交叉线串：系统在生成曲面的时候，交叉线串更有影响。
- 构造下拉列表：
  - ☑ 法向：使用标准方法构造曲面，该方法比其他方法建立的曲面有更多的补片数。
  - ☑ 样条点：利用输入曲线的定义点和该点的斜率值来构造曲面。要求每条线串都要使用单根 B 样条曲线，并且有相同的定义点，该方法可以减少补片数，简化曲面。
  - ☑ 简单：用最少的补片数构造尽可能简单的曲面。

下面通过手机盖曲面（图 6.2.15）的设计，来进一步说明“通过曲线网格”功能的实际应用。

Stage1. 创建曲线

Step1. 新建一个零件的三维模型，将其命名为 cellphone_cover。

Step2. 创建图 6.2.16 所示的曲线 1_1 和曲线 1_2，操作步骤如下：

（1）创建曲线 1_1。选择下拉菜单 插入(S) → 任务环境中的草图(S)... 命令，选取 XY 平面为草图平面，绘制图 6.2.17 所示的草图 1（曲线 1_1）。

（2）创建曲线 1_2。选择下拉菜单 插入(S) → 来自曲线集的曲线(F) ▸ → 镜像(M)... 命令。选取曲线 1_1，单击中键确认；选取 ZX 平面为镜像平面，单击 确定 按钮，完成曲线

1_2 的创建。

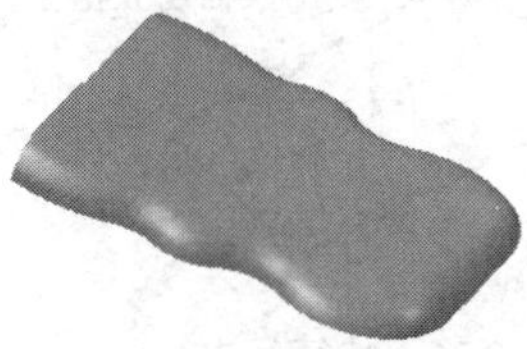

图 6.2.15　手机盖曲面

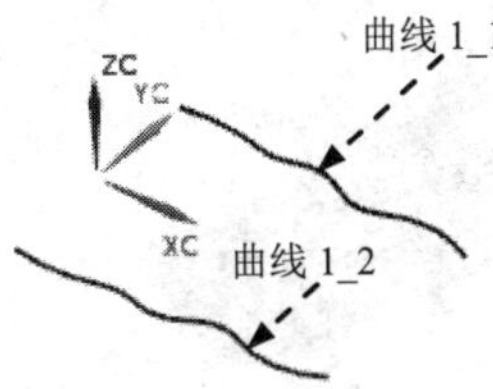

图 6.2.16　创建曲线 1(建模环境)

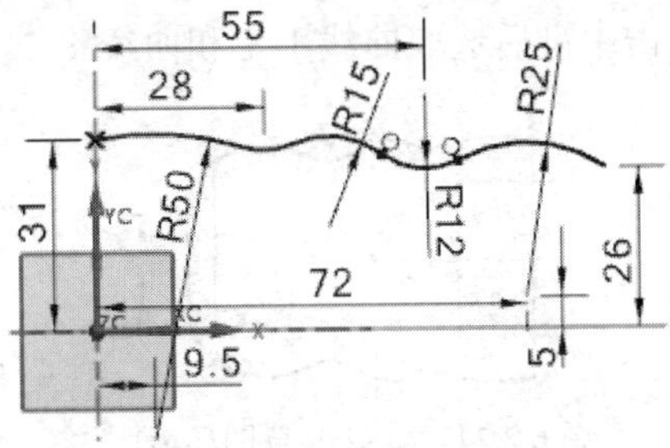

图 6.2.17　草图 1(草图环境)

Step3. 创建图 6.2.18 所示的曲线 2。选择下拉菜单 插入(S) → 任务环境中的草图(S)... 命令。选取 YZ 平面为草图平面，绘制图 6.2.19 所示的曲线串。

Step4. 创建图 6.2.20 所示的曲线 3。

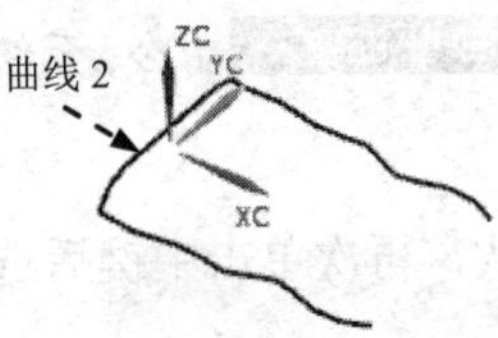

图 6.2.18　创建曲线 2（建模环境）

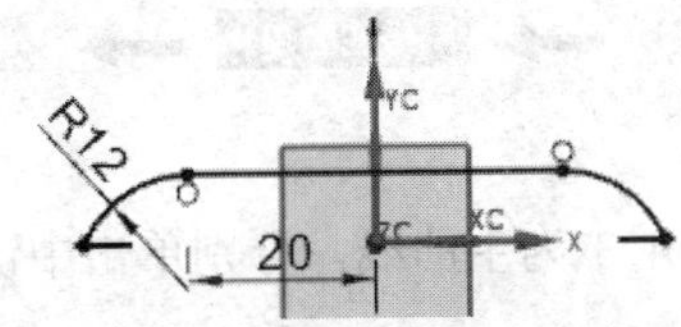

图 6.2.19　草图 2（草图环境）

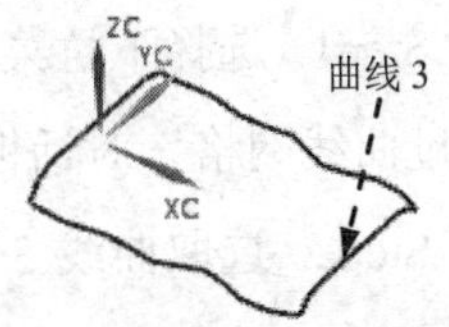

图 6.2.20　创建曲线 3（建模环境）

（1）创建图 6.2.21 所示的基准平面 1。选择下拉菜单 插入(S) → 基准/点(D) → 基准平面(D)... 命令。在对话框中的 类型 下拉列表中选择 点和方向 选项，选取镜像曲线 1_2 的端点，在对话框的 法向 区域中的 下拉列表中选择 XC 选项；单击 < 确定 > 按钮，完成基准平面 1 的创建。

（2）选择下拉菜单 插入(S) → 任务环境中的草图(S)... 命令。选取基准平面 1 为草图平面，绘制图 6.2.22 所示的曲线串。

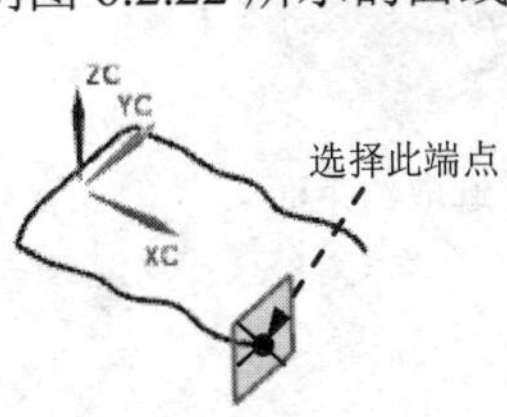

图 6.2.21　创建基准平面 1

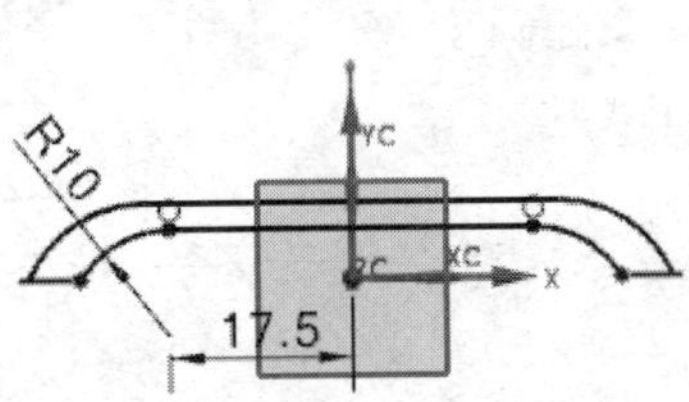

图 6.2.22　草图 3（草图环境）

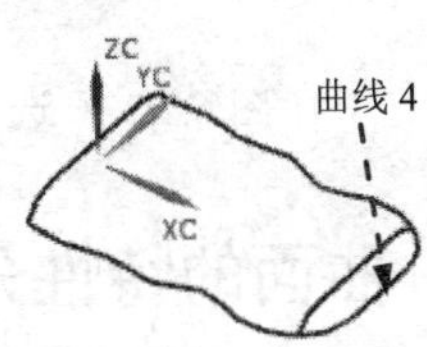

图 6.2.23　创建曲线 4（建模环境）

Step5. 创建图 6.2.23 所示的曲线 4。选择下拉菜单 插入(S) → 任务环境中的草图(S)... 命令。选取 XY 平面为草图平面，绘制图 6.2.24 所示的曲线。

Stage2. 创建曲面 1

如图 6.2.25 所示，该手机盖零件模型包括两个曲面，创建曲面 1 的操作步骤如下：

Step1. 选择下拉菜单 插入(S) → 网格曲面(M) → 通过曲线网格(M)... 命令（或在“曲面”工具栏中单击“通过曲线网格”按钮），系统弹出“通过曲线网格”对话框。

Step2. 选取曲线 2 和曲线 3 为主曲线，如图 6.2.26 所示，分别单击中键确认，再次单击中键后选取曲线 1_1 和曲线 1_2 为交叉线串，分别单击中键确认。

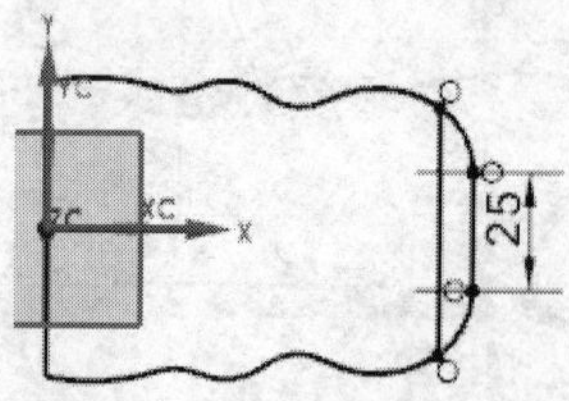

图 6.2.24　草图 4（草图环境）

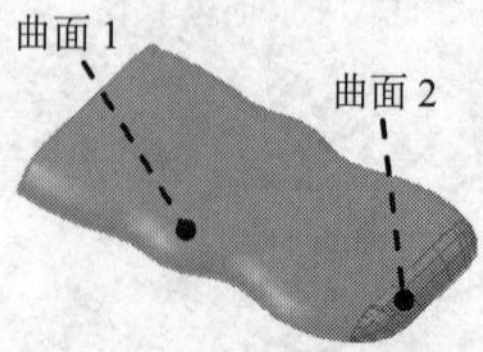

图 6.2.25　创建曲面

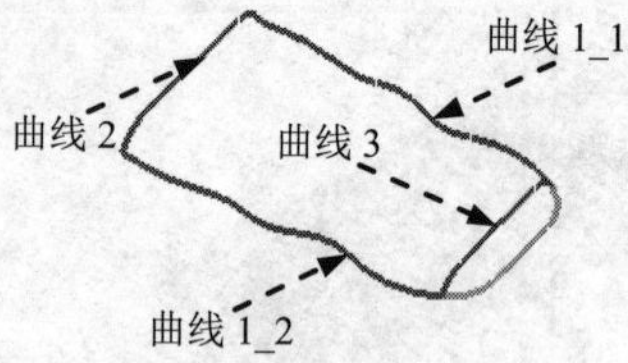

图 6.2.26　特征线串

Step3. 在“通过曲线网格”对话框中均采用默认的设置，单击“通过曲线网格”对话框中的 < 确定 > 按钮，生成曲面 1。

Stage3. 创建曲面 2

Step1. 选择下拉菜单 插入(S) → 网格曲面(M) → 通过曲线网格(M)... 命令，系统弹出“通过曲线网格”对话框。

Step2. 选取曲线 3 和曲线 4_3 为主曲线，分别单击中键确认，再次单击中键后选取基准曲线 4_1 和基准曲线 4_2 为交叉线串，分别单击中键确认，如图 6.2.27 所示。

Step3. 在“通过曲线网格”对话框中 连续性 区域的 第一主线串 下拉列表中选择 G1（相切） 选项，选取图 6.2.28 的曲面 1 为约束面，然后单击“通过曲线网格”对话框中的 < 确定 > 按钮（或单击中键），生成曲面 2。

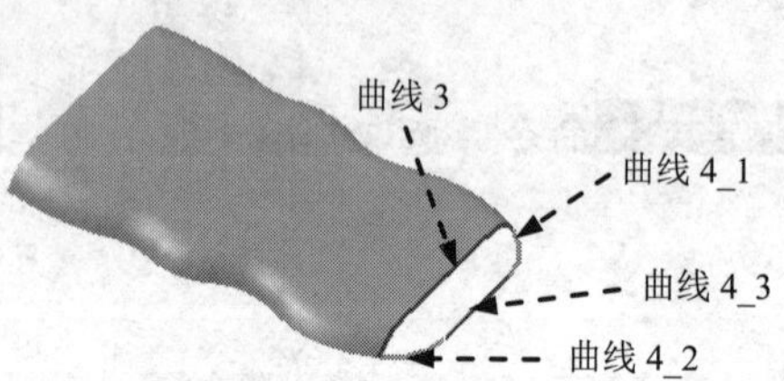

图 6.2.27　选取曲线串

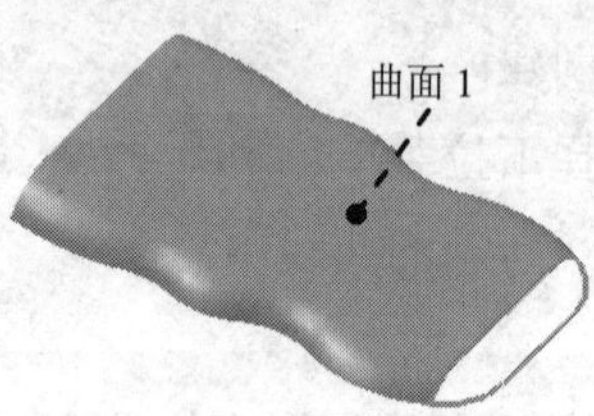

图 6.2.28　选取约束面

6.2.5　曲面的特性分析

曲面创建完成后要对曲面的性能进行必要的分析（如半径、反射、斜率），以确定曲面是否达到设计要求。

下面通过简单的实例分析来说明曲线特性分析的一般方法及操作过程。

Step1. 打开文件 D:\dbugnx8.1\work\ch06\ch06.02\surface.prt。

Step2. 半径分析。

（1）选择下拉菜单 分析(L) → 形状(S) → 半径(R)... 命令，系统弹出图 6.2.29 所示的“面分析-半径”对话框。

（2）采用“面分析-半径”对话框中的默认设置。此时曲面上呈现出一个彩色分布图，如图 6.2.30 所示。同时系统显示颜色图例，如图 6.2.31 所示。彩色分布图中的不同颜色代表不同的曲率大小，颜色与曲率大小的对应关系可以从颜色图例中查阅。单击确定按钮，完成半径分析。

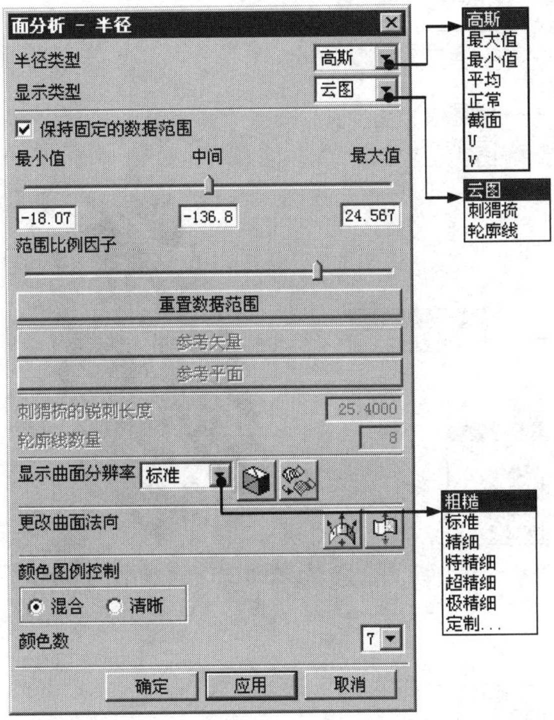

图 6.2.29　“面分析-半径”对话框

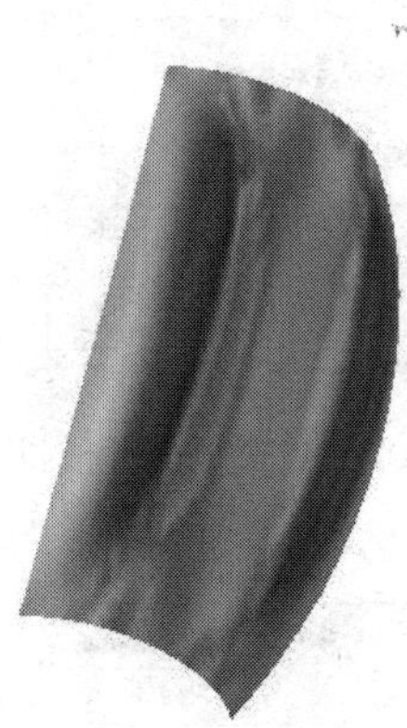

图 6.2.30　分析结果

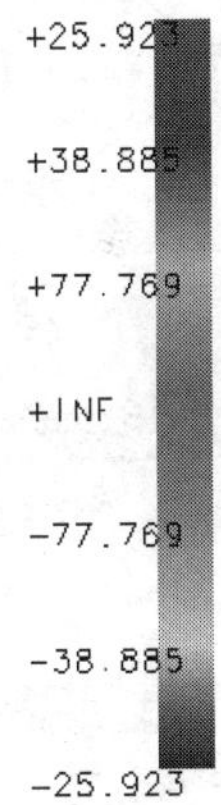

图 6.2.31　颜色图例

Step3. 反射分析。

（1）选择下拉菜单 分析(L) → 形状(S) → 反射(F)... 命令，系统弹出图 6.2.32 所示的“面分析-反射”对话框。

（2）在“面分析-反射”对话框中可以选择反射图像类型、反射图片和设置各种反射类型的参数。单击“直线图像”按钮，选择选项，再单击确定按钮，图 6.2.33 所示即为直线图像彩纹分析的结果。

Step4. 斜率分析。

（1）选择下拉菜单 分析(L) → 形状(S) → 斜率(O)... 命令，系统弹出“面分析－斜率”对话框，如图 6.2.34 所示。

（2）在“面分析－斜率”对话框中可以选择显示类型，改变参考斜率的矢量和设置各种反射类型的参数。选择显示类型下拉列表中的刺猬梳选项，单击确定按钮。

（3）刺猬梳分析的结果如图 6.2.35 所示，同时系统显示“颜色图例”，如图 6.2.36 所示。

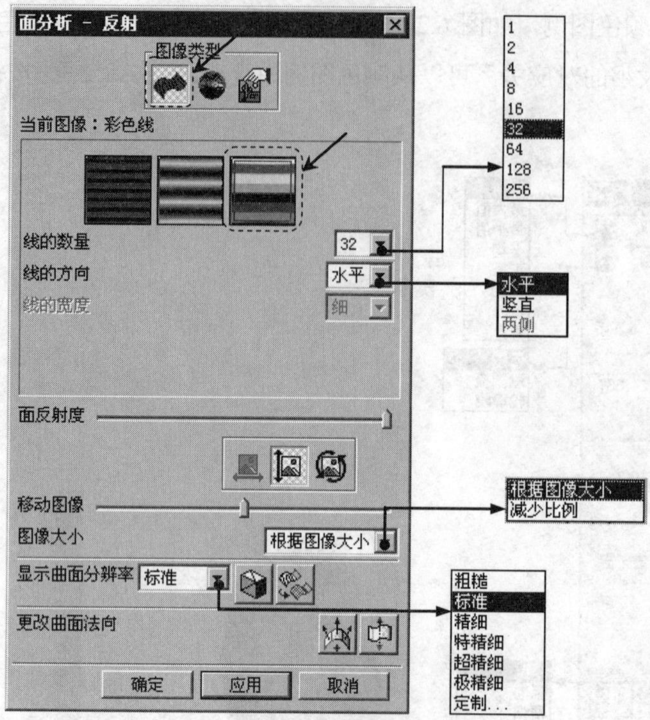

图 6.2.32 “面分析-反射”对话框

图 6.2.33 分析结果

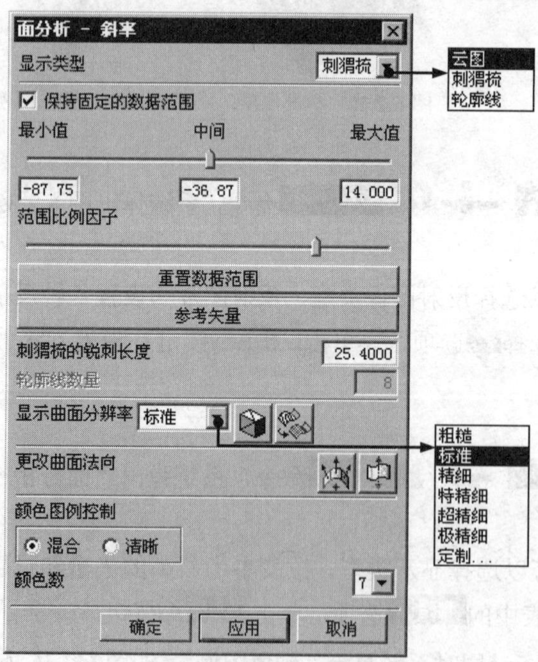

图 6.2.34 “面分析－斜率”对话框

图 6.2.35 分析结果

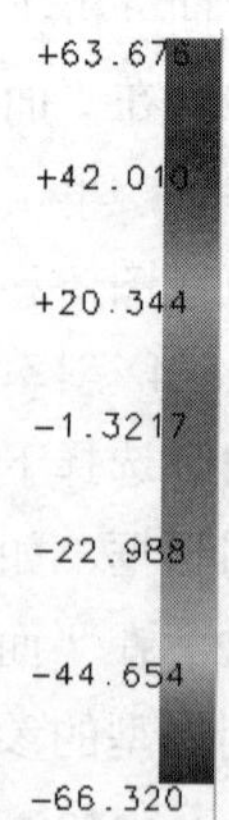

图 6.2.36 颜色图例

6.3　曲面的偏置

曲面的偏置用于创建一个或多个现有面的偏置曲面，或者是偏移现有曲面。下面分别对创建偏置曲面和偏移现有曲面进行介绍。

6.3.1　创建偏置曲面

下面介绍创建图 6.3.1 所示的偏置曲面的一般过程。

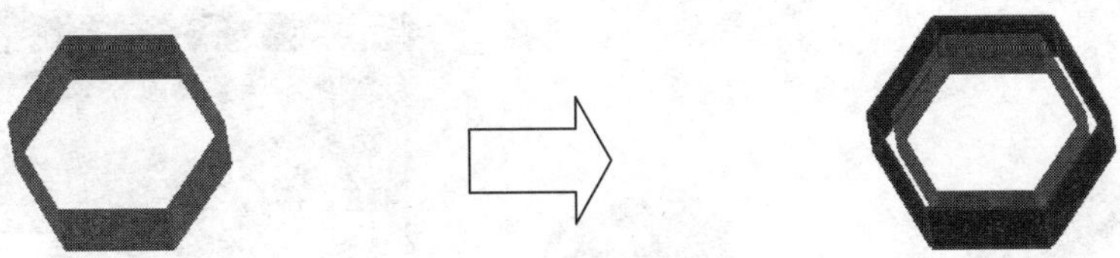

a）偏置前　　b）偏置后

图 6.3.1　偏置曲面的创建

Step1. 打开文件 D:\dbugnx8.1\work\ch06\ch06.03\offset_surface01.prt。

Step2. 选择下拉菜单 插入(S) → 偏置/缩放(O) → 偏置曲面(O)... 命令（或在“曲面”工具栏中单击“偏置曲面”按钮），系统弹出图 6.3.2 所示的“偏置曲面”对话框。

Step3. 在图形区依次选取图 6.3.3 所示的 6 个面为要偏置的曲面。

Step4. 定义偏置方向。单击“偏置曲面”对话框中的“反向”按钮，调整曲面偏置方向如图 6.3.4 所示。

Step5. 定义偏置的距离。在系统弹出的 偏置 1 文本框中输入偏置距离值 6，在“偏置曲面”对话框中单击 < 确定 > 按钮，完成偏置曲面的创建。

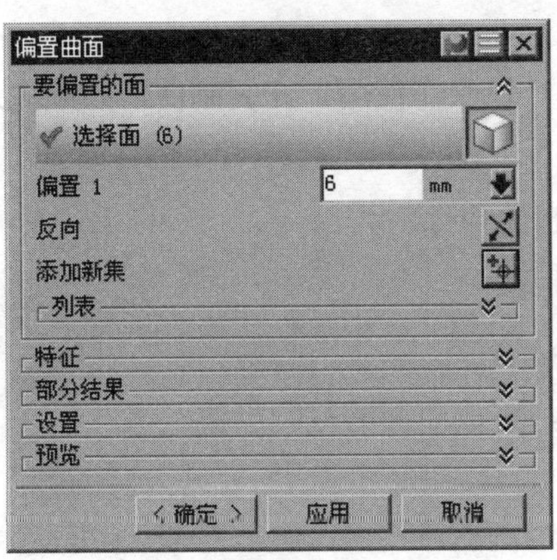

图 6.3.2　“偏置曲面”对话框

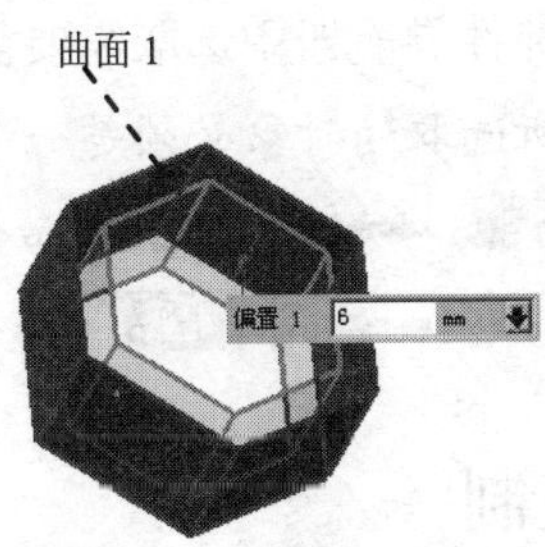

图 6.3.3　偏置方向（一）

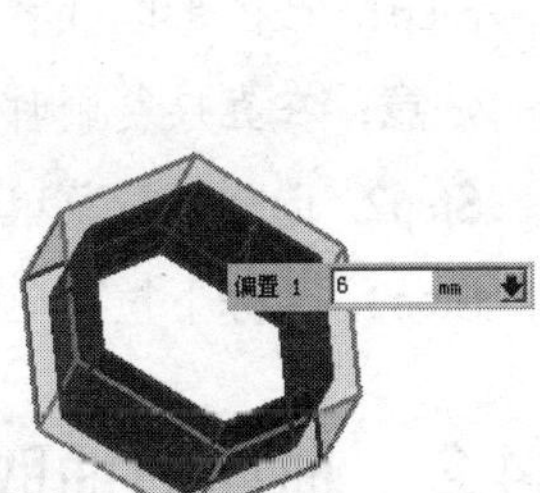

图 6.3.4　偏置方向（二）

6.3.2 偏置面

下面介绍图 6.3.5 所示的曲面偏移的一般操作过程。

Step1. 打开文件 D:\dbugnx8.1\work\ch06\ch06.03\offset_surf02.prt。

Step2. 选择下拉菜单 插入(S) → 偏置/缩放(O) → 偏置面(F)... 命令，系统弹出图 6.3.6 所示的“偏置面”对话框。

Step3. 在图形区选择图 6.3.5 所示的曲面，然后在“偏置面”对话框中的 偏置 文本框中输入值 6，单击 < 确定 > 按钮，完成曲面的偏置操作。

注意：单击对话框中的“反向”按钮改变偏置的方向。

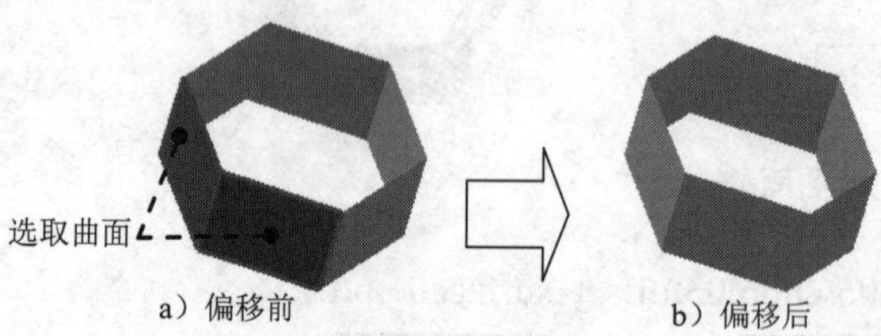

图 6.3.5 偏移曲面

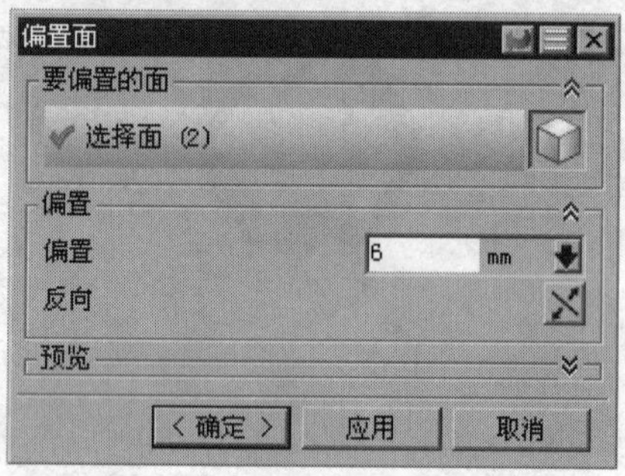

图 6.3.6 “偏置面”对话框

6.4 曲面的复制

曲面的复制就是创建一个与源曲面形状大小相同的曲面。在 UG NX 8.0 中，曲面的复制包括直接复制和抽取复制两种方法，下面将分别介绍。

6.4.1 曲面的直接复制

复制(C) 命令可以将所选的曲面进行复制，供下一步操作使用。在复制前，必须先选中要复制的曲面，曲面复制的操作过程如下：

Step1. 在图形区或者在部件导航器中选取需要复制的片体。

注意：在直接复制时，所选取的对象必须是一个特征。

Step2. 选择下拉菜单 编辑(E) → 复制(C) 命令。

Step3. 选择下拉菜单 编辑(E) → 粘贴(P) 命令，完成曲面的复制操作。

6.4.2 曲面的抽取复制

曲面的抽取复制是指从一个实体或片体中复制曲面来创建片体。抽取独立曲面时，只需单击此面即可；抽取区域曲面时，是通过定义种子曲面和边界曲面来创建片体，创建的片体是从种子面开始向四周延伸到边界面的所有曲面构成的片体（其中包括种子曲面，但不包括边界曲面)。创建图 6.4.1 所示的抽取曲面的过程如下（图 6.4.1b 中的实体模型已隐藏)：

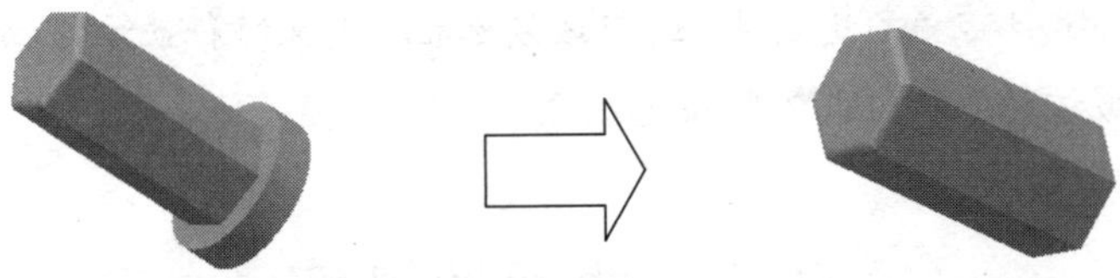

a）抽取前　b）抽取后

图 6.4.1　抽取区域曲面

Step1. 打开文件 D:\dbugnx8.1\work\ch06\ch06.04\extracted_region.prt。

Step2. 选择下拉菜单 插入(S) → 关联复制(A) → 抽取体(E)... 命令，系统弹出图 6.4.2 所示的“抽取体”对话框。

Step3. 定义抽取面类型。在“抽取体”对话框 类型 区域的下拉列表中选择 面区域 选项。

Step4. 选取需要抽取的面。在图形区选取图 6.4.3 所示的种子曲面和图 6.4.4 所示的边界曲面。

Step5. 隐藏源曲面或实体。在“抽取体”对话框的 设置 区域中选中 ☑ 隐藏原先的 复选框，如图 6.4.2 所示，其他参数采用默认设置值。

Step6. 单击 确定 按钮，完成对区域特征的抽取。

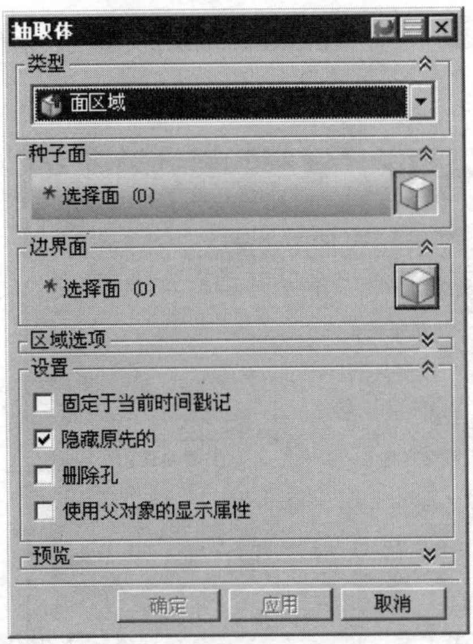

图 6.4.2　“抽取体”对话框

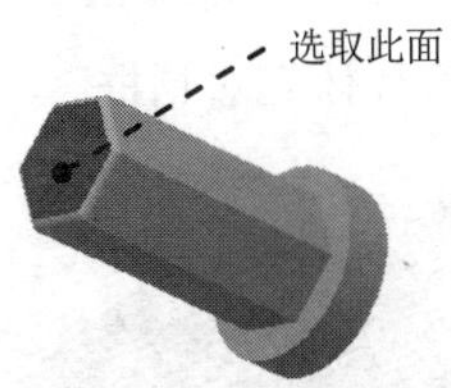

图 6.4.3　选取种子面

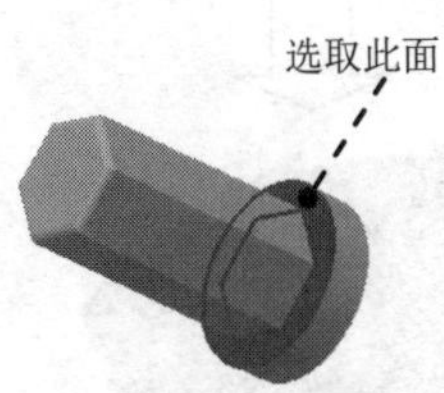

图 6.4.4　选取边界曲面

图 6.4.2 所示的“抽取体”对话框中主要选项的功能说明如下：

- ☑ 遍历内部边 复选框：用于控制所选区域的内部结构的组成面是否属于选择区域。
- ☑ 使用相切边角度 复选框：用于控制相切边的角度。

- ☑ 固定于当前时间戳记 复选框：在改变特征编辑过程中，是否影响在此之前的特征抽取。
- ☑ 隐藏原先的 复选框：用于在生成抽取特征的时候，是否隐藏原来的实体。
- ☑ 删除孔 复选框：用于表示是否删除选择区域中的内部结构。
- ☑ 使用父对象的显示属性 复选框：选中该复选框，则父特征显示该抽取特征，子特征也显示，父特征隐藏该抽取特征，子特征也隐藏。

6.5 曲面的修剪

曲面的修剪就是将选定的曲面上的某一部分去除。曲面修剪的方法有很多种，下面将分别介绍其中的修剪片体和分割表面。

6.5.1 修剪片体

修剪片体就是通过一些曲线和曲面作为边界，对指定的曲面进行修剪，形成新的曲面边界。所选的边界可以在将要修剪的曲面上，也可以在曲面之外通过投影方向来确定修剪的边界。图 6.5.1 所示的曲面修剪的一般过程如下：

Step1. 打开文件 D:\dbugnx8.1\work\ch06\ch06.05\trim_surface.prt。

Step2. 选择下拉菜单 插入(S) → 修剪(T) → 修剪片体(R)... 命令，系统弹出图 6.5.2 所示的“修剪片体”对话框。

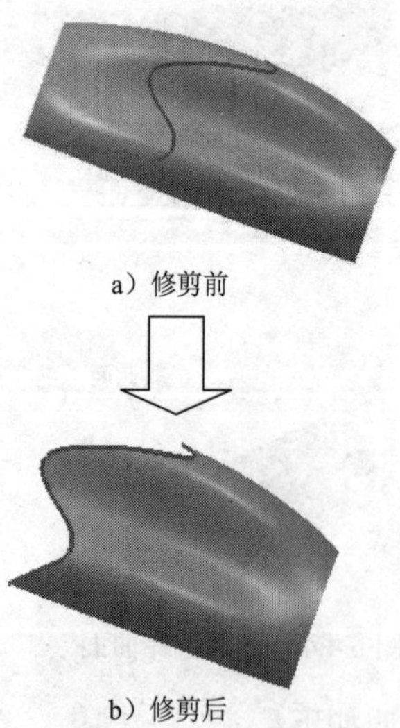
a）修剪前

b）修剪后

图 6.5.1 修剪片体

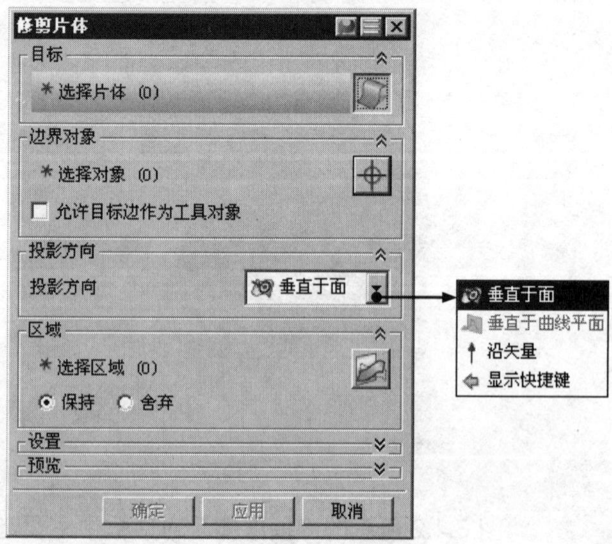

图 6.5.2 “修剪片体”对话框

Step3. 在图形区选取需要修剪的曲面和修剪边界，如图 6.5.3 所示。

Step4. 设置对话框选项。在“修剪片体”对话框中的投影方向下拉列表中选择垂直于面选项，选择区域选项组中的保持单选项，如图 6.5.2 所示。

Step5. 在“修剪片体”对话框中单击确定按钮，完成曲面的修剪。

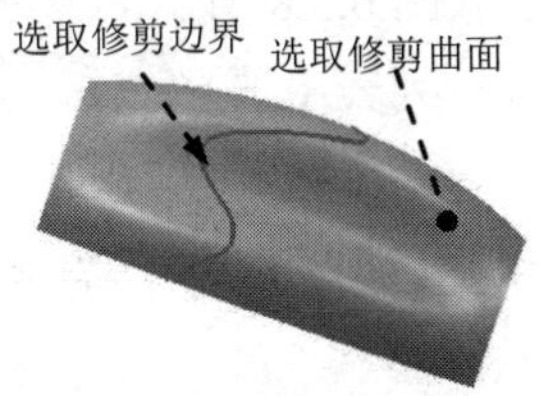

图 6.5.3　选取修剪曲面和修剪边界

注意：在选取需要修剪的曲面时，如果选取曲面的位置不同，修剪的结果也将截然不同，如图 6.5.4 所示。

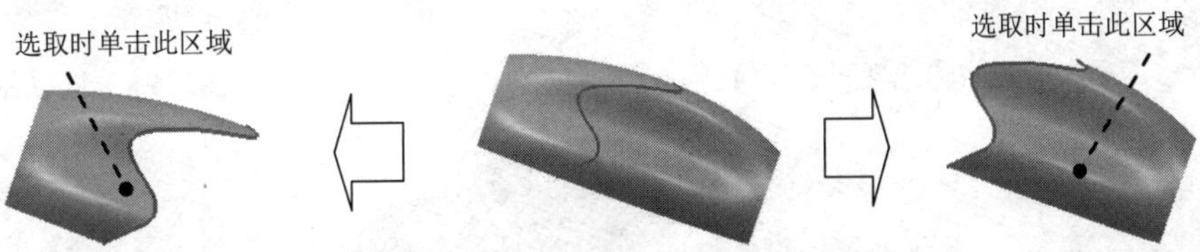

a）选取下部曲面　　b）原始曲面和裁剪曲线　　c）选取上部曲面

图 6.5.4　裁剪曲面的不同效果

图 6.5.2 所示的“修剪片体”对话框中的部分选项说明如下：

- 投影方向下拉列表：定义要做标记的曲面的投影方向。该下拉列表包含垂直于面、垂直于曲线平面和沿矢量两个选项。
- 区域选项组：
  - ☑ 保持：定义修剪曲面是选定的保留区域。
  - ☑ 舍弃：定义修剪曲面是选定的舍弃区域。

6.5.2　分割面

分割面就是用多个分割对象，如曲线、边缘、面、基准平面或实体，把现有体的一个面或多个面进行分割。在这个操作中，要分割的面和分割对象是关联的，即如果任一对象被更改，那么结果也会随之更新。图 6.5.5 所示的曲面分割的一般步骤如下：

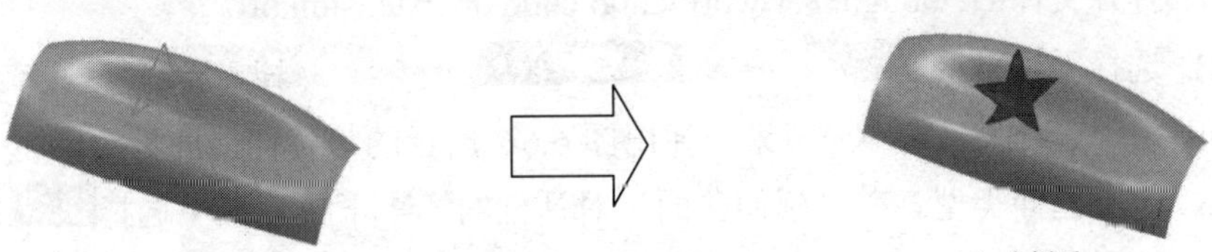

a）分割前　　b）分割后

图 6.5.5　分割面

Step1. 打开文件 D:\dbugnx8.1\work\ch06\ch06.05\divide_face.prt。

Step2. 选择下拉菜单 插入(S) → 修剪(T) → 分割面(D)... 命令，系统弹出图 6.5.6 所示的“分割面”对话框。

Step3. 定义分割曲面。选取图 6.5.7 所示的曲面为需要分割的曲面，单击中键确认。

Step4. 定义分割对象。在图形区选取图 6.5.8 所示的曲线串为分割对象。

Step5. 定义投影方向。在投影方向下拉列表中选择 沿矢量 选项，选择矢量方向为-ZC 方向（图 6.5.9）。

Step6. 在“分割面”对话框中单击 < 确定 > 按钮，完成曲面的分割操作。

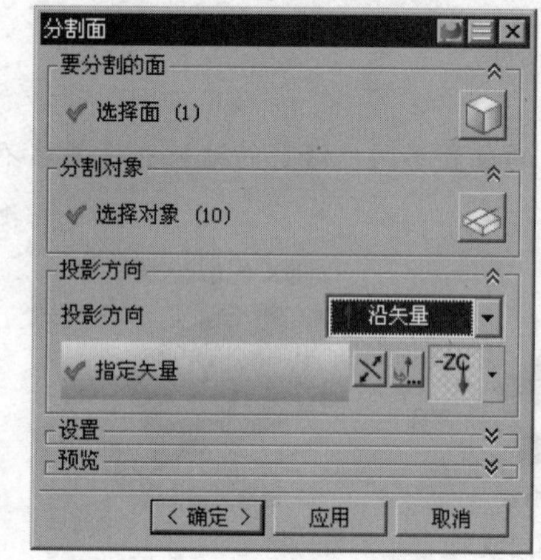

图 6.5.6 “分割面”对话框

图 6.5.7 选取要分割的曲面

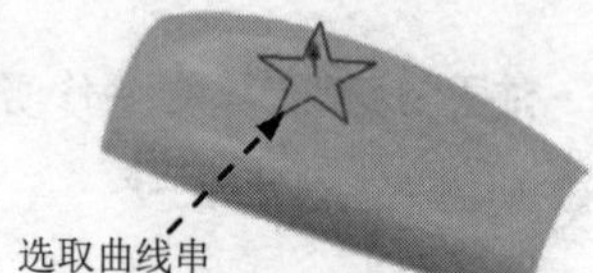

图 6.5.8 选取曲线串

图 6.5.9 定义投影方向

6.6 曲面的延伸

曲面的延伸就是在已经存在的曲面的基础上，通过曲面的边界或曲面上的曲线进行延伸，扩大曲面。图 6.6.1 所示的延伸曲面的创建过程一般如下：

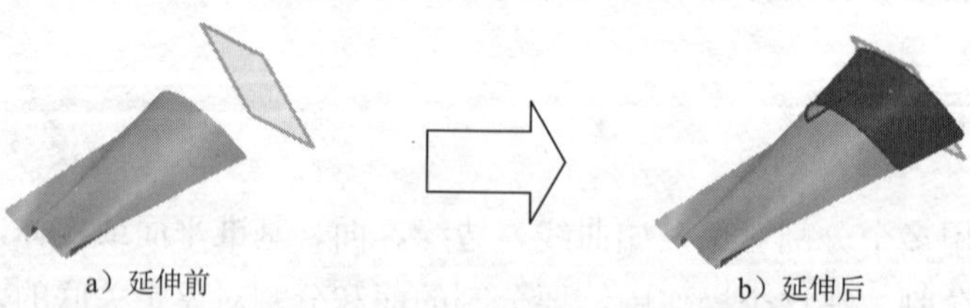

a）延伸前　　b）延伸后

图 6.6.1 曲面的延伸

Step1. 打开文件 D:\dbugnx8.1\work\ch06\ch06.06\extension.prt。

Step2. 选择下拉菜单 插入(S) → 弯边曲面(G) → 延伸(E)... 命令（或在“曲面”工具栏中单击“延伸”按钮），系统弹出图 6.6.2 所示的“延伸曲面”对话框。

Step3. 定义延伸类型。在“延伸曲面”对话框的类型下拉列表中选择 边 选项。

Step4. 选取要延伸的边。在图形区选取图 6.6.3 所示的曲面边线作为延伸边线。

Step5. 定义延伸方式。在“延伸曲面”对话框中的方法下拉列表中选择相切选项，在距离下拉列表中选择按长度选项，如图 6.6.2 所示。

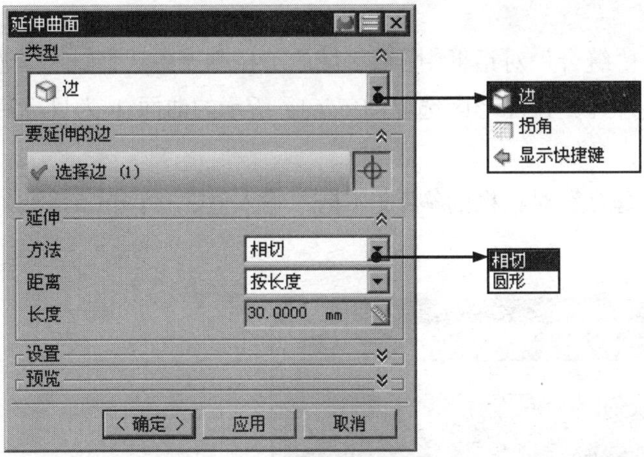

图 6.6.2　“延伸曲面”对话框

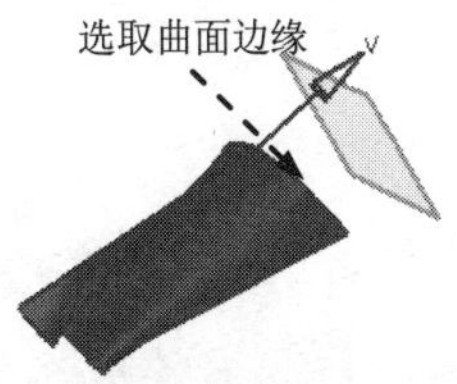

图 6.6.3　选择曲面边缘

Step6. 定义延伸长度。在“延伸曲面”对话框中单击长度文本框后的按钮，系统弹出图 6.6.4 所示的快捷菜单。在该快捷菜单中选择 测量(M)... 命令，系统弹出图 6.6.5 所示的“测量距离”对话框。在图形区选取图 6.6.6 所示的曲面边缘和基准平面 1 作为测量对象，单击“测量距离”对话框中的 < 确定 > 按钮。

Step7. 单击 < 确定 > 按钮，完成延伸曲面的创建。

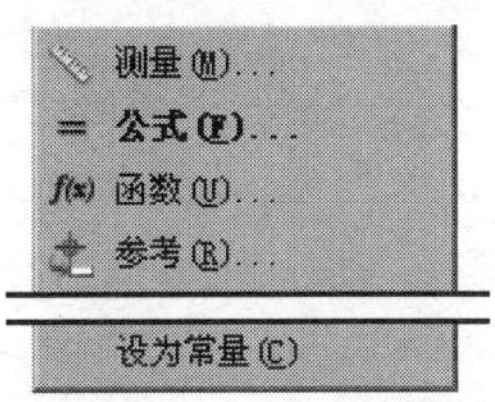

图 6.6.4　快捷菜单

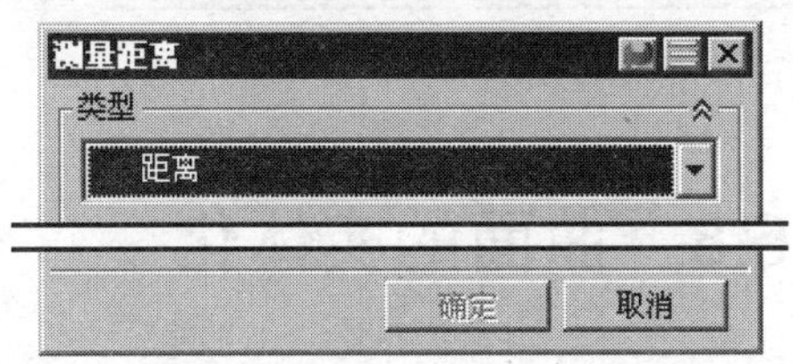

图 6.6.5　“测量距离”对话框

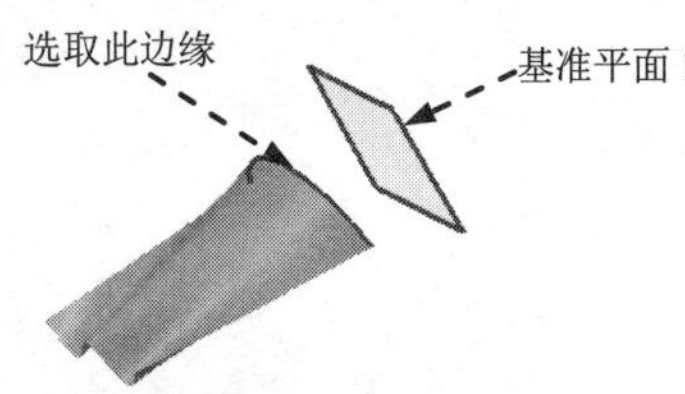

图 6.6.6　定义延伸长度

6.7　曲面的缝合

曲面的缝合功能可以将两个或两个以上的曲面连接形成一个曲面。图 6.7.1 所示的曲面缝合的一般过程如下：

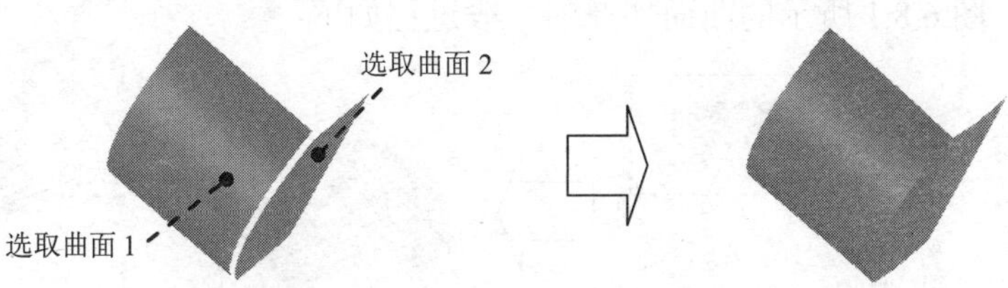

a）缝合前　　　　b）缝合后

图 6.7.1　曲面的缝合

Step1. 打开文件 D:\dbugnx8.1\work\ch07\ch06.07\sew.prt。

Step2. 选择下拉菜单 插入(S) → 组合(B) ▸ → 缝合(W)... 命令，系统弹出图 6.7.2

所示的“缝合”对话框。

Step3. 设置对话框选项。在“缝合”对话框中类型区域的下拉列表中选择片体选项。

Step4. 定义目标片体和刀具片体。在图形区选取图 6.7.1a 所示的曲面 1 为目标片体，然后选取曲面 2 为刀具片体。

Step5. 设置缝合公差。在“缝合”对话框的公差文本框中输入值 3，单击确定按钮，完成曲面的缝合操作。

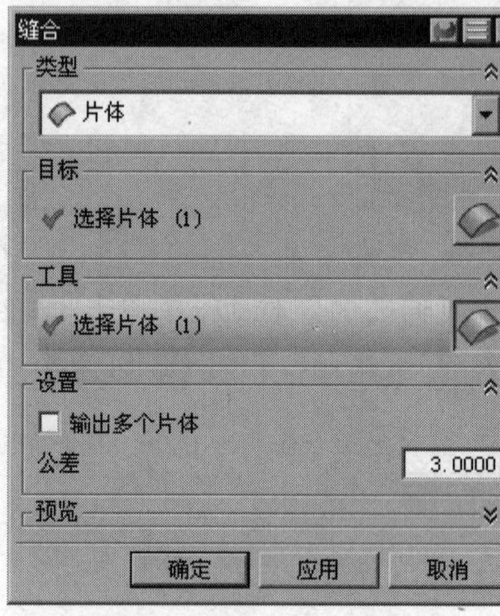

图 6.7.2 “缝合”对话框

6.8 曲面的实体化

曲面的实体化就是将曲面生成实体，包括开放曲面的加厚和封闭曲面的实体化两种方式，下面将分别介绍。

6.8.1 开放曲面的加厚

曲面加厚功能可以将开放的曲面进行偏置生成实体，并且生成的实体可以和已有的实体进行布尔运算。图 6.8.1 所示的曲面加厚的一般过程如下：

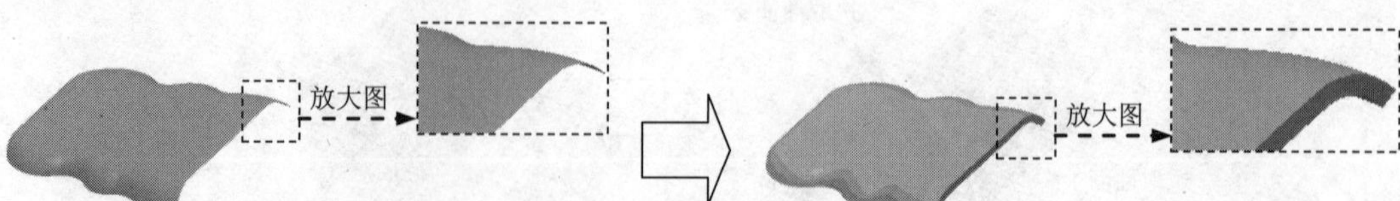

a）加厚前　　b）加厚后

图 6.8.1 曲面的加厚

Step1. 打开文件 D:\dbugnx8.1\work\ch06\ch06.08\thicken.prt。

说明： *如果曲面存在收敛点，则无法直接加厚，所以在加厚之前必须通过修剪、补片*

和缝合等操作去除收敛点。

Step2. 将图 6.8.2 所示的曲面 1 与曲面 2 缝合（缝合后称为面组 12）。

Step3. 创建一个拉伸特征去除收敛点，如图 6.8.3 所示。选择下拉菜单 插入(S) → 设计特征(E) → 拉伸(E)... 命令。选取 XY 平面为草图平面，绘制图 6.8.4 所示的截面草图；在对话框的 极限 区域的 开始 下拉列表中选择 值 选项，在 距离 文本框中输入值 0，在 结束 下拉列表中选择 值 选项，在 距离 文本框中输入值 25；在 布尔 区域的 布尔 下拉列表中选择 求差 选项，采用系统默认的求差对象；单击 〈确定〉 按钮，完成收敛点的去除。

图 6.8.2　缝合曲面

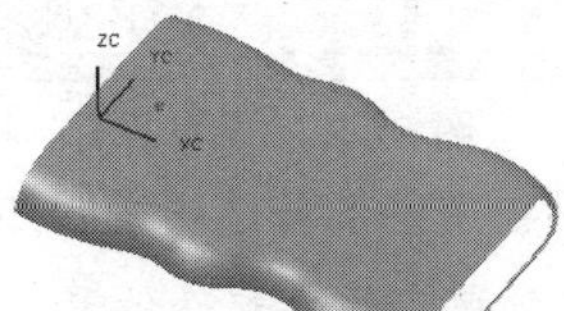

图 6.8.3　去除收敛点

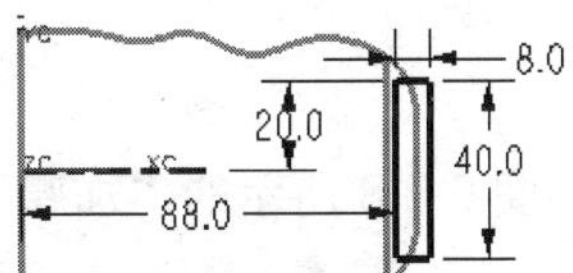

图 6.8.4　截面草图

Step4. 创建图 6.8.5 所示的曲面 3（显示草图 4）。选择下拉菜单 插入(S) → 网格曲面(M) → 通过曲线网格(M)... 命令。选取图 6.8.6 所示的线串 1 和线串 2 为主线串，分别单击中键确认。再次单击中键，然后选取图 6.8.7 所示的线串 3 和线串 4 为交叉线串，分别单击中键确认。在 连续性 区域的 第一主线串 下拉列表中选择 G1(相切) 选项，选取曲面 2 为约束面；在 第一交叉线串 下拉列表中选择 G1(相切) 选项，选取曲面 2 为约束面；在 最后交叉线串 下拉列表中选择 G1(相切) 选项，选取曲面 2 为约束面；单击 〈确定〉 按钮，完成曲面 3 的创建。

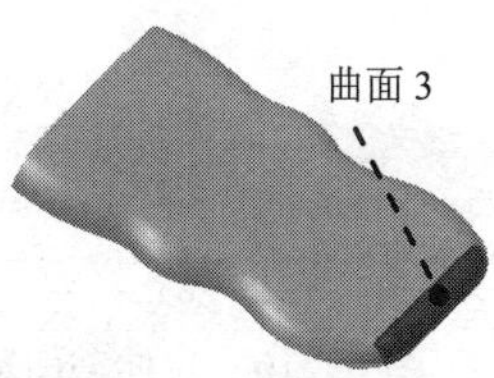

图 6.8.5　创建曲面 3

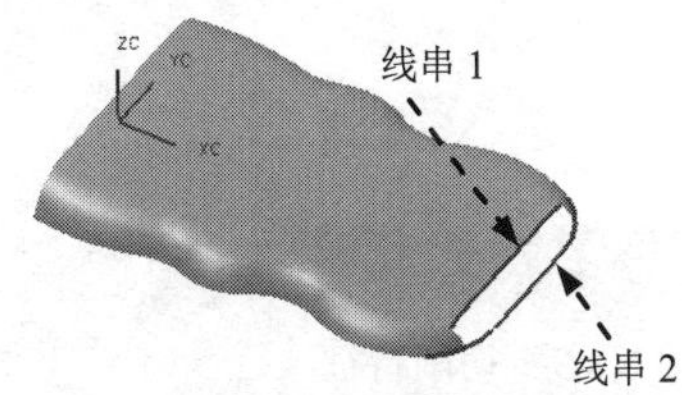

图 6.8.6　选取主线串

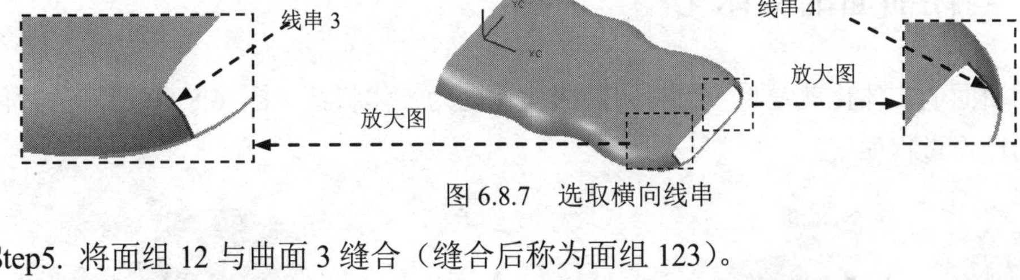

图 6.8.7　选取横向线串

Step5. 将面组 12 与曲面 3 缝合（缝合后称为面组 123）。

Step6. 创建曲面加厚特征。选择下拉菜单 插入(S) → 偏置/缩放(O) → 加厚(T)... 命令。系统弹出图 6.8.8 所示的“加厚”对话框，在图形区选取面组 123 为加厚曲面，采用默认的加厚方向，在 偏置 1 文本框中输入厚度值 1；单击 〈确定〉 按钮，完成曲面加厚操作。

图 6.8.8 “加厚”对话框

图 6.8.8 所示的“加厚”对话框中的部分选项说明如下：

- 偏置 1：该选项用于定义加厚实体的起始位置。
- 偏置 2：该选项用于定义加厚实体的结束位置。

说明：曲面加厚完成后，它的截面是不平整的，所以一般在加厚后还需切平。

Step7. 创建一个拉伸特征将模型一侧切平，如图 6.8.9 所示。

选择下拉菜单 插入(S) → 设计特征(E) → 拉伸(E)... 命令。选取 YZ 平面为草图平面，绘制图 6.8.10 所示的截面草图，在 极限 区域的 开始 下拉列表中选择 值 选项，在 距离 文本框中输入值-5，在 结束 下拉列表中选择 值 选项，在 距离 文本框中输入值 120；在 布尔 区域的 布尔 下拉列表中选择 求差 选项，选取加厚的实体为求差对象；单击 < 确定 > 按钮完成模型一侧的切平。

图 6.8.9　切削特征

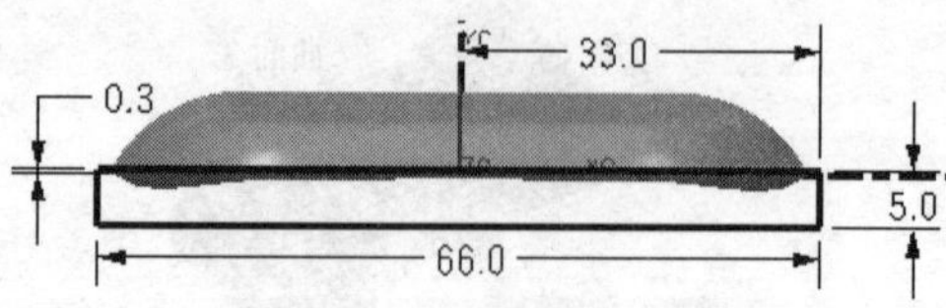

图 6.8.10　拉伸截面草图

6.8.2　封闭曲面的实体化

封闭曲面的实体化就是将一组封闭的曲面转化为实体特征。图 6.8.11 所示的封闭曲面实体化的操作过程如下：

a）实体化前　　b）实体化后

图 6.8.11　封闭曲面的实体化

Step1. 打开文件 D:\dbugnx8.1\work\ch06\ch06.08\surface_solid.prt。

Step2. 选择下拉菜单 视图(V) → 截面(S) → 新建截面(T)... 命令，系统弹出图

6.8.12 所示的“视图截面”对话框。在对话框的类型区域下拉列表中选择一个平面选项，然后单击剖切平面区域的“设置平面至 Y”按钮，此时可看到在图形区中显示的特征为片体，如图 6.8.13 所示，单击取消按钮。

Step3. 选择下拉菜单插入(S) → 组合(B) ▸ → 缝合(W)...命令。在“缝合”对话框中均采用默认设置，在图形区依次选取片体 1 和曲面 1（图 6.8.14）为目标片体和工具片体，单击“缝合”对话框中的确定按钮，完成实体化操作。

Step4. 选择下拉菜单视图(V) → 截面(S) ▸ → 新建截面(T)...命令，系统弹出“视图截面”对话框。在对话框的类型区域下拉列表中选择一个平面选项，然后单击剖切平面区域的“设置平面至 Y”按钮，此时可看到在图形区中显示的特征为实体，如图 6.8.15 所示，单击取消按钮。

说明：在 UG NX 8.0 中，通过缝合封闭曲面会自然生成一个实体。

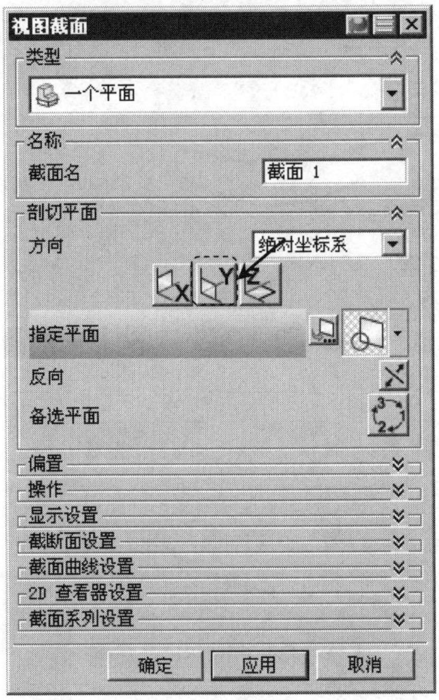

图 6.8.12 “视图截面”对话框

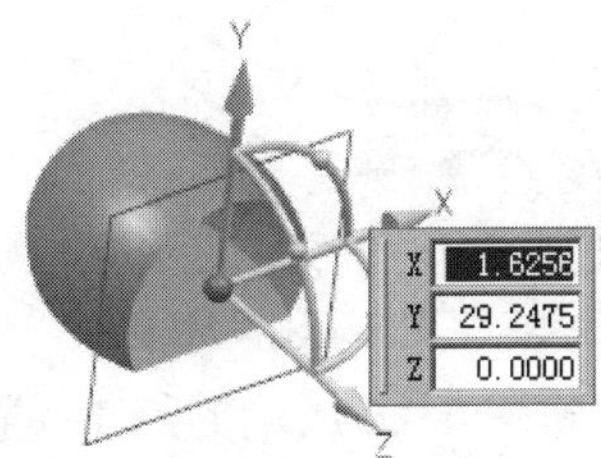

图 6.8.13　截面视图

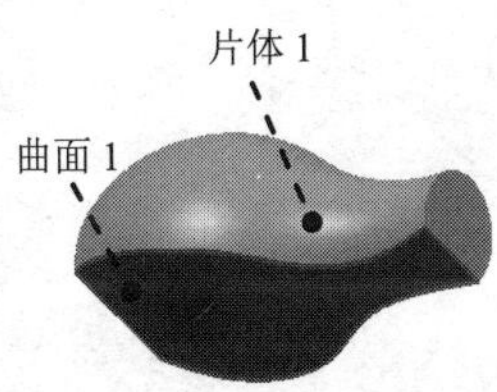

图 6.8.14　选取特征

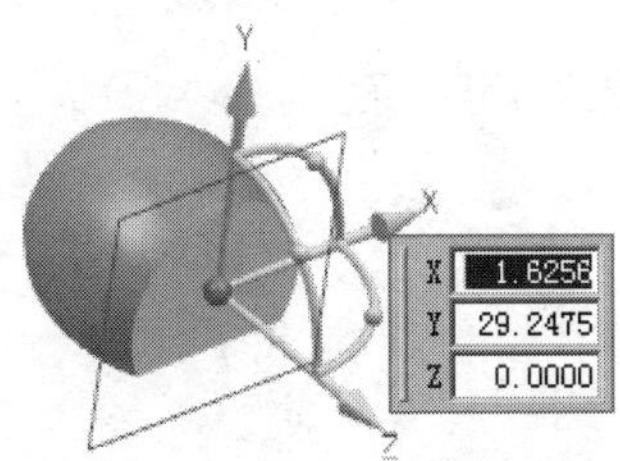

图 6.8.15　截面视图

6.9　曲面设计综合范例 1——门把手

范例概述

本例是一个综合性曲面建模的范例，通过练习本例，读者可以掌握修剪片体、缝合、通过网格曲面、缝合等特征命令的应用，同时可以把握曲面建模的大体思路。所建零件的实体模型如图 6.9.1 所示。

Step1. 新建文件。选择下拉菜单文件(F) → 新建(N)...命令，系统弹出“新建”对话框。在模型选项卡的模板区域中选取模板类型为模型，在名称文本框中输入文件名称 hand，单击确定按钮。

Step2. 创建图 6.9.2 所示的草图 1。选择下拉菜单插入(S) → 任务环境中的草图(S)...命令。选取 XY 平面为草图平面，绘制图 6.9.3 所示的草图 1。

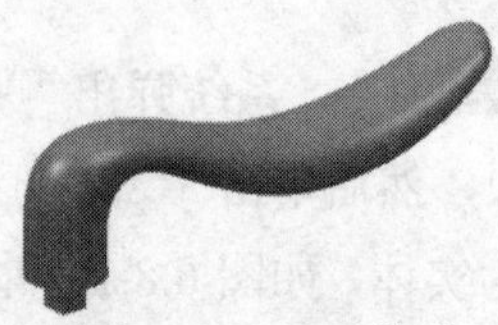

图 6.9.1 把手模型

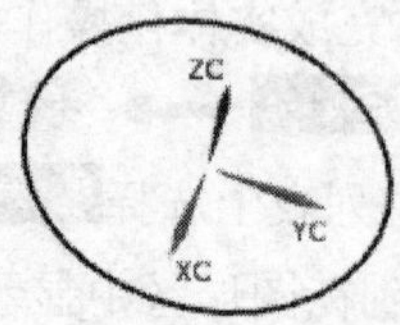

图 6.9.2 草图 1（建模环境）

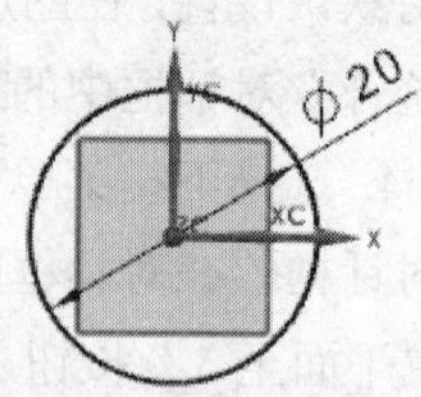

图 6.9.3 草图 1（草图环境）

Step3. 创建图 6.9.4 所示的草图 2。选择下拉菜单插入(S) → 任务环境中的草图(S)...命令。选取 YZ 平面为草图平面，绘制图 6.9.5 所示的草图 2（在绘制草图 2 之前先与草图 1 创建两个交点）。

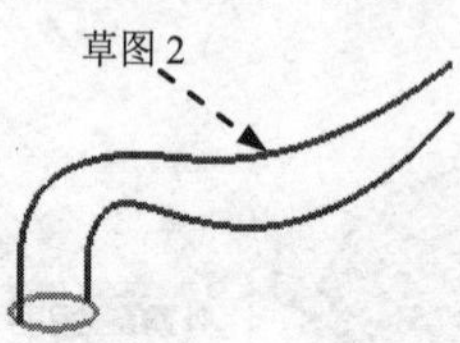

图 6.9.4 草图 2（建模环境）

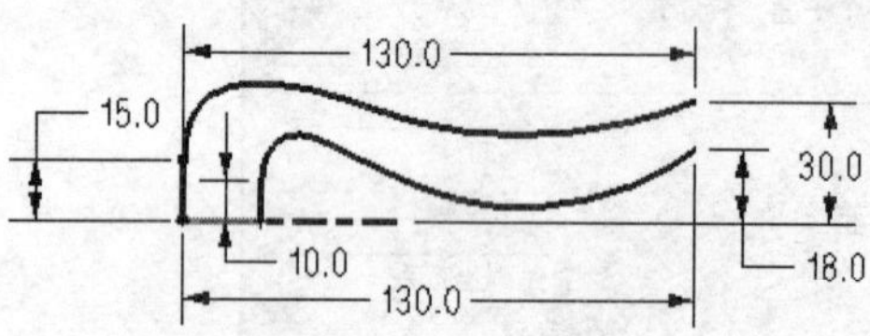

图 6.9.5 草图 2（草图环境）

Step4. 创建图 6.9.6 所示的点 1。选择下拉菜单插入(S) → 基准/点(D) → 点(P)...命令。在类型区域的下拉列表中选择点在曲线/边上选项，在绘图区选择草图 2-1（图 6.9.7）；在对话框的弧长百分比文本框中输入值 15；其他设置保持系统默认，单击< 确定 >按钮，完成点 1 的创建。

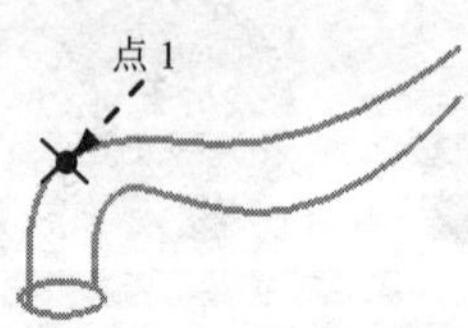

图 6.9.6 创建点 1

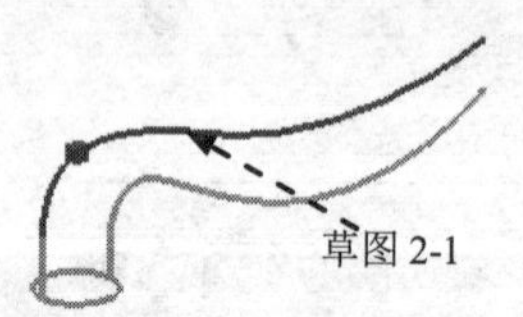

图 6.9.7 选取参考对象

Step5. 创建图 6.9.8 所示的点 2。参照 Step4 创建点 2，参考曲线是草图 2-2（图 6.9.9），位置参数是 10。

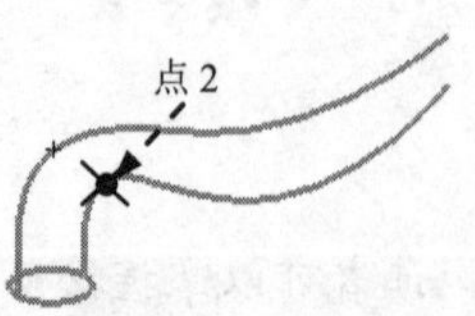

图 6.9.8 创建点 2

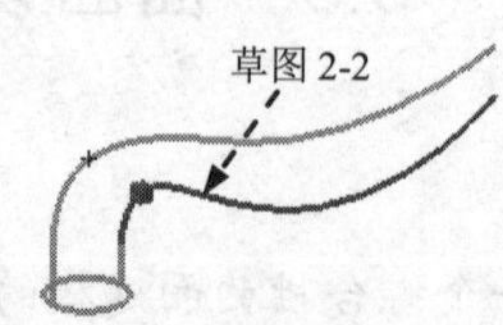

图 6.9.9 选取参考对象

Step6. 创建图 6.9.10 所示的直线。选择下拉菜单插入(S) → 曲线(C) → 直线(L)...命令。在对话框的起点区域的起点选项下拉列表中选择点选项，在图形区选择点 1 为直线起点；在对话框终点或方向区域的终点选项下拉列表中选择点选项，在图形区选择点2为直线终点；单击< 确定 >按钮，完成直线的创建。

Step7. 创建图6.9.11所示的基准平面1。选择下拉菜单插入(S) ➡ 基准/点(D) ➡ 命令。在类型区域的下拉列表中选择成一角度选项；选取YZ平面为参考平面，选取直线为通过轴；在角度区域的角度文本框中输入值90；单击< 确定 >按钮，完成基准平面1的创建。

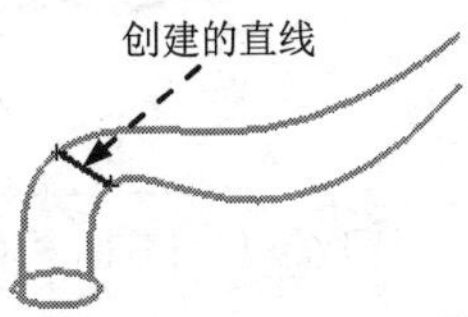

图6.9.10 创建直线

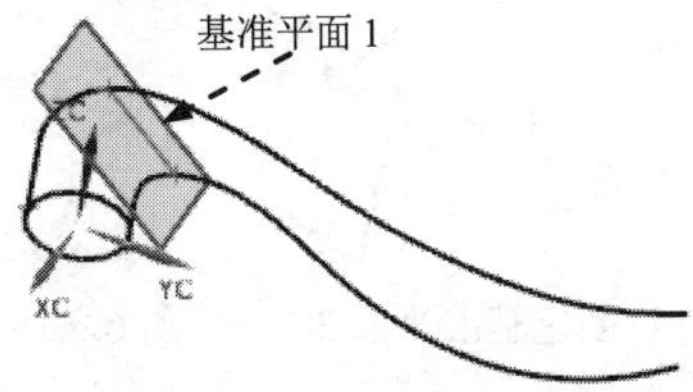

图6.9.11 创建基准平面1

Step8. 创建图6.9.12所示的草图3。选择下拉菜单插入(S) ➡ 任务环境中的草图(S)...命令，选取基准平面1为草图平面，绘制图6.9.13所示的草图3。

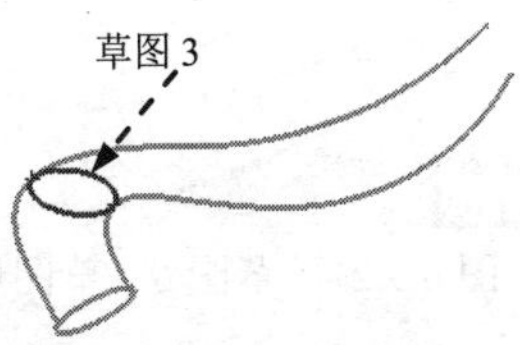

图6.9.12 草图3（建模环境）

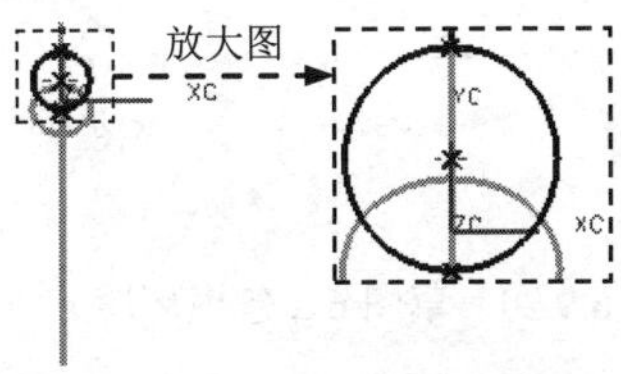

图6.9.13 草图3（草图环境）

说明：草图3的圆过Step6创建的直线两个端点，且圆心约束在草图2上。

Step9. 创建图6.9.14所示的基准平面2。选择下拉菜单插入(S) ➡ 基准/点(D) ➡ 基准平面(D)...命令。在类型区域的下拉列表中选择按某一距离选项，选取ZX平面为参考平面，在偏置区域的距离文本框中输入值75；单击< 确定 >按钮，完成基准平面2的创建。

Step10. 创建图6.9.15所示的草图4。选择下拉菜单插入(S) ➡ 任务环境中的草图(S)...命令。选取基准平面2为草图平面，创建图6.9.16所示的草图4（通过插入(S) ➡ 交点(N)...命令，创建草图2与基准平面2的两个交点，且图6.9.16所示的椭圆通过这两点，椭圆圆心约束在草图2上）。

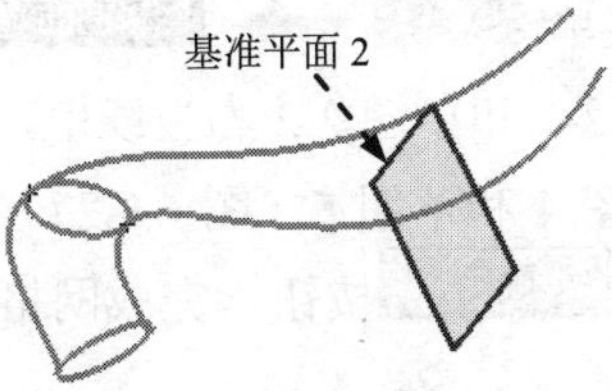

图6.9.14 创建基准平面2

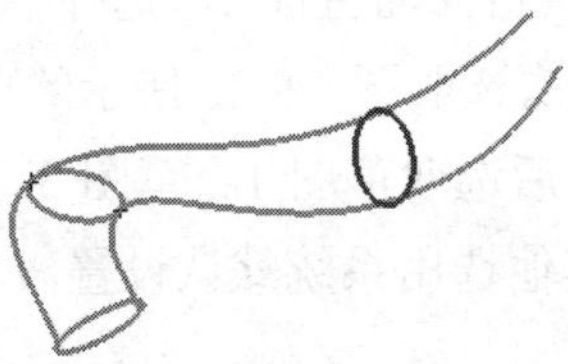
图6.9.15 草图4（建模环境）

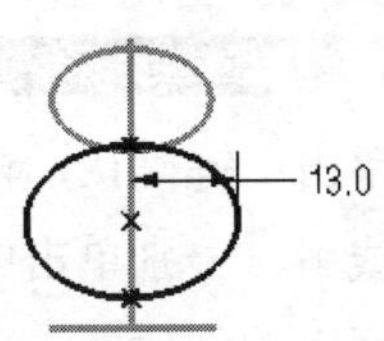

图6.9.16 草图4（草图环境）

Step11. 创建图6.9.17所示的基准平面3。选择下拉菜单插入(S) ➡ 基准/点(D) ➡ 基准平面(D)...命令。在类型区域的下拉列表中选择点和方向选项，选取图6.9.17所示的曲线端点，在法向区域的指定矢量下拉列表中选择YC选项，定义YC方向为平面方向；单击< 确定 >按钮，完成基准平面3的创建。

Step12. 创建图 6.9.18 所示的草图 5。选择下拉菜单 插入(S) → 任务环境中的草图(S)... 命令，选取基准平面 3 为草图平面，绘制图 6.9.19 所示的草图 5（通过 插入(S) → 交点(N)... 命令，创建草图 2 与基准平面 3 的两个交点，且图 6.9.19 所示的椭圆通过这两点，椭圆圆心约束在草图 2 上）。

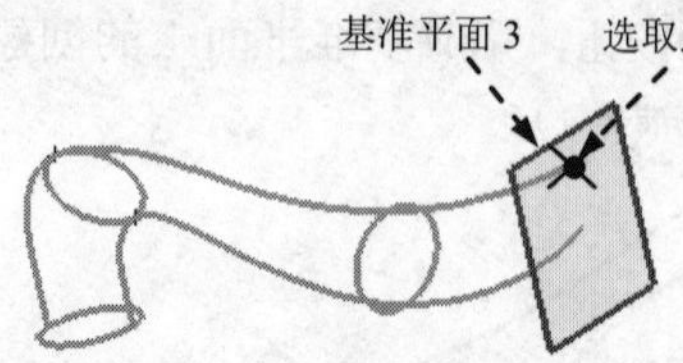

图 6.9.17 创建基准平面 3

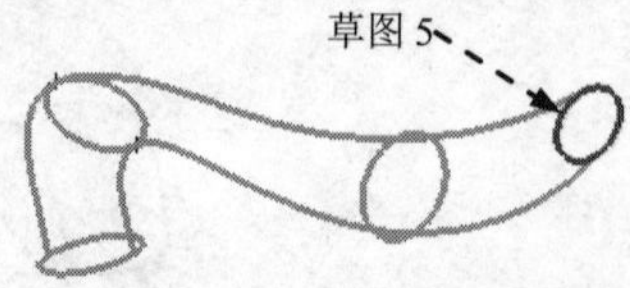

图 6.9.18 草图 5（建模环境）

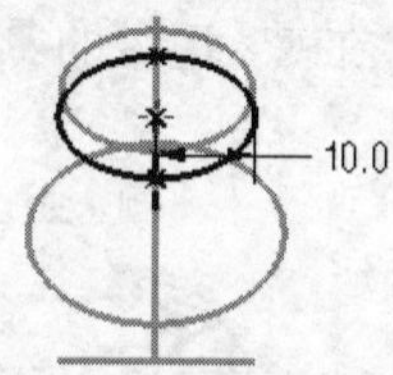

图 6.9.19 草图 5（草图环境）

Step13. 创建图 6.9.20 所示的草图 6。选择下拉菜单 插入(S) → 任务环境中的草图(S)... 命令。选取 YZ 平面为草图平面，绘制图 6.9.21 所示的草图 6。

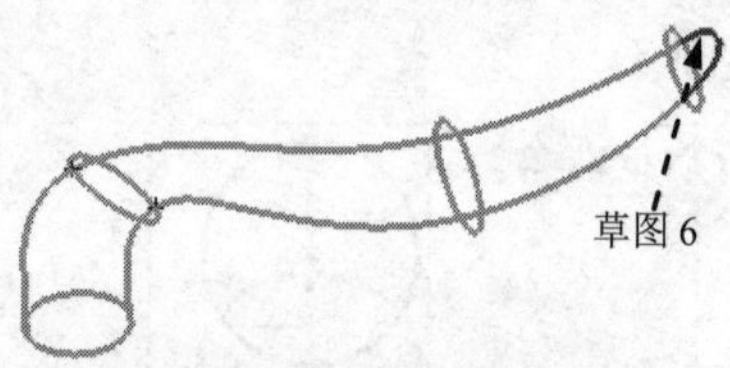

图 6.9.20 草图 6（建模环境）

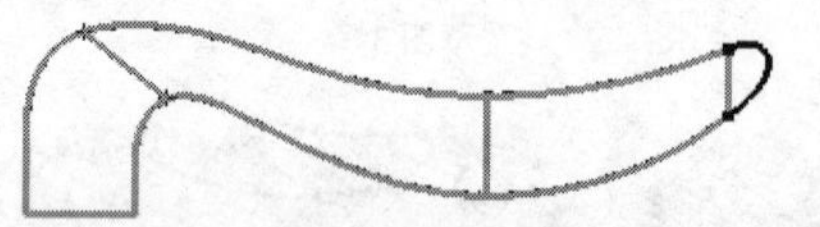
图 6.9.21 草图 6（草图环境）

Step14. 创建图 6.9.22 所示的网格曲面特征 1。选择下拉菜单 插入(S) → 网格曲面(M) → 通过曲线网格(M)... 命令。依次选取图 6.9.23 所示的草图 2-1 和草图 2-2 为主线串，并分别单击中键确认，再次单击中键后选取草图 1、草图 3、草图 4 和草图 5（图 6.9.24）为交叉线串，分别单击中键确认；其他选用系统默认设置，单击 < 确定 > 按钮，完成网格曲面特征 1 的创建。

图 6.9.22 网格曲面特征 1

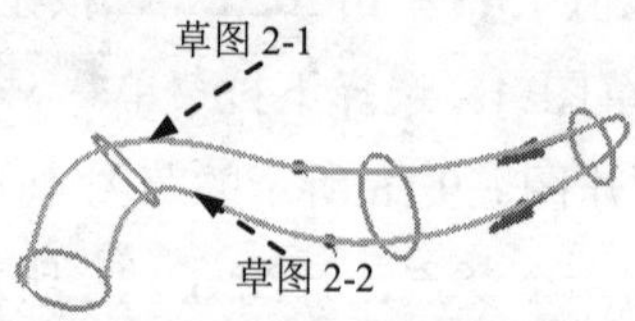

图 6.9.23 选取主曲线串

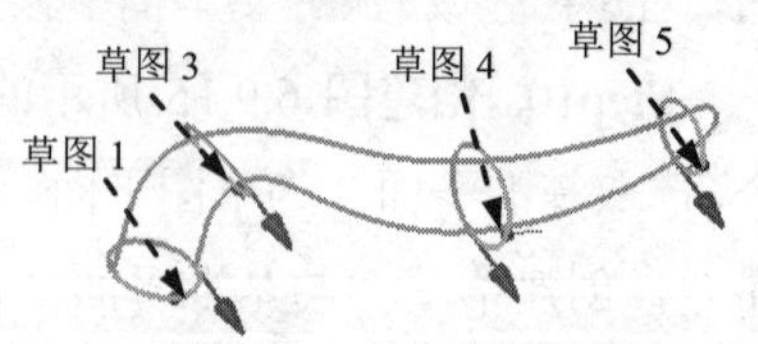

图 6.9.24 选取交叉线串

Step15. 创建图 6.9.25 所示的网格曲面特征 2。选择下拉菜单 插入(S) → 网格曲面(M) → 通过曲线网格(M)... 命令。依次选取图 6.9.26 所示的草图 2-1 和草图 2-2 为主线串，并分别单击中键确认，再次单击中键后选取草图 1、草图 3、草图 4 和草图 5（图 6.9.27）为交叉线串，分别单击中键确认；其他选用系统默认设置，单击 < 确定 > 按钮，完成网格曲面特征 2 的创建。

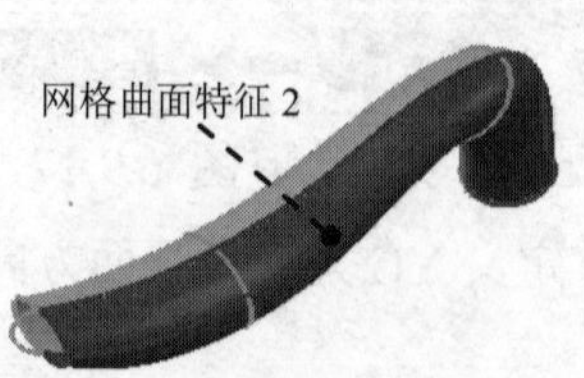

图 6.9.25 网格曲面特征 2

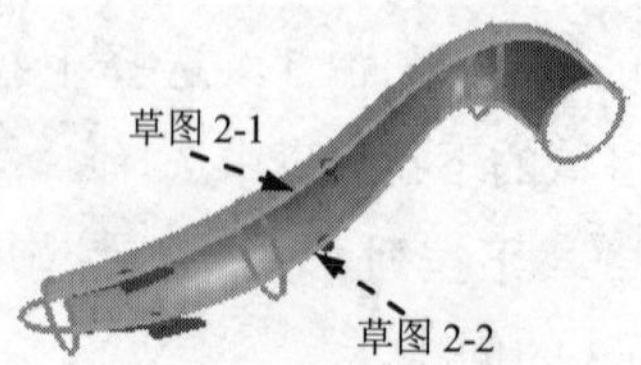

图 6.9.26 选取主曲线串

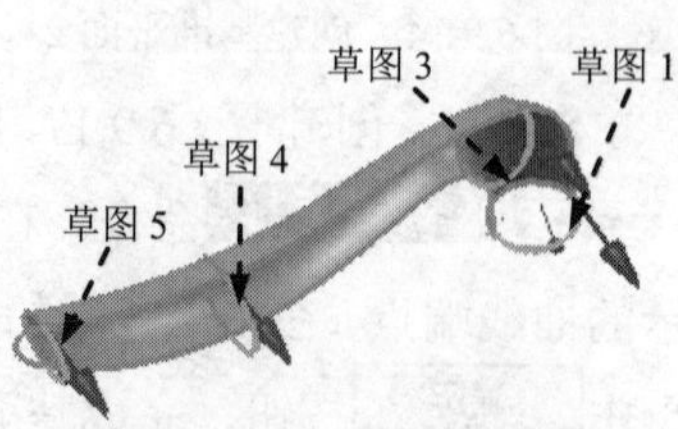

图 6.9.27 选取交叉线串

Step16. 创建图 6.9.28 所示的艺术曲面。选择下拉菜单 插入(S) → 网格曲面(M) → 艺术曲面(U)... 命令。选取图 6.9.29 所示的边线 1、草图 6 和边线 2 为截面线串，分别单击中键确认。在 连续性 区域的 第一截面 下拉列表中选择 G1(相切) 选项，然后选取网格曲面特征 2 为约束面；在 最后截面 下拉列表中选择 G1(相切) 选项，然后选取网格曲面特征 1 为约束面，其他设置采用默认值。单击 < 确定 > 按钮，完成艺术曲面的创建。

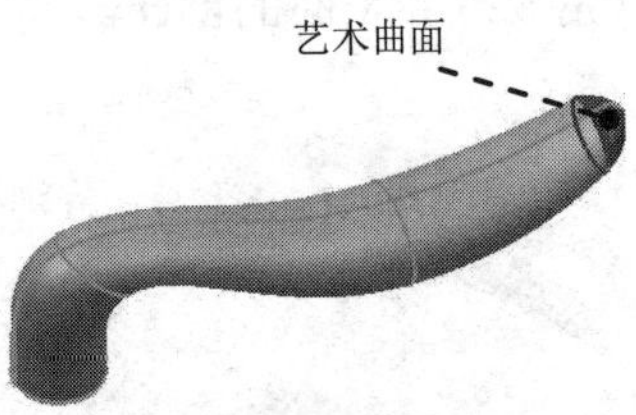

图 6.9.28　艺术曲面

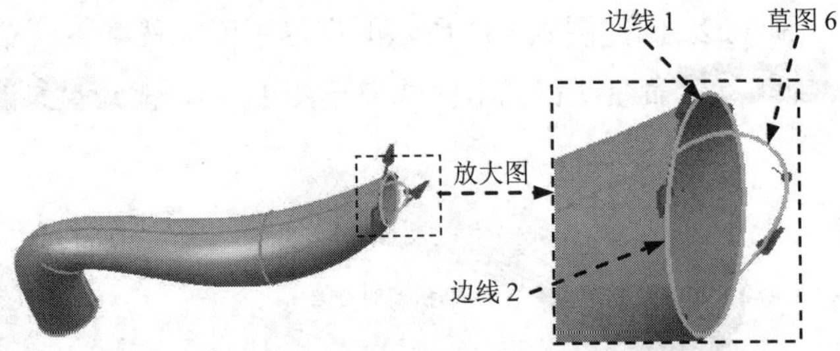

图 6.9.29　选取截面线串

Step17. 创建缝合特征 1。选择下拉菜单 插入(S) → 组合(B) → 缝合(W)... 命令。选取网格曲面特征 1 为目标片体，选取网格曲面特征 2 和艺术曲面为工具片体；单击 < 确定 > 按钮，完成曲面的缝合特征 1 的操作。

Step18. 创建图 6.9.30 所示的拉伸特征 1。选择下拉菜单 插入(S) → 设计特征(E) → 命令。选取 XY 平面为草图平面，绘制图 6.9.31 所示的截面草图，在 方向 区域的 指定矢量 下拉列表中选择 XC 选项，在 极限 区域的 开始 下拉列表中选择 值 选项，在 距离 文本框输入值 0.0，在 结束 的下拉列表中选择 值 选项，在 距离 文本框中输入值 50，在 布尔 区域的 布尔 下拉列表中选择 求差 选项，选取缝合特征 1 为求差对象；单击 < 确定 > 按钮，完成拉伸特征 1 的创建。

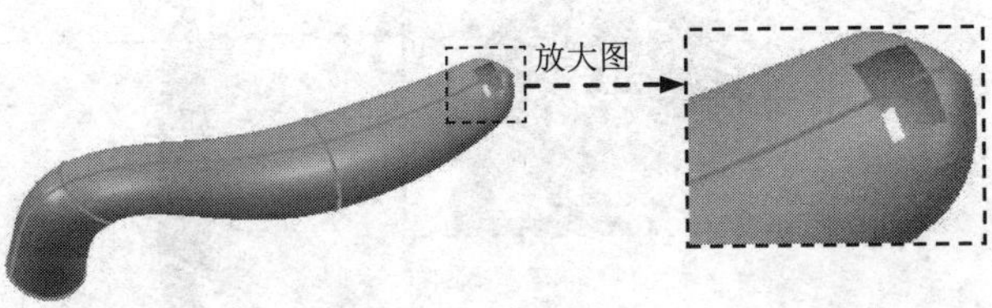

图 6.9.30　拉伸特征 1

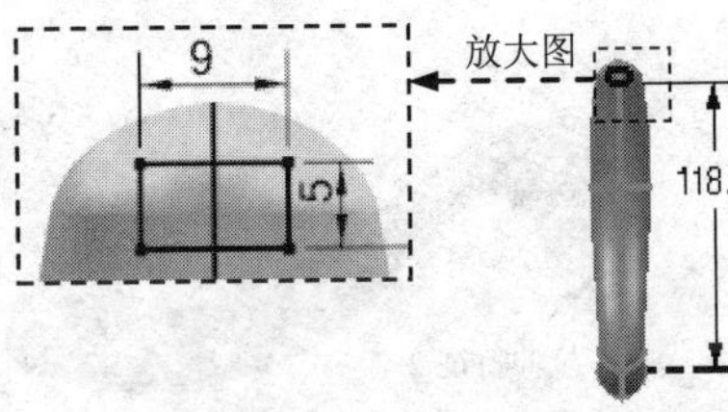

图 6.9.31　截面草图

Step19. 创建图 6.9.32 所示的网格曲面特征 3。选择下拉菜单 插入(S) → 网格曲面(M) → 通过曲线网格(M)... 命令。依次选取图 6.9.33 所示的边线 1 和边线 2 为主线串，并分别单击中键确认，再次单击中键后选取边线 3 和边线 4 为交叉线串，分别单击中键确认。在 连续性 区域的 第一主线串、最后主线串、第一交叉线串 和 最后交叉线串 下拉列表中选择 G1(相切) 选项，在图形区选取缝合特征 1 为约束面。单击 < 确定 > 按钮，完成网格曲面特征 3 的创建。

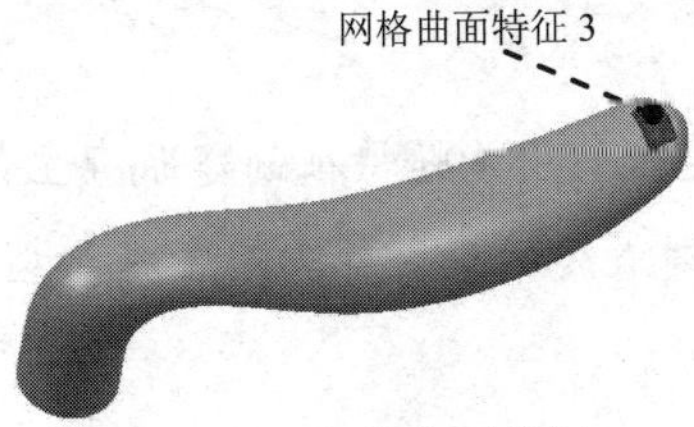

图 6.9.32　网格曲面特征 3

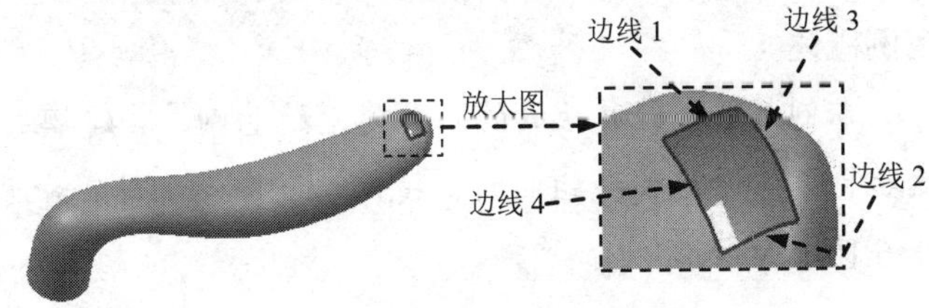

图 6.9.33　选取主线串和交叉线串

Step20. 创建图 6.9.34 所示的网格曲面特征 4。参照 Step19 创建网格曲面特征 4，约束面仍为缝合特征 1。

Step21. 创建缝合特征 2。选择下拉菜单 插入(S) → 组合(B) ▸ → 缝合(W)... 命令。选取缝合特征 1 为目标片体，选取网格曲面特征 3 和网格曲面特征 4 为工具片体，单击 < 确定 > 按钮，完成曲面的缝合特征 2 的操作。

Step22. 创建图 6.9.35 所示的有界平面。选择下拉菜单 插入(S) → 曲面(R) → 有界平面(B)... 命令。在图形区选取草图 1，单击 < 确定 > 按钮，完成有界平面的创建。

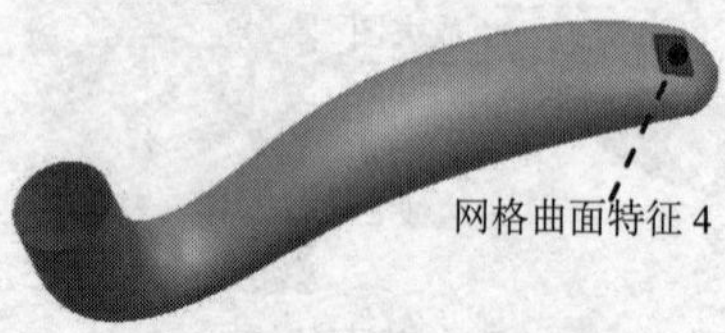

图 6.9.34　网格曲面特征 4

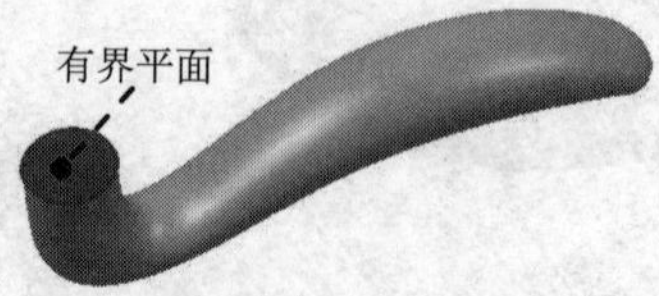

图 6.9.35　有界平面

Step23. 创建缝合特征 3。选择下拉菜单 插入(S) → 组合(B) ▸ → 缝合(W)... 命令。选取缝合特征 2 为目标片体，选取有界平面为工具片体；单击 确定 按钮，完成曲面的缝合特征 3 的操作。

Step24. 创建图 6.9.36 所示的拉伸特征 2。选择下拉菜单 插入(S) → 设计特征(E) ▸ → 拉伸(E)... 命令。选取 Step22 创建的有界平面为草图平面，绘制图 6.9.37 所示的截面草图；在 极限 区域的 开始 下拉列表中选择 值 选项，在 距离 文本框输入值 0.0，在 结束 的下拉列表中选择 值 选项，在 距离 文本框中输入值 8；在 布尔 区域的 布尔 下拉列表中选择 求和 选项，选取缝合特征 1 为求和对象。单击 < 确定 > 按钮，完成拉伸特征 2 的创建。

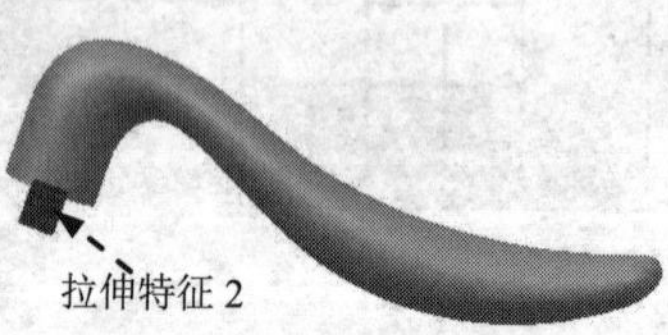

图 6.9.36　创建拉伸特征 2

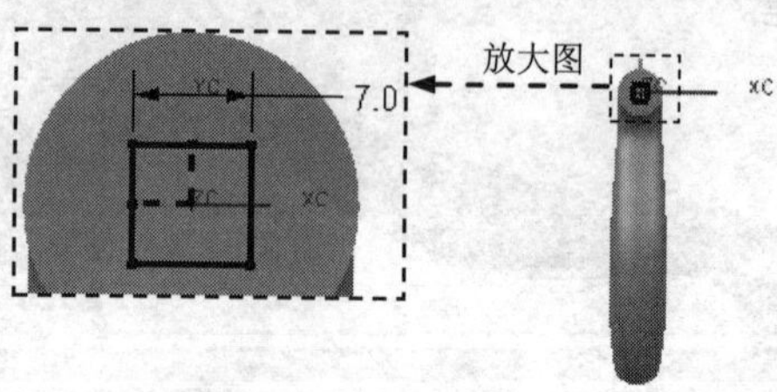

图 6.9.37　截面草图

Step25. 保存零件模型。选择下拉菜单 文件(F) → 保存(S) 命令，即可保存零件模型。

6.10　曲面设计综合范例 2——水瓶外形

范例概述

本例是一个较复杂的的曲面建模的范例，其建模过程是先使用旋转特征创建瓶身主体，然后再创建通过曲线组曲面、镜像、缝合、加厚等命令创建最终的模型外观。零件模型如图 6.10.1 所示。

Step1. 新建文件。选择下拉菜单 文件(F) ➡ 新建(N)... 命令，系统弹出“新建”对话框。在 模板 区域中选取模板类型为 模型，在 名称 文本框中输入文件名称 bottle，单击 确定 按钮。

Step2. 创建图 6.10.2 所示的回转特征 1。选择下拉菜单 插入(S) ➡ 设计特征(E) ➡ 回转(R)... 命令。选取 YZ 平面为草图平面，选中 设置 区域的 ☑ 创建中间基准 CSYS 复选框，绘制图 6.10.3 所示的截面草图。在 * 指定矢量 下拉列表中选择 ZC↑ 选项，并定义原点为回转点。在 体类型 下拉列表中选择 图纸页 选项，其他设置采用系统默认设置；单击 < 确定 > 按钮，完成回转特征 1 的创建。

图 6.10.1　水瓶外形零件

图 6.10.2　回转特征 1

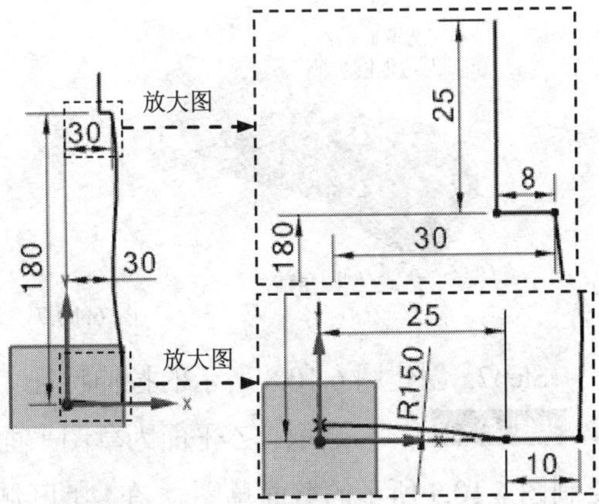

图 6.10.3　截面草图（一）

Step3. 创建图 6.10.4 所示的边倒圆特征 1。选取图 6.10.4a 所示的边线为边倒圆参照，输入圆角半径值 30。

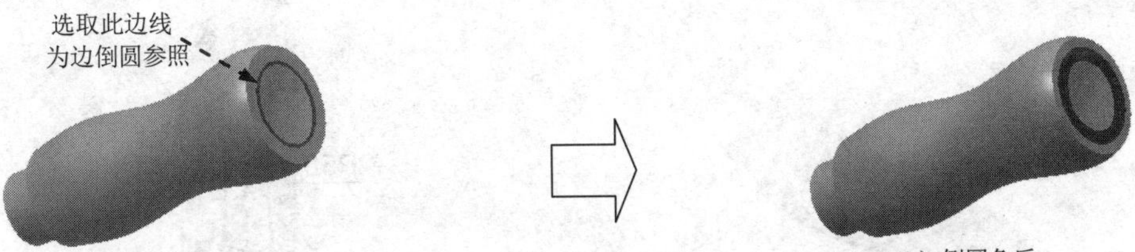

a）倒圆角前　　b）倒圆角后

图 6.10.4　边倒圆特征 1

Step4. 创建图 6.10.5 所示的边倒圆特征 2。选择图 6.10.5a 所示的边线为边倒圆参照，圆角半径值为 5。

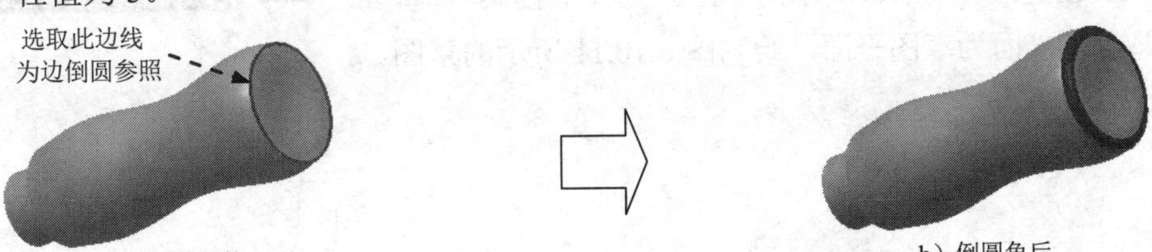

a）倒圆角前　　b）倒圆角后

图 6.10.5　边倒圆特征 2

Step5. 创建图 6.10.6 所示的边倒圆特征 3。选择图 6.10.6a 所示的边线为边倒圆参照，圆角半径值为 3。

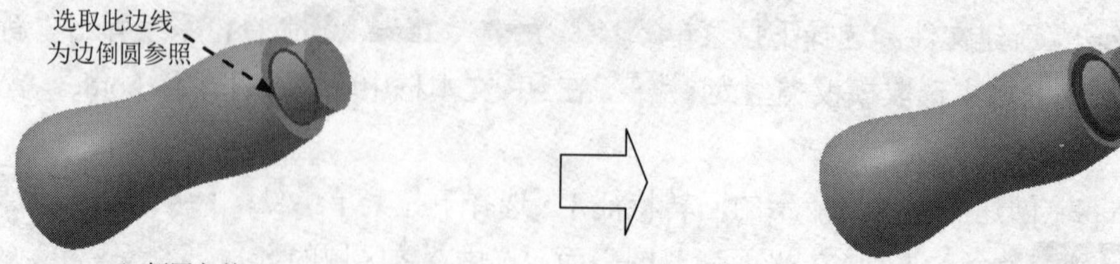

a）倒圆角前　　b）倒圆角后

图 6.10.6　边倒圆特征 3

Step6. 创建图 6.10.7 所示的边倒圆特征 4。选择图 6.10.7a 所示的边线为边倒圆参照，圆角半径值为 6。

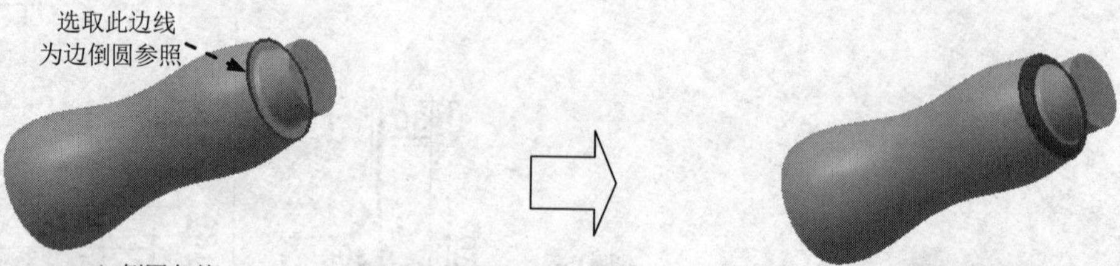

a）倒圆角前　　b）倒圆角后

图 6.10.7　边倒圆特征 4

Step7. 创建图 6.10.8 所示的拉伸特征 1。选择下拉菜单 插入(S) → 设计特征(E) → 拉伸(E)... 命令。选取 YZ 平面为草图平面，取消选中 设置 区域的 创建中间基准 CSYS 复选框，绘制图 6.10.9 所示的截面草图。 在 极限 区域的 开始 下拉列表中选择 对称值 选项，并在 距离 文本框中输入值 60；在 布尔 区域的 布尔 下拉列表中选择 求差 选项，选取回转特征 1 为求差对象；其他设置保持系统默认，单击 < 确定 > 按钮，完成拉伸特征 1 的创建。

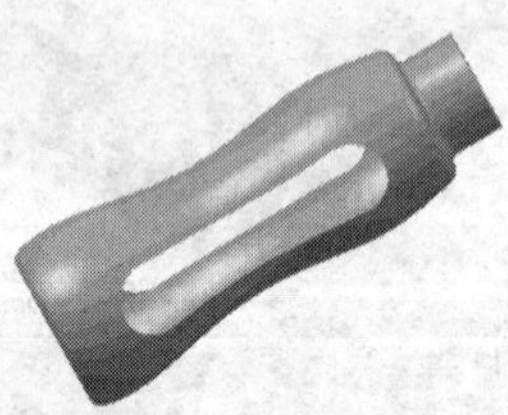

图 6.10.8　创建拉伸特征 1

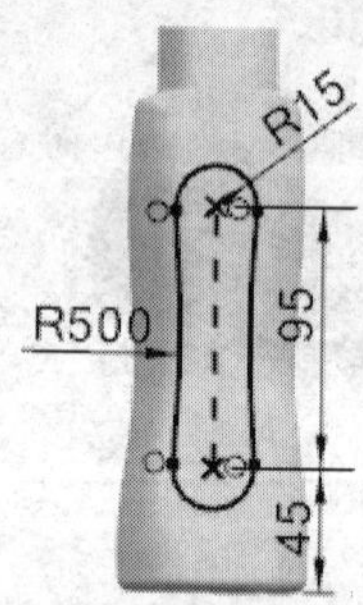

图 6.10.9　截面草图（二）

Step8. 创建图 6.10.10 所示的草图。选择下拉菜单 插入(S) → 任务环境中的草图(S)... 命令。选取 ZX 平面为草图平面，绘制图 6.10.11 所示的草图。

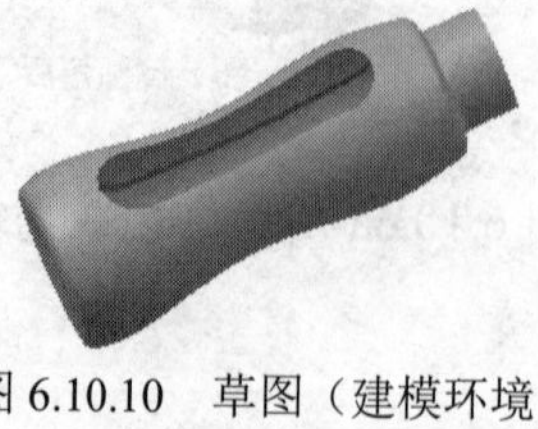

图 6.10.10　草图（建模环境）

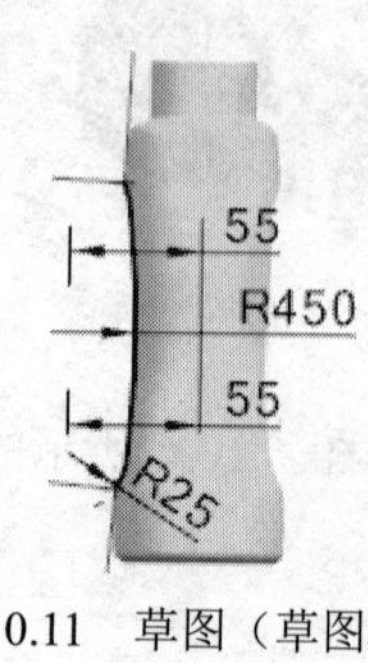

图 6.10.11　草图（草图环境）

Step9. 创建图 6.10.12 所示的通过曲线组曲面。选择下拉菜单 插入(S) ➡ 网格曲面(M) ▸ ➡ 通过曲线组(T)... 命令。选取图 6.10.13 所示的边线 1、草图曲线和边线 2 为截面线串，分别单击中键确认。其他设置采用默认值。单击 < 确定 > 按钮，完成曲线组曲面的创建。

说明：在选取边线 1 和边线时，首先在选择工具条中选择 相切曲线 选项，然后按下“在相交处停止”按钮，可以方便选取需要的边线。

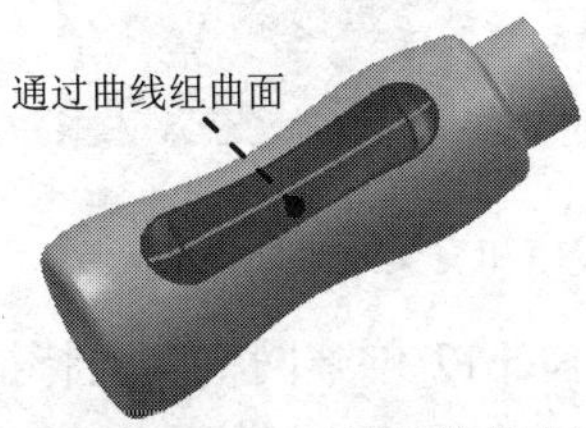

图 6.10.12　通过曲线组曲面

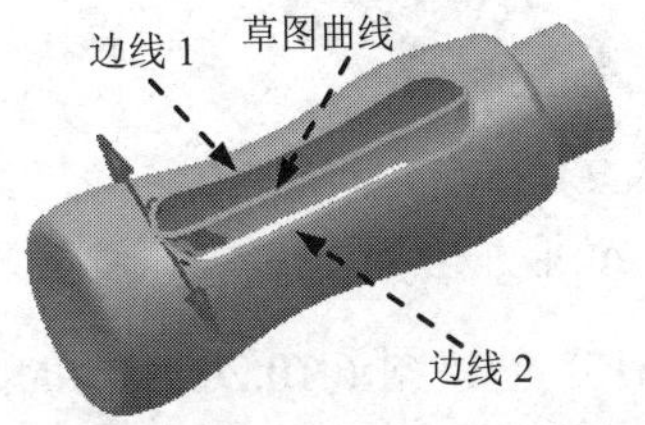

图 6.10.13　选取截面线串

Step10. 创建图 6.10.14 所示的拉伸特征 2。选择下拉菜单 插入(S) ➡ 设计特征(E) ▸ ➡ 拉伸(E)... 命令；选取 ZY 平面为草图平面，绘制图 6.10.15 所示的截面草图；在 极限 区域的 开始 下拉列表中选择 值 选项，并在 距离 文本框中输入值 0，在 结束 下拉列表中选择 值 选项，并在 距离 文本框中输入值 60；在 布尔 区域的 布尔 下拉列表中选择 无 选项；单击 < 确定 > 按钮，完成拉伸特征 2 的创建。

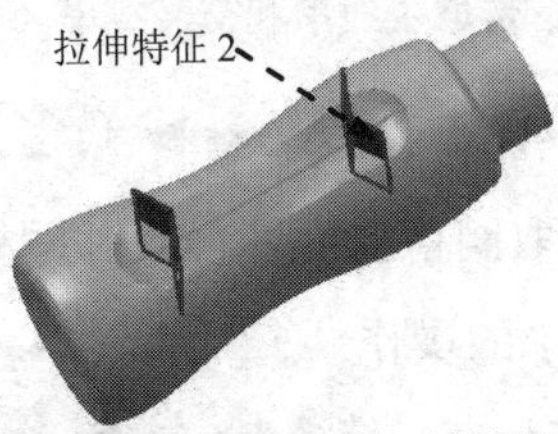

图 6.10.14　创建拉伸特征 2

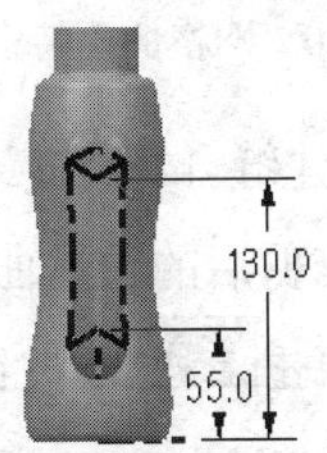

图 6.10.15　截面草图（三）

Step11. 创建图 6.10.16 所示的修剪曲面特征。选择下拉菜单 插入(S) ➡ 修剪(T) ▸ ➡ 修剪片体(R)... 命令。在图形区选取通过曲线组曲面（图 6.10.17）为修剪目标体，单击中建确认；选取拉伸特征 2 为修剪边界对象。在 投影方向 下拉列表中选择 垂直于面 选项，选择 区域 选项组中的 ⊙ 保持 单选项。单击 确定 按钮，完成曲面的修剪。

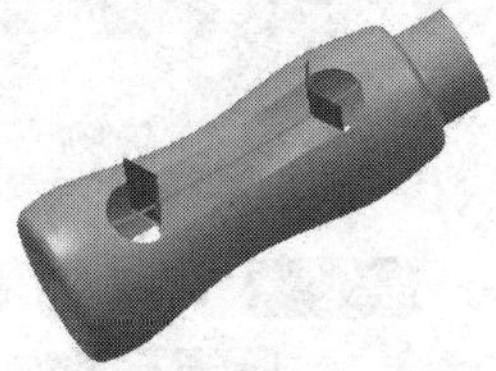

图 6.10.16　修剪曲面

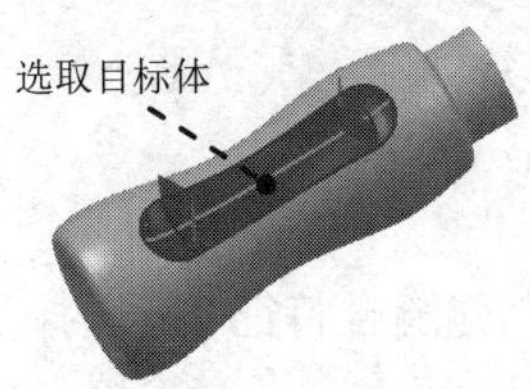

图 6.10.17　选取目标体

说明：选取目标体时鼠标要点选在图 6.10.17 所示的位置。

Step12. 创建图 6.10.18 所示的网格曲面特征 1。选择下拉菜单 插入(S) ➡ 网格曲面(M) ▸ ➡ 通过曲线网格(M)... 命令。依次选取图 6.10.19 所示的边线 1 和边线 2 为主线串，并分别单击中键确认，再次单击中键后选取边线 3 和边线 4 为交叉线串，分别单击中键确认。在连续性区域的第一主线串和第一交叉线串下拉列表中分别选择G1（相切）选项，均在图形区选取修剪后的通过曲线组曲面为约束面，单击< 确定 >按钮，完成网格曲面特征 1 的创建。

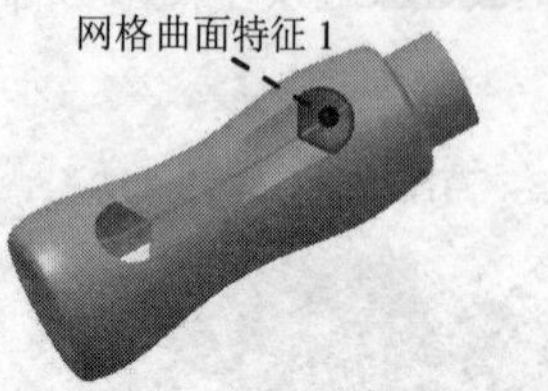

图 6.10.18　网格曲面特征 1

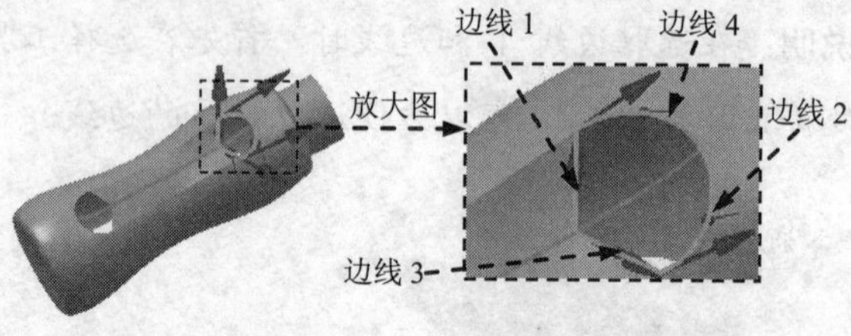

图 6.10.19　选取主线串和交叉线串（一）

Step13. 创建图 6.10.20 所示的网格曲面特征 2。参照 Step12 创建网格曲面特征 2，图 6.10.21 所示的边线 1 和边线 2 为主线串，边线 3 和边线 4 为交叉线串，边线 1 和边线 3 的约束面为修剪后的通过曲线组曲面。

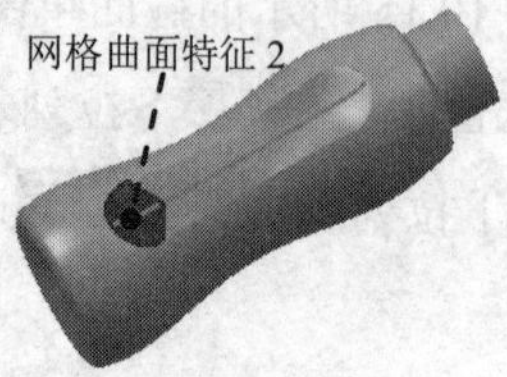

图 6.10.20　网格曲面特征 2

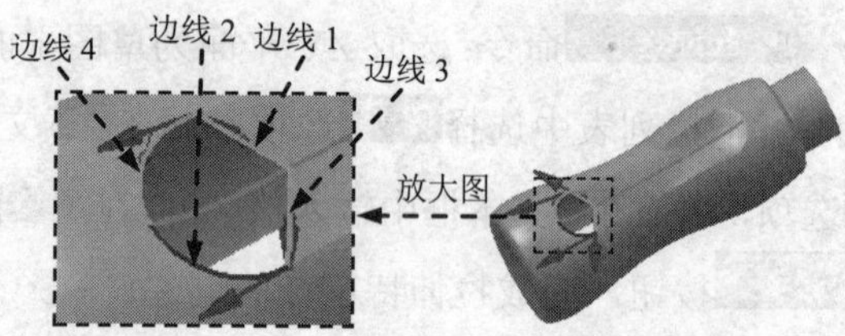

图 6.10.21　选取主线串和交叉线串（二）

Step14. 创建缝合特征 1。选择下拉菜单插入(S) → 组合(B) → 缝合(W)...命令。在图形区选取修剪后的通过曲线组曲面为目标片体，选取网格曲面特征 1 和网格曲面特征 2 为工具片体，单击确定按钮，完成曲面的缝合特征 1 的操作。

Step15. 创建图 6.10.22 所示的镜像体特征。选择下拉菜单插入(S) → 关联复制(A) → 镜像体(B)...命令。选取缝合特征 1 为镜像源对象。选取 ZY 平面为镜像平面。单击确定按钮，完成镜像体特征的创建。

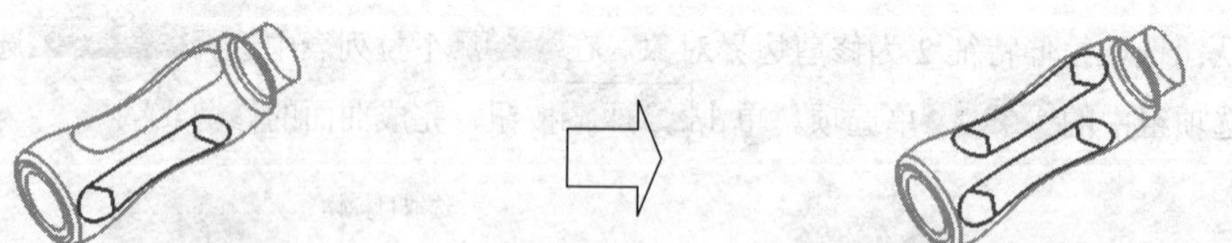

a）镜像前　　b）镜像后

图 6.10.22　镜像体特征

Step16. 创建缝合特征 2。选择下拉菜单插入(S) → 组合(B) → 缝合(W)...命令。选取回转曲面为目标片体，选取其余所有片体为工具片体，单击< 确定 >按钮，完成曲面的缝合特征 2 的操作。

Step17. 创建图 6.10.23 所示的边倒圆特征 5。选择图 6.10.23a 所示的两条边线为边倒圆参照，输入圆角半径值 5。

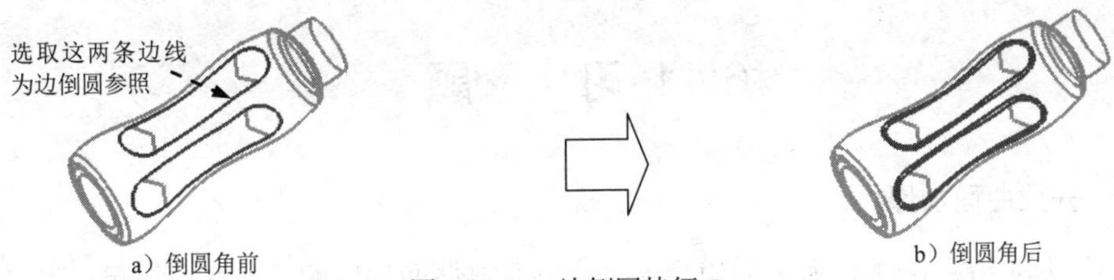

图 6.10.23　边倒圆特征 5

Step18. 创建图 6.10.24 所示的加厚特征。选择下拉菜单 插入(S) → 偏置/缩放(O) → 加厚(T)... 命令。选取缝合特征 2 为加厚片体，在 偏置 1 文本框中输入值 1，其他参数均采用默认设置值，单击 < 确定 > 按钮，完成曲面加厚操作。

图 6.10.24　加厚特征

Step19. 创建图 6.10.25 所示的回转特征 2。选择 插入(S) → 设计特征(E) → 回转(R)... 命令，选取 YZ 平面为草图平面，绘制图 6.10.26 所示的截面草图；在图形区选取 ZC 基准轴为回转轴。在 布尔 区域的 布尔 下拉列表中选择 求和 选项，采用系统默认的求和对象；单击 < 确定 > 按钮，完成回转特征 2 的创建。

图 6.10.25　回转特征 2

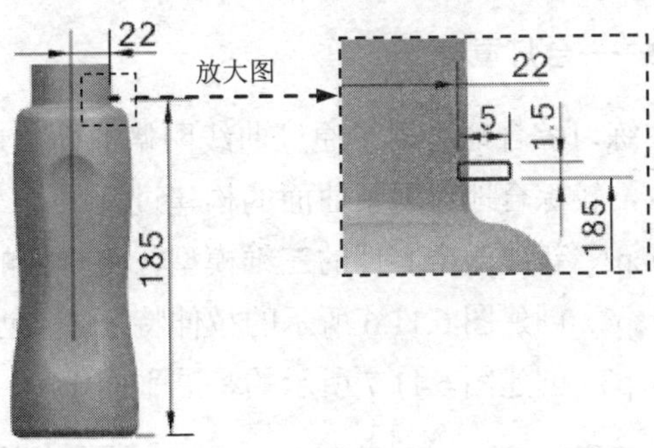

图 6.10.26　截面草图（四）

Step20. 保存零件模型。选择下拉菜单 文件(F) → 保存(S) 命令，即可保存零件模型。

6.11 习　　题

习题 1——开放曲面加厚

下面将以创建图 6.11.1 所示的模型为例讲解开放曲面加厚的操作（所缺尺寸可自行确定），先创建曲面构成实体的表面，然后对曲面加厚从而得到实体模型。

Step1. 新建一个零件的三维模型，将零件模型命名为 surface_thick.prt。

Step2. 创建图 6.11.2 所示的拉伸特征（即拉伸曲面）。

Step3. 创建图 6.11.3 所示的基准平面。

Step4. 创建图 6.11.4 所示的有界平面（先绘制必要的草图）。

Step5. 镜像 Step4 中所创建的有界平面（图 6.11.5）。

Step6. 缝合所有曲面。

Step7. 对曲面进行加厚。

图 6.11.1　开放曲面加厚模型

图 6.11.2　拉伸曲面

图 6.11.3　基准平面

a）有界平面

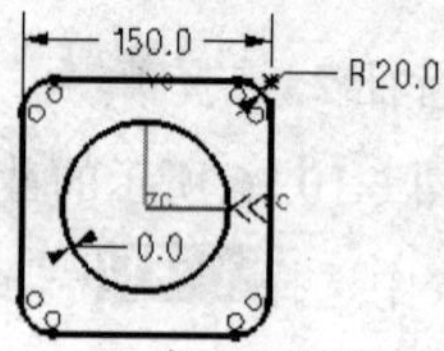

b）有界平面草图

图 6.11.4　有界平面

图 6.11.5　镜像特征

习题 2——台灯罩

本练习综合地运用了通过曲线网格曲面、通过曲线组曲面、曲面镜像、曲面加厚等特征命令，较综合地体现了曲面的构建过程。

Step1. 新建一个零件的三维模型，将零件的模型命名为 reading_lamp_cover.prt。

Step2. 创建图 6.11.6 所示的拉伸特征 1（创建网格曲面时的约束面）。

Step3. 创建图 6.11.7 所示的基准平面 1。

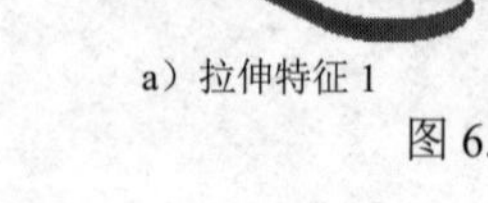

a）拉伸特征 1

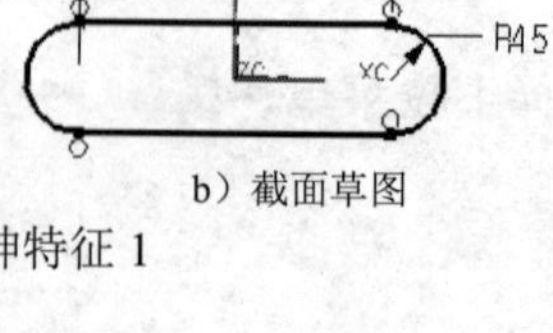

b）截面草图

图 6.11.6　拉伸特征 1

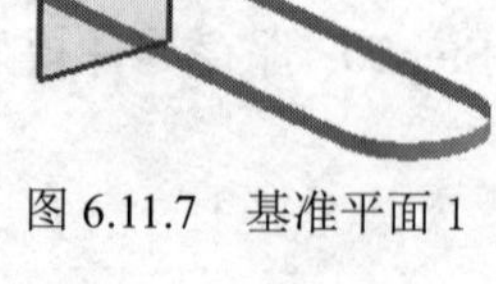

图 6.11.7　基准平面 1

Step4. 创建图 6.11.8 所示的草图 1。

Step5. 创建图 6.11.9 所示的基准平面 2。

Step6. 创建图 6.11.10 所示的草图 2。

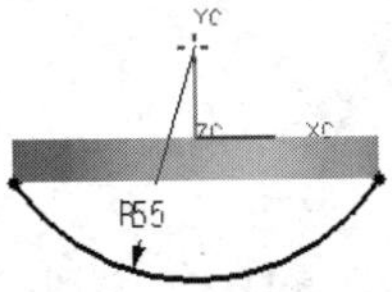

图 6.11.8　草图 1

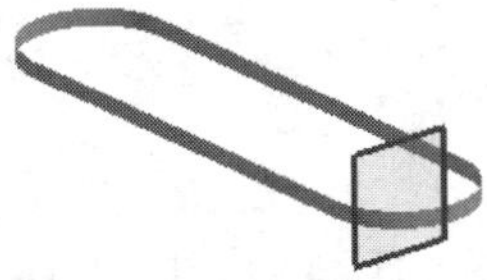
图 6.11.9　基准平面 2

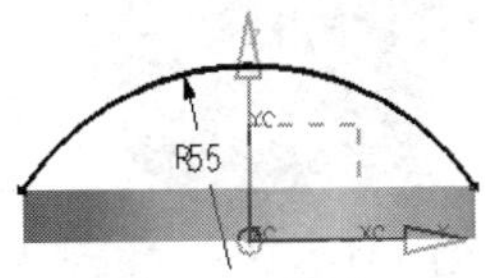

图 6.11.10　草图 2

Step7. 创建图 6.11.11 所示的通过网格曲线曲面 1。

Step8. 创建图 6.11.12 所示的通过曲线组曲面 1。

Step9. 创建图 6.11.13 所示的通过曲线组曲面 2。

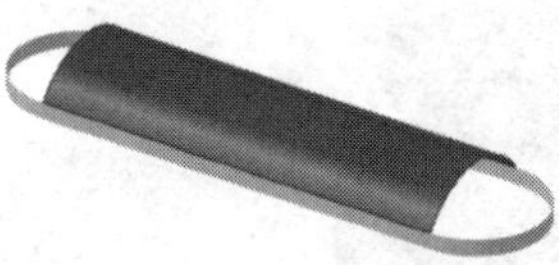
图 6.11.11　网格曲面特征 1

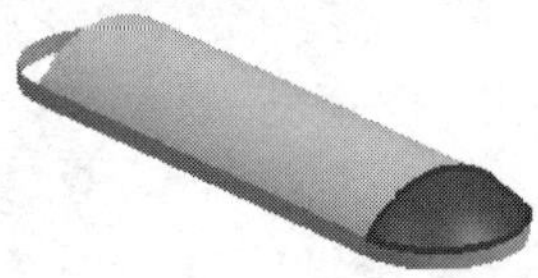
图 6.11.12　通过曲线组曲面 1

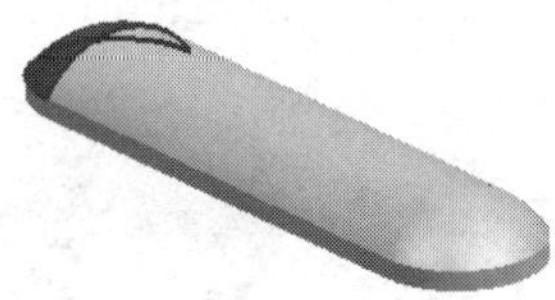
图 6.11.13　通过曲线组曲面 2

Step10. 创建图 6.11.14 所示的拉伸特征 2（取出收敛点）。

Step11. 创建图 6.11.15 所示的通过网格曲线曲面 2。

Step12. 创建图 6.11.16 所示的其余 3 个通过网格曲线曲面。

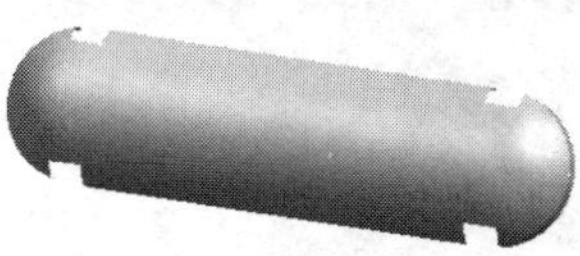
图 6.11.14　拉伸特征 2

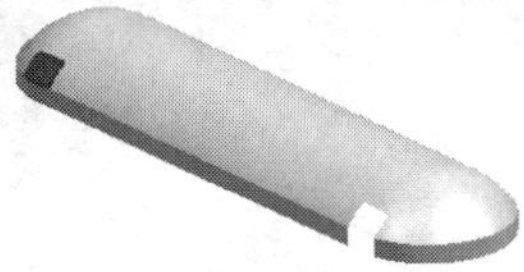
图 6.11.15　网格曲面特征 2

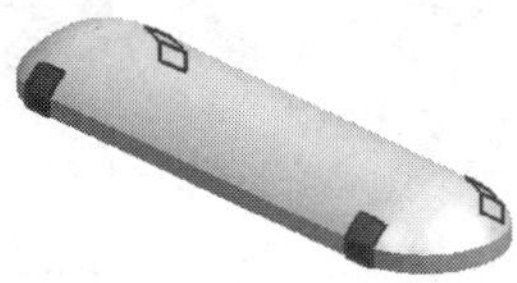
图 6.11.16　其余网格曲面特征

Step13. 缝合所有曲面。

Step14. 创建加厚特征 1，如图 6.11.17 所示。

Step15. 创建图 6.11.18 所示的拉伸特征 3。

Step16. 利用拉伸特征 3 的内表面修剪加厚特征，如图 6.11.19 所示。

Step17. 创建求和特征，将加厚特征和拉伸特征 3 求和。

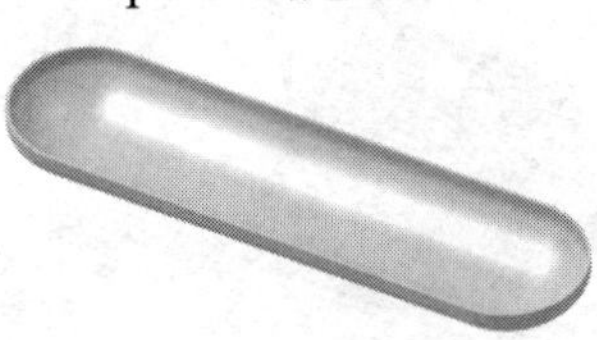
图 6.11.17　加厚特征

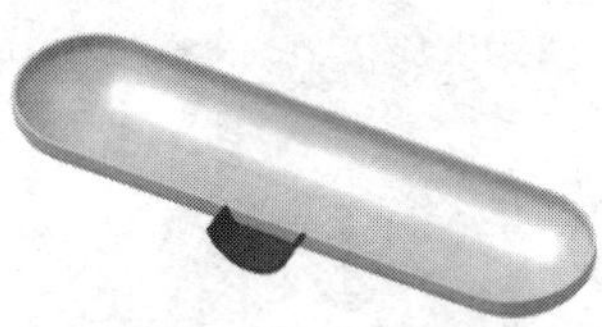
图 6.11.18　拉伸特征 3

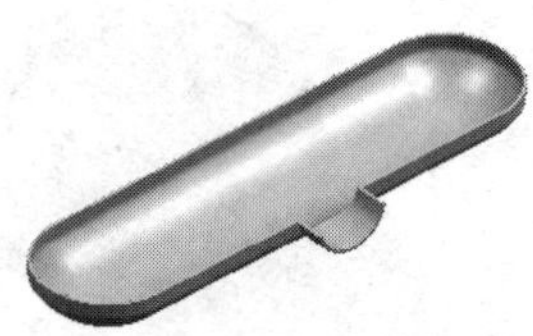
图 6.11.19　修剪加厚特征

习题 3——水瓶

下面将创建图 6.11.20 所示的水瓶模型（所缺尺寸可自行确定），通过该习题，读者可进一步熟悉以扫掠曲面和旋转曲面来构建模型的一般过程。

Step1. 新建一个零件的三维模型，将零件的模型命名为 water_bottle.prt。

Step2. 创建图 6.11.21 所示的草图曲线 1、2。

Step3. 创建图 6.11.22 所示的草图曲线 3。

图 6.11.20　水瓶模型

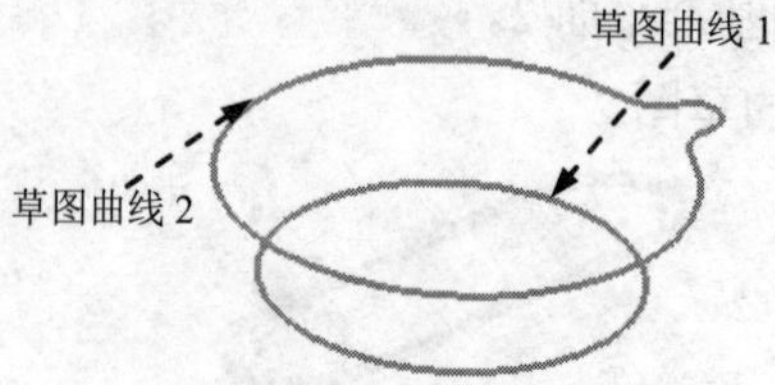

图 6.11.21　草图曲线 1、2

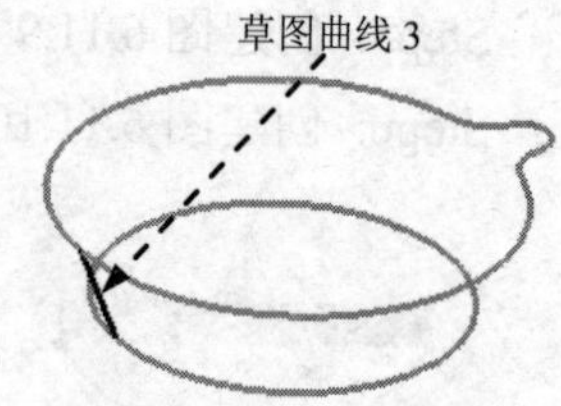

图 6.11.22　草图曲线 3

Step4. 创建图 6.11.23 所示的扫掠特征曲面。

Step5. 创建图 6.11.24 所示的回转特征曲面，截面草图如图 6.11.25 所示。

Step6. 缝合所有曲面。

Step7. 创建图 6.11.26 所示的圆角特征。

图 6.11.23　扫掠特征曲面

图 6.11.24　回转特征曲面

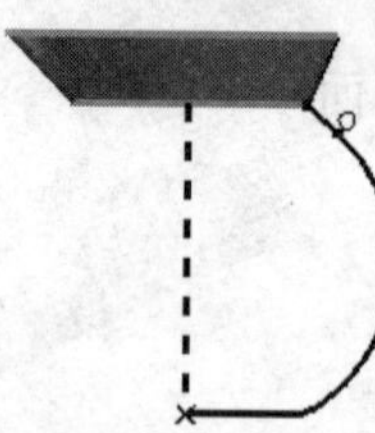

图 6.11.25　回转截面草图

图 6.11.26　圆角特征

习题 4——修整曲面

打开文件 surf_finishing.prt，通过对图 6.11.27a 所示的各个曲面进行曲面修剪、缝合、加厚曲面及倒角等，最终得到图 6.11.27f 所示的模型。通过本习题的练习，体会和掌握使用曲面构造实体的技巧。

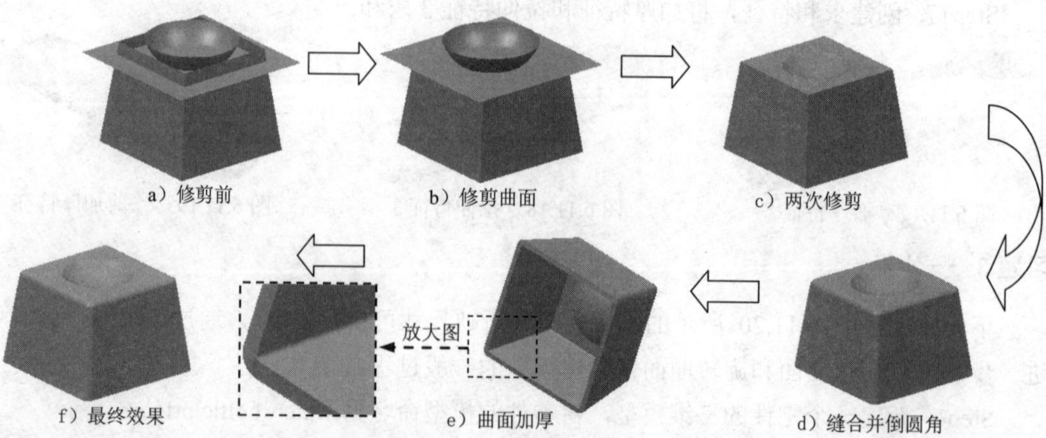

图 6.11.27　习题 4

习题 5

根据图 6.11.28 所示的零件视图创建零件模型——鼠标盖（mouse_surface.prt）。

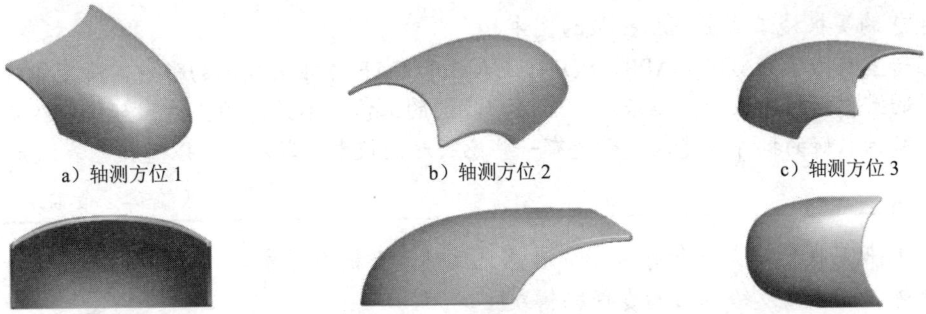

a）轴测方位 1　b）轴测方位 2　c）轴测方位 3

d）前视图　e）左视图　f）上视图

图 6.11.28　零件视图

习题 6

根据图 6.11.29 所示的零件视图创建零件模型——控制面板（panel.prt）。

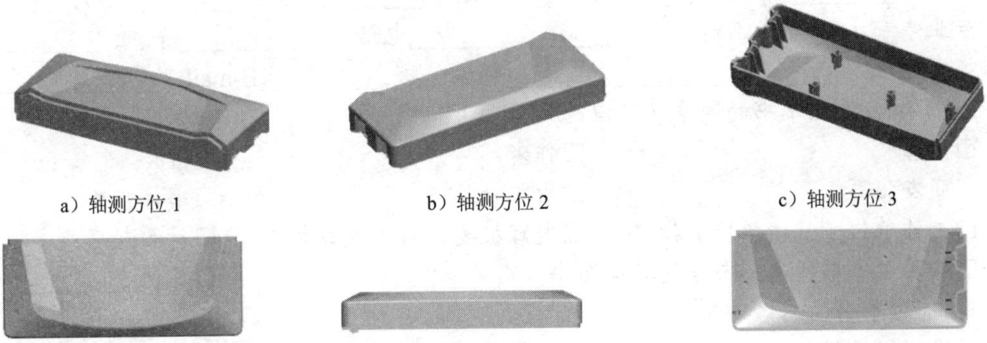

a）轴测方位 1　b）轴测方位 2　c）轴测方位 3

d）前视图　e）左视图　f）后视图

图 6.11.29　零件视图

习题 7

根据图 6.11.30 所示的零件视图创建零件模型——水瓶（bottle.prt）。

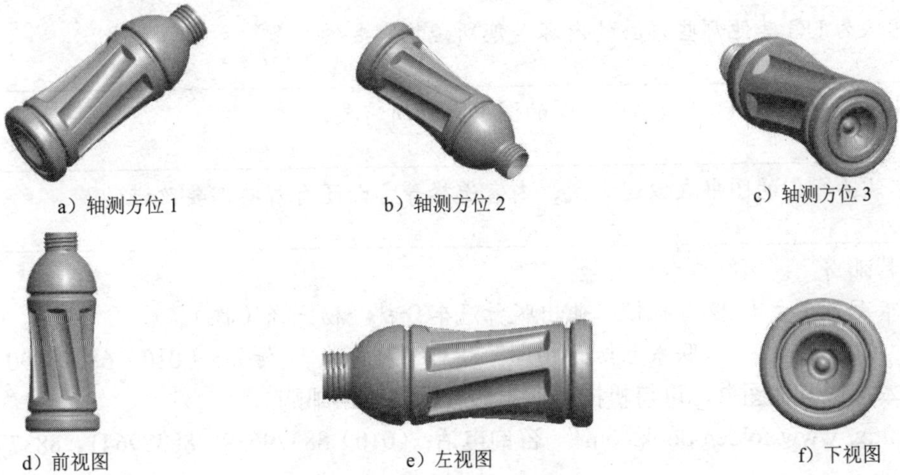

a）轴测方位 1　b）轴测方位 2　c）轴测方位 3

d）前视图　e）左视图　f）下视图

图 6.11.30　零件视图

读者意见反馈卡

尊敬的读者：

感谢您购买机械工业出版社出版的图书！

我们一直致力于CAD、CAPP、PDM、CAM和CAE等相关技术的跟踪，希望能将更多优秀作者的宝贵经验与技巧介绍给您。当然，我们的工作离不开您的支持。如果您在看完本书之后，有什么好的批评和建议，或是有一些感兴趣的技术话题，都可以直接与我联系。

责任编辑：管晓伟

注：本书下载文件夹中含有该"读者意见反馈卡"的电子文档，您可将填写后的文件采用电子邮件的方式发给本书的责任编辑或主编。

E-mail: 展迪优 zhanygjames@163.com ；管晓伟 guancmp@163.com。

请认真填写本卡，并通过邮寄或 *E-mail* 传给我们，我们将奉送精美礼品或购书优惠卡。

书名：《UG NX 8.0 机械设计教程》(高校本科教材)

1. 读者个人资料：

姓名：______性别：___年龄：___职业：_____职务：_____学历：_____

专业：_____单位名称：__________电话：______手机：______

邮寄地址_____________邮编：______E-mail: ______

2. 影响您购买本书的因素（可以选择多项）：

□内容　　□作者　　□价格

□朋友推荐　　□出版社品牌　　□书评广告

□工作单位（就读学校）指定　　□内容提要、前言或目录　　□封面封底

□购买了本书所属丛书中的其他图书　　□其他______

3. 您对本书的总体感觉：

□很好　　□一般　　□不好

4. 您认为本书的语言文字水平：

□很好　　□一般　　□不好

5. 您认为本书的版式编排：

□很好　　□一般　　□不好

6. 您认为UG其他哪些方面的内容是您所迫切需要的？

____

7. 其他哪些CAD/CAM/CAE方面的图书是您所需要的？

____

8. 您认为我们的图书在叙述方式、内容选择等方面还有哪些需要改进的？

____

如若邮寄，请填好本卡后寄至：

北京市百万庄大街22号机械工业出版社汽车分社　杨民强（收）

邮编：100037　　联系电话：（010）88379771　　传真：（010）68329090

如需本书或其他图书，可与机械工业出版社网站联系邮购：

http://www.golden-book.com　　**咨询电话：**（010）88379639，88379641，88379643。